国家科学技术学术著作出版基金资助出版

植物油料生物解离技术

江连洲　著

科学出版社
北京

内 容 简 介

本书根据不同油料的生物解离技术分为五篇撰写，第一篇主要介绍大豆，其中第一章介绍了油料大豆；第二章对生物解离预处理进行了概述；第三章对酶解工艺进行了概述；第四章介绍了固态发酵技术及其在大豆油提取中的应用；第五章介绍了目前常用的破乳工艺并对破乳相关机理研究进行了概述；第六章重点介绍了生物解离技术提取大豆油的扩大试验及中试试验的研究；第七章介绍了生物解离大豆油脂和大豆蛋白的性质；第八章概述了大豆生物解离产物的综合利用。第二篇主要介绍花生，其中第九章介绍了油料花生；第十章介绍了花生生物解离技术。第三篇主要介绍菜籽，其中第十一章介绍了油料菜籽；第十二章介绍了菜籽生物解离技术。第四篇主要介绍葵花籽，其中第十三章介绍了油料葵花籽；第十四章介绍了葵花籽生物解离技术。第五篇主要介绍了月见草籽、红花籽、油茶籽等小宗油料的生物解离技术。

本书是一本论述不同油料生物解离技术的著作，可以作为生物解离技术的相关研究学者的参考书，同时也可作为教学的参考书。

图书在版编目(CIP)数据

植物油料生物解离技术 / 江连洲著. —北京：科学出版社，2018. 11
ISBN 978-7-03-059232-3

Ⅰ. ①植… Ⅱ. ①江… Ⅲ. ①植物油料 - 生物分解 - 研究 Ⅳ. ① TS222

中国版本图书馆 CIP 数据核字（2018）第 250734 号

责任编辑：席 慧 马程迪 / 责任校对：樊雅琼
责任印制：吴兆东 / 封面设计：铭轩堂

科学出版社 出版
北京东黄城根北街 16 号
邮政编码：100717
http://www.sciencep.com
北京厚诚则铭印刷科技有限公司印刷
科学出版社发行 各地新华书店经销
*
2018 年 11 月第 一 版 开本：787×1092 1/16
2024 年 9 月第二次印刷 印张：15 3/4
字数：393 000

定价：89.00 元

序

我国是农产品生产、加工和消费大国，植物油料不但是我国食用油脂和蛋白食品的主要原料，而且是畜牧业的重要饲料来源，是保障国计民生不可或缺的战略物资，在国家食品安全体系中占有十分重要的地位。美国农业部（USDA）数据显示，2005/06～2015/16年度的10年间，植物油料的产量从3.94亿吨快速增长至5.27亿吨，累计增幅33.8%，年均增幅3.0%以上；总供给量从5.29亿吨增长至7.60亿吨，累计增幅43.7%，年均增幅3.7%。联合国粮食及农业组织（FAO）数据显示，2005/06年度至2014/15年度的9年间，食用植物油产量从1.49亿吨增长至2.10亿吨，累计增幅41.0%，年均增幅3.5%。FAO和USDA有关数据显示，2015/16年度，全球主要油料品种生产结构调整为：大豆60.6%、花生7.7%、菜籽12.3%、葵花籽7.4%，其中大豆的种植面积占油料作物总种植面积的比例提高4.2%，花生的占比下降1.4%，菜籽和葵花籽的占比变化不大。

自2013年我国第一次提出“一带一路”倡议到2017年5月首届“一带一路”国际合作高峰论坛的召开，我国与“一带一路”沿线国家之间的贸易规模和水平不断提高。据农业农村部（原农业部）预测，未来10年我国油料生产总体稳中有增，增速将达到10.8%；从消费来看，目前我国每年食用油脂的消费量达3000多万吨，而人均植物油脂消费量约24.8kg。未来10年，我国油料（以大豆、菜籽和花生为主）消费量预计增至1.69亿吨，同比增加20.5%。中国人多地少，人均耕地面积严重不足，因此大力发展国内油料生产，提高油料产量和品质，减少损耗，降低生产成本；针对油料产业链的各个环节，不断进行技术创新和产品创制，扩大知名度，引导消费，提高我国油料产业的国际竞争力，是解决目前油脂工业存在问题的根本途径。

目前，我国食用油制造业以压榨法和浸出法为主，普遍存在加工条件剧烈、油料资源利用率低、蛋白质高度变性难以利用及附加值不高等突出问题；且制备的毛油氧化稳定性差，需进行高温精炼，而现行精炼技术多为物化精炼法，存在精炼条件难以控制、反应剧烈、工艺繁杂等问题。随着人们生活水平的提高，人们对食用油的安全性提出了更高的要求，为此需要不断开发新的油脂制取工艺来适应新时代的发展。因此，研发营养健康、绿色安全、高效环保的食用油制取新技术势在必行。

生物解离技术是近年来新兴的一种环保提油技术，被油脂科学界称为“一种油料资源的全利用技术”“新一代制油技术”，与传统的提油技术相比，生物解离提油技术具有绿色、环保、安全、节能等突出的优点，这项技术符合绿色生产、综合利用的发展理念和可持续发展的战略思想。目前我国及国际上针对生物解离技术进行系统论述的专著仍处于空白，该书作者对自己多年的研究成果及相关的研究工作进行了系统化整理与编著，对植物油料生物解离技术各个关键环节进行了详细的阐述，具有系统性、严谨性和先进性。

由于目前市场上缺乏关于植物油料生物解离技术方面较为系统和全面的专著，该书立足于国内油料加工产业的现状和基础，借鉴了国际油料加工产业中已成功应用的高新技术实例，力求简单明了地介绍植物油料生物解离产业中应用的各种高新技术。分别介绍了针对不同油料自身特性的生物解离技术及生物解离产物，以期使读者能更好、更系统地掌握这些技术。该书具有科学性、系统性、启发性和实用性，可供食品产业的科研和工程技术人员在设计新工艺、开发新产品时加以参考，对业内的管理决策人员也不失为很好的参考资料。

该书作者江连洲教授30多年专注于大豆加工、理论与技术研究，特别是近10年来倾心致力于植物油料生物解离技术的研究与开发，以我国主要油料（大豆、花生等）为研究对象，重点研发具有自主知识产权的植物油料生物解离同步提取功能蛋白等关键技术，建立生物法同步制取植物油脂与蛋白技术体系，开辟油脂绿色加工战略性新兴产业。作者首次提出蛋白质柔性加工理论概念，破解油料生物解离机制，主持承担完成了国家863计划、国家科技支撑计划课题、国家自然科学基金重点项目、现代农业技术体系岗位科学家课题、黑龙江省自然科学基金重点项目等相关项目，获授权专利36项，发表论文110多篇，分别获得国家科学技术进步奖二等奖、黑龙江省技术发明奖、黑龙江省省长特别奖、中国食品科学技术学会技术发明奖一等奖等相关奖励，相关技术已在企业推广应用，已建成示范生产线，取得显著经济和社会效益，为我国植物油脂和蛋白加工产业快速健康发展提供有力的科技支撑，显著提升我国植物油脂和蛋白加工业的核心竞争力。

中国工程院院士

宋蓓蓓

2018年8月

前　言

植物油料作为油脂和蛋白质的重要来源，既是人们日常生活的必需品，也是重要的工业原料。中国作为油料消费大国，油料供给短缺的状况一直存在，甚至日趋紧张。油料（特别是大豆）和植物油大量进口，导致我国油料和植物油自给率逐年下降，油料已成为我国对国际市场依存度最大的大宗农产品之一。在此国情下，促进植物油脂和植物蛋白的供需平衡、满足人们的营养需求，进而显著提升我国的油料和植物油的自给率，是我国长期面临的重要任务和挑战。为了应对挑战，提高油脂工业的国际竞争力，我国油脂加工要注重科技创新，在生产加工中实现“规模化、集成化、自动化”水平的不断提升；同时，油脂加工应重点发展绿色、安全、高效、优质、附加值高的产业，率先进行油脂加工技术革新，开发优质油料精深加工新技术，提高油料加工企业的经济效益和产品附加值，巩固国产油料消费市场，逐步打破跨国企业对我国食用油市场的垄断，扩大国产油料作物生产规模，这对促进油料生产、保障植物油供给、维护国家粮食安全具有重要的现实意义。

生物解离技术是指在油料作物机械破碎的基础上，采用能降解油料细胞壁或对脂蛋白、脂多糖等复合物有降解作用的酶（纤维素酶、半纤维素酶、果胶酶、蛋白酶、葡聚糖酶、淀粉酶等）作用于油料，使油脂从油料子叶细胞或脂蛋白、脂多糖的复合物中释放出来，以水为溶剂，使亲水性物质进入水相，利用油相与水相密度差异及不相溶性，采用物理方式将其分离的方法。生物解离技术作为一种新兴的油脂和蛋白质同步提取方法，产品的营养价值保存良好、能满足人们的消费需求；产品没有化学溶剂残留，能满足人们的食品安全需求；产品加工过程中不使用化学类加工试剂、助剂，能满足国家和人民的环境保护要求；产品加工对油料的利用程度高，既可得到高回收率的油脂，也可得到营养价值较高的蛋白质产品，提高了油料加工企业的经济效益和产品附加值。因此，生物解离技术被油脂科学界称为“一种油料资源的全利用技术”，这项技术符合绿色生产、综合利用的发展理念和可持续发展的战略思想。

生物解离技术提取油脂的一般工艺流程如下：

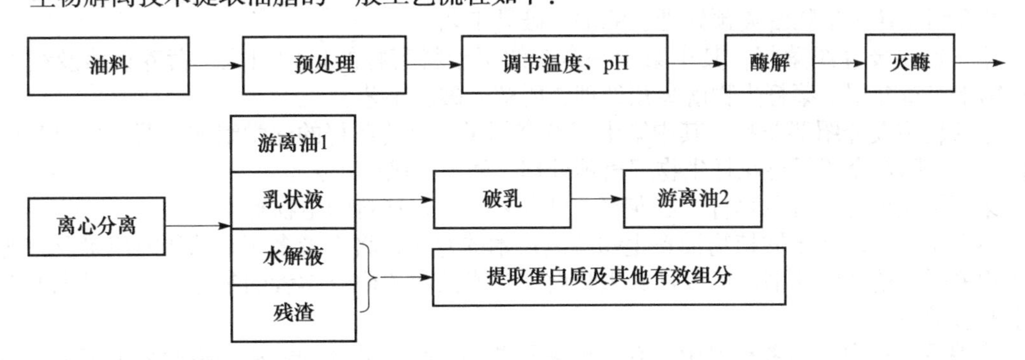

生物解离技术是近40年发展起来的新兴提油技术。20世纪70年代以来，随着微生物技术在酶生产中的应用和推广，工业化产酶降低了酶制剂的价格，采用生物解离技术提油引起了国内外研究者的浓厚兴趣。国外对于生物解离技术的研究较早，1978年Alder提出了大豆蛋白酶法改性制备等电点可溶水解蛋白的工艺，为酶法分离大豆油和大豆蛋白奠定了理论基础，而我国对于生物解离提油技术的研究起步较晚。我国首例研究生物解离技术提取大豆油是在20世纪90年代，由原无锡轻工业学院（现江南大学）王璋教授指导硕士研究生对酶法从全脂豆粉中同步提取大豆油和大豆水解蛋白的工艺进行了初步的研究。国内外最早利用生物解离技术

进行提油的油料是大豆。随后的30多年里，酶法分离植物油料中的油脂、蛋白质及其他有效组分的研究已经成为国际上关注的重点，有关研究已经涉及各类油料，如花生、菜籽、葵花籽、月见草籽、红花籽、油茶籽等。其中，东北农业大学食品学院（作者团队）主要致力于大豆生物解离技术的研究，江南大学主要致力于花生生物解离技术的研究，湖南农业大学主要致力于油茶籽生物解离技术的研究，河南工业大学主要致力于菜籽生物解离技术的研究。

目前，我国科研工作者已经针对不同油料作物进行了生物解离扩大试验和中试试验。作者团队于2014年完成大豆扩大试验和中试试验，2017年在山东省高唐蓝山集团总公司成功建成生物解离技术生产大豆油的生产线；2016年江南大学杨瑞金教授团队建立了一条日处理50t花生的新型生物解离提取花生油和蛋白质的生产线，同年，江苏俊启粮油股份有限公司成功建立了国内第一条生物解离技术提取花生油生产线；湖南农业大学周建平教授发明了生物解离技术提取油茶籽油的专利技术，并于2013年在湘潭高新区建立全球第一条采用生物解离技术提取油茶籽油的生产线。

综合作者多年的研究成果并参考国内外的相关研究结论，生物解离技术整体工艺可分为三部分，第一部分是油料的预处理工艺，第二部分是采取水相酶解工艺将油料中与其他成分结合的油脂分离出来，第三部分是从含油的乳状液中破乳得到油脂的工艺。本书在著述过程中也是以这三部分工艺为主线进行叙述的。

本书根据不同油料分为五篇撰写。

第一篇主要介绍大豆，其中第一章介绍了油料大豆，包括大豆的化学组成、籽粒结构、大豆的制油特点；第二章对生物解离预处理进行了概述，包括粉碎预处理、挤压膨化预处理、超声波预处理及其他预处理方式；第三章对酶解工艺进行了概述，包括酶制剂、固定化酶技术、酶解工艺及酶解机理；第四章介绍了固态发酵技术及固态发酵技术在大豆油提取中的应用；第五章介绍了乳状液及目前常见的破乳工艺，包括冷冻解冻破乳、酶解破乳、乙醇冷浴破乳、超声波破乳及其他破乳技术，并对破乳相关机理研究进行了概述；第六章重点介绍了生物解离技术提取大豆油的扩大试验及中试试验；第七章介绍了生物解离大豆油脂和大豆蛋白的性质；第八章概述了大豆生物解离产物的综合利用，包括大豆蛋白、大豆多肽、膳食纤维的提取及其他副产物综合利用。

第二篇主要介绍花生，其中第九章介绍了油料花生的化学组成、营养价值及组织结构；第十章介绍了花生生物解离预处理、酶解、破乳工艺。

第三篇主要介绍菜籽，其中第十一章介绍了油料菜籽的化学组成、营养价值及组织结构；第十二章介绍了菜籽生物解离预处理、酶解、破乳工艺。

第四篇主要介绍葵花籽，其中第十三章介绍了油料葵花籽的化学组成、营养价值及组织结构；第十四章介绍了葵花籽生物解离预处理、酶解、破乳工艺。

第五篇主要介绍月见草籽、红花籽、油茶籽等小宗油料的生物解离技术。

本书是一本综述不同植物油料生物解离技术的专著，将作者多年来的研究成果及其他学者的相关研究整合成此书，可以作为生物解离技术的相关研究学者的参考书，同时也可作为教学的参考书。

在编写过程中，参考和引用了有关论著及期刊文献中的部分资料，在此表示感谢。同时感谢张雅娜、王欢、马文君、綦玉曼、刘英杰、佟晓红、朱颖、寻崇荣、解长远、闫进长、张小影、徐静雯等为此书收集资料、协助绘图等。

本书属于科研工作者的参考书，有关内容需要在科研领域中不断地探索与进一步完善。由于作者的水平和经验有限，书中不足之处希望专家学者和读者不吝赐教，以便改正。

江连洲

2018年8月

目　　录

第一篇　大　　豆

第二篇 花 生

第三篇 菜 籽

第四篇　葵　花　籽

第五篇　其他植物油料

绪　论

一、油料加工概况

我国是农产品生产、加工和消费大国，植物油料不仅是我国食用油脂和蛋白食品的主要原料，同时也是畜牧业的重要饲料来源，是保障国计民生不可或缺的战略物资，在国家食品安全体系中占有十分重要的地位。广义上油料分为植物油料、动物油料和微生物油料，其中世界植物油料产量占世界油料总产量的70%，植物油料包括草本油料、木本油料和兼用型油料，其中草本油料是我国的生产和消费主体，而木本油料次之[1]。

1. 草本油料加工现状

我国草本油料主要包括大豆、花生和菜籽，以及芝麻、葵花籽、紫苏等[2]。1949年以来，我国草本油料生产大体可分为快速发展、缓慢下滑、稳步发展和波动发展4个阶段，其中1949～1957年为快速发展阶段，1957～1977年为缓慢下滑阶段，1977～2004年为稳步发展阶段，2004年后处于波动发展阶段[3]。目前，我国多种草本油料种植面积由于耕地面积所限，呈逐年下降的趋势，大部分消费需求均依赖进口。

近年来，我国大豆进口量节节攀升，目前对外依存度已高达87%，我国市场上消费的食用油大部分来自国外进口的转基因大豆。受玉米面积调减、大豆生产者补贴等政策影响，2017年，我国大豆播种面积增加至819.4万hm^2，较上年增加13.8%[4]，据国家粮油信息中心发布的数据显示，2017年我国大豆种植面积和总产量实现了近年来的最高纪录。但从我国大豆消耗情况来看，有资料显示，2017/18年度我国大豆总需求量将超过1亿吨，其中压榨量约为8700万吨，而国产大豆产量仅为1300万吨左右，因此进口需求依然非常大，且占比较高。中国海关总署公布数据显示，受畜禽养殖业蛋白饲料消费需求增加拉动，2017年全年我国共进口大豆9554万吨，同比增加13.9%，创历史最高纪录。进口大豆的主要用途是压榨，国产大豆则主要用于人们大豆制品消费等，而这两者之间的价格成本依然很大，因此若想使国产大豆价格提升，则必须让国产大豆需求量增加，然而，从价格来看，两者相差较大，即使进口大豆受阻，高成本的国产大豆也替代不了低廉的进口大豆。从我国大豆价格来看，目前我国禁止转基因大豆的种植，非转基因大豆的单位种植成本和单位产量不具备竞争优势，我国大豆价格高于国外大豆进口价格，价差近年来扩大至800元/t以上。有关数据显示，2017年国内大豆价格高于上年，受全球大豆连年增产、库存高企影响，国际大豆价格弱势运行，大豆国内外价差较上年扩大。

据国家粮油信息中心监测，截至2016年底，我国共有日压榨能力1000t以上的大豆加工企业152家，日压榨大豆总能力为44.98万吨，其中山东、江苏、黑龙江日压榨大豆能力分别达到8.41万吨、6.6万吨、2.62万吨。2017年我国大豆压榨加工产能继续扩大，新增产能超过3.85万吨/d。其中，广东新增压榨产能0.8万吨/d，江苏新增日压榨能力1万吨，河北新增0.5万吨，辽宁新增1万吨，湖南新增0.15万吨，四川新增0.4万吨，且大部分项目已经投产。压榨产能扩大和下游养殖行业的强劲需求将拉动2018年大豆消费量和进口量继续增加。考虑到2017年国产大豆增产，进入压榨领域的数量增加，以及国家储备大豆可能轮出并投放市场等因素，预计2018年大豆进口量增速放缓[4]。

我国花生种植面积占世界总面积的20%左右，总产量约占世界的40%。随着国家供给侧结构性改革的推进，油料种植面积得到增长，花生种植面积也得到提升。2017年，全国花生播种面积为495万hm^2，同比增长4.72%；花生平均单产为3.657t/hm^2，同比持平；花生总产量为1810万吨，同比增长4.68%，但因收获期的大量降水影响了花生品质，优质花生供给量同比减少，市场价格同比下跌，预计2018年花生播种面积和产量的增速将放缓。随着人口增长及人民生活水平的不断提高，我国对花生的需求不断增长。因此，虽然花生产量不断增加，但由于需求旺盛，我国花生供需形势仍较紧张。50%～60%的花生用于榨油，而我国是个严重“缺油”的国家，食用植物油的自给率不足40%，需要大量进口以满足市场需求。

受国产菜籽供应紧张影响，国内菜籽油产需缺口显著增大。为补充国内油脂供给、加快推进去库存，我国启动了两轮临储菜籽油拍卖。大规模临储菜籽油低价拍卖在补充国内油脂供应、满足需求的同时，也替代了部分菜籽和食用植物油进口需求。菜籽和食用植物油进口同比明显下降。据中国海关统计，2016年1～11月我国累计进口菜籽332.4万吨，同比下降20.0%；累计进口食用植物油594.18万吨，同比下降20.5%[5]。2017年，据国家粮油信息中心预计，夏收菜籽受2016年秋冬播种时期寒潮天气影响，收获面积较2016年继续减少，其种植面积为688万hm^2，比上年的710万hm^2下降3.1%，为连续第三年下降，夏收菜籽产量为1374万吨，比去年的1400万吨下降1.9%；但春油菜产量增加，菜籽总产稳中略减。受国内外菜籽价格持续走高、菜籽油消费强劲拉动，湖北四级菜籽油出厂价震荡走高。2016年1～12月，湖北四级菜籽油月均出厂价上涨24.4%；全年均价6456元/t，同比上涨3.3%[5]。目前，我国菜籽进口量呈现大幅度波动态势，进口菜籽压榨量占国内菜籽压榨总量的比例也大幅度波动，进口菜籽生产菜籽粕的数量受菜籽进口量的影响最大。此外，菜籽产业发展呈现出新特征，国内原有菜籽油规模大榨普遍停工，浓香小榨菜籽油加工总体较为活跃；另外受消费者偏好和加工利润差异影响，国产菜籽与进口菜籽开始形成“两个市场”。为此应逐步提高国产菜籽竞争力，降低生产成本，打造国产品牌，突出国产优势。

葵花籽是仅次于大豆、花生和菜籽的世界第四大油料。乌克兰、俄罗斯、哈萨克斯坦等国是葵花籽的主产国，我国是葵花的种植国，也是葵花籽油的进口国[6]。

目前，我国葵花制油技术处于国际领先地位[7~10]，葵花脱壳、葵花冷榨、葵花蛋白制取等技术都实现产业化。葵花籽油的消费在我国迅速兴起，消费量日益增加，但由于我国葵花主要用于食用，葵花籽原料比较缺乏，需要进口大量葵花籽和葵花籽油。乌克兰、俄罗斯、塔吉克斯坦、吉尔吉斯共和国等国已经成为我国葵花籽油的主要进口来源国。2016/17年度全球葵花籽油产量为1670万吨，乌克兰产量为554万吨，位列第一，占全球产量的33%，其中90%用来出口。俄罗斯产量为392万吨，位列第二，占全球产量的24%，出口产量占比47%。印度、欧盟、土耳其和中国是主要进口国和地区，2016/17年度进口量分别为180万吨、130万吨、99万吨和75万吨。通过产业研究和实验分析，葵花籽油在我国具有良好发展前景，葵花籽油料进口需求将持续增长。国内油脂加工企业应以我国“一带一路”倡议为契机，加大俄罗斯、哈萨克斯坦等国葵花籽进口。同时，我国葵花籽种植业应培育高含油品种，并进行集约化种植、收储、物流，减少原料质量损失，逐步提高我国葵花籽油的市场竞争力[6]。

2. 木本油料加工现状

我国是世界上木本油料作物栽培最早的国家之一，有2000多年的栽培历史，其中最有名的为我国四大木本油料植物：油茶、核桃、油桐和乌桕，此外还有沙棘、油橄榄、榛子等[11, 12]。据国家粮油信息中心测算，我国植物油对外依存度已高达63%，国民食用油安全问题已成为国家安全的重要隐患[13]。针对这一严峻形势，2010年和2012年的中央一号文件分别明确提出了发展木本油料和木本粮油的要求[14]。2014年12月26日，国务院发布的《关于加快木本油料产业发展的意见》指出，力争到2020年，建成800个油茶、核桃及油用牡丹等木本油料作物种植重点县，建立一批标准化、集约化、规模化及产业化示范基地，木本油料作物种植面积从800万hm^2扩展到1333万hm^2，年产木本食用油150万吨[15]。目前，植物食用油90%以上来源于花生、菜籽及大豆等草本油料作物，然而我国的土地资源有限，用于草本油料作物种植的耕地面积严重不足，作物产量的增长空间较小。因此，国内亟待发展油料作物多元化种植，尤其是蕴藏着巨大发展潜力的高产优质木本油料作物的种植，从而发挥木本植物油料的优势，补充草本油料供给不足，这对农业和社会发展均大有裨益，可以极大地缓解草本油料供不应求的现状[16, 17]。

油茶是我国四大木本油料作物之一，也是我国南方特有珍贵木本油料树种，集中分布在湖南、江西、广西、浙江等15个省（自治区、直辖市）的642个县（市、区）。我国油茶产业发展起始于20世纪50年代，经过60多年的发展变化，几起几落，长期在低水平上徘徊，始终没能走出低水平、低效益、低产能的发展圈子，到2008年我国茶油产量仅为20万吨左右。近些年来，我国油茶产业实现了成熟化、规范化、有序化发展，市场原料供给能力显著提升，经营主体不断壮大，优质品牌越来越多，油茶产业发展取得了显著成效。一是油茶在产量产值上实现了双增长。全国每年新造油茶林面积达到240万亩①左右，每年低产林改造面积270万亩，油茶林面积由2008年的4500万亩发展到2016年的6400多万亩，油茶籽产量从96万吨增加到217万吨，茶油产量由20多万吨增加到53.86万吨，油茶产值由110亿元增加到661亿元。二是油茶在促进就业和增收上作用效果显著。茶籽收购价从2008年的每千克4元左右提高到2016年的20元，茶油毛油收购价由2008年的每千克20元提高到100元以上，种植油茶每亩仅茶油收入就在4000元以上，油茶产业在推动山区农民脱贫致富、实施精准扶贫中的作用越来越显著。三是油茶在发展态势上各方积极性高涨。2016年全国投入油茶产业资金达104亿元，其中各级财政投入22亿元，企业和其他社会资本投入82亿元；参与油茶产业发展的企业由2009年的659家发展到2016年有1376家，专业合作社3964个，种植大户9487户，带动和参与的农民达240多万人，年吸引社会投资30多亿元[18]。

目前，我国已经具备了大力发展油茶产业的良好基础。一是经过油茶科研人员几代人的不懈努力，已经成功选育出一大批高产、稳产油茶良种，同时集约化系列栽培技术已成型过关，平均可亩产茶油40～50kg，比之前产量提高了8～9倍；二是茶油加工能力迅速扩张，

① 1亩≈666.67m^2

各地新建了一批茶油精深加工企业，加工工艺也得到了大幅度提高，并且摸索形成了“企业+合作社+基地+农户”的良好运行模式；三是党中央国务院对油茶等木本油料产业发展高度重视，国家发展和改革委员会、原农业部（现农业农村部）和原国家林业局（现国家林业和草原局）发布的《全国大宗油料作物生产发展规划（2016—2020年）》提出，到2020年，菜籽、花生、大豆、油茶籽四大油料播种面积力争达到3667万 hm^2 左右，总产量5980万吨，分别比2014年增加416.13万 hm^2、1440万吨，通过四大油料作物产能提升，增产食用植物油约230万吨，食用植物油自给率提高3～5个百分点，力争达到40%[18]。近年来，随着人口的不断增长、生活水平的不断提高和养殖业的迅速发展，食用植物油和蛋白饲料的需求量不断增加，但受多方面因素影响，国内油料生产能力增长缓慢，产需缺口扩大，进口增加，对外依存度上升。目前，我国已成为世界上最大的食用植物油和大豆进口国，食用植物油自给率不到40%。因此，迫切需要进一步提高国内油料生产能力，保持一定的自给水平，同时需要挖掘植物油料的高效综合利用加工方式，加快油料加工产业的发展[19]。

二、现代油料加工方法

我国是世界上最大的植物油料加工和消费国，目前植物油料加工及消费量近168亿吨，产业规模高达1.5万亿元[20]。目前，植物油的制取方法主要有水代法、热榨法、浸出法、生物解离法、超/亚临界流体萃取法等。其中，水代法是芝麻油生产的最常见的传统方法，浸出法、热榨法则是工业化生产的传统提取方法，而冷榨法、超/亚临界流体萃取法、生物解离法是近年来研究较多的新兴提取方法[21]。

（一）传统提取方法

1. 浸出法

浸出法于1843年起源于法国，是一种较为先进的制油技术。浸出法是根据相似相溶原理采用有机溶剂将油脂及部分脂溶性物质溶解，蒸发并回收溶剂后得到油脂的一种方法。浸出工艺制油的优点较传统的制油方法多，提油后剩余的饼粕中含残油少、出油率高、加工成本低、经济效益高，而且饼粕的质量比较高，可以用作饲料，饲养效果良好。浸出法适用于绝大多数油料制油，尤其是那些营养价值高但出油率较低的油料。由于浸出法的优越性，其被广泛运用于制油工艺，世界上约90%的油脂是采用浸出法提取的，但浸出法存在得到的油脂品质较差、蛋白质严重变性、有溶剂残留、设备多、投资大、对环境污染较大等缺点。

2. 热榨法

热榨法是油脂工业化生产中主要的提油方法之一，其原理是将油料在榨油前进行焙炒、蒸煮等热处理，高温能够最大限度地促使蛋白质发生变性，促进油脂释放，通过机械作用再将油脂挤压出来。这种方法的优点是无溶剂残留，安全、绿色、环保，但热榨法出油率低，且不利于资源的综合利用[22~24]，浪费了大量优质蛋白，高温处理对油料饼粕的氨基酸尤其是赖氨酸产生严重影响，同时导致热不稳定成分及挥发物损失，且容易导致致癌物苯并芘严重超标。

3. 水代法

水代法的原理是利用油料中非油成分对水和油的亲和力不同及油、水相对密度不同，将油和亲水性的非油物质进行分离而获得油脂的一种方法[25]。水代法提油工艺优点如下：①提取媒介为水，安全无污染；②提取设备简单，操作安全，能源消耗少，投资少；③制取的油脂品质好且具有独特而浓郁的香味，有研究表明，在焙炒过程中还有特殊的有益物质产生，此外，由于水代法不用化学方法精炼、漂白和除臭，得到的油脂能够保留更多的生物活性成分；④在制取过程中由于重金属化合物相对密度较大而沉淀至酱渣中，从而避免了重金属对人体的危害。但水代法也存在着缺点：①水代法提取率低（31%～48%），机械化程度低，劳动强度大，多数以小作坊生产为主，自动化连续化程度低；②得到的酱渣水分含量过高（65%～70%），易发生腐败变质，造成环境污染；③由于高温焙炒会使蛋白质遭到严重破坏，导致蛋白质资源的浪费，此外，高温还会使油中致癌物3,4-苯并芘含量升高，因此选择好焙炒温度尤为重要。

水代法是制取芝麻油的传统方法，但对于使用此法提取其他油料油脂也有研究，如用于核桃油、葵花籽油、油茶籽油、花椒籽油、浙江红花油、茶籽油、杏仁油等的提取。针对水代法提油工艺的研究仍存在如下问题：①对于副产物综合利用方面还需进一步深入研究；②针对水代法产生的大量油脚如何处理以获得较高的经济效益，如何在获得高品质、高提油率油脂的前提下，同步获得高附加值的蛋白质等问题上，还需研究者进一步改进；③目前水代法多数仍停留在小作坊加工中，如何实现大规模工业化生产也是亟待解决的问题。因此，应进一步改进水代法提油工艺，深入开展精深加工，加大资源综合利用的研发力度，延长油脂加工产业链条，创造更高的经济效益；应进一步加强对水代法生产设备的改造和研发，实现大规模、自动化、连续化程度高且高效率工业化生产，发展绿色、环保、安全的油脂生产工艺；同时应深入研究水代法提油的机理，以推进油脂工业的快速发展[26]。

（二）新兴提取方法

1. 冷榨法

冷榨法是油料不经过蒸炒处理，在温度低于65℃下，借助机械作用挤压制取油脂的方法[27]，可分为液压压榨法和螺旋压榨法两种，其原理是在冷榨的过程中油料主要发生物理变化（油料变形、油脂分离等），此时油料中的油脂仍以分散状分布于油料的未变性蛋白细胞中。冷榨法是物理方法且不需要精炼，可以避免与溶剂、碱液、脱色白土等有害物质接触，由于榨取温度较低，因此避免了因高温而产生反式脂肪酸、油脂聚合体等有害物质，并且能够最大限度地保留油料中的生物活性物质，能得到清香、色浅、透明度好、氧化稳定性好的高品质油脂，同时能得到低变性的蛋白质。但冷榨法仍然存在着不足之处，所得的油脂风味物质较少，冷榨饼粕残油高，能耗高，只适合小规模的生产[24, 28, 29]。

冷榨工艺由于出油率低，难以得到广泛的应用，因此，如何解决冷榨出油率低、生产成本高等问题，值得研究者进一步深入研究，以期加大冷榨提油技术的应用范围。冷榨制油技术在我国的推广应用较为成功，但对于油料的冷榨工业化生产还需要开展大量的研究工作，同时应加大对冷榨设备的开发力度。冷榨后的饼粕中存在着生物活性物质及抗营养物质，其中对如何脱除抗营养物质的研究较少，应该加强这一方面的研究[26~30]。

2. 超临界 CO_2 流体萃取法

超临界流体萃取技术是近几年发展起来的一项应用在食品中的高新技术。超临界流体的物理性质相对特殊，具有和液体相近的密度，它的扩散系数是液体的几十倍，有较好的流动、传质、传热性能，因此对许多物质有较好的渗透性和较强的溶解能力。超临界流体萃取技术的工作原理是利用超临界流体的溶解能力与其密度的关系，即利用压力和温度对超临界流体溶解能力的影响而进行的。超临界流体控制在超过临界温度和临界压力的条件下，从目标物中萃取成分，当恢复到常压和常温时，溶解在超临界流体中的成分即与超临界流体分开。与传统的提取技术相比，它具有萃取能力强、生产周期短、有效成分不易被破坏、工艺简单、安全性高、产品质量稳定等优点[31]。

超临界 CO_2 流体萃取法是一种新工艺，它无毒、高效、绿色，在植物油制取方面得到广泛应用。由于超临界萃取法成本较高，该方法一般用于特种油料油脂的萃取，且已经有工业化产品，如野生山茶籽油、亚麻籽油、米糠油等；此外超临界萃取法还应用于精油的提取，也已工业化，如生姜精油、茉莉精油、月见草精油、当归精油等，而应用于大宗油料油脂的提取较少。超临界 CO_2 流体萃取法也存在着一定的缺陷，如设备制作较难、操作压力较大、难实现大规模工业化生产等，还需要进一步的研究和改进[26]。

3. 亚临界流体萃取法

亚临界流体萃取法是继超临界流体萃取法之后诞生的一种新技术。其优点是常温浸出，低温脱溶，粕中的有效成分得到很好的保留，粕残油低，得到的油脂品质好，能耗低、环保、节能等。但也存在着缺点，亚临界萃取仍属于有机溶剂萃取，存在着具有一定毒性，投资大、电耗高等缺点[29]。亚临界法萃取植物油技术还处于摸索和探究阶段，且所用萃取剂仍属于有机溶剂，因此还需要更为广泛而深入的研究。

4. 生物解离法

随着人们生活水平的不断提高，食用植物油的制取和实际加工技术也在日趋进步，如何借鉴传统工艺的技法，实现新型技术的优化，成为社会各界关注的焦点。一直以来，植物油料的传统加工方式主要以压榨法和浸出法为主，普遍存在资源利用率低、溶剂残留及附加值不高等诸多瓶颈问题。同时，由于其加工工艺的局限性，往往植物油、蛋白质及其他活性物质不可同时兼得，造成优质资源的极大浪费，这严重制约了植物油脂与蛋白质产业的高效发展。因此，研发绿色安全、营养健康、高效环保的食用油及蛋白质同步制取技术迫在眉睫。

生物解离法主要是在机械破碎的基础上，采用酶来降解植物细胞壁使油脂得以释放。利用非油成分对油和水的亲和力差异及油水相对密度不同将非油成分和油分离。酶除了能降解油料细胞和分解脂蛋白、脂多糖等复合体以外，还能破坏油滴表面的脂蛋白膜，降低乳状液的稳定性，从而提高游离油得率。生物解离法与传统的提油方法相比，具有提取率高，对环境友好，安全性好，无溶剂残留，能耗和成本较低，条件温和，体系中降解产物一般不会与提取物发生反应，能够有效地保护油脂、蛋白质及胶质等可利用成分的品质，能得到变性程度低的蛋白质、高品质的油及其他功能性成分[32~35]，生物解离法提油能除去油料中异味的成分、抗营养因子和产气因子，酶法处理后所得油色泽较浅，磷脂含量、酸值及过氧化值较低[36]，其理化指标多数优于传统工艺所得的毛油，总体质量较传统工艺制取的油好，基本可达到初步精制油的标准[37, 38]。此外，油与饼粕易于分离，工艺简单，提高了设备处理能力，废水中 BOD 与 COD 值大为降低（35%～75%），易于处理，有利于节能、环保、符合可持续发展战略的原则和绿色生产、综合利用的发展理念[39]。生物解离法运用了生物加工技术中的酶工程、蛋白质工程等技术，是近年来新兴的一种油料加工技术，被油脂科学界称为“一种油料资源的全利用技术”“新一代制油技术”[40]。

三、生物加工技术

生物加工技术是公认的20世纪重大的技术革命，是一种对生命有机体进行加工改造、利用的重要技术，也是21世纪国际上食品领域的最具前沿的关键性技术。生物加工技术是通过研究发酵工程、酶工程、细胞工程、蛋白质工程、基因工程和现代分子检测技术等领域内的前沿科技，以现代生命科学的手段和研究成果为基础，结合现代工程的技术手段和其他交叉学科的研究成果，重点研究功能性蛋白、功能性油脂和多糖等重要生理活性食品，解决食品工业发展中存在的问题，满足人们对食品的客观要求，不断推动食品这个极具发展潜力的新兴产业向前发展，能够更好地应对来自各方面的挑战，不断发展壮大，全面提高食品的质量、营养和安全性，促进我国经济社会的持续发展[41]。

（一）酶 工 程

酶工程技术是一种环境友好型食品加工技术，在食品工业中的应用越来越广泛。“酶法加工技术”在油脂工业中主要的应用有酶法脱胶技术、功能油脂酶改性技术等。

1. 酶法脱胶技术

随着油脂加工技术的不断发展和对环境要求的不断提高，脱胶的目的不仅仅局限于最大限度地降低油脂磷含量，还包括尽量降低能耗、减少污染物的排放等环境因素。与传统脱胶相比，酶法脱胶因反应条件温和、适用范围广、精炼得率高、污染物排放少等特点，一经问世就受到了广泛的关注。

传统上，植物油脱胶主要采用物理法和化学法，需要使用大量的水及酸、碱等化学物质。而酶法脱胶是一种新的、经济环保的替代方法。它是利用磷脂酶将毛油中的非水化磷脂水解掉一个脂肪酸，生成溶血磷脂，利用其良好的亲水性，可以方便地除去[42]。目前比较有优势的微生物磷脂酶 Lecitase Novo（LN）、Lecitase Ultra（LU）和 Rohalase MPL 已经广泛应用于油脂精炼技术中。

酶法脱胶可广泛应用于各种植物油，如菜籽油、大豆油、葵花籽油等。目前，酶法脱胶技术已引起世界各国油脂工业界的重视，在德国有数家工厂采用酶法脱胶工艺，印度有7家中型工厂采用了酶法脱胶工艺，埃及也有2条生产线正在进行酶法脱胶工艺的改造，我国某大型油脂企业也有400t/d的生产线在采用酶法脱胶工艺生产，另有若干家工厂在进行酶法脱胶工艺的试验，准备进行工程改造[43]。

2. 功能性油脂酶法改性技术

酶的使用可使油脂营养功能不被破坏，酶反应条件温和且副反应少，产品容易回收。酶法可以生产出油料产品新品种，因而得到新型油脂。目前，可用于催化合成的酶主要为具有sn-1,3位特异性的脂肪酶，以丹麦诺维信［Novozymes（N）］公司等为代表。

1）特种油脂　丹麦国内以酶法酯交换大规模生产零反式脂肪酸人造黄油，避免了氢化及化学酯交换工艺中反式脂肪酸的产生。日本不二制油公司与英国－荷兰联合利华公司用固定化脂肪酶催化棕榈油与硬脂酸的混合物，合成物理性质、化学组成与可可脂相近，性能优异的类可可脂，以弥补天然可可脂产量的不足。

2）婴幼儿母乳脂代替品　母乳中最主要的成分是脂肪，其脂肪最大的特点是60%～70% 的棕榈油位于甘油三酯的 2 位，棕榈酸在甘油基上的位置将极大地影响婴幼儿对矿物质与脂肪的吸收与利用。目前酶法合成的婴幼儿母乳脂代替品贝特宝（Betapol）已经面世。

3）快速供能油脂　快速供能油脂是通过酶法使油脂中同时含有长链脂肪酸和中链脂肪酸，它具有普通油脂的物化特性和加工性能，但其更易消化吸收与分解代谢，可以快速给予人体能量。

4）酶法增加大豆油中的维生素 A　维生素 A 缺乏（vitamin A deficient, VAD）是世界范围内，尤其是发展中国家最常见的微量营养素缺乏症之一，人体不能自身合成维生素 A，植物来源的 β- 胡萝卜素及其他胡萝卜素可在人体内合成维生素 A，因此可以利用 β- 胡萝卜素 -15,15′- 加氧酶催化断裂大豆油中的 β- 胡萝卜素，使反应直接在油相中进行。这种酶对人体无危害，相比于人工抗氧化剂具有明显优势，为大豆油中维生素 A 的强化提供了新的途径。

（二）发酵工程

在食品领域中，发酵工程技术是应用最早的生物技术，在该技术作用下，能够有效改造传统发酵食品，不断加快现代发酵产品的研发，涉及不同食品工业领域，发酵工程在油脂工业中的主要应用是固态发酵技术。

固态发酵（solid-state fermentation）过程可定义为微生物在几乎没有游离水的培养基质上的生长过程及生物反应过程。近十年，固态发酵技术在许多方面的应用取得了飞速发展，如功能性大豆肽蛋白饲料、低盐固态发酵酱油产品生产，且在食用菌、柠檬酸、红曲生产中均有应用。目前，对于固态发酵技术在辅助提取植物油方面已有研究，如大豆油、芝麻油、菜籽油等。固态发酵技术在酶制剂生产中具有独特优势。在生产纤维素酶上，固态发酵的条件环境更接近于自然状态下木霉生长习性，使其产生的酶系更全，有利于降解纤维素，同时能源消耗少，设备投资相对减少，酶产品收率高，后续提取过程较液态发酵易处理[44]。近年来，也有学者尝试用枯草杆菌 BF7658 变异菌种进行固态发酵，其产酶酶活比液体发酵要高 4～5 倍，而且生产成本比较低，具有可观的经济效益。

四、生物解离技术的研究现状

生物解离技术从提出至今已经有 40 多年的历史[45]。20 世纪 70 年代，随着微生物技术在酶生产中的应用和推广，工业化产酶降低了酶制剂的价格，采用生物解离提油技术引起了国内外研究者的浓厚兴趣[46]。20 世纪 90 年代，随着油料微观分子结构的研究和食品酶学的不断发展，生物解离提油技术迎来了第二次发展高潮。进入 21 世纪，对于正己烷浸出的油脂，出于越来越严格的环境限制条款和健康考虑，尤其自美国环境保护局（EPA）提议，自 2004 年取缔浸出油厂排放正己烷，这更加引发人们对使用溶剂的思考。随着越来越多的新型酶制剂的开发和多种破乳技术的不断应用，生物解离提取植物油技术进入了第三波研究高潮。

大豆是国内外最早利用生物解离技术进行提油的油料[47]。1978 年 Alder 提出了大豆蛋白酶法改性制备等电点可溶水解蛋白的工艺，为酶法分离大豆油和蛋白质奠定了理论基础[48]。随后的 30 多年里，酶法分离植物油料中的油和蛋白质等组分的研究已经成为国际上关注的重点，有关研究涉及各类油料，如油茶籽、大豆、菜籽、花生、葵花籽等。

前期对于生物解离技术在提取植物油方面的研究较多，主要是实验室阶段对生物解离技术提取策略的研究，旨在提高提油率和提蛋白率，如原料的预处理工艺、酶解工艺及破乳工艺的优化等方面的研究，目前这方面的研究尚处于工艺的研究探索阶段；此外，在副产物综合利用方面及生物解离技术提取植物油和蛋白质的理化性质、加工特性，生物解离技术提取的植物油精炼工艺等方面研究甚少。

生物解离技术发展至今，在油料破碎、提取介质、酶及超声波、微波等辅助手段应用、乳状液破乳、油与乳状液分离等的理论、技术和装备方面均有了很大突破，清油得率逐步提高，多种油料作物的提油率达到 90% 以上，有的甚至达到 94% 以上，然而生物解离技术的工业化、产业化发展仍然存在一些亟待解决的问题。

（1）油料的预处理。生物解离技术要求将油料粉碎至细胞大小水平，而目前油料加工厂使用的破碎机械主要是齿辊破碎机、圆盘（破碎）剥壳机、锤片式粉碎机等[49]。这些粉碎设备在小试甚至中试规模下可用，但在产业化规模下无法做到粉碎粒度均匀，不能满足生物解离技术提油对油料粉碎的要求，必须发展适合油料粉碎、研磨的高效且符合大规模工业化加工要求的粉碎设备[50]。

（2）商业酶的种类和成本。生物解离技术中酶解和破乳都需要用酶。酶成本的高低直接关系到水酶法提油技术产业化的发展前景。目前还没有生物解离提油技术的专用酶，采用的是商品纤维素酶、半纤维素酶、果胶酶、蛋白酶、α- 淀粉酶等[51]，这些酶对于不同油料的效果不同。大多数油料采用几种酶混合使用时比使用单一酶效果好。酶的选择和复配仍然是生物解离技术发展的重要研究内容。目前一般生物解离提油技术的酶用量为 1%～2%，酶的用量和成本还比较高，这限制了生物解离提油技术的发展。因此，研究开发专用酶，减少酶用量，最终降低酶成本是生物解离提油技术产业化必须解决的重大问题[50, 52]。

此外，生物解离提油后相关酶的处理几乎均是通过钝化酶使其失活，这就造成了酶资源的浪费。虽然当今酶的工业化生产使得酶成本降低，但相对工业生产而言，依然会导致生产成本较高。随着酶工程及酶固定化技术的快速发展，工业用酶将可以重复使用，从而降低生产成本，简化生产工艺。

（3）三相连续分离技术。三相分离在生物解离技术的工艺过程中十分重要。油料提取过程中油、水、渣等多相难以高效分离的问题一直制约着该工艺进一步产业化发展。目前生物解离技术的三相分离大多采用小型沉降式离心机进行多次分离，效率低，且根本无法连续进行。因此开发能够进行三相高效连续分离，且不会严重乳化清油的分离技术，才能真正推进生物解离技术的大规模产业化发展[50]。

（4）废水处理。生物解离技术提油生产工艺中用水量大，污水产生和处理量大，且待处理水中蛋白质、多糖等适合微生物生长的营养物质含量都比较高，若处理不当，可能会对环境造成污染，容易快速滋生各种微生物而导致腐败。因此，生物解离技术中产生的废水要及时进行处理。随着废水处理相关研究的顺利进行，可以建立相关水的循环使用系统，不仅可以降低废水的处理费用，从而降低生产成本，还可以节约水资源，符合未来工业生产绿色、环保的要求[52]。

（5）油料副产物的提取与利用。生物解离技术的一个突出优点就是资源利用率高，除了可以提取油脂外，蛋白质、碳水化合物及其他功能性成分等也可以高效回收。从生物解离提油后的水相和渣相中快速、高效分离提取出这些成分，并实现其作为食品配料进行高附加值利用，仍然是急需解决的技术问题和商业化应用问题[50]。

尽管生物解离提油技术的工业化生产还存在诸多问题，但生物解离提油技术无疑存在着巨大的优势——通过这项技术可以同时得到高品质的油脂和蛋白质，增加原料附加值等。生物解离技术温和安全、高效环保，随着工艺设备、分离技术等的发展，该技术将更加完善，必将在油脂加工产业中发挥更为重要的作用，具有更加广阔的应用前景。

参考文献

[1] 王汉中，殷艳．我国油料产业形势分析与发展对策建议．中国油料作物学报，2014, (3): 414～421.

[2] 娄正，刘清，师建芳，等．我国主要油料作物加工现状．粮油加工，2015, 02: 28～34, 38.

[3] 国家发展改革委，农业部，国家林业局．全国大宗油料作物生产发展规划 (2016～2020 年). 中国农业信息，2017, 01: 6～15.

[4] 殷瑞锋，徐雪高，张振．2017 年大豆市场形势分析与 2018 年展望．农业展望，2017, (12): 4～7, 11.

[5] 张雯丽，许国栋．2016 年油料和食用植物油市场形势分析及 2017 年展望．农业展望，2017, (2): 9～12.

[6] 罗寅，杜宣利，杨帆，等．葵花主产国葵花籽及其油脂质量探讨．粮食加工，2017, 42(1): 50～51.

[7] 潘娜．葵花籽油氧化稳定性研究．呼和浩特：内蒙古大学硕士学位论文，2015.

[8] 任健．葵花籽水酶法取油及蛋白质利用研究．无锡：江南大学博士学位论文，2008.

[9] 李晓丽，张边江．油用向日葵的研究进展．安徽农业科学，2009, (27): 15～17.

[10] 林平，姜玉梅，陈瑛．几种油料作物中脂肪酸组成的研究及探讨．江西科学，2000, (2): 116～119.

[11] 段丽娟，侯智霞，李连国，等．我国木本食用油料植物种实品质研究进展．北方园艺，2009, (7): 136～139.

[12] 朱秋生，叶金山，章挺．江西几种主要木本油料植物发展现状．农技服务，2010, 27(10): 1339～1340, 1351.

[13] 许新桥，孟丙南．我国核桃产业潜力及发展对策研究．林业经济，2013, (2): 34～38.

[14] 王性炎．加快木本油料发展保障食用油供需安全．中国油脂，2009, 34(9): 1～4.

[15] 盛建喜．浅论中国食用油供给侧深耕．科技经济导刊，2017, (2): 109.

[16] 马超，尤幸，王广东．中国主要木本油料植物开发利用现状及存在问题．中国农学通报，2009, 25(24): 330～333.

[17] 尹丹丹，李珊珊，吴倩，等．我国 6 种主要木本油料作物的研究进展．植物学报，2018, 53(1): 110～125.

[18] 程红．新时代中国油茶产业的未来之路．农经，2018, (2): 64～67.

[19] 我国大宗油料作物生产发展五年规划发布．农村牧区机械化，2016, (5): 4～5.

[20] 王薇．用科技组合拳打通植物油料加工新路径．中国食品报，2018-01-31(004).

[21] 梁少华，毕艳兰，汪学德，等．国内芝麻加工应用研究现状．中国油脂，2010, 35(12): 4～8.

[22] 魏东，窦福良．低温压榨芝麻油的工艺研究．食品科学，2010, 31(22): 260～263.

[23] 冯妫，许合金，黎相广，等．芝麻品种、制油工艺及其对芝麻饼粕品质的影响．饲料与畜牧，2014, 9: 29～31.

[24] 蔺建学，徐速，江连洲．油料作物制油工艺现状与冷榨制油的研究进展．大豆科技，2013, 1: 29～35.
[25] 尚小磊，侯利霞，刘玉兰，等．水代法制油工艺研究现状．农业机械，2012, 18: 37～38.
[26] 张雅娜，王辰，刘丽美，等．芝麻油提取方法研究进展．中国食物与营养，2017, 2(10): 42～46.
[27] 刘林，邱树毅，周鸿翔．油料冷榨技术的研究进展．油脂工程技术，2010, 9: 5～8.
[28] 刘玉兰，陈刘杨，汪学德，等．不同压榨工艺对芝麻油和芝麻饼品质的影响．农业工程学报，2011, 27(6): 382～386.
[29] 刘日斌，汪学德．低温制取芝麻油的研究进展．粮油食品科技，2012, 20(6): 41～44.
[30] 刘光宪，冯健雄，闵华，等．冷榨制油技术研究进展．江西农业学报，2009, 21(12): 134～136.
[31] 甘芝霖，于明，胡雪芳，等．超临界二氧化碳萃取孜然油工艺技术研究．食品工业科技，2010, 31(8): 283～285.
[32] 李大房，马传国．水酶法制取油脂研究进展．中国油脂，2006, 31(10): 29～32.
[33] Latif S, Anwar F. Effect of aqueous enzymatic processes on sunflower oil quality. Journal of American Oil Chemist's Society, 2009, 86: 393～400.
[34] Rosenthal A, Pyle DI, Niranjan K. Aqueous and enzymatic processes for edible oil extraction. Enzyme and Microbial Technology, 1996, 19(11): 402～420.
[35] Li Y, Jiang LG, Zhang ZG, et al. Fuzzy optimization of enzyme assistant aqueous for extracting oil and protein from extruded soybean. Transactions of the Chinese Society of Agricultural Engineering, 2010, 26(2): 375～380.
[36] 陈泽君，胡伟．水酶法提取油茶籽油的研究进展综述．湖南林业科技，2012, 39(5): 101～104.
[37] Che MY, Asbi AB, Azudin MN, et al. Aqueous enzymatic extraction of coconut oil. J Am Oil Chem Soc, 1995, 73(6): 638～686.
[38] Thomas L, Hohn A. Beneficial use of enzymes in soybean processing. Food Marketing & Technology, 1997, 11(6): 14～18.
[39] 倪培德，江志炜．高油分油料水酶法预处理制油新技术．中国油脂，2002, 27(6): 5～8.
[40] Johnson LA. Theoretical, comparative, and historical analyses of alternative technologies for oilseeds extraction. *In*: Wan PJ, Wakelyn PJ. Technology and Solvents for Extracting Oilseeds and Nonpetroleum Oils. Champaign: AOCS Press, 1997: 4～45.
[41] 陈家禄．食品工业中现代生物技术的应用进展分析．中华少年，2016, (14): 293～294.
[42] 罗淑年，于殿宇，韩锋，等．酶法脱胶物理精炼大豆油．食品科学，2007, 28(10): 287～289.
[43] 江连洲．大豆加工新技术．北京：化学工业出版社，2016.
[44] 陈洪章．现代固态发酵技术——理论与实践．北京：化学工业出版社，2013.
[45] Dominguez H, Nunez MJ, Lema JM. Enzymatic pretreatment to enhance oil extraction from fruita and oilseeds: a review. Food Chemistry, 1994, 49: 271～286.
[46] 荣辉，吴兵兵，杨贤庆，等．水酶法提取生物油脂的研究进展．食品工业科技，2017, 38(2): 374～378.
[47] 王瑛瑶，贾照宝，张霜玉．水酶法提油技术的应用进展．中国油脂，2008, 33(7): 24～26.
[48] Alder NJ. Enzymatic hydrolysis of soy protein for nutritional fortification of low pH food. Ann Nutr Aliment, 1978, 32(2-3): 205～216.
[49] 马传国．油料预处理加工机械设备的现状与发展趋势．中国油脂，2005, 30(4): 5～11.
[50] 杨瑞金，倪双双，张文武，等．水媒法提取食用油技术研究进展．农业工程学报，2016, 32(9): 308～314.
[51] 鲁曾，董海洲，潘燕．酶法提油技术研究进展．粮食与油脂，2006(6): 37～39.
[52] 杨建远，邓泽元．水酶法提取植物油脂技术研究进展．食品安全质量检测学报，2016, 7(1): 225～230.

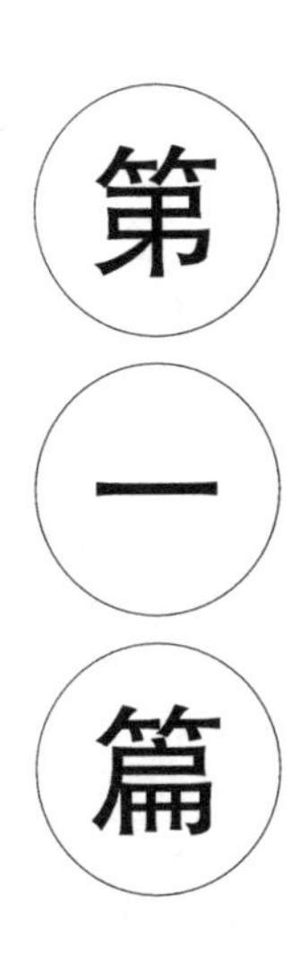

第一篇 大豆

第一篇

第一章　油料大豆

大豆（soybean），又名黄豆，豆科大豆属一年生草本植物，原产于我国。目前，大豆已经成为世界上最重要的植物油料之一，主要生产国有中国、美国、巴西、阿根廷等10个国家，产量占世界总产量的96%以上，是供应世界植物蛋白（食用和饲用）、食用油的主要来源之一。据国家统计局公布，2015年全国粮食总产量为62 143.5万吨，已经实现连续12年增长，其中大豆产量居世界第四位，仅次于美国、巴西、阿根廷，图1-1为美国农业部于2016年发表的关于2011～2015年全球大豆产量的数据。大豆油是全世界产量第一的食用油（人们日常食用油中80%为植物油，20%为动物油），占美国食用油总产量的2/3。本章主要对油料大豆进行了综合阐述，分别介绍了大豆的化学组成、籽粒结构与组成与制油特点，这部分内容是研究大豆生物解离技术的重要理论基础。

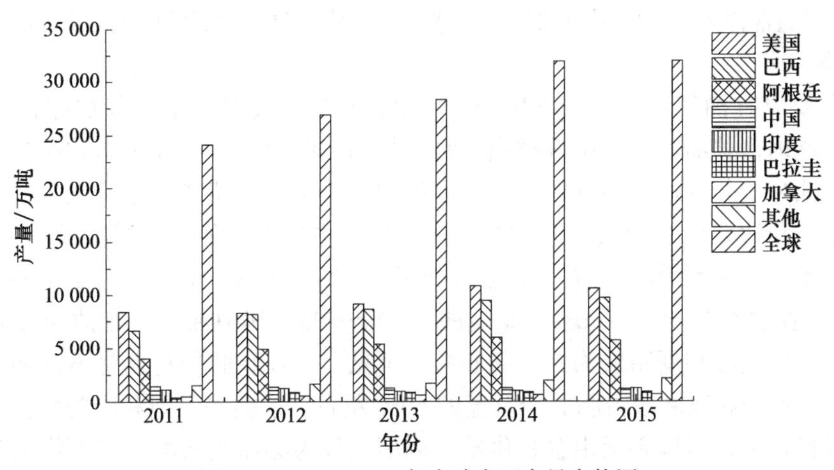

图1-1　2011～2015年全球大豆产量走势图

第一节　大豆的化学组成

大豆是世界上最重要的植物油料和植物蛋白来源之一，其主要由脂肪、蛋白质、碳水化合物、膳食纤维、水分组成，还含有微量的维生素、矿物质等。每100g大豆约含蛋白质36.3g，含量较高，且质量比其他粮食中的蛋白质好，与肉类的蛋白质接近（其中猪瘦肉的蛋白质含量为16.4%、鸡蛋中含14.7%、牛奶中含3.3%）；含磷571mg、铁11mg，是矿物质的良好来源；含脂肪18.4g、碳水化合物15.3g、膳食纤维15g、灰分4g、钙367mg，含量丰富；含胡萝卜素0.4mg、维生素B_1 0.79mg、维生素B_2 0.25mg、烟酸2.1mg。与等量的猪肉相比，蛋白质约多1倍，钙约多33倍，铁约多26倍，而价格比猪肉便宜很多。大豆各个组分的含量见图1-2[1]。

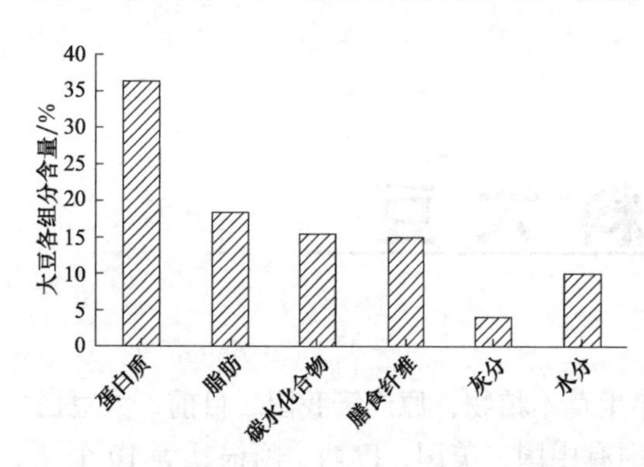

图 1-2　大豆各个组分的含量[1]

1. 蛋白质

大豆中的蛋白质含量高，消化吸收率高，是一种优质的植物蛋白。蛋白质是大豆中含量最高的成分，从某种意义来说大豆应当称为蛋白质作物，而不是油料作物。大豆蛋白含有 8 种人体必需氨基酸，其含量接近联合国粮食及农业组织（FAO）和世界卫生组织（WHO）推荐的理想构成，营养价值与牛奶、牛肉相当，能够充分满足人类的营养需要[2~4]。大豆蛋白具有多种功能特性，如乳化性、持水性、持油性、起泡性等，被应用于肉类制品、饮料、冰淇淋及各种保健食品中[5]。然而目前，大豆蛋白主要被用作饲料，仅有很少一部分大豆蛋白直接用于传统的大豆食品或作为蛋白质配料而被人体消化吸收。因此，可以说大豆蛋白在很大程度上还没有开发利用完全。

与大豆类脂不同，大豆蛋白的分级与分类很复杂，与此有关的报道常出现不一致的情况。大豆蛋白本身的复杂性和人们对大豆蛋白使用的提取方法不同，导致不同的文献常常出现不同的命名法则。特定的大豆蛋白都有自己的俗名，如球蛋白的两种类型——豆球蛋白和豌豆球蛋白，在大豆中通常称为大豆球蛋白和伴大豆球蛋白，其来源于大豆的属名 *Glycine*。

2. 脂类

大豆主要以甘油三酯（triacylglycerol，TAG）的形式把类脂成分贮存在一个称为油脂体的细胞器内，甘油三酯为中性类脂，每个甘油三酯分子含有 3 个脂肪酸分子和 1 个连接它们的甘油分子。普通食用油尤其是大豆油的营养价值、功能特性及氧化稳定性都是由其脂肪酸成分所决定的。而大豆脂肪酸构成较好，主要由 5 种脂肪酸组成，包括棕榈酸、硬脂酸、油酸、亚油酸和亚麻酸，其中棕榈酸为 7%～10%，硬脂酸为 2%～5%，油酸为 22%～30%，亚油酸为 50%～60%，亚麻酸为 5%～9%，其中油酸、亚油酸和亚麻酸为不饱和脂肪酸，棕榈酸和硬脂酸为饱和脂肪酸。可见，大豆脂肪的特点是不饱和脂肪酸含量较高，其中亚油酸和亚麻酸占脂肪酸总量的 60% 左右。这类多不饱和脂肪酸在人体内不能合成或合成量甚微，所以必须由食物供给，因而又称为必需脂肪酸。多不饱和脂肪酸有促进儿童生长发育的作用，也有降低成年人血清胆固醇和血脂的作用，是预防心血管疾病的重要物质[6]。

大豆中还含有丰富的卵磷脂，对人体健康非常有益。大豆油也因为其消化吸收率高，被评为一种营养价值很高的优良食用油。

3. 碳水化合物

大豆中的碳水化合物可分为可溶性碳水化合物和不溶性碳水化合物两类，大豆中的可溶性碳水化合物包括微量的单糖（如葡萄糖和阿拉伯糖）和适量的二糖与低聚糖（蔗糖 2.5%、棉子糖 0.1%～0.9%、水苏糖 1.4%～4.1%），大豆中的不溶性碳水化合物包括纤维素、半纤维素、果胶和微量的淀粉，它们主要存在于细胞壁中，为结构性成分。

大豆中同样有部分不被人体消化吸收的多糖类和木质素，统称为膳食纤维。大豆膳食纤维是复杂的混合物，包括水溶性膳食纤维和水不溶性膳食纤维。大豆膳食纤维是由纤维素、半纤维素、果胶和果胶类物质、糖蛋白和木质素组成。大豆膳食纤维对人体健康有很多重要的生理功能，如降低血清胆固醇水平、改善血糖生成反应、改善大肠功能及降低营养素利用率等。大豆膳食纤维可作为一种食品配料，在食品中作为稳定剂，具有增稠、延长食品货架期的作用，另外还可制成各种保健食品[7]。

4. 微量成分

在大豆的主要矿物质成分中，钾的含量最高，其次是磷、镁、硫、钙、氯和钠。这些矿物质的平均含量为0.2%～2.1%。

大豆含有水溶性和脂溶性的维生素。大豆中的水溶性维生素主要有维生素B_1、维生素B_2、烟酸、泛酸和叶酸。脂溶性维生素是维生素A和维生素E，基本上不含维生素D和维生素K。

大豆中还含有大豆异黄酮，含量受大豆品种、产地、生产年份的影响，其含量为0.5～7.0mg/g干大豆。大豆异黄酮具有弱雌激素活性，可竞争性地与雌激素受体结合，从而具有抗雌激素的作用，具有预防乳腺癌、减轻或避免引起更年期综合征等功能[6]。

5. 其他成分

大豆还含有抗营养因子，如干扰蛋白质消化利用的胰蛋白酶抑制剂、凝集素。在生大豆中胰蛋白酶抑制因子含量约为30mg/g，它对植物本身具有保护作用，可防止大豆籽粒自身发生分解代谢。目前，已从大豆中分离出两种类型的胰蛋白酶抑制剂，即Kunitz型胰蛋白酶抑制剂和Bowman-Birk型胰蛋白酶抑制剂。目前，大豆胰蛋白酶抑制剂的抗营养作用主要表现在抑制胰蛋白酶和胰凝乳蛋白酶的活性，降低蛋白质消化吸收和造成胰腺肿大这两个方面[8]。除了胰蛋白酶抑制因子以外，还有其他的抗营养因子，如大豆凝集素，它是从大豆提取物中分离出的一种能凝集红细胞的蛋白质，主要有凝集活性、促分裂活性，以及对肠道、胰腺、免疫系统的抗营养作用[9]。

大豆中含有对甲状腺不利的致甲状腺肿大物质，主要为硫氰酸酯、异硫氰酸酯、噁唑烷硫酮。致甲状腺肿大物质优先与血液中的碘结合，致使甲状腺素合成所需碘来源不足，导致甲状腺代偿性增生肿大[10]。

大豆中含有影响微量元素吸收的植酸、皂苷。植酸即肌醇六磷酸（酯），是植物中磷的主要贮备形式。植酸磷含量占总磷的60%～80%，但由于植酸磷在消化道中难以被降解，因此植酸态的磷被机体吸收利用率很低。在化学结构上，植酸具有很强的螯合能力，在pH 3.5～10时（即胃肠的pH条件下），可以络合Fe^{2+}、Zn^{2+}、Ca^{2+}、Mg^{2+}等离子形成不溶性盐类，从而降低人体对这些微量矿物质的吸收[11]。

此外，对于致肠胃胀气的低聚糖成分等，在大豆加工过程中应去除或使其破坏，以提高大豆制品的营养价值[12～14]。目前，通过诱变育种、转基因技术等开发低亚麻酸（1.5%～2.5%）、高油酸（60%～70%）、无胰蛋白酶抑制剂的大豆新品种，已经在一些国家获得成功。

第二节 大豆籽粒结构及组成

一、大豆籽粒结构

大豆的果实为荚果，豆荚内含有1～4粒种子，一般为2～3粒。大豆荚果脱去其果荚后即为大豆籽粒。大豆籽粒有扁圆形、球形、椭圆形和长圆形等几种不同的形状，其结构如图1-3A所示。种子的直径为5～5.98mm，正如在大多数其他豆科植物看到的，大豆种子基本没有胚乳，只有种皮和一个大的、发育良好的胚组成，一般胚占种子重量的92%左右，种皮占8%左右。因此，大豆属于双子叶无胚乳种子，子叶是大豆的主要部分，占种子重量的90%，子叶有两片，是大豆贮藏养分的地方，其中含有丰富的蛋白质和脂肪，子叶的细胞组织内几乎集中了大豆所含的全部油脂，如图1-3B所示。典型大豆子叶细胞呈现圆柱形，直径为30μm，长度为70～80μm，为了充分地破坏子叶细胞，粉碎后的粒度需要小于这个尺寸才可以[15, 16]。

大豆和其他的有机体一样都是由大量的细胞组织组成，而且相比于棉籽和亚麻籽，其细胞最大，细胞的形状可呈球形、圆柱形、纺锤形、多角形等，一般单个细胞呈球形。

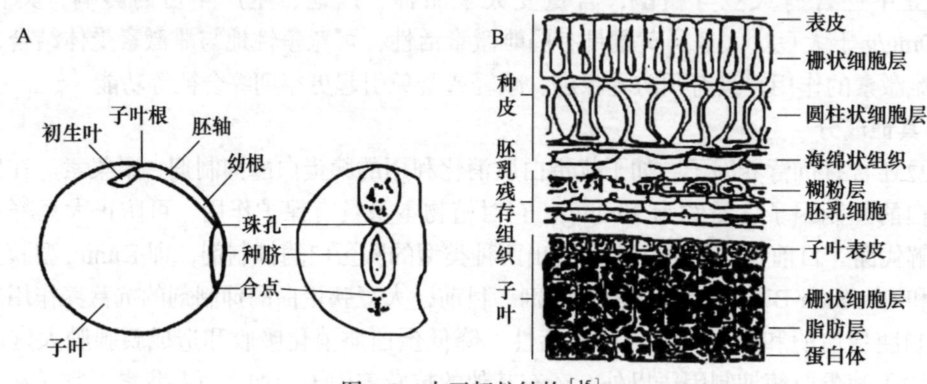

图1-3　大豆籽粒结构[15]

A. 大豆籽粒结构示意；B. 大豆结构示意

1. 种皮

种皮位于大豆籽粒的外层，约占整个大豆籽粒质量的8%，是由胚珠发育而成的，对种子具有保护作用。大多数大豆品种的种皮表面光滑，有的有蜡粉或泥膜。大豆种皮的色泽因品种而异，通常有黄、青、褐、黑及杂色5种，其上还附有种脐、珠孔和合点等结构。黄色大豆数量最多，且含油量最高，主要用于制油。成熟的大豆种子表面光滑、完整、饱满，有的还具有光泽，光泽好的大豆往往含油量较高。不同品种种脐的形态、颜色、大小略有差别。在种脐下部有一凹陷的小点称为合点，是珠柄维管束与种胚连接处的痕迹。脐上端可明显地透视出胚芽和胚根的部位，二者之间有一个小孔眼，种子发芽时，幼小的胚根由此小孔伸出，故此小孔称为种孔或珠孔、发芽孔。

大豆种子的种皮从外向内由4层形状不同的细胞组织构成（图1-3B）。外层为栅状细胞层，由一层似栅栏状并且排列整齐的长条形细胞组成，细胞长为40～60μm，外壁很厚，为外皮层。最外层为角质层，其中有一条明线贯穿，决定种皮颜色的各种色素就在栅状细胞内。栅状细胞较坚硬并且排列紧密，一般情况下水较易透过，但若栅状细胞间排列过分紧密时，水便无法透过，使大豆籽粒成为“石豆”或“死豆”，这种大豆几乎不能被加工利用。靠近栅状细胞的是圆柱状细胞层，由两头较宽而中间较窄的细胞组成，长为30～50μm，细胞间有空隙。当进行泡豆处理时，这些圆柱状细胞膨胀，使大豆体积增大。圆柱状细胞层的再里一层是海绵状组织，由6～8层薄壁细胞组成，间隙较大，泡豆处理时吸水剧烈膨胀。最里层是糊粉层，由类似长方形的细胞组成，壁厚，含有一定的蛋白质、糖、脂肪等成分。对于没有完全成熟的大豆籽粒，其种皮的最里层（糊粉层之下）是一层压缩胚乳细胞。

2. 胚

大豆籽粒的胚由胚根、胚轴（茎）、胚芽和两片子叶组成。胚根、胚轴和胚芽3部分约占整个大豆籽粒质量的2%。大豆子叶是大豆主要的可食部分，其质量约占整个大豆籽粒的90%。子叶的表面是由近似正方形的薄壁细胞组成的表皮，其下面有2～3层稍呈长形的栅状细胞，栅状细胞的下面为柔软细胞，它们都是大豆子叶的主体。在超显微镜下可以观察到子叶细胞内白色的细小颗粒和黑色团块。白色的细小颗粒称为油体，直径为0.2～0.5μm，内部蓄积有中性脂肪；黑色团块称为蛋白体，直径为2～20μm，其中主要为蛋白质。

二、大豆籽粒的组成

由于大豆籽粒的各个组成部分细胞组织形态不同，其构成物质也有很大的差异。大豆种皮除糊粉层含有一定量的蛋白质和脂肪以外，其他部分几乎都是由纤维素、半纤维素、果胶质等组成，食品加工中一般作为豆渣而被除去。而胚根、胚轴、胚芽、子叶则以蛋白质、脂肪、糖为主，富含异黄酮和皂苷。大豆子叶是由蛋白质、脂肪、碳水化合物、矿物质和维生素等主要成分构成。整粒大豆及其各部位的化学组成情况如表1-1所示。

表1-1 整粒大豆及其各部位的化学组成 （%）

整粒及部位	粗蛋白（$N\times6.25$）	碳水化合物（包括粗纤维）	粗脂肪	水分	灰分
整粒	38.8	27.3	18.6	11.0	4.3
子叶	41.5	23.0	20.2	11.4	4.4
种皮	8.4	74.3	0.9	13.5	3.7
胚（根、轴、芽）	39.3	35.2	10.0	12.0	3.9

注：N为用凯氏定氮法测得的氮含量

第三节 大豆的制油特点

古往今来，大豆是我国重要的油料作物之一[17, 18]。大豆油呈黄色或者棕榈黄色，是一种半干性油。大豆主要用于制取油脂和饼粕，过去豆粕仅作为副产品，用作饲料或者肥料。近年来，大豆日益成为制取食用蛋白的重要原料，以大豆饼粕为原料，可制取大豆浓缩蛋白、分离蛋白、组织状蛋白、纤维状蛋白等多种产品。

大豆油与其他食用油一样，除具有烹调用途外，还提供给人们能量、必需脂肪酸和脂溶性维生素。大豆油广泛应用于各种食品产品中，包括色拉油、烹调油、起酥油、人造奶油、蛋黄酱及生菜调味酱汁[19]。

一、大豆细胞壁组成

通常植物细胞壁（cell wall, CW）主要分为3层，从外到内为胞间层、初生壁、细胞膜。其中初生壁内由胶质、多聚糖、超细纤维素、纤维素、半纤维素、果胶、蛋白质相互连接构成（图1-4）[20]。不同植物的细胞壁，其组成物质在成分上有所差别，从而导致不

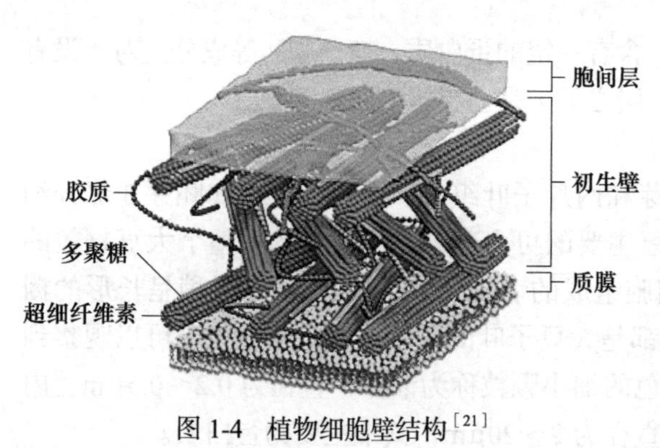

图 1-4 植物细胞壁结构[21]

同植物细胞壁表现出不同的物理结构和化学性质[21]。

油料细胞表面坚韧的细胞壁将油脂、蛋白质等物质包裹在内。有研究表明[22]，细胞壁是从大豆中提取油脂和蛋白质的第一道屏障，也是主要屏障，因此任何物质的提取都需要对细胞进行破碎[23]。对大豆微观结构的了解对于大豆油脂的提取有着重要的意义，大豆细胞壁为双层，第一层细胞壁由果胶、半纤维素、交联着蛋白质的纤维微管束构成，这层由果胶构成的膜层将子叶细胞连接在一起[24]；第二层细胞壁由纤维素、半纤维素构成[25]。物质通过胞间连丝越过细胞壁屏障发生传递，胞间连丝是细胞壁中的微小开口，直径为 20～80nm[26]。

二、大豆细胞内油体和蛋白体介绍

大豆是双子叶植物，典型的大豆组合物含有 20% 的油脂、40% 的蛋白质、35% 的碳水化合物（16% 的可溶性和 19% 的不溶性）和 5% 的灰分（以干基计）[27]。大部分的蛋白质和油脂储存在子叶组织的细胞器中，称为大豆蛋白体（protein body，PB）和大豆油体（oil body，OB）。植物油脂积累于植物种子中，主要以甘油三酯的形式存在，植物种子中的甘油三酯分散成许多小的相对稳定的亚细胞颗粒，也称为油体[28]。

大豆的种子中含有大量的油体，大豆油体是天然存在的油，应用过程中既不需要乳化剂也不需要均质的过程。油体是植物细胞中最小的细胞器。油体为直径 0.5～2.5μm 的球体，油体的大小因植物种类和品种的不同而不同，且受到营养和环境的影响[29]。在同一粒种子的不同组织细胞中，油体的大小也会有所不同。通过电镜可观察到，油体的外部是一层致密的膜，内部为不透明的基质。

油体主要组成为中性脂类（92%～98%）、磷脂（1%～4%）和油体相关蛋白（1%～4%）[30]。油体中也含有少量的细胞色素 c 还原酶[31]，某些植物的油体中还含有脂酶和酰基甘油酶[28]。Tzen 和 Huang[28] 于 1992 年提出的油体结构模型，分析了油体的分布规律及其存在状态（图 1-5），他们认为油体内部主要为甘油三酯（TAG）的液态基质（图 1-5A），外部则为磷脂单分子层及嵌入其内的油体结合蛋白 oleosin（油质蛋白）组成的半单位膜，这个半单位膜的基本单位是由 13 个磷脂分子和 1 个油质蛋白分子组成（图 1-5C），其中磷脂占油体表面的 80%，油质蛋白占 20%。每个磷脂分子的 2 个疏水酰基朝向内部疏水的基质，而亲水端则朝向外部，使油体表面具有一定的亲水性。镶嵌于半单位膜上的油体结合蛋白分子 oleosin，其疏水区域为长约 11nm 的柄状结构（图 1-5B），并且伸入磷脂的疏水酰基部分及油体内部的基质中，而油质蛋白分子其余的部分则覆盖在油体表面，阻止外部的磷脂酶作用于磷脂[32]。植物种子经长期贮存，油体分子之间不会相互聚合[33]，这是由于油体表面的电荷和油质蛋白的存在[34]。最近有研究表明，油体表面除主要镶嵌有油质蛋白外，还镶嵌少量油质蛋白等其他蛋白质，因此油体的结构可能较上述模型更加复杂[35]。

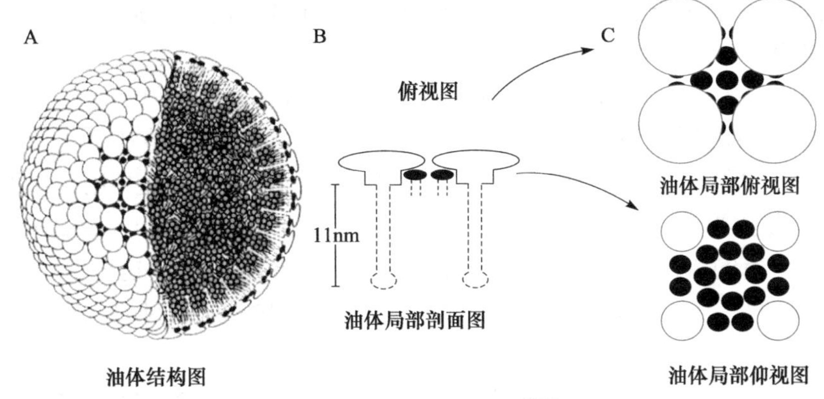

图 1-5　油体结构示意图[29]

油体的产生尚未研究清楚，但有学者认为 TAG 的合成及在内质网上被磷脂包裹和油体蛋白在粗面内质网上的合成是同步的[29,31]。合成的 TAG 在内质网上积累，形成突出的“芽体”（bud），粗面内质网上一旦合成了油质蛋白就会与芽体上的磷脂结合，很可能受其中间疏水区的定位引导，最终发育形成油体[36,37]。这种模型可以很好地解释油体的半单位膜结构，但也有另一种假说认为油体的合成是在细胞液中，由聚合态的 TAG 分子遇到油质蛋白和磷脂后被包起来形成的。研究表明，在种子萌发的过程中，脂酶的合成可能与油质蛋白有关，油质蛋白中可能含有脂酶的结合位点，也有可能是脂酶的活化因子[28]。脂酶作用于油体内的 TAG 产生脂肪酸，脂肪酸在乙醛酸循环体中代谢。当 TAG 降解后，油质蛋白迅速消失，油体的磷脂与液泡膜逐渐融合，最终形成大的中央液泡。

油体的提取方法主要有水相提取法、缓冲溶液提取法和酶辅助提取法。Jacks 等[38]用含有氯化钠的 Tris-HCl 缓冲液、蒸馏水一共洗涤 14 次得到纯净的油体。Tzen 等[39]提出了一种经典的提取油体的方法，包括用有机溶剂萃取、离心沉淀、用去污剂洗涤、用盐离子洗脱、用离液剂处理、用正己烷进行完整性测定等步骤。该方法提取的油体，除去了油体中非特异性结合的蛋白质，拥有较高的纯度。Nikiforidis 和 Kiosseoglou[40]用水萃取法提取了玉米胚乳中的油体，结果表明在碱性条件下多次洗涤油体的得率可以达到 95%。在油体的贮藏过程中，测定了油体平均粒径的变化和稳定性，并研究了油体表面的磷脂、油体结合蛋白对油体稳定性的影响。Virginien 等[41]用酶辅助法提取大豆油体，在 60℃、150r/min 的条件下，用复合果胶酶、纤维素酶和 β-葡聚糖酶的混合物对豆粉进行 20h 的处理，过滤、离心进而得到油体，研究了超声波和高静压两种前处理方法对油体的影响，油体的回收率最高可达到 84.65%。

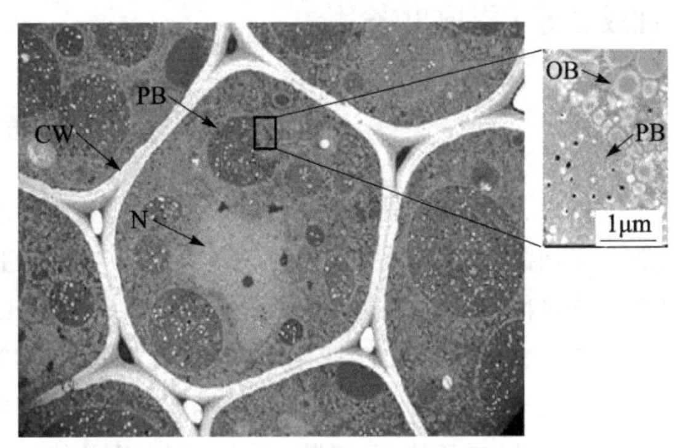

图 1-6　大豆子叶细胞的透射电镜显微图[42]
CW. 细胞壁；PB. 蛋白体；N. 细胞核；OB. 油体

油体表面含有大量的蛋白质组分，这些蛋白质对油体形状的维持起到了重要的作用，并起到了保护其内部油脂的作用[42,43]，子叶细胞内充满了蛋白体，在蛋白体的空隙间则充满了油体和细胞质，大豆子叶透射电镜显微图如图 1-6 所示。油体的直径一般为几微米[44]。通常油体填满了蛋白体之间的空间，并且被包裹在蛋白体形成的网状结构中[45]。油体的外表面是由双亲性蛋白（一端亲油，另一端亲水）构成的膜，并且膜上结合了磷脂[46]。这些油体表面蛋白的质量大约占油体总质量的15%。油体蛋白对于稳定油体的形态起到了重要的作用。在蛋白酶的作用下，油体蛋白可以被酶水解。通过显微镜观察可以发现：油体对细胞壁、蛋白体、质膜、内质网具有明显的亲和力，但对于其他的细胞器则无此亲和力[16,17]。

蛋白体作为主要储存蛋白质的细胞器，其直径远大于油体，为10～50μm，大豆子叶细胞中的蛋白体含有的蛋白质占子叶细胞总蛋白质含量的80%左右，这些蛋白体占据了子叶细胞的大部分空间[47,48]。因此，要达到充分释放子叶细胞中油脂的目的，就要充分地移除蛋白体。

传统大豆油脂提取中，主要采用的是以六号溶剂为主的溶剂浸出法和机械压榨法[35,36]。机械压榨法主要是通过采用物理手段从植物的子叶细胞中将油脂挤出来的提油方式。机械压榨法提油与溶剂浸出法相比工艺较为简单，相应的配套设备较少，并且对不同油料的适应性强，风味纯正，作为一种传统的提取油脂的方式已被广为应用。同时，因其提取手段不含有化学物质，所以压榨提取的油脂在世界范围内被认为是绿色安全的油脂[31,35]。由于物理手段无法完全将油料作物子叶细胞中的油脂提取出来，因此压榨后的饼粕中残油量高，在85%左右，并且耗能较大，零件也极易损耗[37]。虽然浸出法的油脂提取率高，可达到95%～98%[23, 35]，但在高温脱溶过程中蛋白质的变性较为严重，而且使用有机溶剂增加了工艺的烦琐性，生产的安全性也随之降低，造成了环境污染。同时，大量有机溶剂的使用，不但会增加大气中挥发性有机物的含量，而且这类化合物能和大气中其他的污染物质发生反应生成臭氧及一些对人体有危害的光化学氧化剂，并且随着石油资源的枯竭，有机溶剂也必将耗尽[35,37,47]。这激发了更多的研究者对寻求新型、安全油脂制取途径的研究热情。

生物解离提油（EAEP）技术作为一种新兴的“绿色、环保”提油技术，在提取油脂的同时能高效地回收油料中的其他价值组分[49]，被油脂科学界称为“一种油料资源的全利用技术”[23]。生物解离提取大豆油脂技术同传统的提油工艺相比，在能耗、环境和卫生安全等方面具有极其显著的优势。

在大豆细胞中，细胞壁是油脂释放的第一道屏障，同时在油料籽粒细胞内，油脂与蛋白质和碳水化合物等一些大分子物质相结合，以脂蛋白和脂多糖等复合体的形式存在[50]。因此，只有将油料组织的细胞结构和油脂复合体破坏，才能将有效成分（油脂、蛋白质及功能性成分等）提取出来。

参考文献

[1] 刘琪．乙醇冷浴辅助酶法提取大豆油工艺研究．哈尔滨：东北农业大学硕士学位论文，2013.
[2] 吴加根．谷物与大豆食品工艺学．北京：中国轻工出版社，1995.
[3] 李里特，王海．功能性大豆食品．北京：中国轻工出版社，2002.
[4] 李岭．我国大豆加工业存在的问题及对策．中国管理信息化，2011, 14(22): 33～34.
[5] 王瑞元．国内外食用油市场的现状与发展趋势．中国油脂，2011, 36(6): 1～6.
[6] 刘志胜，李里特，辰巳英三．大豆异黄酮及其生理功能研究进展．食品工业科技，2000, (1): 78～80.
[7] 蓝海军．以大豆膳食纤维为基质脂肪替代品的研究．南昌：南昌大学硕士学位论文，2007.

[8] 黄凯，郑田要，朱建华，等．大豆胰蛋白酶抑制剂的研究进展．江西农业学报，2008, 20(8): 95～98.
[9] 潘洪彬，秦贵信，孙泽威．大豆凝集素抗营养的研究进展．大豆科学，2005, 24(3): 210～215.
[10] 顾振宇，励建荣，于平，等．大豆致甲状腺肿素去除的研究．中国粮油学报，2000, 15(1): 33～36.
[11] 吴金鸿，陈娟，林向阳，等．酶法水解大豆中植酸的研究．中国食品学报，2004, 4(4): 43～46.
[12] 石彦国，任莉．大豆制品工艺学．北京：中国轻工业出版社，1993.
[13] 江连洲．大豆加工利用现状及发展趋势．食品与机械，2000, (1): 7～10.
[14] 李利峰，吴兴壮，朱华．大豆综合利用研究概述及发展前景．食品研究与开发，2004, 25(2): 26～29.
[15] Deak NA. New Soy Protein Ingredients Production and Characterization. Iowa: Iowa State University, 2004.
[16] 齐宝坤．挤压膨化预处理水酶法提取大豆油脂工艺及机理研究．哈尔滨：东北农业大学硕士学位论文，2013.
[17] 李里特．大豆加工与利用．北京：化学工业出版社，2004.
[18] 江洁，王文侠，栾广忠．大豆深加工技术．北京：中国轻工业出版社，2004.
[19] 李杨．博士后研究工作报告．水酶法直接制取脂肪酸平衡调和油和蛋白的工艺及机理研究（中国博士后基金资助），2013.
[20] Davidson MW. Plant Cell Wall. (2005-11-13) http://micro.magnet.fsu.edu/cells/plants/cellwall.html.
[21] 隋晓楠．不同油料水酶法提取油脂工艺对比研究．哈尔滨：东北农业大学硕士学位论文，2012.
[22] Campbell KA, Glatz CE. Mechanisms of aqueous extraction of soybean oil. J Ag Food Chem, 2009, 57(22): 10904～10912.
[23] Rosenthal A, Pyle DL, Niranjan K. Aqueous and enzymatic processes for edible oil extraction. Enzyme and Microb Technol, 1996, 19(6): 403～429.
[24] Kasai N, Imashiro Y, Morita N. Extraction of soybean oil from single cells. J Ag Food Chem, 2003, 51(21): 6217～6222.
[25] Dominguez H, Nunez MJ, Lema JM. Enzymatic pretreatment to enhance oil extraction from fruits and oilseeds: a review. Food Chemistry, 1994, 49(3): 271～286.
[26] Johnson LA. Oil Recovery From Soybeans. Soybeans: Chemistry, Production Processing, and Utilization. Urbana: AOCS Press, 2008: 331～375.
[27] Perkins EG. Composition of soybeans and soybean products. *In*: Erickson DR. Practical Handbook of Soybean Processing and Utilization. Urbana: AOCS Press, 1995: 9～28.
[28] Tzen JT, Huang AH. Surface structure and properties of plant seed oil bodies. J Cell Biol, 1992, 117(2): 327～335.
[29] Tzen J, Cao Y, Laurent P, et al. Lipids, proteins and structure of seed oil bodies from diverse species. Plant Physiology, 1993, 101(1): 267～276.
[30] 仇键，谭晓风．植物种子油体及相关蛋白研究综述．中南林业科技大学学报，2005, 25(4): 96～100.
[31] Huang AHC. Oil bodies and oleosins in seeds. Annual Review of Plant Biology, 1992, 43(4): 177～200.
[32] Wu LSH, Wang LD, Chen PW, et al. Genomic cloning of 18kDa oleosin and detection of triacylglycerols and oleosin isoforms in maturing rice and post germinative seedlings. Biochemical Journal, 1998, 123(3): 386～391.
[33] Slack CR, Bertaud WS, Shaw BD, et al. Some studies on the composition and surface properties of oil bodies from the seed cotyledons of safflower (*Carthamus tinctorius*) and linseed (*Linum ustatissimum*). Biochemical Journal, 1980, 190(3): 551～561.
[34] Frandsen GI, Mundy J, Tzen JTC. Oil bodies and their associated proteins, oleosin and caleosin. Physiologia

Plantarum, 2001, 112(3): 301～307.

[35] Huang AH. Oleosins and oil bodies in seeds and other organs. Plant Physiology, 1996, 110(4): 1055～1061.

[36] Deborah SL, Eliot MH. Cotranslational lntegration of soybean (*Glycine max*) oil body membrane protein oleosin into microsomal membranes. Plant Physiology, 1993, 101(3): 993～998.

[37] Hsieh K, Huang AH. Endoplasmic reticulum oleosins and oils in seeds and tapetum cells. Plant Physiology, 2004, 136(3): 3427～3434 .

[38] Jacks TJ, Hensarling TP, Neucere JN, et al. Isolation and physicochemical characterization of half-unit membranes of oilseed lipid bodies. J Am Oil Chem Soc, 1990, 67(6): 353～361.

[39] Tzen JT, Peng CC, Cheng DJ, et al. A new method for seed oil body purification and examination of oil body integrity following germination. The Journal of Biochemistry, 1997, 121(4): 762～768.

[40] Nikiforidis CV, Kiosseoglou V. Aqueous extraction of oil bodies from maize germ (*Zea mays*) and characterization of the resulting natural oil-in-water emulsion. J Ag Food Chem, 2009, 57(12): 5591～5596.

[41] Virginien K, Lilit T, Catherine H, et al. Evaluation of enzyme efficiency for soy oleosome isolation and ultrastructural aspects. Food Research International, 2010, 43(1): 241～247.

[42] Huang AHC. Structure of plant seed oil bodies. Current Opinion in Structural Biology, 1994, 4(4): 493～498.

[43] Murphy DJ. Structure, function and biogenesis of storage lipid bodies and oleosins in plants. Progress in Lipid Research, 1993, 32(3): 247～280.

[44] Wolf WJ, Baker FL. Scanning electron-microscopy of soybeans, soy flours, protein concentrates, and protein isolates. Cereal Chemistry, 1972, 52: 387～396.

[45] Adler-Nissen J. In enzymatic hydrolysis of food proteins. Elsevier Applied Science Publishers, 1986, 172(8): 1783～1785.

[46] Bair CW, Snyder HE. Electron microscopy of soybean lipid bodies. J Am Oil Chem Soc, 1980, 57(9): 279～282.

[47] Cater CM, Rhee KC, Hagenmaier RD, et al. Aqueous extraction—An alternative oilseed milling process. J Ame Oil Chem Soc, 1974, 51(4): 137～141.

[48] Bair CW. Microscopy of Soybean Seeds: Cellular and Subcellular Structure During Germination, Development, and Processing with Emphasis on Lipid Bodies. Iowa: Iowa State University, 1979.

[49] Gunstone FD, Harwood JL, Padley FB. The Lipid Handbook. London: Chapman and Hall, 1994.

[50] Yoshida H, Hirakawa Y, Tomiyama Y, et al. Fatty acid distrbutions of triacylglycerols and phospholipids in peanuts seeds (*Arachis hypogaea* L.) following microwave treatment. Journal of Food Composition and Analysis, 2005, 18(1): 3～14.

第二章 生物解离预处理概述

在生物解离工艺中，油料的分子结构特征对提高油料有效成分的得率有重要影响，若要加快生物解离效果及效率，降低油料的粒度，提高油料的解离程度，进而提高油脂的提取率，需对油料进行预处理，通过不同预处理技术使油料高度压缩的结构松散开，暴露出分子内部酶的作用位点以利于酶的结合，提高酶的作用效果。

预处理方法有粉碎预处理、挤压膨化预处理、超声波预处理及其他的预处理方式。采用粉碎预处理油料的方法，可最大限度地破坏油料细胞，对于生物解离预处理工艺十分关键。通过机械作用，降低油料的粒度，充分破坏油料的细胞壁，使细胞内有效成分易于释放，增加了物料与酶的接触面积，提高了酶的作用效果。挤压膨化后油料的细胞壁被破坏得较彻底，细胞内细胞器与贮藏的蛋白质、脂肪发生聚集且暴露，有利于蛋白酶对蛋白质的攻击，使蛋白质水解和油脂释放得更充分。超声波是一种高频机械振荡波，在物料局部小区域中压缩和膨胀迅速交替，对物料施加张力和压溃作用，产生“空蚀”（也称“空化”）。在产生空化作用的同时，还有机械振动作用、击碎作用、化学效应等多种形式的作用，有利于油料中油脂的提取。

目前已有较多的研究集中到生物解离的预处理工艺上，还有如超高压预处理、真菌固态发酵预处理、脉冲电场预处理及复合预处理等。本章就生物解离提油过程前预处理工艺中常用方法的原理特点、研究现状及工业化应用前景进行论述。

第一节 粉碎预处理

一、粉碎在生物解离中的作用

在生物解离工艺中，油料的粉碎程度对提高油料有效成分的得率起着重要作用。

不同油料的细胞大小和细胞壁的厚度不同，所耐受的外力撞击程度也不同，两者存在着密切的相关性，而出油率又与细胞破碎程度成正比。因此，细胞壁厚与细胞大小的比值与出油率密切相关。几种油料细胞壁厚度、子叶细胞大小及两者的比值如表 2-1 所示，细胞壁厚度与子叶细胞大小的比值由大到小依次为大豆、茶籽、油茶籽、花生，由此可以推测破坏 4 种油料的细胞所需力大小为花生＜油茶籽＜茶籽＜大豆[1]。研究表明，菜籽的粉碎粒度最好在 140～200 目[2]，一般认为高水分酶解工艺要求粒径小于 0.2mm，有些油料（花生仁、芝麻、椰子等）则需要研磨成微粒（150～200 目），而低水分工艺粒径要求较低，为 0.75～1.0mm[3]。

表 2-1 几种油料细胞壁厚度、子叶细胞大小及两者比值[1]

项目	油茶籽	花生	大豆	茶籽
细胞壁厚度 /μm	3.12	3.48	2.84	3.37
子叶细胞平均大小 /(μm × μm)	66.0 × 59.4	72.6 × 65.8	44.9 × 37.8	65.8 × 61.6
上述两者比值	7.96×10^{-4}	7.28×10^{-4}	1.67×10^{-3}	8.31×10^{-4}

二、粉碎分类

油料粉碎方法分为干碾压法和湿研磨法，目前采用较多的是干法粉碎，因为湿法粉碎易产生乳化现象，影响提取率。有研究提出干法粉碎物料效果好，而有些研究提出干法粉碎达不到理想的粒径，对于不同的油料，应选择最适合的机械粉碎条件。贾照宝等[4]研究表明，脱皮菜籽先用干法粗破碎，沸水处理10min，再用组织捣碎机粉碎，与只进行干法粉碎、湿法粉碎相比，油脂的提取率最高。易建华和朱振宝[5]研究预处理对生物解离技术提取核桃油的影响，最终选定粉碎时间为80s。

根据粉碎的粒度还可分为普通机械粉碎和超微粉碎两类。超微粉碎技术是利用各种特殊的粉碎设备，通过一定的加工工艺流程，对物料进行碾磨、冲击、剪切等，将粒径在3mm以上的物料粉碎至粒径为10～25μm及10μm以下的微细颗粒，从而使产品具有界面活性，呈现出特殊功能[6]。与传统的粉碎、破碎、碾碎等加工技术相比，超微粉碎产品的粒度更加微小。

超微粉碎基于微米技术原理，随着物质的超微化，其表面分子排列、电子分布结构及晶体结构均发生变化，产生块（粒）材料所不具备的表面效应、小尺寸效应、量子效应和宏观量子隧道效应，从而使得超微产品与宏观颗粒相比具有一系列优异的物理、化学及表界面性质。

区别于普通机械粉碎，超微粉碎设备是利用转子高速旋转所产生的湍流，将物料加到该超高速气流中。转子上设立多极交错排列的若干小室，能产生变速涡流，从而形成高频振荡，使物料的运动方向和速度瞬间产生剧烈变化，促使物料颗粒间急促摩擦、撞击，经过多次的反复碰撞而裂解成微细粉。

三、粉碎粒度对大豆油提取率的影响

大豆膨化后粉碎分别过20目、40目、60目、80目、100目、120目、140目和200目筛，考察不同粉碎粒度对生物解离提取大豆油脂总油提取率的影响（表2-2）。

表2-2 膨化物料粉碎粒度对总油提取率的影响

粉碎粒度/目	油脂含量/%			
	游离油	乳状液	水解液	残渣
20	12.24 ± 1.34a	48.33 ± 0.56g	3.56 ± 0.44a	35.85 ± 0.65g
40	33.12 ± 0.36e	40.12 ± 1.64d	5.31 ± 1.36b	21.44 ± 0.38f
60	38.37 ± 0.43g	26.18 ± 1.54b	24.98 ± 0.66f	10.46 ± 1.23d
80	35.55 ± 0.78f	24.65 ± 1.02a	30.15 ± 1.43g	9.72 ± 1.54c
100	35.34 ± 1.01f	44.73 ± 0.88e	10.58 ± 2.43c	9.33 ± 0.98c
120	24.45 ± 0.55c	36.58 ± 0.56c	32.08 ± 0.26h	6.88 ± 1.22a
140	28.35 ± 1.09d	46.32 ± 1.44f	16.80 ± 1.36d	8.52 ± 1.23b
200	22.49 ± 1.33b	46.33 ± 0.67f	18.65 ± 1.99e	12.52 ± 0.74e

注：a~h表示拥有相同字母的数值差异不显著（$P>0.05$）

从表2-2可知，物料过20目筛时，其残渣中含油较高，达到35%以上，并且游离油和水解液中含油较少，乳状液中含油较高，达到48%，总油提取率较低；当物料过筛目数增加到

40目时，游离油提取率和水解液中油脂含量显著升高（$P<0.05$），乳状液和残渣中含油显著降低（$P<0.05$）；当物料过60目筛时，游离油提取率继续显著升高（$P<0.05$），乳状液和残渣中含油量显著降低（$P<0.05$），但是水解液中含油量显著升高（$P<0.05$）；物料过80目筛时，其游离油提取率、残渣残油和乳状液含量显著降低（$P<0.05$），水解液中含油显著升高（$P<0.05$）；当将物料继续过100目时，游离油提取率和残渣中含油变化不显著（$P>0.05$），乳状液含油显著升高（$P<0.05$），水解液含油显著降低（$P<0.05$）；物料过120目筛时，游离油提取率、乳状液含油和残渣残油量都显著降低（$P<0.05$），水解液含油显著升高（$P<0.05$）；物料过140目以上时，游离油提取率与乳状液残油和残渣残油量都显著升高（$P<0.05$），水解液中含油显著降低（$P<0.05$）；当物料粉碎粒度超过200目时，其乳状液含油量变化不显著（$P>0.05$），游离油提取率显著降低（$P<0.05$），残渣残油量与水解液含油量显著升高（$P<0.05$）。对总油提取率来说，随着物料由20目到60目，其总油提取率呈现升高趋势，且提取率变化较大，当目数继续升高至80目和100目，总油提取率变化不大，目数达到120目时，其总油提取率达到最大值，超过120目后，继续增加粉碎目数，总油提取率反而降低。通过以上对膨化物料粉碎粒度单因素的实验，确定出生物解离技术总油提取率的最优粉碎粒度为120目。

第二节 挤压膨化预处理

一、挤压膨化基本原理及挤压机分类

1. 挤压机与挤压膨化的基本原理

连续挤压蒸煮工艺的核心设备是挤压机。挤压机具有压缩、混合、混炼、熔融、膨化、成型等功能。挤压机的腔体可以分成3～5个区，各区可以通过蒸汽或电加热，也可通过挤压摩擦加热，从而达到蒸煮物料的目的。在腔体中高温、高压的作用下，物料的淀粉糊化、蛋白质变性。当物料通过挤压机腔体各区的时候，可溶性的风味物质和色素可以通过腔体在高压的作用下注入物料之中。在挤压腔体的末端，熔融的物料在高压的作用下通过模板的模孔而挤出，由于压力的突然下降，水蒸气迅速膨胀和散失，产品形成多孔结构，然后膨化的物料被旋转刀切成一定大小的产品[7]。

2. 挤压机分类

（1）单螺杆挤压机（图2-1）：主要用于挤出软聚氯乙烯、硬聚氯乙烯、聚乙烯等热塑性塑料，可加工多种塑料制品，如吹膜、挤管、压板、拔丝带等，也可用于熔融造粒。

（2）双螺杆挤压机（图2-2）：适用于植物油料的挤压与膨化。同单螺杆挤压机相比更具有优势，因为单螺杆挤压机对物料粒度、水分、组分要求严格，且容易产生物料倒流、螺杆易磨损等问题。

二、挤压膨化技术在大豆生物解离中的研究

1. 挤压膨化新技术

细胞壁是从细胞中提取油脂最主要的屏障，在提取油脂的过程中，细胞壁的破碎是十分必要的。物理预处理可以破坏细胞壁，目前主要的物理预处理方式有挤压膨化、超高压、超声波、压片、脉冲电场等，而挤压膨化预处理可有效增加生物解离大豆蛋白提油过程中油脂

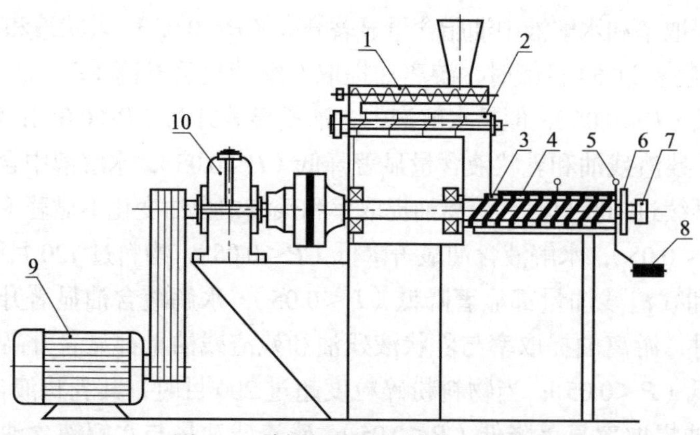

图 2-1　单螺杆挤压机结构示意图

1. 进料装置；2. 调质器；3. 挤压螺杆；4. 加热夹套；5. 检测仪表；6. 成型模板；7. 切刀装置；8. 输送带；9. 电动机；10. 变速器

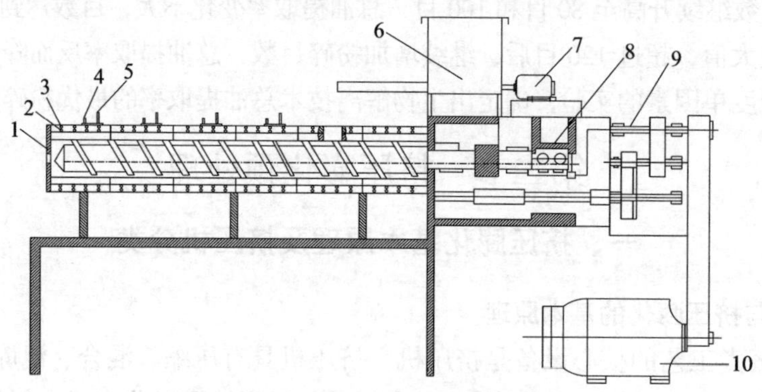

图 2-2　双螺杆挤压机结构示意图

1. 膜孔板；2. 冷却水管；3. 加热棒；4. 压力传感器；5. 热电偶；6. 喂料斗；7. 电机；8. 推力轴承；9. 减速器；10. 电动机

的释放[8, 9]。此外，膨化物料的粉碎粒度对提取大豆油脂也有较大影响，物料由模口挤出瞬间，高压迅速变常压，物料内部过热状态的水分在瞬间汽化，巨大的膨胀力破坏了颗粒的外部状态，并且拉断了颗粒内部的分子结构，膨化料粉碎后平均粒径越小，对应的总油提取率越大。且大豆经过挤压膨化后氢键断裂，蛋白质结构由原来的有序结构变为无序结构，这种改变使得提油率比未经膨化的也有所增加。

2. 挤压膨化参数对大豆油提取率的影响

作者团队通过预试验发现，不同的挤压膨化工艺条件对生物解离技术提取大豆油的提取率影响很大。针对不同挤压膨化参数，即模孔孔径、物料含水率、螺杆转速、套筒温度，通过响应面对生物解离技术提取大豆油提取率的影响进行深入研究，响应面因素水平编码表见表 2-3。由图 2-3 可知，总油提取率随模孔孔径的增大先增加后变化不大，其原因可能是孔径的大小对轴头压力的影响，孔径过小在挤压过程中把物料压实，从而不利于物料膨化破坏细胞壁。总油提取率随物料含水率的增加先增加后减小，物料含水率达到一定数值时，物料膨化程度最好，对大豆细胞壁破坏充分，有利于后期蛋白质的酶解，而水分过大对物料的膨化程度不利，从而不利于细胞壁的破坏。总油提取率随螺杆转速增加，先变化不大后增加，其原因是螺杆转速越快，剪切强度越大，对细胞壁破坏程度越大。总油提取率随套筒温度增加先增加，后急剧减小，其原因是当温度达到一定数值，蛋白质变性程度严重，从而不利于酶与蛋白质作用[10]。

表 2-3　因素水平编码表

编码	因素			
	x_1（模孔孔径）/mm	x_2（物料含水率）/%	x_3（螺杆转速）/(r/min)	x_4（套筒温度）/℃
−2	10	10	40	60
−1	14	12	70	75
0	18	14	100	90
1	22	16	130	105
2	26	18	160	120

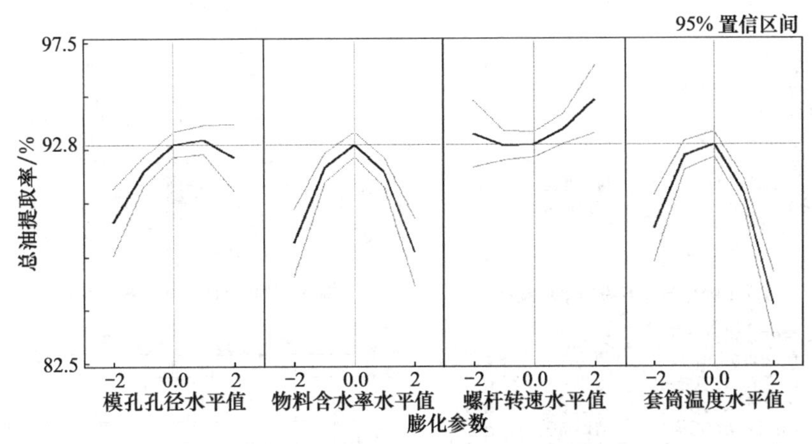

图 2-3　各挤压膨化参数对总油提取率的降维分析

3. 膨化料剪切强度、粉碎后平均粒度对大豆油提取率的影响

1）膨化料剪切强度对大豆油提取率的影响　在不同挤压膨化工艺条件下（表 2-4）对大豆粉进行挤压膨化，研究膨化料剪切强度对大豆油提取率的影响，从表 2-4 中可以得出，当膨化料剪切强度在 1000～1200g 时，膨化料粉碎后平均粒径在 130mu① 左右时，膨化大豆粉生物解离技术提取有较大的油脂提取率。在不同的挤压膨化工艺条件下，膨化料剪切强度的变化对膨化料粉碎后平均粒径影响较大，从而对大豆油提取率有较大的影响。

研究表明，膨化料粉碎后平均粒径越小，对应的大豆油提取率越大。当膨化料剪切强度过大或过小时会导致膨化料粉碎后粒径均较大，从而导致大豆油提取率较低，因此只有膨化料的剪切强度在特定范围内，膨化料粉碎后平均粒径才有较小值出现。

表 2-4　膨化料剪切强度、粉碎粒度与大豆油提取率的关系

编号	挤压膨化工艺条件				考察指标		
	模孔孔径/mm	物料含水率/%	螺杆转速/(r/min)	套筒温度/℃	大豆油提取率/%	膨化料粉碎后平均粒径/mu	膨化料的剪切强度/g
1	20	14.5	105	90	93.18	133.32	1127.9
2	14	16	70	105	86.43	185.49	961.9
3	14	12	130	75	89.75	157.67	3171.2

2）粉碎后平均粒度对总油提取率的影响　在模孔孔径 20mm、物料含水率 14.5%、螺杆转速 105r/min、套筒温度 90℃的挤压膨化条件下制备膨化料，将膨化料粉碎后分别过

① mu 为仪器显示单位，mu 为 μm

60 目和 80 目筛，研究非挤压膨化物、过筛后的挤压膨化物的粒度分布与大豆油提取率的关系（表 2-5，图 2-4）。

表 2-5　不同粒度分布与大豆油提取率的关系

考察指标	非膨化原料粉碎	膨化料粉碎后过 60 目筛	膨化料粉碎后过 80 目筛
大豆油提取率 /%	71.67	95.76	97.43
粉碎后平均粒径 /mu	217.32	77.16	65.97

Ultrasounds : 0 s
Concentration : 181
Diameter at 10% : 5.02 mu
Diameter at 50% : 38.78 mu
Diameter at 90% : 133.32 mu
Fraunhofer
Density/Factor ----------
Specific surface ----------
Automatic dilution : No / No
Meas./Rins. : 60/60/4
SOP : sl2

编号1 膨化条件下粉碎平均粒径

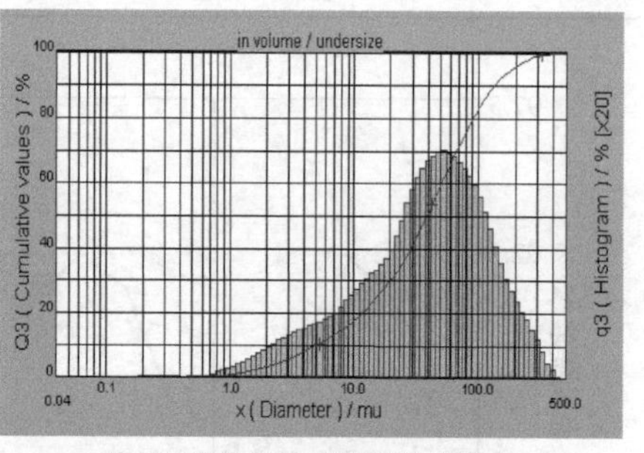

编号1 膨化条件下粉碎粒度分布

Ultrasounds : 0 s
Concentration : 290
Diameter at 10% : 5.16 mu
Diameter at 50% : 49.96 mu
Diameter at 90% : 185.49 mu
Fraunhofer
Density/Factor ----------
Specific surface ----------
Automatic dilution : No / No
Meas./Rins. : 60/60/4
SOP : sl2

编号2 膨化条件下粉碎平均粒径

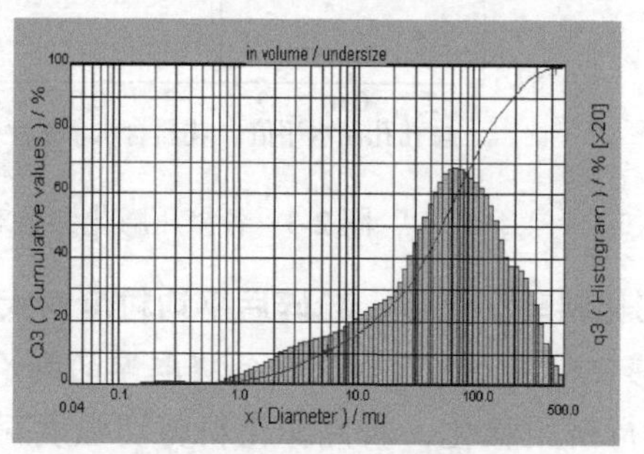

编号2 膨化条件下粉碎粒度分布

Ultrasounds : 0 s
Concentration : 154
Diameter at 10% : 5.33 mu
Diameter at 50% : 39.84 mu
Diameter at 90% : 157.67 mu
Fraunhofer
Density/Factor ----------
Specific surface ----------
Automatic dilution : No / No
Meas./Rins. : 60/60/4
SOP : sl2

编号3 膨化条件下粉碎平均粒径

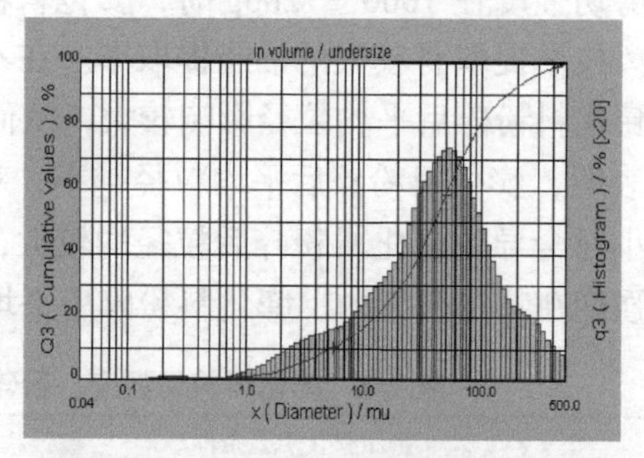

编号3 膨化条件下粉碎粒度分布

Ultrasounds : 0 s
Concentration : 298
Diameter at 10% : 4.43 mu
Diameter at 50% : 36.20 mu
Diameter at 90% : 217.32 mu
Fraunhofer
Density/Factor ----------
Specific surface ----------
Automatic dilution : No / No
Meas./Rins. : 60/60/4
SOP : sl2

非膨化大豆原料粉碎平均粒径

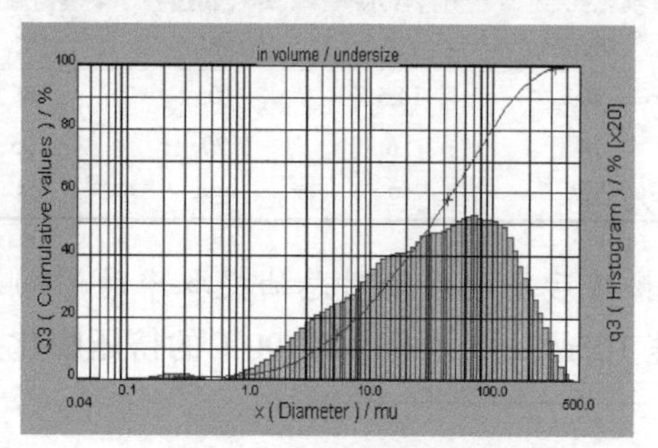

非膨化大豆原料粉碎粒度分布

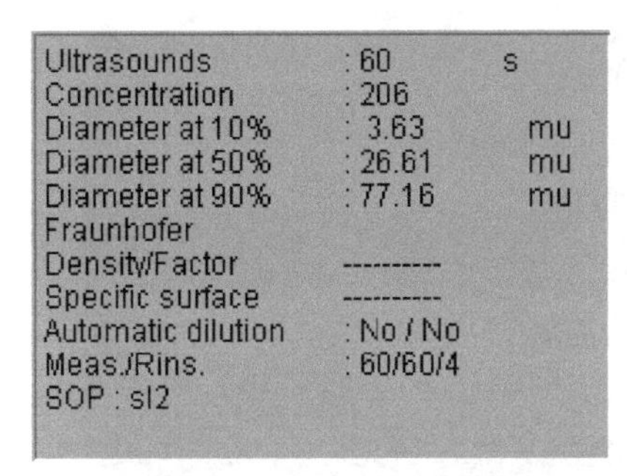

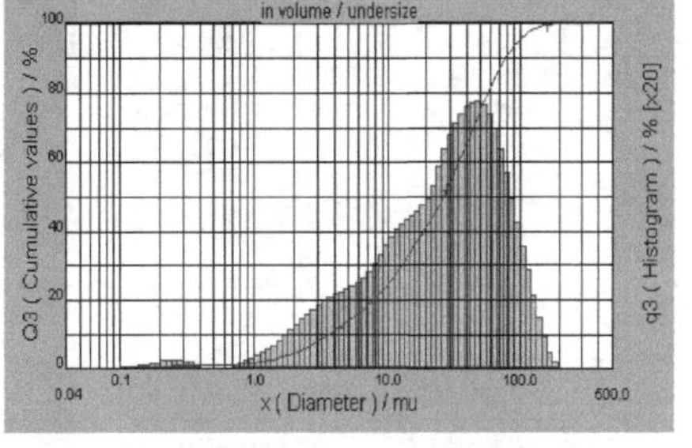

膨化料粉碎过60目筛平均粒径　　膨化料粉碎过60目筛粒度分布

Ultrasounds : 0 s
Concentration : 157
Diameter at 10% : 3.98 mu
Diameter at 50% : 27.67 mu
Diameter at 90% : 65.97 mu
Fraunhofer
Density/Factor ----------
Specific surface ----------
Automatic dilution : No / No
Meas./Rins. : 60/60/4
SOP : sl2

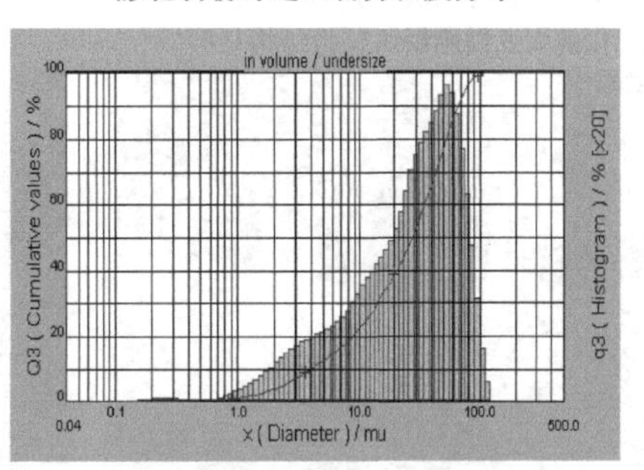

膨化料粉碎过80目筛平均粒径　　膨化料粉碎过80目筛粒度分布

图 2-4　不同条件处理后膨化料的粉碎粒度分布

编号 1、2、3 是指表 2-4 中的 1、2、3

由表 2-5 和图 2-4 可以看出，非膨化原料直接粉碎后平均粒径值较大，在 217mu 左右，对应的大豆油提取率仅为 71.67% 左右。膨化料粉碎后过 60 目筛和 80 目筛，对应的大豆油提取率分别为 95.76% 和 97.43%。由此可知，大豆油提取率不仅与挤压膨化预处理有关，物料的粉碎粒度对生物解离提取大豆油脂也有较大影响。分析得出，因为膨化后物料的粒度越小，蛋白质暴露酶的攻击位点越充分，在生物解离提取过程中水解越充分，油脂释放越彻底。

4. 大豆挤压膨化机理

研究表明，膨化后产品外观明显改变。膨化前，大豆呈浅黄色，粒度较大；膨化后，大豆呈金黄色，多微孔粒状。膨化后大豆能轻松吸透或吹透，且脂肪充分暴露表面，物料黏度小，微冷却后，稍加外力即可成为小粉末的颗粒状[11]。由图 2-5 挤压膨化前后大豆细胞组织结构变化比较可以看出，大豆经过挤压膨化后绿色细胞壁被破坏较彻底，细胞内红色功能细胞器及贮藏物质发生聚集现象。分析得出大豆细胞在挤压机腔体内受到高温高压、强烈搅拌、混合、剪切及物料挤出时水分闪蒸等作用，从而细胞破裂，细胞内细胞器与贮藏的蛋白质、脂肪物质发生聚集且暴露。由此可知，由于细胞壁破坏导致蛋白质暴露，因此生物解离技术提取过程中有利于蛋白酶对蛋白质的攻击，使得蛋白质水解和油脂释放更充分。

大豆挤压膨化机理比较复杂，但其主要作用原理是热效应和机械效应。在高温高压下，大豆细胞壁内木质素熔化，使部分氢键断裂，结晶度降低，纤维的空心结构被破坏。同时，挤出物在模口处瞬间减压喷出，由于运行速度和方向的改变，产生很大的内摩擦力，再加上水分迅速蒸发而产生的胀力，进一步胀破细胞壁，形成破裂、松散的结构。在挤压膨化机套筒内，大豆蛋白受到高温、高压和机械的剪切力、挤压力、摩擦力的综合作用，蛋白质的空间结构受到破坏，其中 α 螺旋与 β 折叠含量降低，β 转角与无规卷曲含量升高

挤压膨化前大豆细胞组织显微结构（10×）

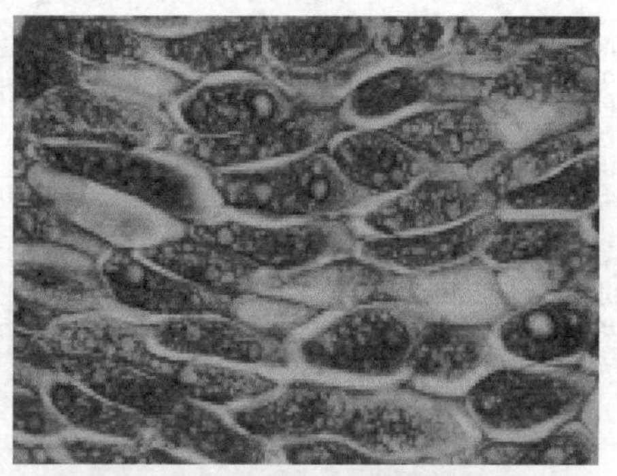

挤压膨化前大豆细胞组织显微结构（20×）

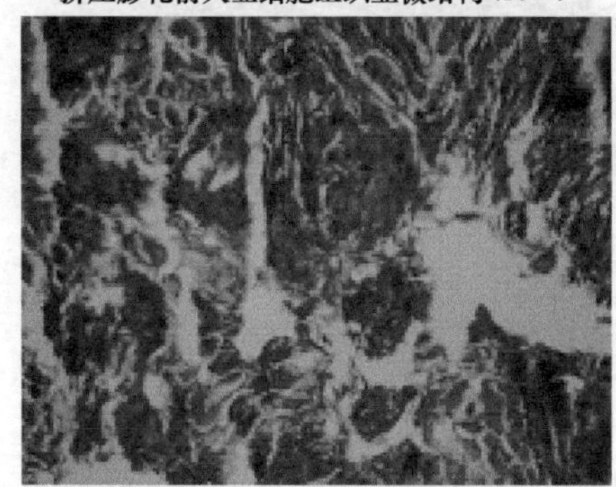

挤压膨化后大豆细胞组织显微结构（10×）

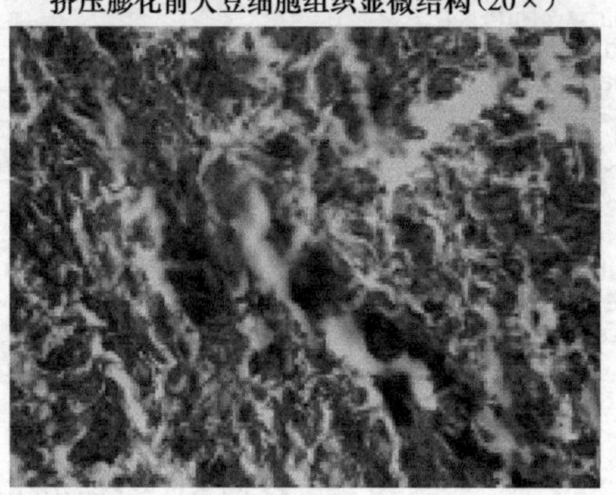

挤压膨化后大豆细胞组织显微结构（20×）

扫码见彩图

图 2-5　挤压膨化前后大豆细胞组织结构变化比较

（图 2-6，图 2-7），蛋白质由有序向无序结构的转化，使得分子获得的能量增大，一些次级键被打断，形成松散的线性结构；氨基酸残基暴露，扩大了蛋白消化酶与蛋白质的接触面积，易于被消化酶降解，从而提高蛋白质的消化率[12, 13]。挤压膨化时，膨化腔内急速挤压所产生的压力使大豆细胞破裂，释放出油脂，使其易于受到脂肪消化酶的作用，从而提高了脂肪消化率。

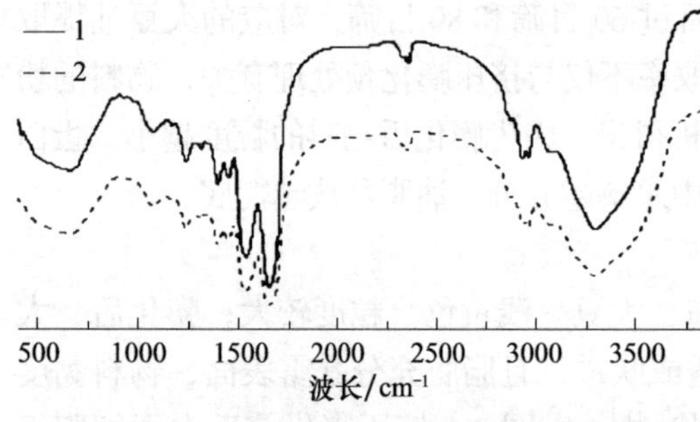

图 2-6　挤压膨化前后大豆分离蛋白红外光谱图

1. 未经处理；2. 挤压膨化处理后

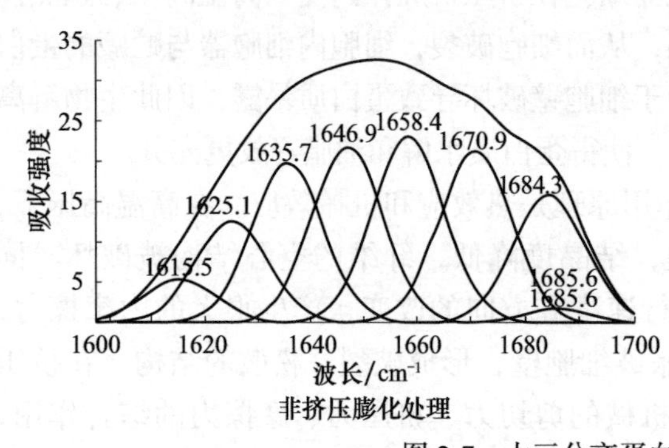

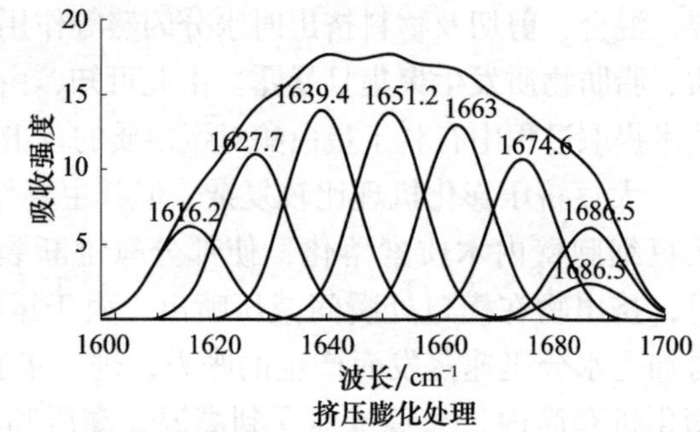

图 2-7　大豆分离蛋白酰胺 I 带的拟合曲线

三、真空挤压膨化技术

真空挤压膨化技术是一项新型技术，破壁效率高、提油效果好。作者团队将真空挤压膨化技术与生物解离技术相结合，利用响应面法对真空挤压膨化工艺参数进行优化，并借助电镜技术及拉曼光谱技术分析不同挤压参数条件对蛋白质空间结构的变化，以及该变化对油脂释放的影响。除作者团队外，国内外还没有类似的研究报道。

（一）真空挤压膨化机的开发

1. 真空挤压膨化设备

真空挤压膨化机中真空泵进风口与负压罐出风口相连接，端盖与出料口分别装配在负压罐上端部与下端底部，真空表安装在端盖上与负压罐相通，在负压罐内下部装有上下两片电控插板，支架上分别装配有套筒、喂料装置、传动装置，电机与传动装置通过皮带相连接，两根螺旋方向相反的螺杆在同一水平面内相互平行地装配在套筒内部，喂料口装配在套筒后侧外部上，在套筒前端部上安装模板，模板与负压罐通过出料管相连接（图 2-8）。

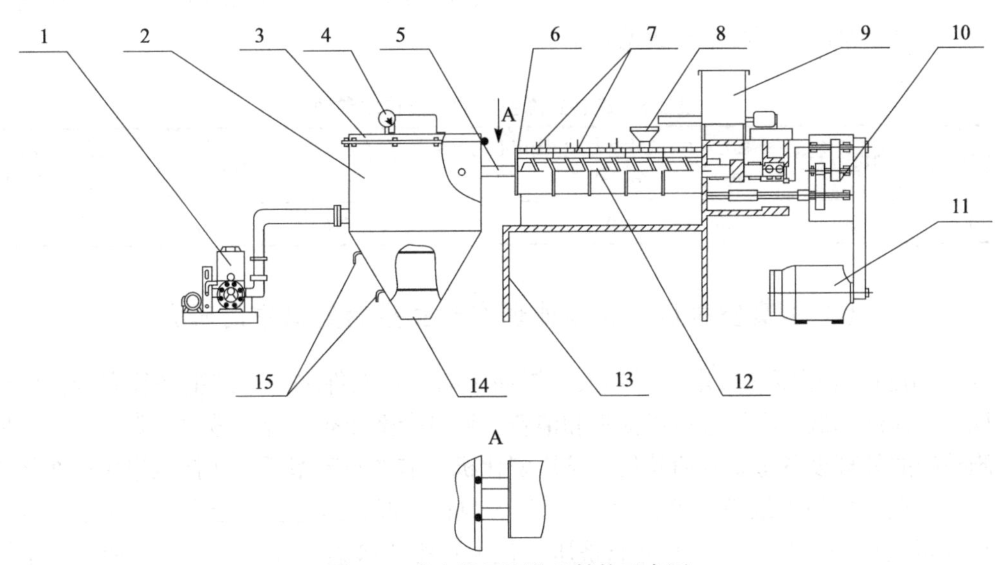

图 2-8　真空挤压膨化机结构示意图

1. 真空泵；2. 负压罐；3. 端盖；4. 真空表；5. 出料管；6. 模板；7. 套筒；8. 喂料口；9. 喂料装置；10. 传动装置；11. 电机；12. 螺杆；13. 支架；14. 出料口；15. 电控插板。A. 与挤压膨化机前端连接处

2. 真空挤压膨化箱体结构介绍

图 2-9 为真空挤压膨化箱体结构示意图，真空箱盖与箱体采用 5mm 碳钢焊接而成，抽真空使得外界对箱体压力较大，因此采用碳钢以防止箱体变形扭曲，为了使箱体的密封性良好，箱盖与箱体之间采用玻璃胶垫及螺栓、螺母连接固定，出料口采用球阀以达到良好的密封性。为了达到良好的抽真空效果，采用 30L/s 的旋转式真空泵，当箱体内保持抽气量大

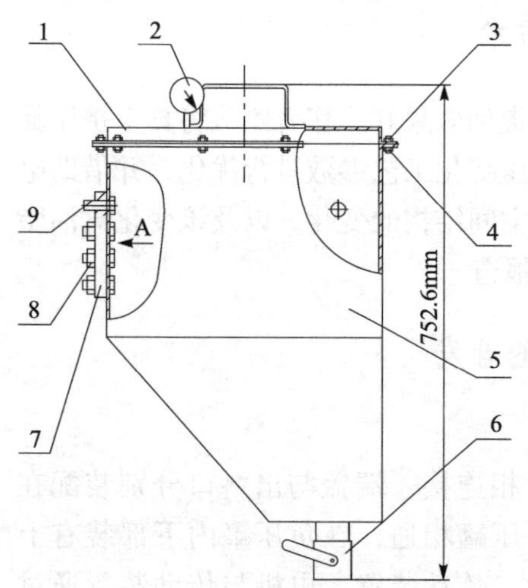

图 2-9 真空挤压膨化箱体结构示意图

1. 真空箱盖；2. 真空表；3. 螺栓；4. 螺母；5. 箱体；6. 球阀；7. 卸料板；8. 六角螺母；9. 六角头螺栓。A. 与挤压膨化机前端连接处

于漏气量时，可以维持真空状态。

在挤压膨化机前端增加了负压装置结构，增加了挤压膨化机与负压罐之间的压力差，从而将物料由套筒内喷射到负压罐内，使得大豆细胞壁在低温条件下也可以达到充分破碎的效果，提高提油率，并且降低蛋白质变性程度，增加两片电控插板交替开启，使得整个负压罐气密性增加，具有设备结构简单合理、作业效果良好、减少油料作物的损失浪费、提高加工企业经济效益的特点。

3. 真空泵设计介绍

真空泵主要由泵体、转子和旋片组成，在泵腔内装有偏心转子，转子槽里装有两块旋片，因弹簧的弹力作用而紧贴腔壁。泵体的进排气腔被转子和旋片分隔成两个部分。当转子在泵腔内旋转，周期性地将进气腔容积逐渐扩大而吸入气体，同时逐渐缩小排气腔的容积，将已吸入气体压缩，从排气阀排出，从而达到抽气目的。旋转式真空泵的主要技术参数见表 2-6。

表 2-6 旋转式真空泵的主要技术参数

型号	抽速 /(L/s)	极限压力 / Pa	转速 / (r/min)	配用电机功率 / kW	进气孔直径 / mm	有无气镇阀	冷却方式	用油量 / L
2X-30F	30	6×10^{-2}	450	3	Φ65	有	水冷	7.5

（二）真空挤压膨化预处理在大豆生物解离中的研究

大豆细胞破碎程度是决定和影响大豆提油率的重要条件之一，细胞破裂完全，提油率高，反之，提油率低，不但会造成损失和浪费，而且会造成企业经济效益下降。目前，使大豆细胞破碎的处理设备主要有粉碎机和挤压膨化机，前者破碎率低，而挤压膨化机在挤压过程中需要高温才能使得细胞破碎程度高[14, 15]，但在高温挤压过程中蛋白质发生了变性，不利于后期蛋白质的生产加工，而低温挤压膨化大豆细胞破裂不完全，大豆提油率也不够理想，目前还没有兼具高提油率和低蛋白质变性率的预处理设备。

作者团队首次将真空挤压膨化装置应用到大豆生物解离的研究中，在单因素的基础上，选取套筒温度、螺杆转速、物料含水率、模孔孔径和真空度 5 个因素为自变量，以总油提取率为响应值，通过 SAS9.2 软件进行响应面实验设计，确定了最佳提油率下的真空挤压膨化参数，结果表明：套筒温度为 87℃、真空度为 -0.067MPa、模孔孔径为 22mm、螺杆转速为 91r/min、物料含水率为 16%，总油提取率可达到 93.87%，比传统的湿热预处理后酶解的总油提取率提高了约 21%，利用响应面分析方法对生物解离提取大豆油真空挤压膨化预处理工艺参数进行了优化，建立了相应的数学模型，为以后的中试及工业化生产提供了理论基础[16]。

（三）真空挤压膨化生物解离技术机理研究

1. 电镜分析

扫描电子显微镜（scanning electron microscope, SEM）（简称扫描电镜）是一种利用电子束扫描样品表面从而获得样品信息的电子显微镜。它能产生样品表面的高分辨率图像，且图像呈三维，扫描电子显微镜能被用来鉴定样品的表面结构。采用扫描电子显微镜和透射电子显微镜（transmission electron microscope，TEM）对不同真空度下的大豆细胞结构变化进行观测，对照组为未挤压膨化和非真空挤压膨化的大豆样品，通过微结构的观察，分析大豆细胞结构的变化，探讨大豆油脂的释放机制。在电镜分析的基础上，对真空挤压膨化生物解离技术提取的大豆蛋白结构进行拉曼光谱分析，分析不同真空挤压膨化处理条件对大豆蛋白结构的影响。

挤压膨化处理促进生物解离技术提取油脂及蛋白质的机理主要在于：由于细胞破坏充分，蛋白质被拉长，酶作用位点充分暴露，因此在后期蛋白酶水解过程中大部分蛋白质被水解，从而有利于油脂释放和聚集。

1）扫描电镜分析　利用扫描电镜研究真空挤压膨化处理对大豆细胞结构变化的影响，分析真空挤压膨化工艺对生物解离技术提取大豆油脂和蛋白质优势的机理。如图 2-10 所示，通过分析可知，大豆经过挤压膨化处理后，整体组织结构相较于未挤压膨化处理的大豆更为细碎，组织结构表面出现多处裂痕，可以推测这种形态学特征与挤压膨化造成的大豆细胞裂解有关。

真空度-0.04MPa

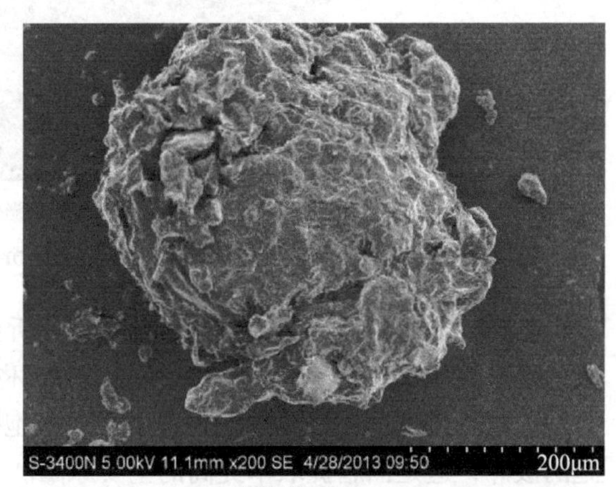

真空度-0.05MPa

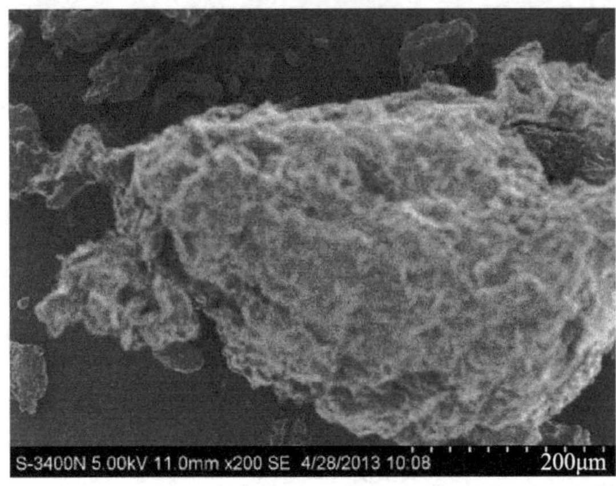

真空度-0.06MPa

真空度-0.07MPa

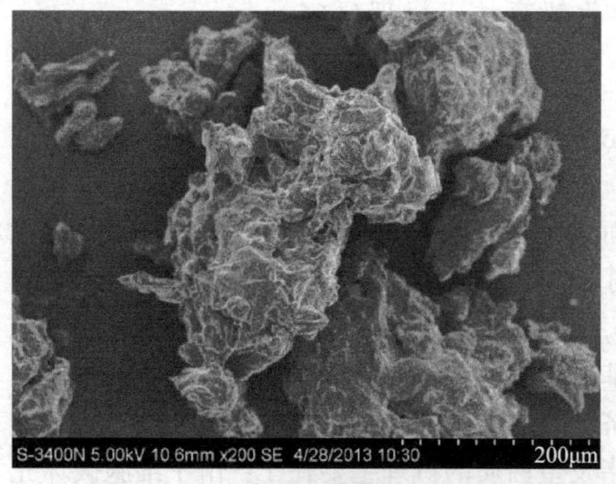

真空度-0.08MPa

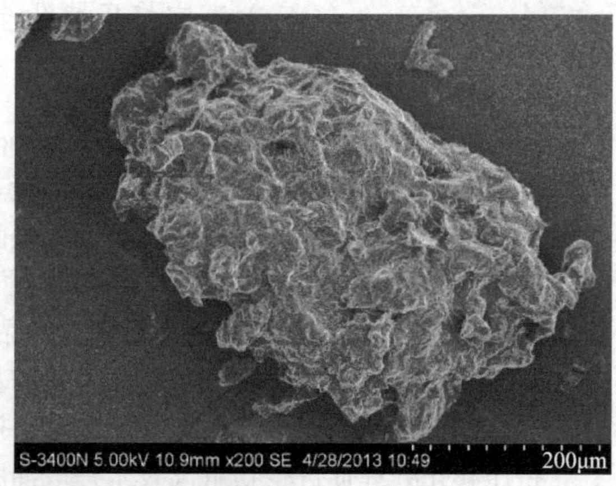

非真空挤压膨化

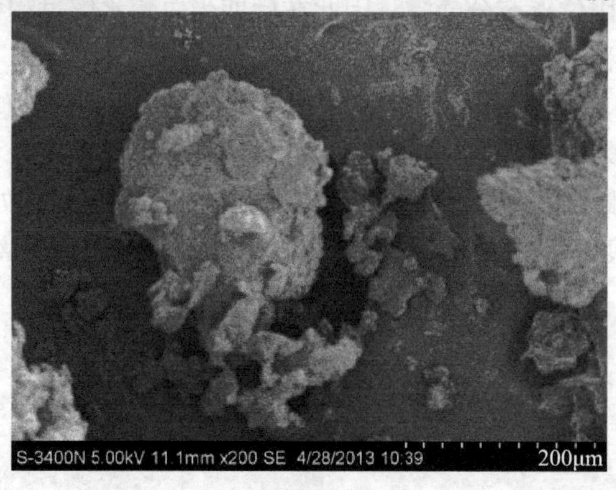

未挤压膨化

图 2-10　真空与非真空挤压膨化处理下及未挤压膨化处理下大豆细胞结构变化的扫描电镜图

2）透射电镜分析　　利用透射电镜分析可以更有效地解释这种变化，由图 2-11 可知，大豆经过挤压膨化处理后，细胞壁结构被破坏得较充分，细胞与细胞之间相互聚集融合。结合前人研究可知，在挤压膨化过程中大豆细胞壁主要组成成分纤维素发生降解，进而导致细胞的破碎，这是油脂提取率提高的主要原因。

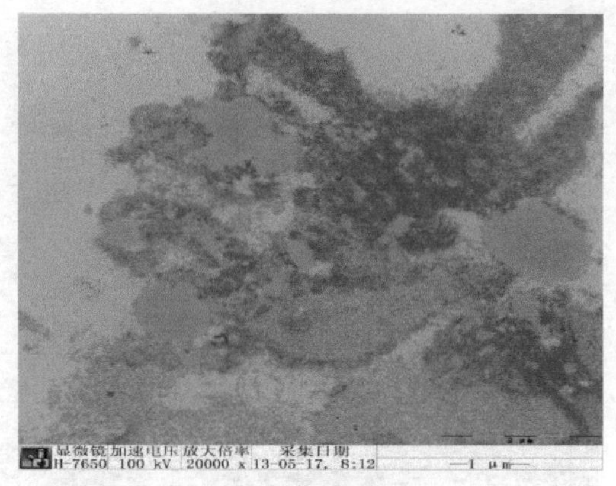

真空度-0.04MPa

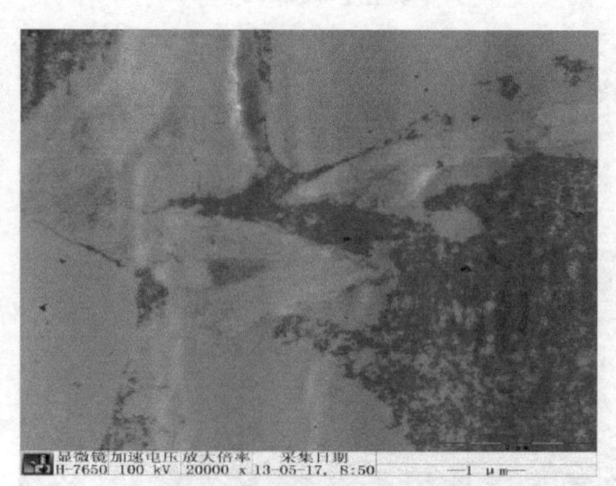

真空度-0.05MPa

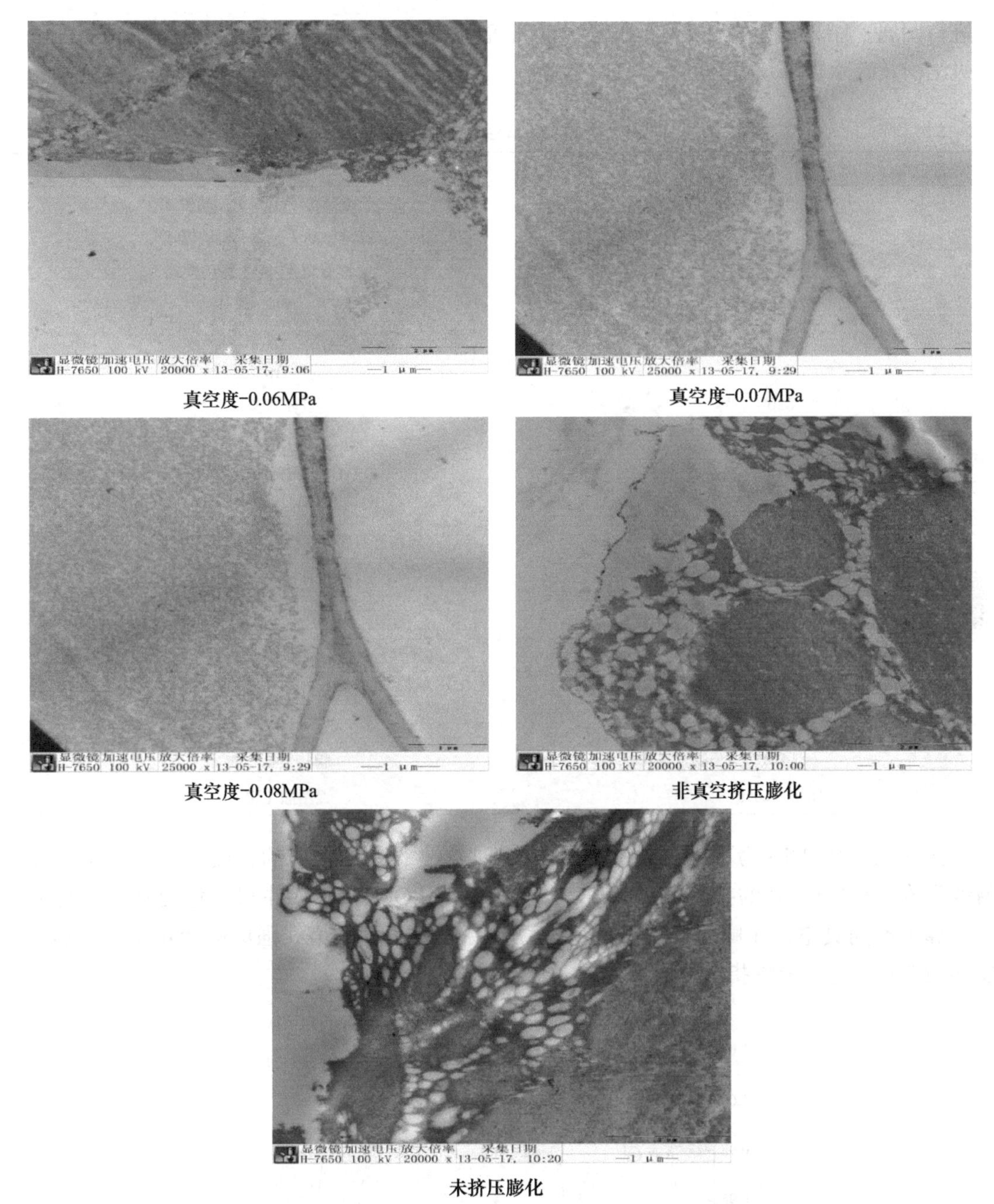

图 2-11　真空与非真空挤压膨化处理下及未挤压膨化处理下大豆细胞结构变化的透射电镜图

对比真空技术实施前后挤压膨化处理对大豆结构影响的扫描电镜和透射电镜分析可知，真空挤压膨化技术的实施增大了大豆组织结构的碎裂程度，大豆细胞壁组织发生更为明显的裂解，更大程度的纤维素组分的降解是油脂提取率、蛋白质提取率及纤维素降解率进一步增大的重要原因。

2. 拉曼光谱

为讨论大豆蛋白在不同真空挤压膨化处理条件下的结构变化，首先依据已有研究对各峰位进行归属，结果列于表 2-7 中，拉曼光谱中谱峰位置及强度的变化主要用于研究大豆蛋白二级结构及疏水微环境变化。

表 2-7　大豆蛋白拉曼峰位归属

波长 /cm^{-1}	分类
514	二硫键振动（g-g-g）振动模式
530	二硫键振动（g-g-t）振动模式
547	二硫键振动（t-g-t）振动模式
620～640	Phe
644	Tyr
760	Trp
830	Tyr 残基
850	Tyr 残基
940	C—C 伸缩振动（α 螺旋）
1003	Phe 残基
1250	酰胺Ⅲ带（β 折叠，无规则卷曲）
1273	酰胺Ⅲ带（α 螺旋）
1309	酰胺Ⅲ带（α 螺旋）
1321	Trp 残基
1340	C—H 变形振动
1360	Trp 残基
1450	脂肪族氨基酸
1645～1690	酰胺Ⅰ带

图 2-12～图 2-16 为不同真空挤压膨化处理条件下大豆蛋白的拉曼光谱图，谱线以苯丙氨酸在 1003cm^{-1} 处的拉曼归属峰作为内标，利用 OMINIC 软件归一化处理，在此基础上计算了不同真空挤压膨化处理条件下大豆蛋白中各个基团谱线强度的变化率。此后采用 Orgin 8.0 软件进行分峰指认及平滑处理，得到最终拟合结果。

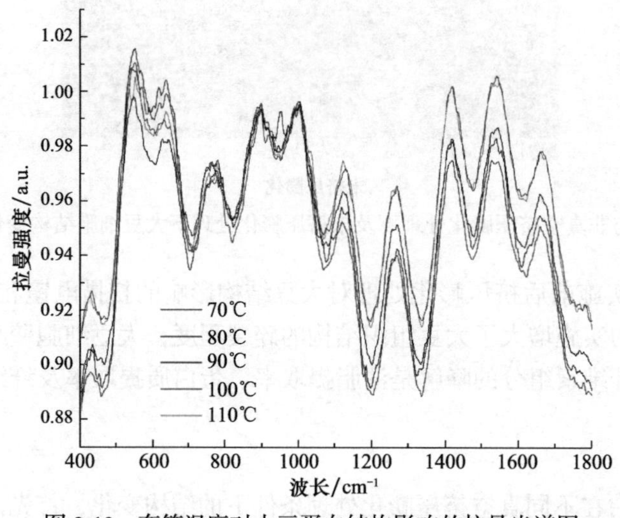

图 2-12　套筒温度对大豆蛋白结构影响的拉曼光谱图

扫码见彩图

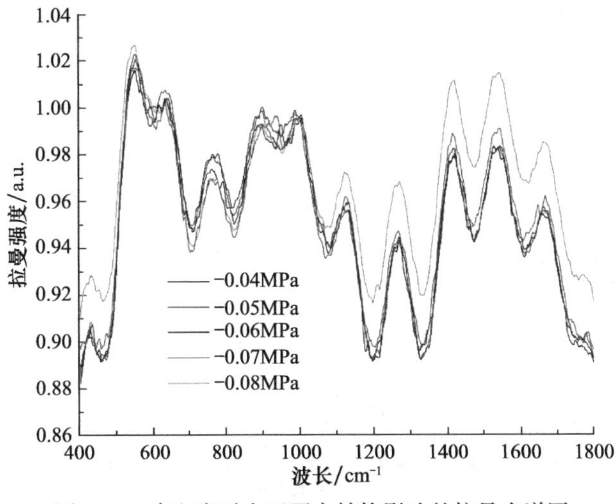

图 2-13　真空度对大豆蛋白结构影响的拉曼光谱图　　扫码见彩图

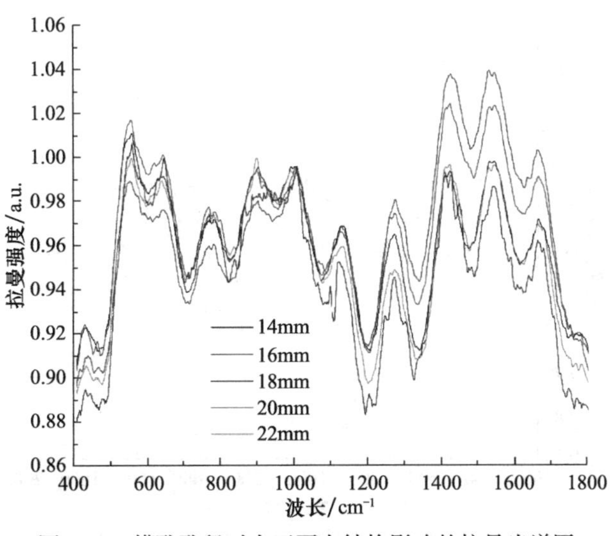

图 2-14　模孔孔径对大豆蛋白结构影响的拉曼光谱图　　扫码见彩图

1）大豆蛋白的二级结构组成在真空挤压膨化处理下的变化　试验采用OMINIC软件对大豆蛋白拉曼光谱的酰胺Ⅰ带进行解析，经整合现有文献得知蛋白质的二级结构单元的拉曼峰位归属为[17]：α螺旋结构1645～1660cm^{-1}；β折叠结构1665～1680cm^{-1}；β转角结构1680～1690cm^{-1}；无规则卷曲结构1660～1670cm^{-1}。

蛋白质的酰胺Ⅰ带及酰胺Ⅲ带常被用于检测蛋白质的主链结构，拉曼谱图中1665～1675cm^{-1}处谱带表明大豆蛋白中主要存在β折叠结构及无规则卷曲结构。在本研究中蛋白质的酰胺Ⅰ带用于研究蛋白质二级结构相对含量的定量分析，测试结果如表2-8～表2-12所示。

套筒温度对大豆蛋白结构影响的拉曼分析结果表明（表2-8），随着套筒温度由70℃升高至110℃，大豆蛋白α螺旋结构含量由29.54%降低至25.44%，β折叠结构含量由26.02%

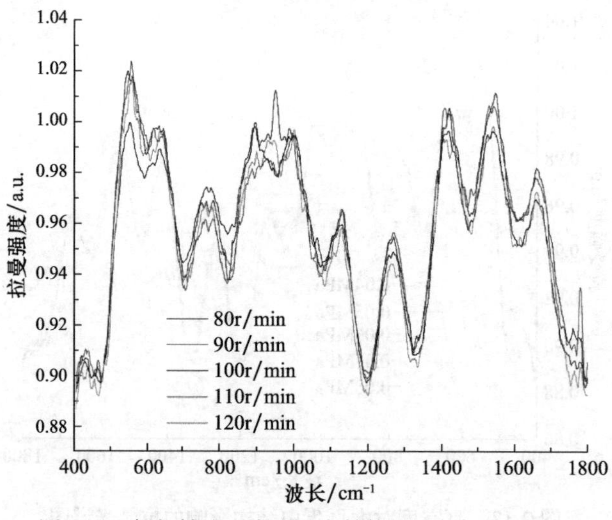

图 2-15　螺杆转速对大豆蛋白结构影响的拉曼光谱图　　扫码见彩图

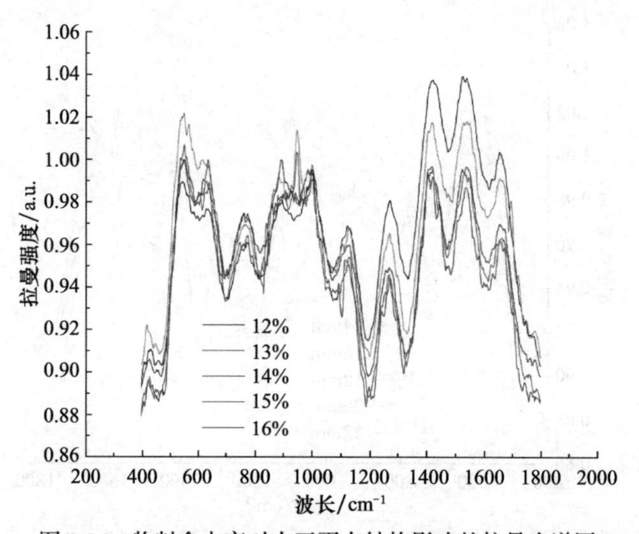

图 2-16　物料含水率对大豆蛋白结构影响的拉曼光谱图　　扫码见彩图

降低至 19.59%，而无规则卷曲及β转角结构分别由 26.39% 和 18.05% 升高至 34.45% 和 20.52%。套筒温度的升高引起的无规则卷曲结构的增加与挤压膨化处理导致的蛋白质变性有关，套筒温度的升高会进一步促使蛋白质发生更为明显的变性。通过研究可以发现，90℃真空挤压膨化处理后，大豆蛋白的β折叠结构减幅及无规则卷曲结构增幅明显，这可能是由于此温度接近于大豆球蛋白的变性温度，促使大豆蛋白在该温度下发生严重变性，蛋白质变性后相对较易被酶解，因而在此温度下，大豆蛋白提取率相对较高。

表 2-8　套筒温度对大豆蛋白二级结构影响的拉曼分析

套筒温度 /℃	α螺旋 /%	β折叠 /%	β转角 /%	无规则卷曲 /%
70	29.54	26.02	18.05	26.39
80	26.55	25.59	19.32	28.54

续表

套筒温度 /℃	α螺旋 /%	β折叠 /%	β转角 /%	无规则卷曲 /%
90	26.67	23.33	20.00	30.00
100	26.42	19.97	21.86	31.75
110	25.44	19.59	20.52	34.45

真空度对大豆蛋白二级结构影响的拉曼分析结果表明（表 2-9），无论何种真空度下，大豆蛋白的α螺旋及无规则卷曲结构含量变化并不明显，但随着真空度的增加，大豆蛋白β折叠结构含量呈现出先减少后增加的变化趋势，而β转角结构含量呈现出相反的变化趋势。在 −0.06MPa 时β折叠构象含量最低，而此时β转角结构含量最高，表明此条件下，大豆蛋白发生了由β折叠构象向β转角结构的转变，这种转变可能是大豆蛋白提取率变化的一个重要原因。

表 2-9　真空度对大豆蛋白二级结构影响的拉曼分析

真空度 /MPa	α螺旋 /%	β折叠 /%	β转角 /%	无规则卷曲 /%
−0.04	25.44	26.59	18.52	29.45
−0.05	26.03	23.80	19.97	30.20
−0.06	26.67	23.33	20.00	30.00
−0.07	26.95	24.30	18.11	30.63
−0.08	26.46	25.77	17.25	30.52

模孔孔径对大豆蛋白结构影响的拉曼分析结果表明（表 2-10），无论何种模孔孔径的挤压膨化处理，大豆蛋白的β转角及无规则卷曲结构含量变化并不明显，但随着模孔孔径的增大，大豆蛋白β折叠结构含量呈现出先增加后降低的变化趋势，α螺旋结构含量呈现出相反的变化趋势。模孔孔径为 18mm 时，大豆蛋白的α螺旋结构含量和β折叠构象分别出现最小值和最大值，这种现象表明，模孔孔径的调整促进了大豆蛋白结构由α螺旋结构向β折叠结构的转变。另外，结合上述 3 种不同挤压膨化条件下大豆蛋白结构的变化特征，推测β折叠结构含量的变化应该是挤压膨化处理中最主要的结构，这主要是由于β折叠结构是一种存在于分子内部的结构，多有报道指出β折叠结构含量的变化与蛋白质变性之间存在一定的关系，而挤压膨化处理过程中蛋白质变性是一种主要现象，因而β折叠结构在挤压膨化处理过程中含量变化显著。

表 2-10　模孔孔径对大豆蛋白二级结构影响的拉曼分析

模孔孔径 /mm	α螺旋 /%	β折叠 /%	β转角 /%	无规则卷曲 /%
14	30.46	18.77	20.25	30.52
16	27.67	22.33	20.00	30.00
18	25.25	22.90	20.89	30.96
20	29.84	20.10	20.00	30.07
22	30.43	18.19	20.95	30.43

螺杆转速对大豆蛋白结构影响的拉曼分析结果表明（表 2-11），无论何种螺杆转速的挤压膨化处理，大豆蛋白的β转角及无规则卷曲结构含量变化并不明显，但随着螺杆转速的增加，大豆蛋白α螺旋结构含量呈现出先增加后降低的变化趋势，β折叠结构含量呈现出相反的变化趋势。在螺杆转速为 100r/min 时，α螺旋结构含量有最大值，在螺杆转速为 90r/min 时，β折叠结构含量有最小值。

表 2-11　螺杆转速对大豆蛋白二级结构影响的拉曼分析

螺杆转速 /(r/min)	α螺旋 /%	β折叠 /%	β转角 /%	无规则卷曲 /%
80	26.24	22.82	20.47	30.47
90	28.27	20.69	20.49	30.55
100	28.49	21.30	20.00	30.20
110	28.35	21.47	20.94	29.24
120	26.67	23.33	20.00	30.00

物料含水率对大豆蛋白二级结构影响的拉曼分析结果（表 2-12）表明，物料含水率的差异并不影响大豆蛋白的二级结构组成。

表 2-12　物料含水率对大豆蛋白二级结构影响的拉曼分析　（%）

物料含水率	α螺旋	β折叠	β转角	无规则卷曲
12	28.24	20.82	20.47	30.47
13	28.27	20.69	20.49	30.55
14	28.49	21.30	20.00	30.20
15	28.35	20.77	20.44	30.44
16	28.67	21.33	20.00	30.00

2）不同真空挤压膨化条件对大豆蛋白二硫键结构的影响　500～550cm^{-1} 是二硫键的特征谱带。500～510cm^{-1} 处为 gauche-gauche-gauche（g-g-g）模式，515～525cm^{-1} 为 gauche-gauche-trans（g-g-t）模式，535～545cm^{-1} 为 trans-gauche-trans（t-g-t）模式[18]。这表明，在不同振动模式下二硫键所反映出来的拉曼位移有所不同。通过分析可以发现，大豆蛋白无论在何种挤压膨化处理下，540cm^{-1} 附近均有一明显正峰，这表明大豆蛋白主要二硫键构型为 t-g-t 构型，真空挤压膨化处理并未明显改变大豆蛋白的二硫键构型特征。

四、挤压膨化对大豆营养成分的影响

大豆是一种营养成分较均衡的优良植物蛋白资源，含粗蛋白 36% 以上、脂肪 17% 以上、淀粉 10% 左右，还含有氨基酸、维生素、卵磷脂和矿物质等。但是大豆中含有大量的抗营养因子及有害物质，造成幼龄动物对其营养成分消化吸收障碍，引起营养性腹泻，使其肠道受损，这限制了大豆在幼龄动物饲粮中的应用。而大豆经过一系列加工，能通过破坏抗营养物质的结构，消除或降低抗营养物质抗原活性等，来降低大豆中抗营养物质的危害，同时也能使大豆的蛋白质变性、淀粉糊化及大豆油细胞破裂，从而提高大豆的营养价值。

1. 对淀粉的影响

淀粉在高温、高压和高剪切作用下，吸水受热膨胀，直链间脆弱的氢链断裂，原来的有序结构遭到破坏，呈松散无序结构，即发生糊化。大量文献研究表明，淀粉糊化度受加工温度、喂料速度、螺杆转速和物料含水量及其交互作用的影响[19]。提高物料含水量和加工温度均有利于提高产品的糊化度及淀粉的消化吸收率。即使在很低的物料含水量条件下，也可以使淀粉发生彻底的糊化，因此挤压膨化加工技术能够在赋予淀粉高消化吸收率的同时，最大限度地避免其他成分的损失。

2. 对蛋白质的影响

蛋白质分子受到高温、高压、高剪切力的作用，原有的空间结构被打乱而熔融，离开模口时，随着压力迅速下降，过热水急剧蒸发，在纤维状结构中留下了多孔气泡状空间结构。研究表明，低物料水分、低膨化温度、短模孔可以减少挤压膨化预处理工艺过程中蛋白质结构的破坏程度。相反，高物料水分、高温挤压膨化时，会加剧蛋白质分子内部疏水基的暴露和蛋白质的交联。在此基础上改进的挤压膨化预处理工艺更有利于蛋白质结构的改善。

3. 对脂肪的影响

大豆经挤压膨化加工，其脂肪稳定性将降低，发生部分水解生成单甘油和游离脂肪酸，这两种产物与直链淀粉、蛋白质形成了复合物，降低了挤出物中游离脂肪酸的含量，从而可防止脂肪含量过多，产生油腻感，而且防止脂肪氧化，延长产品储藏期，改善产品的质构。大量文献表明，挤压膨化后，大豆脂肪不稳定性主要与挤压后物料表面积的大小和挤压温度的高低有关。

4. 对粗纤维的影响

粗纤维主要由纤维素、半纤维素和木质素组成。大量文献报道，由于原料、设备和条件不同，挤压过程中纤维数量的变化差异较大。小模孔直径、较高的物料含水率、低螺杆转速和较高的挤压温度可以使豆粕中粗纤维含量减少，有利于不溶性纤维向可溶性纤维的转化。

5. 对抗营养物质的影响

研究指出，干法膨化生产的膨化大豆水分越低，对抗营养因子的破坏越小，而湿法膨化生产的含 10%～12% 水分的膨化大豆抗营养因子相对较低。而大模孔直径、适当的水分含量、高螺杆转速和较高的挤压温度有利于植酸分子的钝化，并且各挤压膨化参数之间的交互作用对脲酶活性的影响显著。

第三节　超声波预处理

一、超声波在生物解离过程中的作用机理

对食品进行超声波处理将引起食品成分的物理和化学变化，因而了解超声波对食品中大分子的作用机理对超声波在食品工业领域的应用有较高的指导意义。根据超声波的物理作用机理，结合大分子的结构特点，研究证实，超声波降解大分子物质的主要机理是机械性断键作用和自由基氧化还原反应[20]。

1. 机械性断键作用

物质的质点在超声波中具有极高的运动加速度，产生激烈而快速变化的机械运动。这种快速变化的机械运动（剪切力）足以引起大分子物质中共价键的断裂，从而导致高分子物质的降解。对大分子的机械性断键作用，可促进物料中有效成分的溶出，有利于油料中油脂的提取[21]。

2. 自由基氧化还原反应

自由基氧化还原反应主要是由液体在超声波作用下产生空化效应而引起的。在空穴破碎时会产生局部高压和高温，而水分子或反应分子利用这一能量在进入空穴后（或空穴周围）进行热裂解反应，生成氢氧自由基或其他活性自由基，并由此引起自由基的增殖，从而促进氧化还原反应的进行[22]。生物解离过程中以水作为提取媒介，因此水在超声波预处理过程中参与自由基氧化还原反应，从而破坏了与油脂结合的大分子结构，起到了辅助提取的作用，促进油脂从油料籽细胞中分离出来。

二、超声波辅助生物解离作用提取大豆油

大豆含有18%～22%的油脂和40%左右的蛋白质，不仅是主要的油料作物，也是优质植物蛋白资源。目前从植物油料中提油的主要方法是压榨法和浸出法。生物解离技术是一种新兴的提油方法，它以机械作用和酶解为手段破坏植物细胞壁，使油脂得以释放。该技术处理条件温和、工艺路线简单（不需要脱溶，可直接利用三相离心分离油、水、渣），而且可以同时提取油和蛋白质；生产过程能耗相对低，废水中生物需氧量（BOD）与化学耗氧量（COD）大为下降，污染少，易于处理。

1. 超声波辅助生物解离技术提取大豆油的工艺流程

超声波辅助生物解离技术提取大豆油的工艺流程如图 2-17 所示。

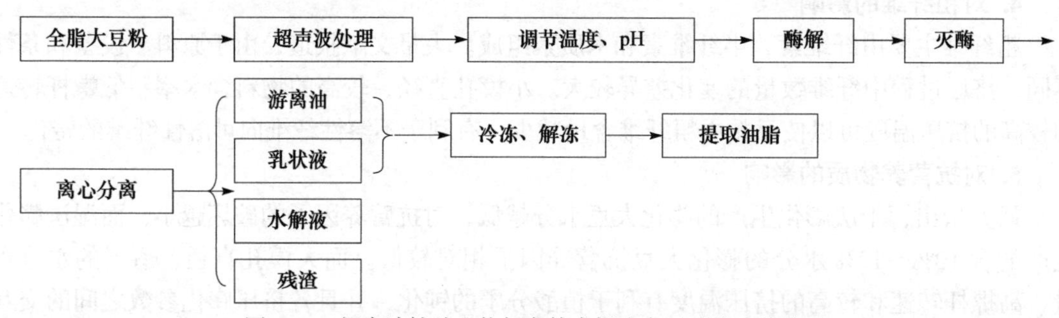

图 2-17　超声波辅助生物解离技术提取大豆油的工艺流程

2. 超声波处理对生物解离大豆油提取率的影响

1）*超声波功率对大豆油提取率的影响*　超声波功率在生物解离提取大豆油过程中具有显著的作用，研究表明，当超声波功率增大时，会提高超声波在液体中的分散效应，使液体产生空化作用，从而使液体中的固体颗粒或细胞组织破碎，进而提高游离油提取率[23]。

因此，选取超声波处理时间 20min，超声波处理温度 40℃，在最佳酶解条件下，考察超声波功率对生物解离大豆油提取率的影响，结果见图 2-18。

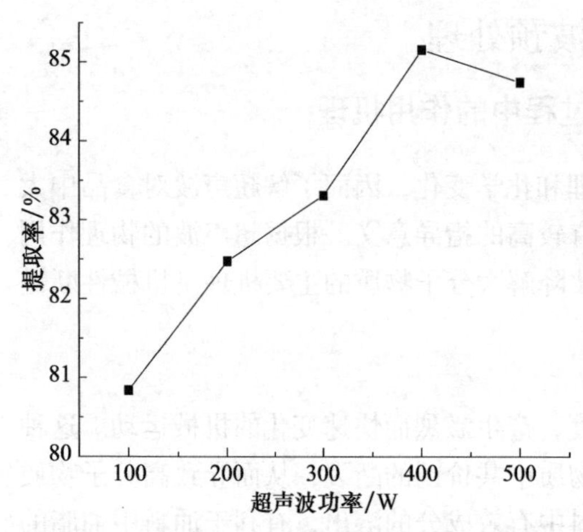

图 2-18　超声波功率对大豆油提取率的影响

由图 2-18 可知，随着超声波功率增大，大豆油提取率相应提高，超声波功率为 400W 时提取率最高，为 85.154%。这是因为超声波功率越大，空化作用和机械作用越强烈，分子扩散速度也就越大，油脂渗出就越多。但在超声波功率超过 400W 后，提取率反而略有减小。这可能是因为功率大，超声时瞬间热效应过于明显，局部温度过高导致蛋白质变性，从而影响油脂溶出。

2）*超声波处理时间对大豆油提取率的影响*　超声波处理时间是影响超声波处理效果的重要因素，研究表明，在超声波辅助生物解离提取花生油的过程中，起初提油率随超声波处理时间的延长而增大，当超声波处理时间为 20min 时，提油率达到最大值，之后随超声波处理时间的延长，提油率逐渐下降。由于超声波作用在开始时对细胞膜的破碎作用比较大，溶出物多，提油率不断升高[24]；但随着超声波处理时间的延长，温度急剧升高，导致油分解或挥发，使得提油率降低[25]。因此，应在考察超声波处理时间对生物解离大豆油的影响基础上，选出最优超声时间。

在超声波功率 400W、超声波处理温度 40℃、最佳酶解条件下，考察超声波处理时间对大豆油提取率的影响，结果见图 2-19。

由图 2-19 可知，大豆油提取率随超声波处理时间延长而升高，超声 15min 后渐趋稳定，再延长超声波处理时间对提高提取率意义不大。这是因为随着超声波处理时间的增加，超声波声强增大，溶液受到的负压随之增大，水分子间平均距离就会增大，超过极限距离后就会破坏蛋白质结构的完整性，造成空穴，蛋白质分子结构变得疏松，乳化能力提高[26]，不利于油脂的释放。因此，选择最优超声时间为 15min。

3）*超声波处理温度对大豆油提取率的影响*　超声波处理温度与分子扩散运动密切相关，超声波处理温度过低，分子扩散运动小，物料的空化作用不够完全，从而降低了提油率；温度过高，由于物料略有糊化，也可能使得提油率降低。且有研究表明，超声波处理温度过高，提高了蛋白质的吸油性作用，不利于油脂的释放。

因此，选择超声波处理时间 15min，超声波功率 400W，在最佳酶解条件下，考察超声波处理温度对大豆油提取率的影响，结果见图 2-20。

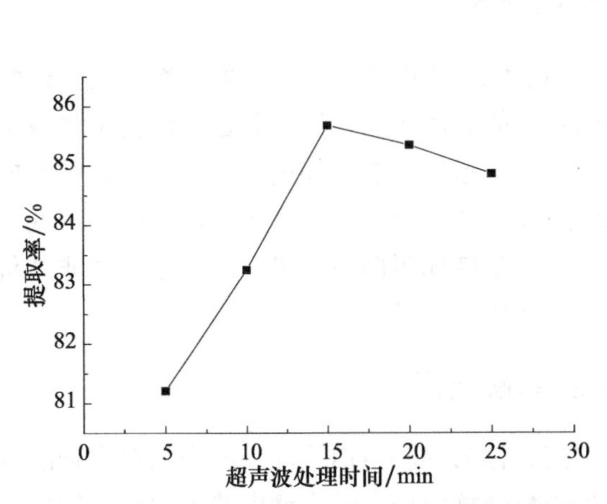

图 2-19　超声波处理时间对大豆油提油率的影响

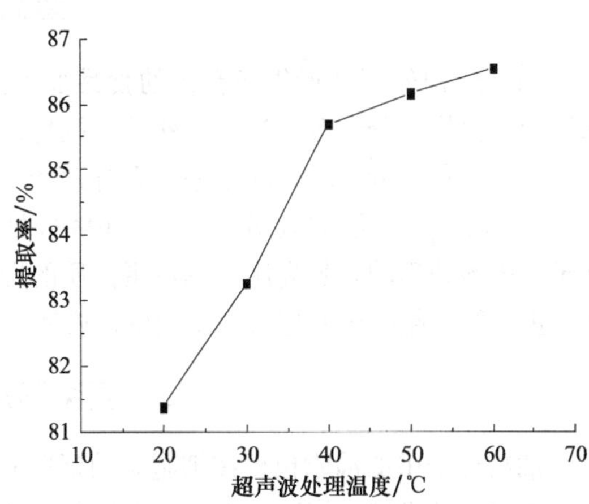

图 2-20　超声波处理温度对大豆油提取率的影响

由图 2-20 可知，随着超声波处理温度的提高，大豆油提取率不断升高，当温度超过 40℃时，提取率提高缓慢，这可能是因为温度高有利于蛋白质的溶出，但是温度过高又会引起蛋白质变性。综合考虑经济因素及酶解条件，确定最适超声波处理温度为50℃。

4）验证实验　按上述实验确定的最佳酶解条件及超声波处理条件进行验证实验，结果表明大豆油提取率为86.113%。

3. 超声波处理前后大豆粉电镜图

通过扫描电镜成像，可以直观观测超声波处理前后的物料状态，为超声波对生物解离提取大豆油的影响提供可靠依据。图2-21A和B分别是未经超声波处理和经400W超声波处理15min的全脂大豆粉的扫描电镜图。由图2-21A和B可以看出，超声波处理改变了物料的状态，由聚集变为分散，并且在原料分子内部产生了空化作用，而这种改变有利于油脂的提取。

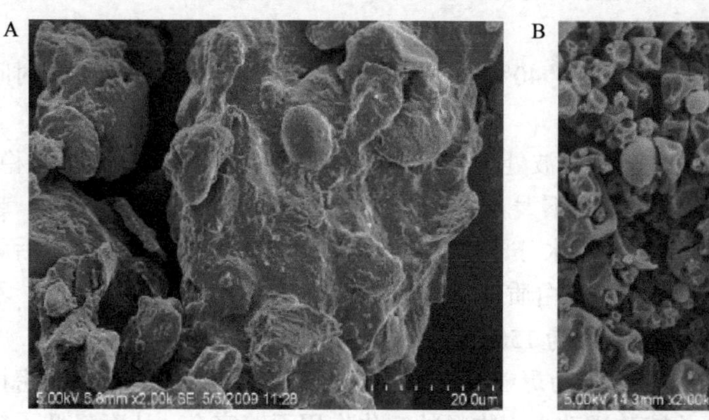

图2-21　大豆粉的扫描电镜图

A. 超声波处理前大豆粉的扫描电镜图；B. 超声波处理后大豆粉的扫描电镜图

第四节　其他预处理

一、超高压预处理

超高压预处理是近年来新兴的食品加工高新技术，它可使食品中的酶、蛋白质、核酸和淀粉等生物大分子改变活性、变性或糊化，而食品的天然味道、风味和营养价值不受或很少受影响，具有低能耗、高效率、无毒素产生等特点。超高压能够促进化合物从细胞中释放出来。Kato等[27]研究表明，高压200MPa处理的大豆油得率高于高压500MPa预处理的而低于挤压预处理的。超高压处理对蛋白质的影响主要是破坏蛋白质三级、四级结构的非共价键，蛋白质经超高压处理后，结构变得松散，可能更利于酶解。

二、真菌固态发酵预处理

油料种子中的油脂包裹在细胞质的蛋白质中间，称为油脂蛋白质体，常规油料作物的提油方法主要是机械压榨法，不能有效地分解细胞壁和分解包裹在细胞壁中的蛋白质，使较多的油脂残留在饼粕中，导致提油率不高。固态发酵是有效解决该问题的途径之一。

利用黄曲霉和黑曲霉固态发酵大豆，通过测定还原糖和氨态氮含量的变化，判断真菌对营养成分的利用情况与油脂提取效果的关系。结果表明，在3h的提油时间里，大豆经黑曲霉和黄曲霉固态发酵预处理后，分别在发酵96h和72h时达到最大提油量，分别为23%（m/m）和21.6%（m/m），比对照组（15.6%，m/m）提高了47.4%和38.5%，提油量都有很明显的提高[28]。

三、脉冲电场预处理

高压脉冲电场是一种非热食品加工方法。它是以高电压（0～50kV）、短脉冲（0～2000μs）及适中的温度条件处理液态或半固态食品。处理过程是将食品置于两电极间，然后反复施加高脉冲电压。高压脉冲电场能使微生物的细胞膜穿孔、破裂，酶的结构破坏，从而达到杀菌和钝酶的目的。与传统的热杀菌相比，由于脉冲处理时间短、热能损失低及由热引起食品成分的变化较小，因此能最大限度地保存食品原有的风味、色泽、口感和营养价值。

四、复合预处理

复合预处理工艺在生物解离技术研究中较为广泛，Roberta等[29]研究发现直接采用酸性纤维素酶无法提取油脂，对于干磨玉米胚芽进行沸水热处理或微波处理后，利用酸性纤维素酶提取油脂，提取率分别为43%和57%。贾照宝等[4]采用生物解离技术从双低油菜籽中提取油，结果表明，脱皮菜籽先干法粗粉碎，沸水处理10min，再用组织捣碎机粉碎后，用细胞壁多糖酶与蛋白酶分步酶解，油脂提取率最高，达到90.99%。杨慧萍等[30]研究了米糠预处理条件，发现常压蒸煮30min，超声波处理50min，经酶解米糠油提取率达到94.5%。

在查阅大量文献及前人研究的基础上，作者团队将碱性蛋白酶的水解条件设定为料液比1∶5，酶解温度60℃，酶解时间4.5h，加酶量为2%，酶解pH 8，在以上条件下进行了不同预处理方法的对比试验。

通过试验发现干法挤压膨化预处理与湿法挤压膨化预处理较其他预处理方法有较大优势（图2-22）。由于湿法挤压膨化预处理是蒸汽加热，其温度高、能耗大且蛋白质变性严重，因此确定最适合的生物解离技术提取大豆油脂和蛋白质的预处理方法为干法挤压膨化预处理方法。

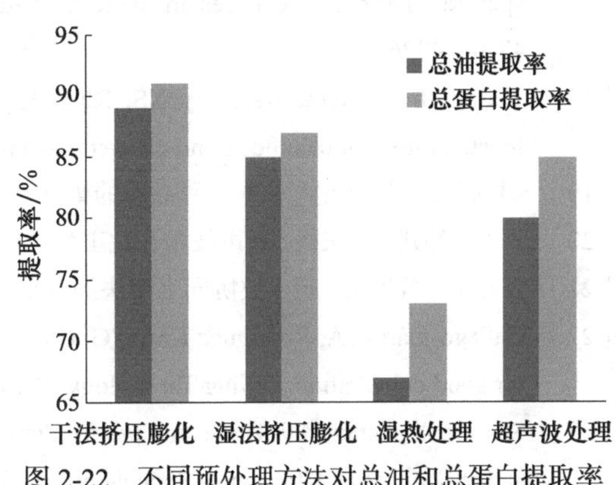

图2-22　不同预处理方法对总油和总蛋白提取率的对比

参考文献

[1] 郭华，罗军武，周建平，等. 几种油料的子叶细胞形态与主要化学成分分析. 现代食品科技，2006, 22(4): 33～36.

[2] 李桂英，袁永俊. 中性蛋白酶提取菜籽油的研究. 粮食食品科技，2005, 13(5): 31～32.

[3] 倪培德，江志炜. 高油分油料水酶法预处理制油新技术. 中国油脂，2002, 27(6): 5～8.

[4] 贾照宝，王瑛瑶，刘建学，等. 水酶法提取菜籽油预处理工艺及酶复配研究. 食品工业科技，2008, 29(10): 153～155.

[5] 易建华，朱振宝. 预处理对水酶法提取核桃油的影响. 食品科技，2010, 35(4): 149～152.

[6] 张洁，于颖，徐桂花. 超微粉碎技术在食品工业中的应用. 农业科学研究，2010, 31(1): 51～54.

[7] 杨柳, 江连洲, 李杨, 等. 超声波辅助水酶法提取大豆油的研究. 中国油脂, 2009, 34(12): 10～14.
[8] Ranalli A. Effect induced by a pectolytic adjuvant in olive oil extraction by the present technological systems, pluriannual research results. Riv Ital Sostanze Grasse, 1995, 72: 355～364.
[9] Guderjan M, Elez-Martinez P, Knorr D. Application of pulsed electric fields at oil yield and content of functional food ingredients at the production of rapeseed oil. Innovative Food Science and Emerging Technologies, 2007, 42(8): 55～62.
[10] 李杨. 水酶法制取大豆油和蛋白关键技术及机理研究. 哈尔滨: 东北农业大学博士学位论文, 2010.
[11] 李里特. 大豆加工与利用. 北京: 化学工业出版社, 2004.
[12] 王宏立. 螺杆挤压膨化全脂大豆的试验研究. 沈阳: 沈阳农业大学硕士学位论文, 2004.
[13] 齐宝坤, 江连洲, 李杨, 等. 挤压膨化后微体化预处理水酶法提取大豆油脂工艺研究, 食品工业科技, 2012, 33(21): 196～200.
[14] 徐红华, 申德超, 李铁晶, 等. 大豆挤压膨化物料浸出动力学模型的建立. 农业机械学报, 2008, 39(10): 113～118.
[15] Lamsal BP, Johnson LA. Separating oil from aqueous extraction fractions of soybean. J Am Oil Chem Soc, 2007, 84(8): 785～792.
[16] 王心刚. 真空挤压膨化预处理水酶法制取大豆油脂工艺及机理研究. 哈尔滨: 东北农业大学硕士学位论文, 2014.
[17] Simawiza MN, Lord RC, Chen MC, et al. Interpretation of the doublet at 850 and 830cm^{-1} in the Raman spectra of tyrosyl residues in proteins and certain modelcompounds. Biochemistry, 1975, 14(22): 4870～4876.
[18] Kalapathy U, Hettiarachchy NS, Rhee KC. Effect of drying methods on molecular properties and functionalities of disulfide bond-cleaved soy proteins. J Am Oil Chem Soc, 1997, 74(3): 195～199.
[19] 周克勇. 不同膨化参数对大豆品质的影响. 四川畜牧兽医学院学报, 2001, 15(2): 43～46.
[20] 王君, 韩建涛, 张扬. 超声技术在化工生产中的应用. 现代化工, 2002, 31(2): 187～189.
[21] 王小英, 曹安银. 超声波协同水酶法提取小麦胚芽油的研究. 中国油脂, 2008, 33(4): 16～19.
[22] Gallego-juarez JA, Rodriguez-Corral G, Gálvez Moraleda JC, et al. New high-intenisty ultrasonic technology for good dehydration. Drying Technology, 1999, 17(3): 597～608.
[23] Sharma A, Gupta MN. Ultrasonic pre-irradiation effect upon aqueous enzymatic oil extraction from almond and apricot seeds. Ultrasonics Sonochemistry, 2006, 13(6): 529～534.
[24] 王瑛瑶, 贾照宝, 张霜玉. 水酶法提油技术的应用进展. 中国油脂, 2008, 33(7): 24～26.
[25] 朱建华, 杨晓泉, 熊犍. 超声波技术在食品工业中的最新应用进展. 酿酒, 2005, 2(32): 54～57.
[26] 孙冰玉, 石彦国. 超声波对醇法大豆浓缩蛋白乳化性的影响. 中国粮油学报, 2006, 21(4): 60～63.
[27] Kato N, Teramoto A, Fuchigami M. Pectic substance degradation and texture of carrots as affected by pressurization. Journal of Food Science, 2010, 62(2): 359～362.
[28] 牛晓娟, 邱树毅, 吴远根, 等. 真菌固态发酵预处理大豆高效提油的初步研究. 技术油脂工程, 2009, (10): 50～52.
[29] Roberta M, Lelandc D, Davidb J, et al. A process for the aqueous enzymatic extraction of corn oil from dry milled corn germ and enzymatic wet milled corngerm (E-Germ). J Am Oil Chem Soc, 2009, 86(5): 469～474.
[30] 杨慧萍, 宋伟, 王素雅, 等. 高压蒸煮、超声波辅助水酶法处理米糠技术研究. 粮食与饲料工业, 2005, (12): 20～21.

第三章　酶解工艺概述

传统的大豆油提取方法主要有压榨法和浸出法，这两种传统制取方法中，后者虽然能得到95%以上的油脂，但提油过程中蛋白质变性严重，必需氨基酸被破坏，无法再应用于食品等工业，造成大量优质蛋白质资源的浪费，而且存在毛油成分复杂、精炼工艺烦琐、溶剂残留、生产安全性差等问题。

生物解离工艺是在机械破碎的基础上，利用对纤维骨架、脂蛋白、脂多糖有降解作用的酶，进一步破坏大豆籽粒细胞结构，降解包裹油体的膜，使油脂释放出来。酶解方法作用条件温和，所制毛油杂质率低，精炼工序简单，同时大豆蛋白等其他成分也得到了有效保护，对后续的制取、分离和加工利用都十分有利，制油过程中或制油后均可提取多种有效成分，保证了对大豆籽粒资源的有效利用。该方法一直是国内外研究的热点、焦点，也必将成为食用油脂提取技术领域的未来发展方向。本章将围绕酶制剂概述、固定化酶技术、酶解工艺及酶解机理进行介绍。

第一节　酶制剂概述

一、大豆生物解离中酶的作用

在大豆籽粒中，油脂的存在状态主要是在细胞内部，或者与其他大分子物质如多糖、蛋白质形成复合物，构成脂多糖与脂蛋白等复合体[1]。在提取油脂的过程中只有将油料组织的细胞结构和油脂复合体破坏，才能有效提取出其中的油脂[2]。

利用对油料组织及对脂多糖、脂蛋白等复合体有降解作用的酶处理油料，通过对细胞结构的破坏，以及酶对油脂复合体的分解作用，增加油料组织中油的流动性，从而使油游离出来[2]。同时，酶还能破坏油料在磨浆等过程中形成的包裹在油滴表面的脂蛋白膜，降低乳状液的稳定性，从而提高游离油得率[3]。此外，由于酶反应专一、高效、条件温和，对榨油后的油料饼粕蛋白质理化性质影响较小，保证了在提油的过程中，同时获取高质量的蛋白质产品，有利于油料资源的综合利用[1]。

二、酶制剂应用于生物解离的发展历程

早在20世纪50年代，人们就观察到，经酶处理的油料，对出油量有明显影响，但酶制剂的价格阻止了它的研究进程。到20世纪70年代，随着微生物技术在生产中的应用与推广，工业化大量产酶降低了酶制剂的价格，应用酶提取植物油脂再一次引起国内外许多学者的兴趣[4]。

20世纪80年代，美国Fullbook[5]用酶从西瓜籽中制取营养性的可溶性水解蛋白时，发现随着水解的进行，部分油被释放出来。随后他用酶从菜籽与大豆中提取油和蛋白质，取得了预期的效果。20世纪90年代，科学家Bouvier和Entressangles[6]首次将纤维素酶和果胶酶用于棕榈油的酶法制取当中。Tanodebrah和Ohta[7]利用电子显微镜分析了酶处理能急剧

降解牛油果籽细胞壁的结构，从而强有力地证明了酶解提油工艺的科学性。在国内，20世纪90年代王璋教授指导硕士研究生林岚[8]首次利用碱性蛋白酶和中性蛋白酶从全脂豆粉中同时制取大豆油和大豆水解蛋白。曾祥基[9]对生物解离技术提取大豆、花生仁、油菜籽、橄榄、葵花籽、椰子中的油进行初步研究，并且提出了针对不同物料使用酶的种类及相关工艺参数的范围。江南大学博士王素梅[10]进一步对玉米胚芽酶法提油工艺及其机理进行系统的研究，利用扫描电镜、透射电镜及光学显微镜研究酶解过程中玉米胚芽微观组织结构的变化，揭示了生物解离工艺的机理。在2005年以前，酶制剂在生物解离提油上的应用仅局限于高含油作物，如菜籽等；自2005年之后，通过改善预处理工艺和对酶解后破乳的研究，酶法提油技术逐渐从高含油作物向低含油作物如大豆转变。

三、常用的酶制剂

因各种油料的组织成分不同，所选取的酶制剂也有所区别。已有资料报道，对大豆结构及其中复合物进行处理，所用的酶有纤维素酶与半纤维素酶（破坏细胞壁）、蛋白酶、复合酶及果胶酶（破坏细胞膜）等[9]。

1. 纤维素酶

纤维素酶属于糖苷水解酶，是一类能够将纤维素降解为葡萄糖的多组分酶系的总称，它们协同作用，分解纤维素产生寡糖和纤维二糖，最终水解为葡萄糖。

大豆细胞壁的主要组成成分是纤维素、半纤维素和果胶物质[11]。利用纤维素酶处理植物组织，降解植物细胞壁的纤维素骨架，使植物细胞壁崩溃，可使细胞内的有效成分充分游离出来[12]。但是，单独使用纤维素酶通常对出油率没有较大贡献，如Lamsala等[13]利用纤维素酶、蛋白酶及两种酶的混合物提取全脂豆粉中的大豆油，实验证明，加入蛋白酶可使提油率从68%提高到88%，而加入纤维素酶对提油率没有显著影响，其原因是大豆细胞被充分破损后，阻碍油脂释放的主要因素是油脂与蛋白质之间的亲和力。

2. 蛋白酶

在采用机械作用、热处理或酶解破壁后，蛋白油脂体系暴露出来，此时采用蛋白酶水解，破坏蛋白质体系，油脂得到释放。常用的蛋白酶有碱性蛋白酶（Alcalase 2.4L、Protex 6L），酸性蛋白酶（Viscozyme L），中性蛋白酶（Protex 7L），木瓜蛋白酶等。油料作物形成的脂蛋白特性不同，选用的酶种类也有所不同，最普遍的是碱性蛋白酶。

冯红霞等[14]分别比较了酸性蛋白酶（Viscozyme L）、中性蛋白酶（Protex 7L）和碱性蛋白酶（Alcalase 2.4L）对酶法提取油茶籽油的四相（游离油、水解液、乳状液、残渣）分布的影响，结果表明碱性蛋白酶对水解包裹在油体表面的油体膜蛋白及亲脂性蛋白具有更有效的作用。Moura等[15]研究表明，利用Protex 6L碱性蛋白酶对生物解离制取大豆油的得率最高。

3. 复合酶

由于酶的专一性，采用单一纯酶在酶解工艺中有很大局限性，因此选择几种合适的酶混合使用或进行分步酶解，将会使细胞降解得更彻底、提取效果更好。根据大豆细胞壁的化学组成，实验中多选取纤维素酶、半纤维素酶和果胶酶水解后，再利用蛋白酶水解提取大豆油脂。经过复合酶酶解处理后，油料细胞结构充分破坏，使得酶的作用位点暴露，更有利于蛋白酶的作用[11]。

第二节　固定化酶技术

固定化酶技术是20世纪60年代发展起来的一种新技术。所谓固定化酶（immobilized enzyme），是指在一定的空间范围内起催化作用，并能反复和连续使用的酶。通常酶催化反应都是在水溶液中进行的，而固定化酶是将水溶性酶用物理或化学方法处理，使之呈不溶于水的，但仍具有酶活性的状态。与游离酶相比，固定化酶在保持其高效、专一及温和的酶催化反应特性的同时，又克服了游离酶的不足之处，呈现贮存稳定性高、分离回收容易、可多次重复使用、操作连续可控、工艺简便等一系列优点。固定化酶不但在化学、生物学与生物工程、医学及生命科学等学科领域的研究异常活跃，得到迅速发展和广泛的应用，而且因为具有节省资源与能源、减少或防治污染的生态环境效应而符合可持续发展的战略要求。

一、固定化酶方法

目前酶的固定化方法有很多种，但是没有一种固定化方法是适合于所有酶类的，固定化方法基本上可以分为4类，具体如下。

1. 包埋法

包埋法是把酶分子定位于固定化材料的微胶囊结构或网格结构中，但底物仍能渗入网格结构中与酶相接触。包埋法又可分为凝胶包埋法和微囊化法，其中凝胶包埋法的使用范围最为广泛，它是将酶包埋交联在水溶性凝胶空隙中。Goodman和Peanasky首次采用交联聚丙烯酰胺凝胶材料固定了胰蛋白酶、β-淀粉酶、木瓜蛋白酶等[16]。该方法后来又被应用于固定其他酶类，如过氧化氢酶、胰凝乳蛋白酶、β-葡萄糖苷酶等。该方法具有以下优势：①反应条件较温和；②凝胶结构含有足够的水，使固定化酶微体系与水相混合，能够更好地保持酶的活性与稳定性；③凝胶的非晶态结构有利于保持酶的完整构象；④还可引入聚合物添加剂、有机基团对基质进行修饰改性；⑤易成型、通用性好，便于工业化生产和应用[17~19]。

2. 吸附法

吸附法又分为物理吸附法和离子吸附法，它是将酶吸附在不溶性载体上，如活性炭、多孔玻璃微珠、漂白土、氧化铝、硅胶、高岭土、磷酸钙、金属氧化物等无机载体，以及淀粉、海藻酸钠、蛋白类物质等天然高分子载体。吸附法的最大优点是酶活性中心不易受到破坏，且不改变酶的高级结构，因而酶活力损失很小；缺点是酶与载体结合不稳定，容易分离[20~23]。

3. 共价偶联法

共价偶联法是将酶与聚合物载体以共价键相结合方式进行固定化的方法。其优点是酶与载体之间的连接很牢固，稳定性好；缺点是反应条件激烈，操作复杂，控制条件苛刻，酶易失活。目前，已建立的方法包括重氮法、肽键法、烷基化法和芳基化法等[24~26]。

4. 交联法

交联法是利用双功能团或多功能团的试剂与酶分子之间进行分子交联的固定化方法。交联剂有多种，最常用的是戊二醛，其他常见的交联剂还有双氨联苯、碳化二亚胺盐酸盐（EDC）、*N*, *N*-聚甲烯双碘丙酮酰胺、3-氨基丙基三乙氧基硅烷（APTES）和*N*, *N*-乙烯基双马来酰亚胺等[27, 28]。交联法由于反应条件比较激烈，在固定化过程中有涉及酶分子的化学反应，因而酶失活较为严重。

如表 3-1 所示，正是由于这些技术有着各自不同的适应条件和优缺点，除了可单独使用外，还可以两种或两种以上相结合。目前基本技术的相互组合已经形成了数百种方法。相应的，也已经设计了各种具有不同理化性质或不同理化参数的载体，以适应多种生物大分子的固定化和生化分离的需要。各种酶固定化技术和不同载体的合理组合，使得每一种酶都可以找到一条最适合的固定化途径。众多研究结果表明，固定化酶在很多方面表现出比游离酶更为优越的性能。例如，固定化酶降低了工业生产成本；可以实现工业连续化生产；可作为纯化蛋白质和酶的亲和吸附剂；又可制作稳定的生物传感器，用于工业产品检测和临床检测；作为固相蛋白质化学的基础工具；作为蛋白质药物体内缓释载体。因此，研究更为先进的酶固定化技术具有十分重要的应用价值[29~31]。

表 3-1　各种固定化方法的比较

	包埋法	交联法	酶与载体结合法		
			物理吸附法	离子吸附法	共价偶联法
酶活力回收率	高	低	高	高	低
结合程度	强	强	弱	中	强
制备难易	容易	容易	容易	容易	难
成本	低	中	低	低	高
重复利用	能	很难	可能	可能	不可能
对底物的专一性	不变	变	不变	不变	变

二、常用的固定化材料

随着科学技术的发展，酶固定化载体材料的发展经历了从开始的天然高分子材料发展到合成高分子材料、无机材料及现代的复合材料等。

1. 传统固定化材料

1）壳聚糖　壳聚糖是自然界中存在的唯一的碱性多糖，由于其资源丰富、安全无毒、具有独特的分子结构等优势，可作为传统的固定化酶和细胞的载体。壳聚糖作为固定化载体的研究在国外早有报道，自从 1975 年 Stantly 等[32]首先把壳聚糖应用于固定化酶以来，学者不断地研究了壳聚糖固定化各种酶类，如胰蛋白酶[33]、碱性蛋白酶[34]、果胶酶[35]、木瓜蛋白酶[36]、超氧化物歧化酶[37]、脂肪酶[38]等，这些固定化酶均表现出良好的催化特性和可操作性。

2）海藻酸钠　海藻酸是存在于褐藻类中的一类天然多糖，是由β-D-甘露糖醛酸（M）和α-L-古洛糖醛酸（G）通过β-1,4-糖苷键连接形成的一类线性无分支的链状阴离子聚合物。它们按以下次序排列：甘露糖醛酸块—M—M—M—；古洛糖醛酸块—G—G—G—；交替块—M—G—M—G—。海藻酸盐分子链 G 块很易与 Ca^{2+} 作用，在两条分子链 G 块间形成一个洞，结合 Ca^{2+} 形成“蛋盒”模型——热不可逆凝胶，酶可以被固定在凝胶网络中[39]。使用海藻酸钠固定化的酶有β-葡萄糖苷酶[40]、中性蛋白酶[41]、甲氰菊酯降解酶[42]、谷氨酸脱羧酶[43]等。

3）明胶　明胶在自然界中并不存在，是一种从动物结缔组织或表皮组织中胶原部分水解出来的蛋白质，是胶原纤维的衍生物，广泛来源于动物皮、筋、骨骼中。明胶是由氨基酸组成的大分子物质，并且具有典型的蛋白质特性。目前被明胶固定化的酶类有 α-淀粉酶[28]、果胶酶[44]、酵母细胞[45]等。

4）大孔树脂　树脂吸附法是20世纪70年代逐渐发展起来的一项新技术。大孔树脂是一类有机高聚物吸附剂，它的化学结构与离子交换树脂相似，不同之处在于它通常不引入可进行离子交换的酸性或碱性基团。它的吸附作用是通过表面吸附、表面电性或形成氢键等达到的，具有选择性好、吸附容量大、机械强度高、再生处理方便、吸附速度快、解析容易等优点[46]。且这种高度交联、具有三维网状结构的高分子聚合物不溶于任何溶剂，在常温下十分稳定，使用过程中不会有任何物质释放出来，至于生产过程中残留的某些杂质完全可在使用前彻底清洗出来。目前被大孔树脂固定化的酶类有中性脂肪酶[47]、猪胰脂肪酶[48]、脂肪酶[49]等。

2. 新兴固定化材料

1）磁性材料　由于磁性纳米粒子的粒径小、比表面积大，因此为固定化酶提供了良好的基础。但由于磁性微粒间偶极 - 偶极作用的存在，粒子间易于团聚，在实际应用中难以充分体现其纳米尺度的优越性。因此，对无机纳米粒子进行表面处理是必要的，以克服纳米粒子自身的缺陷，展现出比本身更好的载体优越性能。改性或者表面修饰的方式有：①与无机分子复合，如柠檬酸[50]；②与无机金属复合，如锰[51]、金[52]；③与有机大分子偶联，如氨基硅烷[53]；④与传统的载体相复合，如磁性壳聚糖[54, 55]、海藻酸钠[56, 57]。通过上述改性方法复合成磁性复合微球，以提高其作为载体的性能，当采用适宜改性方法时，这些表面改性的生物分子可以除去，实现了载体的重复利用，极大地降低了生产成本，同时还可克服传统载体液体流动性差、难以长时间进行连续操作的缺点。

2）介孔材料　多孔化合物与以多孔化合物为主体的多孔材料的共同特征是具有均匀而规则的孔道结构，其中包括孔道与窗口的尺寸和形状、孔道的维数、孔道的走向、孔壁的组成与性质。孔道的大小尺寸是多孔结构中最重要的特征，直至目前，人们把孔道尺寸在2nm以下的、具有规则微孔孔道结构的物质称为微孔化合物或分子筛，孔道尺寸在2～50nm的、具有有序介孔孔道结构的物质称为介孔材料[58]。

目前，介孔材料在催化领域已有广泛的应用，如已在石油加工过程、精细化学品的转化，特别是有大分子参加的催化反应中显示出特别优异的催化性能。例如，MCM-41型介孔分子筛固定化胰蛋白酶[59]、漆酶[60]、脂肪酶[61]等，常用的介孔分子材料还有Y型、ZSM-5等。

3）酶反应器　目前酶反应器的制备方法是使酶游离在膜的一侧或固定在膜上，酶反应可连续进行，提高了酶的利用率，反应物、产物通过半透膜透出，消除了产物对酶反应的抑制，使酶反应不断朝生成产物的方向进行，生产能力明显提高[30]。Giorno等[62]用不对称聚砜膜反应器实现了富马酸酶的固定，用来转化富马酸，经试验证实两周的连续操作酶活性依然保持良好。膜反应器实现了底物转化、产品分离、酶剂再利用为一体，是酶固定化较为理想的方式之一。

三、碱性蛋白酶固定化技术

进入20世纪90年代后，由于生物技术迅猛发展极大地促进了酶制剂产业的进步，多种酶类已经投入了批量生产，为生物解离提油技术研究创造了良好的条件。但在大规模生产中使用酶制剂成本很高，若能将酶固定化，不但可以避免浪费，还能为实现连续化生产创造条件。在生物解离提取大豆油中，碱性蛋白酶的应用最为广泛，因此对于碱性蛋白酶的固定化尤为重要。

（一）碱性蛋白酶的固定化及其固定化载体

1945年，瑞士Jaag等在地衣芽孢杆菌（*Bacillus licheniformis*）中发现了碱性蛋白酶[63]。在随后的国内外研究中，碱性蛋白酶因具有较强的水解能力、耐碱能力和耐热能力，同时有一定的酯酶性活力，成为蛋白酶研究的热点。

碱性蛋白酶是一种适宜碱性条件（pH 9～11）、能够水解蛋白肽键的酶类，由于其活性中心含有丝氨酸，因此也称为丝氨酸蛋白酶。它不仅能水解肽键，还能水解酯键、酰胺键，还具有转酯、转肽的功能[64, 65]。碱性蛋白酶分子质量一般为26 000～34 000kDa，在pH 5～10时都比较稳定。由于缺少半胱氨酸形成的二硫键，因此能被大豆、大麦等所含有的蛋白酶抑制剂所抑制，但是它不被金属螯合剂EDTA抑制，因此Ca^{2+}可以增强酶的稳定性。

由于碱性蛋白酶表面存在大量的游离氨基，为其固定化提供了较佳的活性位点。目前学者研究了碱性蛋白酶的固定化，已取得了较大进展。侯利霞等[66]利用传统载体壳聚糖与戊二醛交联固定化碱性蛋白酶，结果表明：在pH 9.20、加酶量7512U/g、固定化温度44℃、戊二醛体积分数0.20%、固定化时间8.11h的最佳工艺条件下，酶的回收率高达56.73%。薛正莲等[67]采用γ-2-氨丙基三乙氧基硅烷有机体系对粉煤灰硅烷化，以活化硅烷化的粉煤灰为载体，固定化碱性蛋白酶，结果表明：在加酶量4mL、戊二醛浓度0.2%、固定化温度25℃、交联3h的条件下，得到的固定化碱性蛋白酶的回收率可达63.8%。其固定化碱性蛋白酶的稳定性较理想，连续使用6次后，剩余酶活仍保持在29.4%。陈庆森等[68]采用GM201大孔树脂固定化碱性蛋白酶，活力回收率为19%以上。关晓月[69]以黑木耳凝胶固定化碱性蛋白酶，得到最佳固定化工艺条件为戊二醛浓度12.9%、交联时间2.5h、pH 9.4、酶液添加体积4.1mL。通过试验验证得到酶活保存率为50.89%，能够建立较好的固定化模型。李民勤等[70]通过吸附交联法将碱性蛋白酶固定在α, ω-二羧基聚乙二醇磁性毫微粒上，研究发现磁性固定化酶的最适温度没有改变，但热稳定性却显著提高，磁性固定化酶的最适pH向酸性方向移动了1.0个pH单位。Gusek等[71]将耐热性的丝氨酸蛋白酶固定在硅烷化的多孔玻璃珠上，研究发现与游离酶相比，固定化酶有较高的最适温度和pH。Sadjadi等[72]以吸附在介孔分子筛上的纳米TiO_2为载体，固定化碱性蛋白酶，并对该载体材料及其固定化酶的有关性质进行了研究，发现纳米载体直径在5～12nm时，有较低的化学反应活性，可以作为一种理想的固定化酶载体。固定化碱性蛋白酶有较高的最适温度，4次的连续使用表明以TiO_2为载体的固定化酶有着较高的回收利用性。这些固定化方法和结果对实际生产具有一定的指导意义。

（二）碱性蛋白酶的固定化条件研究

李丹丹[73]进行了磁性壳聚糖和磁性海藻酸钠固定化碱性蛋白酶的研究工作，在单因素的基础上，选取酶添加量、戊二醛浓度、pH和反应温度4个因素为自变量，固定化酶活力为响应值，通过响应面实验设计确定了固定化条件，并优化了固定化参数，结果表明：磁性壳聚糖固定化碱性蛋白酶的最佳条件为加酶量8600U/g、戊二醛浓度1.6%、pH 9.6、温度50℃、固定化酶活力6900U/g；磁性海藻酸钠固定化碱性蛋白酶的最佳条件为加酶量8000U/g、戊二醛浓度2.3%、pH 8.6、温度45℃、固定化酶活力7300U/g。分别对磁性壳聚糖和磁性海藻酸钠固定化碱性蛋白酶和游离酶最适温度、pH稳定性和对底物的亲和力等方面进行研究。结果显示，磁性壳聚糖和磁性海藻酸钠固定化碱性蛋白酶的最适温度都在50℃左右，比游离酶的最适温度降低10℃左右；最适pH均为11，两种固定化酶的热稳定性和pH稳定性都比游离酶的好。

（三）固定化碱性蛋白酶的各项表征

1. 粒子大小和外部形态

1）磁性壳聚糖微球固定化碱性蛋白酶粒子的透射电镜图　从图3-1中可以明显地看出制备的粒子是均匀的球状，大小在10～20nm，说明制得的粒子具有超顺磁性（研究表明粒子大小在30nm以下一般会具有超顺磁性）。其中图3-1A中的粒子有轻微的团聚现象，这是因为这些颗粒本身带有磁性。图3-1B、C、D中的粒子分散性要好于图3-1A中的粒子的分散性，可能的原因是Fe_3O_4纳米粒子经过壳聚糖的表面修饰以后，降低了磁性，有效地抑制了团聚现象，增加了粒子的分散性。图3-1B、C、D的粒子大小要比图3-1A的大一些，因为修饰和固定化酶是发生在表面，所以粒子依然是球状，外形无太大改变。

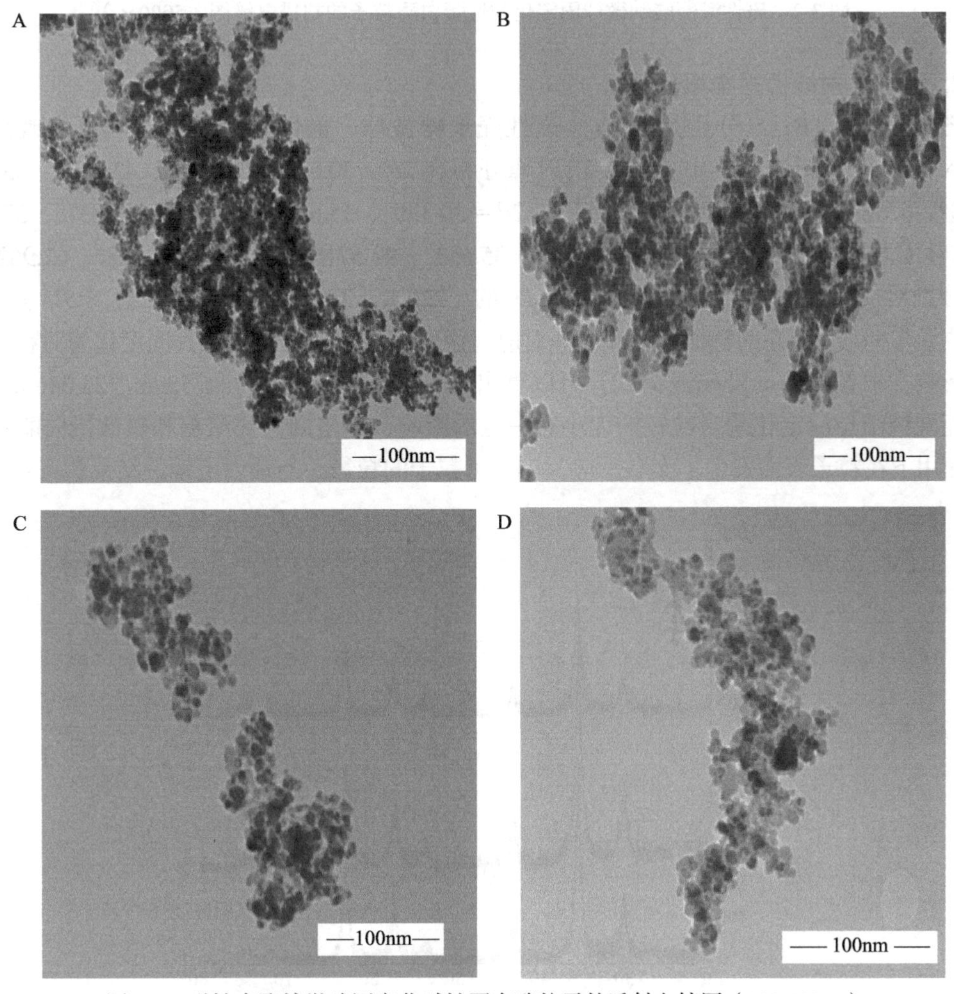

图3-1　磁性壳聚糖微球固定化碱性蛋白酶粒子的透射电镜图（200 000×）

A. Fe_3O_4磁性纳米粒子；B. 磁性壳聚糖粒子；C，D. 磁性壳聚糖微球固定化碱性蛋白酶粒子

2）磁性海藻酸钠微球固定化碱性蛋白酶扫描电镜图 如图 3-2 所示，制备的磁性海藻酸钠微球是规则的球状，半径在 500μm 左右，其表面平整，这与单纯的海藻酸钠微球所呈现的均匀蜂窝状多孔结构有很大不同[56]，说明酶与磁性海藻酸钠微球的结合方式并不是简单的包埋，而是某些化学结合，避免了简单的海藻酸钠包埋法因孔径较大，酶的包埋率较低。

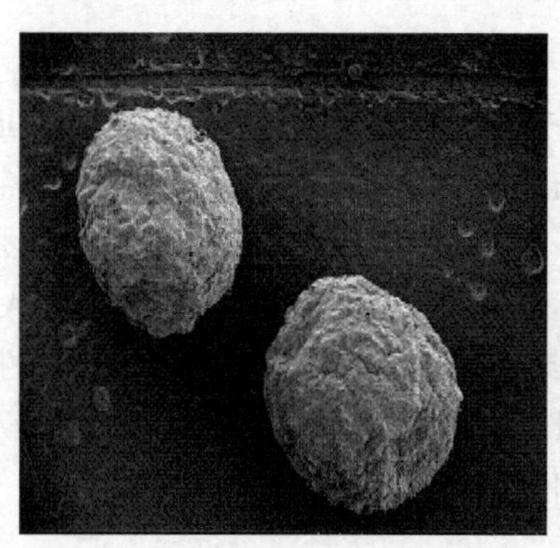

图 3-2 磁性海藻酸钠微球固定化碱性蛋白酶粒子的扫描电镜图（5000×）

2. 粒子 X 射线衍射物相分析

图 3-3 中 A、B、C 分别是 Fe_3O_4、磁性壳聚糖微球、磁性壳聚糖微球固定化碱性蛋白酶的 X 射线衍射图谱，其中 A 主要衍射峰分布在 $2\theta = 30.073°$、35.649°、43.212°、53.577°、57.299°、62.847°，B 主要衍射峰分布在 $2\theta = 30.390°$、35.649°、43.571°、53.831°、57.468°、62.987°，C 主要衍射峰分布在 $2\theta = 30.228°$、35.653°、43.571°、53.784°、57.428°、62.962°，特征峰分别对应反尖晶石型面心立方相 Fe_3O_4 的（220）、（311）、（400）、（422）、（511）、（440）晶面位置与标准 Fe_3O_4 的特征衍射峰一一对应，说明磁性壳聚糖微球及其固定化酶对粒子晶型没有影响，根据 Debye-Sherrer 公式，可以算出 A、B 的平均粒径为 16.53nm、22.04nm，说明磁性壳聚糖微球固定化酶对粒径的大小有一定的影响，这是因为壳聚糖和碱性蛋白酶在戊二醛的作用下在粒子表面发生了交联反应，增大了粒子的粒径，与透射电镜的结果相符合。

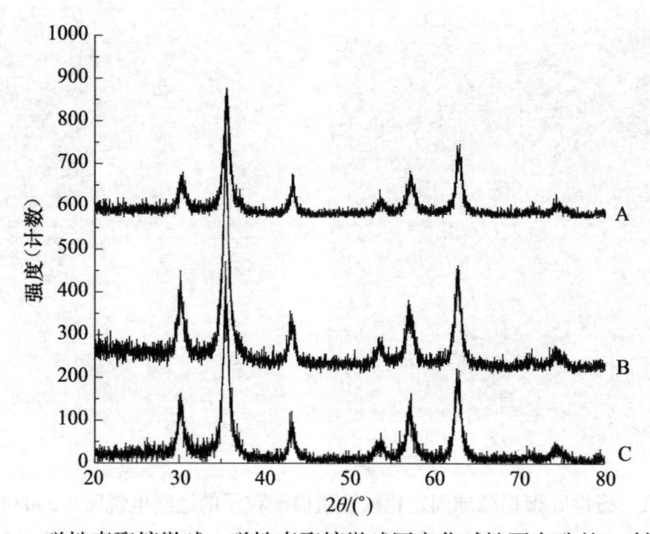

图 3-3 Fe_3O_4、磁性壳聚糖微球、磁性壳聚糖微球固定化碱性蛋白酶的 X 射线衍射图谱

3. 粒子红外光谱分析

1）*磁性壳聚糖微球固定化碱性蛋白酶红外光谱* 图3-4中A、B、C分别是Fe_3O_4、磁性壳聚糖微球、磁性壳聚糖微球固定化碱性蛋白酶粒子的红外光谱图，谱线A中具有明显的Fe_3O_4的特征峰565.64cm^{-1}，3417.52cm^{-1}是—OH的伸缩振动峰。谱线B中2922.87cm^{-1}、2872.29cm^{-1}是C—H振动峰，1599.98cm^{-1}、1651.99cm^{-1}是N—H、N—C的伸缩振动峰，1378.56cm^{-1}是CH_3的C—H变形振动峰，这是由于壳聚糖没有完全去乙酰基，1077.90cm^{-1}、1032.63cm^{-1}是伯醇和仲醇的C—O振动峰，896.77cm^{-1}是—D-吡喃苷的特征峰。谱线C中除了具有谱线B中的特征峰外，在2942.22cm^{-1}、2584.16cm^{-1}处C—H不仅峰值增大，还发生了偏移，谱线B有谱线A中具有明显的Fe_3O_4的特征峰，说明Fe_3O_4与壳聚糖发生了交联作用，此外谱线B还在1641.42cm^{-1}处出现了明显的席夫（Schiff）碱的特征吸收峰，这是由于C═N的伸展造成的，说明戊二醛与—NH_2发生了反应。谱线B中1077.90cm^{-1}处的C—OH在形成复合物后偏移到了谱线C中的1067.46cm^{-1}，说明壳聚糖中—OH的O参与了与Fe的配位，可以说明交联修饰和固定化碱性蛋白酶是成功的。

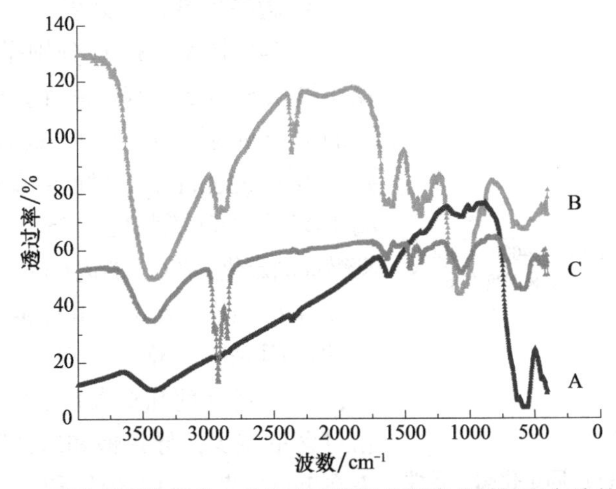

图3-4 Fe_3O_4、磁性壳聚糖微球、磁性壳聚糖微球固定化碱性蛋白酶的红外光谱图 扫码见彩图

2）*磁性海藻酸钠微球固定化碱性蛋白酶红外光谱* 图3-5中A、B、C分别是Fe_3O_4、磁性海藻酸钠微球、磁性海藻酸钠固定化碱性蛋白酶的红外光谱图，谱线A中具有明显的Fe_3O_4的特征峰565.64cm^{-1}，3417.52cm^{-1}是—OH的伸缩振动峰。谱线B中不但具有A的特征峰，在3401cm^{-1}（O—H）、2919cm^{-1}（C—H）、1250～1070cm^{-1}的宽强吸收峰是吡喃环化合物C—O—C的伸缩振动峰，是海藻酸钠中—O—的吸收峰，在1065～1015cm^{-1}是环醇中的—OH振动峰，这正是海藻酸钠中的—OH的吸收峰。在1440～1400cm^{-1}有一吸收峰，是羧酸根离子对称伸缩振动峰，这正是海藻酸钠中的羧酸根离子，说明海藻酸钠和Fe_3O_4发生了强烈的交联作用，结合良好。谱线C中除了具有谱线B中的特征峰外，在3324.56cm^{-1}、1616.76cm^{-1}、1418.66cm^{-1}处峰值增大，在3359.30cm^{-1}处吸收峰减小，说明海藻酸钠磁性微球与碱性蛋白酶发生了较强的相互作用。此外还在1641.42cm^{-1}处出现了明显的Schiff碱的特征吸收峰，这是由于C═N的伸展造成的，证明了戊二醛与—NH_2的交联。

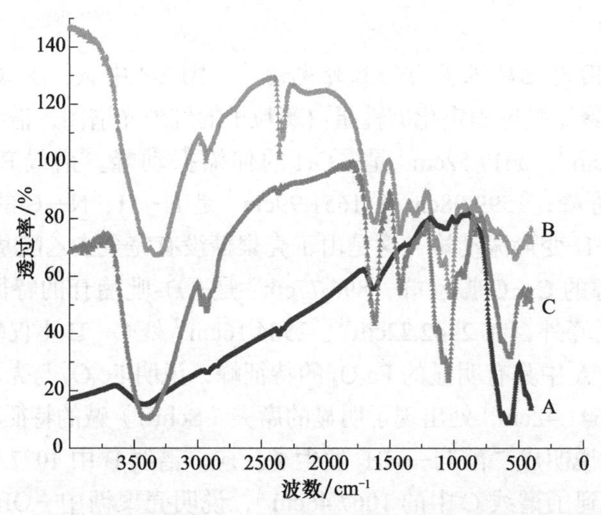

图 3-5 Fe_3O_4、磁性海藻酸钠微球、磁性海藻酸钠固定化碱性蛋白酶的红外光谱图 扫码见彩图

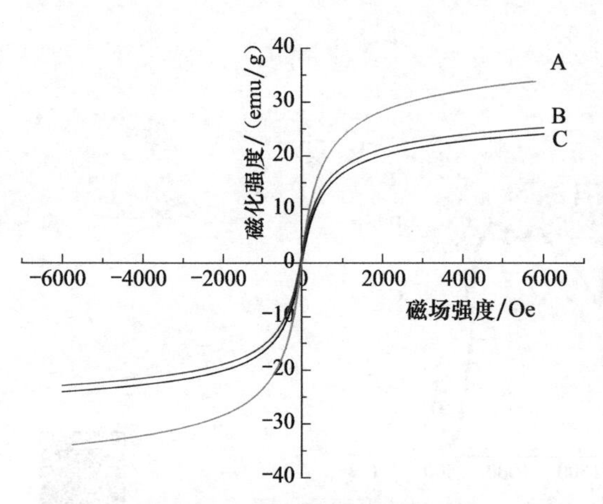

图 3-6 Fe_3O_4、磁性海藻酸钠微球固定化酶、磁性壳聚糖微球固定化酶的磁滞回线图谱

4. 粒子磁性性能分析

图 3-6 中 A、B、C 分别是 Fe_3O_4、磁性海藻酸钠微球固定化酶、磁性壳聚糖微球固定化酶的磁滞回线图谱，其中 Fe_3O_4（A）的饱和磁强度为 33.83emu①/g、磁性海藻酸钠微球固定化酶（B）的饱和磁强度为 25.11emu/g，磁性壳聚糖微球固定化酶（C）的饱和磁强度为 24.01emu/g。与 B 和 C 相比，A 的饱和磁强度有所下降，可能的原因是首先饱和磁强度与物质的含量有关，随着壳聚糖和海藻酸钠的加入，Fe_3O_4 的相对含量减少，导致饱和磁强度下降；其次包裹在 Fe_3O_4 表面的壳聚糖和海藻酸钠及碱性蛋白酶阻碍了磁场对粒子的取向作用，导致磁饱和强度有所下降，且 A、B 及 C 的磁矫顽力和剩余磁强度都极低，趋近于零，说明这 3 种粒子均具有超顺磁性，在磁场的作用下很容易回收。

（四）固定化碱性蛋白酶的酶学性质研究

1. 酶反应最适温度的确定

图 3-7 分别是固定化酶和游离酶的最适温度曲线。其中磁性壳聚糖固定化酶和磁性海藻酸钠固定化酶的最适温度都为 50℃左右，而游离酶的最适温度为 60℃左右。相对于游离酶，固定化酶的最适温度明显降低，这可能是因为酶的活性中心在交联后部分活化，降低了反应所需要的活化能。此外，固定化酶的最适温度曲线在 60～80℃时也较游离酶相对平缓，在 80℃时游离酶剩余酶活力为 10.85%，而磁性壳聚糖固定化酶为 36.47%，磁性海藻酸钠固定

① emu 是磁感应强度单位，emu=Gs=10^{-4}T

化酶为 42.5%，可见载体对碱性蛋白酶有一定的热保护能力。

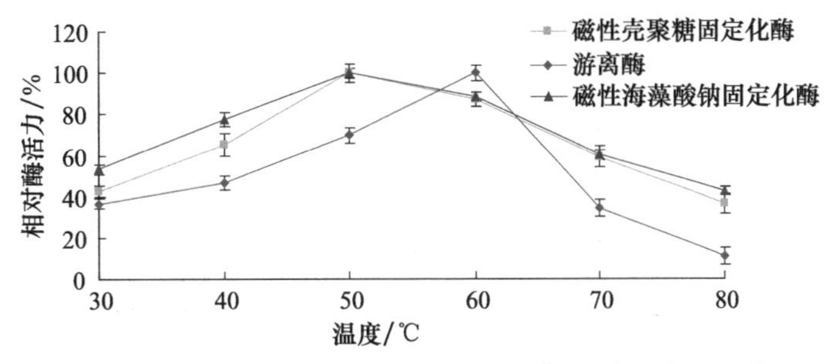

图 3-7　反应温度对固定化酶和游离酶相对酶活力的影响　　扫码见彩图

2. 酶反应最适 pH 的确定

图 3-8 分别是固定化酶和游离酶的最适 pH 曲线。其中游离酶的最适 pH 为 10，而磁性壳聚糖固定化酶和磁性海藻酸钠固定化酶的最适 pH 为 11，碱性蛋白酶经固定化后最适 pH 向碱性方向移动了约 1 个单位，可能原因是载体吸附了一定的—OH。此外，固定化酶的最适 pH 曲线较游离酶平滑，可以说明载体对酶有一定的过碱保护能力。

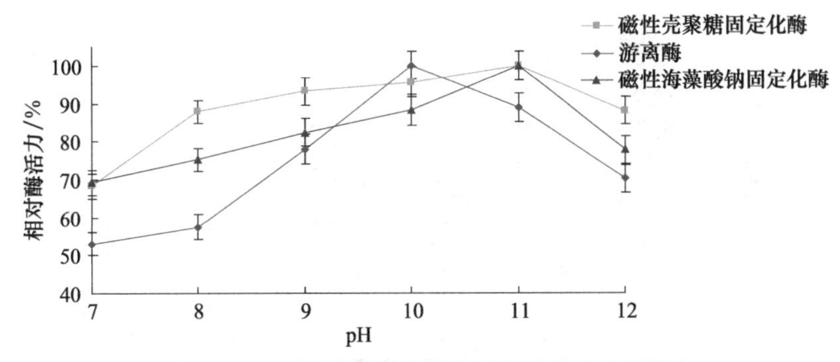

图 3-8　pH 对固定化酶和游离酶相对酶活力的影响　　扫码见彩图

3. 米氏常数 K_m 值的确定

图 3-9 中的 A、B、C 分别是游离酶、磁性壳聚糖固定化酶和磁性海藻酸钠固定化酶的 Lineweaver-Burk 的双倒数图。其中游离酶的 K_m 为 6.09×10^{-4}mg/mL、磁性壳聚糖固定化酶的 K_m 为 5.85×10^{-4}mg/mL、磁性海藻酸钠固定化酶的 K_m 为 5.30×10^{-4}mg/mL。碱性蛋白酶经固定化后 K_m 值降低，说明固定化酶较游离酶对底物的亲和力大。可能的原因是，载体打开了酶某部分的空间构象，使酶与底物接触的阻碍减小，进而增大了酶对底物的亲和力。

4. 固定化酶的操作稳定性研究

图 3-10 分别是磁性壳聚糖固定化酶和磁性海藻酸钠固定化酶的操作稳定性，连续使用 5 次后，磁性壳聚糖固定化酶和磁性海藻酸钠固定化酶的活力依然为初始活力的 66.8%、77.5%。相对酶活力的下降是由于不断搅拌导致固定化载体持水性发生变化、固定化酶结构被破坏。

通过对以上两种固定化脂肪酶不同性质的对比考察，两种固定化酶的最适温度和最适 pH 都相差不多，但是磁性海藻酸钠固定化酶比磁性壳聚糖固定化酶的稳定性更好，与底物的亲和力也较大，且拥有更好的操作稳定性。

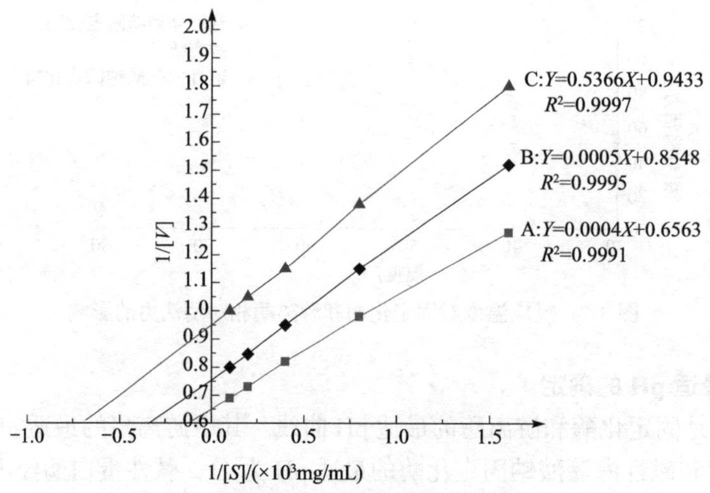

图 3-9 游离酶和固定化酶的米氏常数曲线

A. 游离酶；B. 磁性壳聚糖固定化酶；C. 磁性海藻酸钠固定化酶

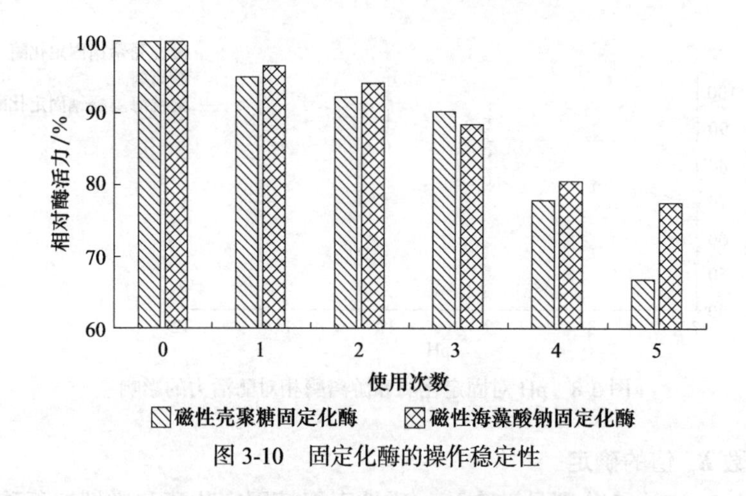

图 3-10 固定化酶的操作稳定性

四、固定化酶制取大豆油脂实验条件的确定

作者团队采用磁性海藻酸钠固定化碱性蛋白酶水解挤压膨化后的全脂豆粉，考察了料液比、加酶量、温度、水解时间和 pH 对总油提取率的影响。通过响应面优化反应条件，确定了当加酶量为 4700U/g，酶解温度 53℃，酶解时间 4h，料液比 1∶5，pH 9.5，响应面有最优值 90.91% ± 0.9826%[73]。

五、固定化酶制取大豆油脂和蛋白酶解产物载体残留检测

（一）大豆油脂检测结果

由图 3-11 和表 3-2 可知，使用固定化酶水解挤压膨化后的全脂豆粉，在产物大豆油脂中无载体残留。

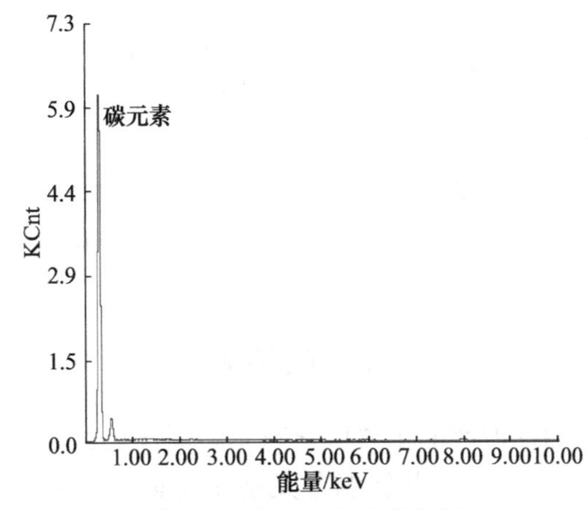

图 3-11　大豆油脂元素分析

KCnt 为原子数的相对含量值

表 3-2　大豆油脂元素分析表　（%）

元素	质量百分含量	原子百分含量
C	88.27	91.2
O	11.12	8.56
P	0.61	0.22

（二）蛋白质水解产物检测结果

由图 3-12 和表 3-3 可知，使用固定化酶水解挤压膨化后的全脂豆粉，蛋白质水解产物中无载体残留。

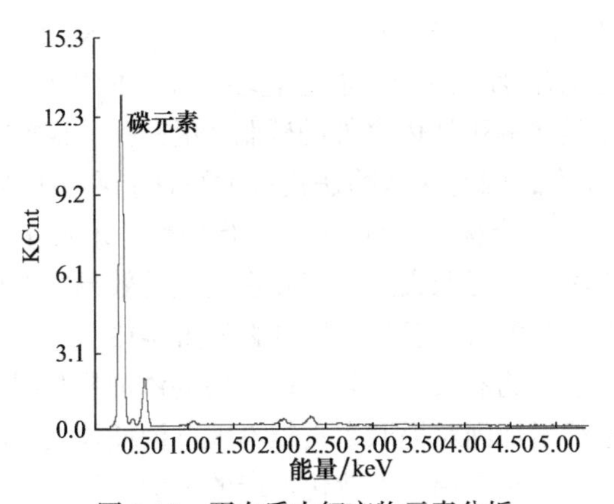

图 3-12　蛋白质水解产物元素分析

表 3-3　蛋白质水解产物元素分析表　（%）

元素	质量百分含量	原子百分含量
C	76.55	82.58
O	21.1	15.78
N	1.24	1.21
P	0.45	0.18
S	0.65	0.26

第三节　酶解工艺

酶解工艺是指在机械作用（预处理）的基础上，采用对大豆籽粒细胞及脂多糖、脂蛋白等复合体有降解作用的酶（如纤维素酶、半纤维素酶、蛋白酶、果胶酶等），进一步破坏细胞结构，分解脂蛋白、脂多糖等复合结构，从而增加油的流动性，使油从组织中游离出来[2,15]。

一、单一酶酶解工艺

酶解过程中影响大豆油提取率的主要因素有物料固液比、搅拌速度、酶种类及添加量、酶解温度、时间和 pH 等[3]。这些参数影响着大豆籽粒细胞中最重要的两种物质，即蛋白体和油体的相互作用、稳定性和可提取性。其中，物料固液比、搅拌速度、物料破碎程度等，影响着解离过程中传质的速率及酶的相对作用面积。酶种类、添加量、酶解时间、温度及 pH 等影响着蛋白质的溶解性及油脂的可游离性。

1. 酶种类及添加量

大豆生物解离工艺可使用的酶有纤维素酶、蛋白酶、α-淀粉酶、果胶酶、β-葡聚糖酶等[74]。其中，纤维素酶可降解植物细胞壁纤维素骨架，崩溃细胞壁，使油脂容易游离出来；蛋白酶可水解蛋白质并破坏细胞中脂蛋白及磷脂与蛋白质复合形成的、包裹于油滴外的一层蛋白膜，使油脂被释放出来；α-淀粉酶、果胶酶、β-葡聚糖酶等对淀粉、果胶质、脂多糖等进行水解与分离，不仅有利于提取油脂，还可保护油脂、蛋白质、胶质等可利用成分的品质。同时酶的作用可破坏脂蛋白膜，降低乳状液的稳定性，从而提高提油率。

Lamsal 等[13,75]利用蛋白酶及纤维素酶酶解轧坯后湿法挤压的全脂豆粉提取大豆油，表明加入蛋白酶提取大豆油脂较水剂法可使提油率提高 20%（从原来的 68% 到 88%），而加入纤维素酶对提油率没有显著增加。原因可能是轧坯挤压后的物料细胞壁已被较彻底地破坏，阻碍油脂释放的主要因素是包裹于油体之外的磷脂-蛋白膜。根据前人的研究发现，由于大豆中蛋白质含量在 40% 左右，因此在水酶法提取大豆油脂和蛋白质的过程中，蛋白酶的正确选取是实验的关键[13,75,76]。李杨[3]对比了中性蛋白酶、木瓜蛋白酶、风味蛋白酶、碱性蛋白酶及复合蛋白酶的生物解离提取大豆油脂和蛋白质的效果，发现利用碱性蛋白酶进行提取，总油提取率和总蛋白提取率均优于其他蛋白酶（图 3-13）。

酶的用量与酶的种类、活力有关。一般来说，酶的添加量与提取率成正比，但当酶的用量增加到某一浓度后，继续增加则对提取率贡献不大且消耗较大。因此，选择合适酶种及较经济的用量是生物解离技术真正应用于工业化生产的关键。生物解离提取大豆油工艺中一般酶的用量为 1%～5%[77]。

2. 酶解温度、时间和 pH

酶解温度的选择应为酶的最适温度，以使酶保持在最大活性范围，过低或过高均不利于油脂提取。一般情况下，酶解时间的延长可增大油料细胞的降解程度，使油的得率升高，但反应时间过长有可能使乳状液趋于稳定，而造成破乳困难[78]。酶解 pH 的选择除考虑酶活性外，还需考虑油脂及植物蛋白等产品的解离状态[4]。有研究表明，实际 pH 往往与理论最佳 pH 存在一定偏差。因此，应根据油得率、副产品收率、生产周期及能耗等多

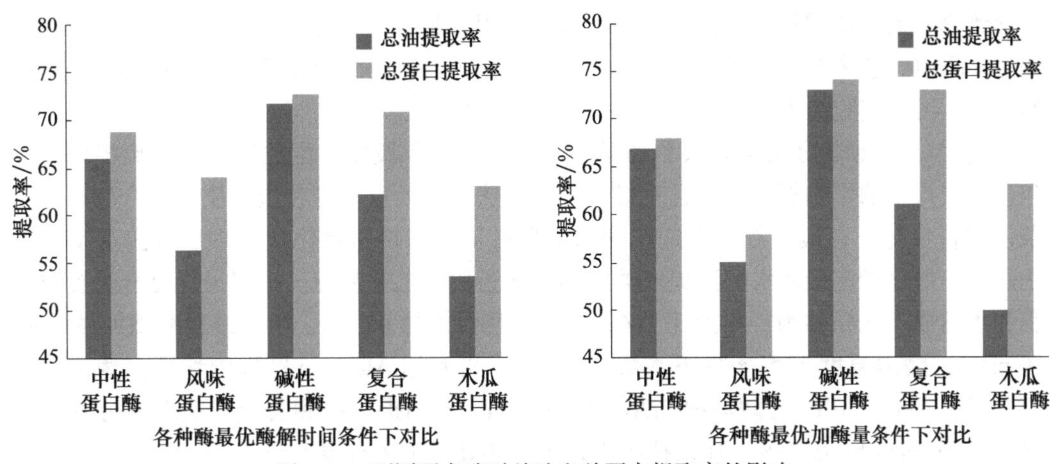

图 3-13　不同蛋白酶对总油和总蛋白提取率的影响

重因素综合考虑，选择最佳的酶解温度、时间和 pH。目前，生物解离工艺中最优的酶确定为碱性蛋白酶，因此提取大豆油时 pH 应控制在 8～10，温度一般在 40～60℃，酶解时间为 3～6h[77]。

3. 粉碎度

在大豆生物解离工艺中，对籽粒细胞组织的破坏程度与油脂的提取率密切相关。在酶解前，油料的组织被充分破坏，易于油脂与细胞内水溶性成分的分离，也扩大了酶的相对作用面积和扩散速率[79]。一般来说，物料破碎程度大，有利于油脂的萃取，但粉碎度过大、颗粒太小，则易导致油水乳化，增加破乳难度，降低出油率[80]。

4. 料液比

在生物解离工艺中，料液比是影响提取率的另一重要因素。理论上，加水量越大，提取率越高[81]。料液比降低会使底物浓度减小，对酶解有利；反之，料液比过大，难以使物料浸没，油脂提取不完全，油料损失较大，不利于离心分离。在实际应用中受设备和能耗等条件的限制，生物解离提取大豆油的料液比（*m*/*V*）以 1∶（3～10）为宜[77]。

综上所述，在生物解离工艺中，影响最终得率的因素复杂，受诸多因素影响，应以提油率为指标，综合多种因素对酶解参数进行选择和确定。

二、复合酶酶解工艺

在油料植物中，油脂存在于完整的植物细胞内，细胞壁是油脂释放的第一道屏障。大豆细胞壁的主要组成成分是纤维素、半纤维素、果胶物质，在复合酶选取上可以选择纤维素酶、半纤维素酶和果胶酶来水解细胞壁。油脂在细胞内，一部分以游离状态存在，另一部分通常与其他大分子（蛋白质和碳水化合物）结合存在，构成脂蛋白、脂多糖等复合物，并且被细胞壁保护。因此，只有将植物细胞壁结构及油脂复合体破坏，才能释放其中的油脂。近些年来，相关专家已经利用复合酶水解法从葵花籽、菜籽、芝麻、玉米胚芽等油料中成功提取油脂和水解蛋白[10,78,82～85]。

不同的复合酶（纤维酶、半纤维酶、果胶酶）配比水解工艺条件对后期蛋白酶的生物解离提取大豆油脂和蛋白质的提取率影响很大。酶作用的底物专一性及所催化反应的专一性等，导致单一酶的使用往往无法彻底破坏油料组织细胞，油脂提取效果不理想，使得采用单一纯酶在酶解工艺中有很大局限性。因此，选择几种合适的酶分步骤酶解或进行复合制得复合酶制剂，可使细胞组织降解更彻底、提取效果更好。

李杨[3]主要研究了复合酶（纤维酶、半纤维酶、果胶酶）配比对生物解离提取大豆油脂和蛋白质得率的影响规律，并且对最适合水酶法提取大豆油脂和蛋白质的复合酶配比和水解条件进行优化。在最优复合酶配比和水解条件下，与挤压膨化预处理后水酶法工艺进行对比研究，最终确定最适水酶法提取油脂和水解蛋白的工艺流程。得出最优复合酶提取大豆油脂和蛋白质工艺条件为：料液比 1∶6，纤维素酶添加量 0.84%，半纤维素酶添加量 0.56%，酶解 pH 5，酶解温度 37℃条件下水解 0.75h 后，再利用 Alcalase 碱性内切蛋白酶，加酶量 1.85%，酶解温度 50℃，酶解 pH 9.26，水解 3.6h，总油提取率和总蛋白提取率分别达到极大值，即 81.04% 与 85.78%，比以往国内采用湿热处理工艺有很大提高。

第四节　酶解机理

一、生物解离

细胞壁破坏导致蛋白质暴露，所以生物解离提取油脂过程中有利于蛋白酶对蛋白质的攻击，使得蛋白质水解和油脂释放更充分[86]。挤压膨化破坏细胞壁的同时也破坏细胞中的蛋白质，使蛋白质散落、分散，蛋白质被拉长，由颗粒状态变为纤维状态[87]。因此，酶作用位点充分暴露，在后期蛋白酶水解过程中大部分蛋白质被水解，从而有利于油脂释放和聚集。

生物解离过程中，蛋白质水解与油脂释放同步进行，且蛋白质的水解状态对油脂释放有决定性影响。水解液中的大颗粒为脂蛋白或脂多糖等复合物，小颗粒为水解后生成的肽[3]。在最优水解条件下，Alcalase 碱性蛋白酶水解膨化大豆粉 3.6h 后，油脂已经被充分释放出来。水解过程中蛋白质没有完全被水解为多肽时，脂肪与蛋白质复合物内的油脂就可以充分释放，并且水解离心后残渣中已经没有明显的蛋白体存在，剩余物质大部分为不溶性碳水化合物。

以 Alcalase 2.4L、Cellulase A、Multifect Pectinase FE、Viscozyme L 这 4 种酶对挤压膨化辅助生物解离提取大豆油脂进行对比。应用 Alcalase 2.4L 进行酶解得到了最高的提油率，这说明选用 Alcalase 2.4L 在大豆生物解离过程中，可以显著提高大豆油脂的提取率。应用 Cellulase A 的提油率与应用 Viscozyme L 的提油率相似，低于 Alcalase 2.4L 的提油率，却高于 Multifect Pectinase FE 的提油率。分析这 4 种酶酶解后的提油率可以得出，挤压膨化作用对大豆细胞壁的破坏作用比较完全，因此对细胞壁有降解作用的 Cellulase A、Multifect Pectinase FE、Viscozyme L 3 种酶并没有显著地增加提油率，而对细胞壁几乎无作用的碱性蛋白酶 Alcalase 2.4L 获得了最高的提油率。可以得出，Alcalase 2.4L 通过水解蛋白质从而释放了大豆子叶细胞内的油脂。Bair 和 Snyder[88]曾研究说明了大豆子叶细胞内油脂与蛋白质相结合的这一特点。通过挤压膨化作用是不能完全破坏大豆子叶细胞内的油脂与蛋白质这种结合体系，并游离油脂。同时这种油脂与蛋白质的结合体系也无法被纤维素酶、果胶酶、多糖酶破坏掉。Cellulase A、Viscozyme L 这两种酶的提油率稍高于 Multifect Pectinase FE，可能是因为大豆细胞并没有完全被挤压膨化作用破坏掉，通过 Cellulase A 或 Viscozyme L 的作用后得到进一步的破坏，并释放出了较 Multifect Pectinase FE 多出的那部分油脂。

二、生物解离过程中蛋白质水解与油脂释放关系研究

大豆被挤压膨化粉碎后，蛋白质的水解状态对油脂的释放起到决定性作用，但蛋白质没有完全被水解为多肽时，大豆细胞内的油脂就可以释放充分。因此，作者团队利用显微切片法对不同水解时间的水解液中脂肪球染色（苏丹Ⅲ染色），对不同水解时间的水解液中蛋白质染色（考马斯亮蓝染色），研究水解进行过程中蛋白质水解状态与油脂释放之间的关系[15]。利用扫描电子显微镜-能谱仪研究蛋白质水解为肽对脂蛋白中油脂释放的影响。利用蛋白质纯化仪研究水解过程中蛋白质分子质量变化对油脂释放的影响。

1. 蛋白质水解状态与油脂释放关系探讨

图 3-14 为蛋白质水解过程中油脂释放状态，利用考马斯亮蓝对蛋白质染色，苏丹Ⅲ对脂肪球染色。由图 3-14A 可以看出，未水解前蛋白质的存在限制了脂肪球聚集释放。由图 3-14B 可以看出，水解时间在 1h 内，由于蛋白质水解不充分，一部分油脂已经游离出来，另一部分脂肪与蛋白质作用形成脂蛋白复合物没有释放。由图 3-14C 可以看出，水解超过 2h 时，蛋白质水解逐渐趋于完全，油脂释放量逐渐增大且脂肪球聚集，但聚集后的脂肪球粒径较小。由图 3-14D 可以看出，水解 3h 时，蛋白质水解已经接近完全，小粒径脂肪球逐渐聚集为大粒径脂肪球，此时考马斯亮蓝已经不能对蛋白质染色，说明由于水解作用，蛋白质已经可溶解。由图 3-14E 和 F 可以看出，超过 3.6h 继续水解，整个体系已经不发生变化，油脂释放已经完全，脂肪球粒径的大小不再发生变化。由此可知，挤压膨化后生物解离提取大豆油脂过程中，蛋白质的水解状态对油脂释放起到决定性影响。通过对图 3-14 的观察发现，在最优水解条件下，Alcalase 碱性蛋白酶水解膨化大豆 3.6h 后油脂释放较充分。

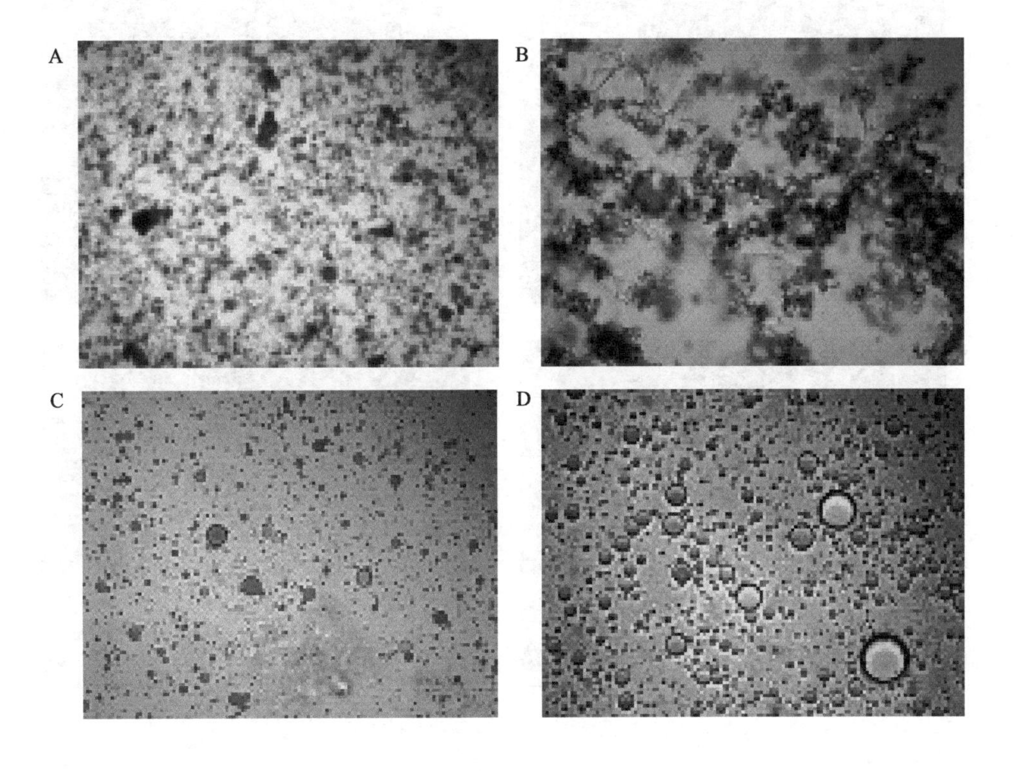

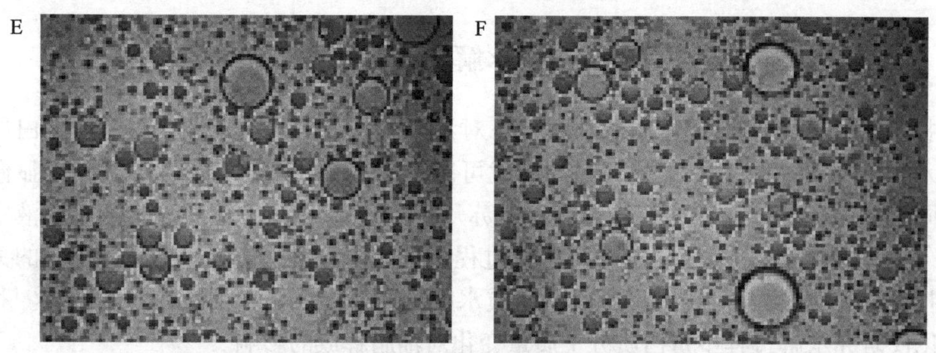

图 3-14　蛋白质水解过程中油脂释放状态（显微切片观察）　扫码见彩图

A. 未水解前蛋白质与油脂状态（20×）；B. 水解 1h 后蛋白质与油脂状态（20×）；C. 水解 2h 后蛋白质与油脂状态（20×）；D. 水解 3h 后蛋白质与油脂状态（20×）；E. 水解 3.6h 后蛋白质与油脂状态（20×）；F. 水解 4h 后蛋白质与油脂状态（20×）

图 3-15 为膨化大豆粉不同时间酶解离心后喷雾干燥取样拍摄扫描电镜照片。表 3-4 为对应图 3-15 中有标记蛋白的能谱轰击结果。由图 3-15 与表 3-4 可以看出，随着大豆蛋白水解时间的增加，其氮元素的比值逐渐增大，这说明蛋白质水解越充分脂蛋白破坏越彻底，蛋白质水解 2～3h 氮元素变化很小，说明在水解到 2h 末时，大部分蛋白质已经被水解。通过对表 3-4 中 A 与 B、C 与 D、E 与 F 的对比研究，可知水解过程中 A、C、E 中大颗粒蛋白含氮元素的质量比分别低于 B、D、F 中小颗粒蛋白含氮元素的质量比，由此推断大颗粒为脂蛋白或脂多糖，小颗粒为水解后生成的肽。进一步证实了挤压膨化再粉碎后的大豆粉水解过程中油脂的释放取决于蛋白质水解状态，这与以往研究认为生物解离提取大豆油脂取决于细胞破坏的观点不同[13]。

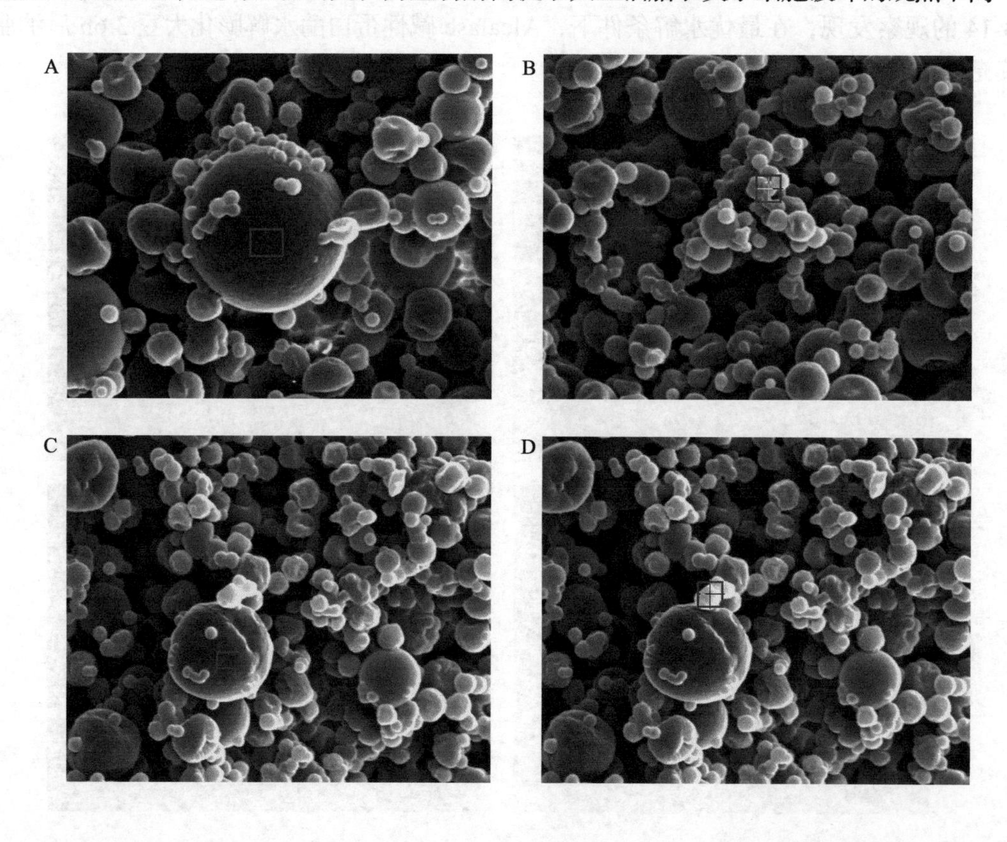

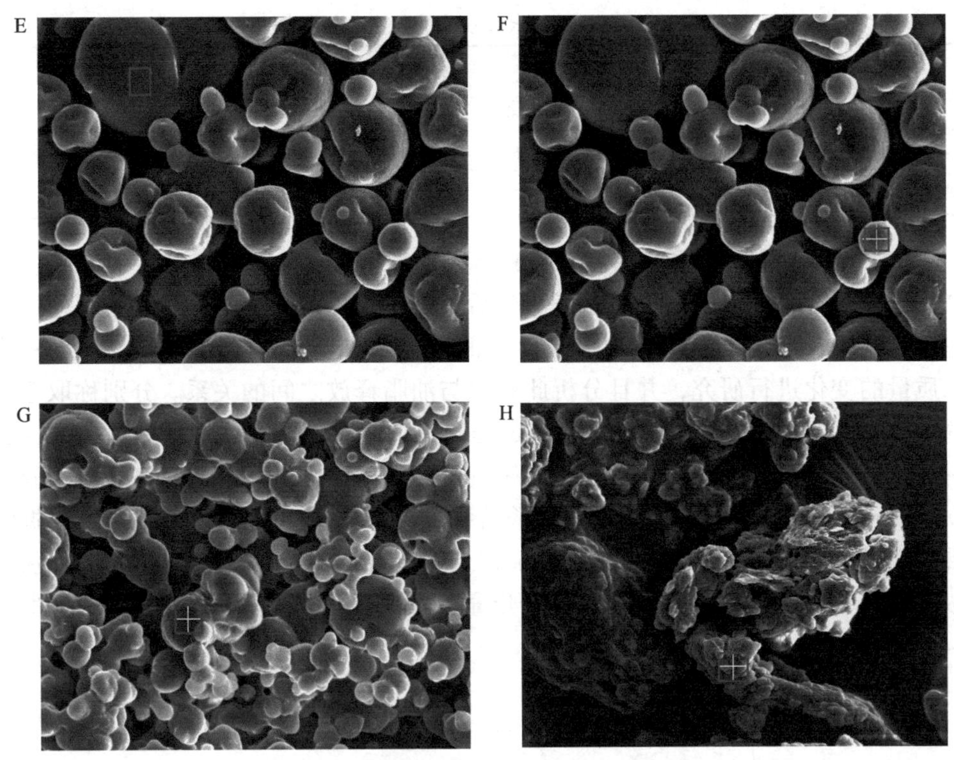

图 3-15　水解蛋白超微结构及能谱轰击位点

A. 水解 1h（轰击大蛋白）（3000×）；B. 水解 1h（轰击小蛋白）（3000×）；C. 水解 2h（轰击大蛋白）（3000×）；D. 水解 2h（轰击小蛋白）（3000×）；E. 水解 3h（轰击大蛋白）（4000×）；F. 水解 3h（轰击小蛋白）（4000×）；G. 水解 4h 后等电点肽（轰击肽）（4000×）；H. 水解 4h 离心后残渣（轰击残渣）（1000×）

表 3-4　水解蛋白的能谱分析数据　（%）

图 3-4 编号	碳元素		氮元素		氧元素	
	质量比	原子比	质量比	原子比	质量比	原子比
A 水解 1h（轰击大蛋白）	56.9	62.7	13.7	12.9	29.3	24.2
B 水解 1h（轰击小蛋白）	55.1	60.8	17.2	16.3	27.5	22.8
C 水解 2h（轰击大蛋白）	55.6	61.3	16.4	15.5	27.9	23.1
D 水解 2h（轰击小蛋白）	54.9	60.5	18.2	17.2	26.7	22.1
E 水解 3h（轰击大蛋白）	53.3	59.1	17.0	16.1	29.6	24.6
F 水解 3h（轰击小蛋白）	54.1	59.8	18.5	17.5	27.3	22.6

由表 3-4F 和表 3-5G 能谱分析数据的对比研究，发现 F 中氮元素的比值略小于 G 中氮元素的比值，由此说明大豆挤压膨化粉碎后，蛋白质的水解状态对油脂的释放起到决定性作用，但蛋白质没有完全被水解为多肽时，脂蛋白内的油脂就可以充分释放。由图 3-15H 可以看出，水解离心后残渣中已经没有明显的蛋白体存在，剩余物质呈现粗纤维状态。由表 3-5H 能谱分析数据可知，水解离心后残渣氮元素较蛋白质和肽中氮元素含量低很多，证明水解后剩余残渣中蛋白质含量已经很少，大部分为不溶性碳水化合物。

表 3-5　肽和水解残渣的能谱分析数据　（%）

图 3-4 编号	碳元素		氮元素		氧元素	
	质量比	原子比	质量比	原子比	质量比	原子比
G 水解 4h 后等电点肽（轰击肽）	52.53	58.16	20.08	19.07	27.39	22.77
H 水解 4h 离心后残渣（轰击残渣）	62.63	68.37	8.50	7.96	28.87	23.66

2. 蛋白质水解过程中分子质量变化与油脂释放关系探讨

通过以上研究，作者团队发现挤压膨化后生物解离提取大豆油脂过程中，蛋白质的水解状态对油脂释放的影响很大。因此，对 Alcalase 碱性内切蛋白酶水解膨化大豆过程中蛋白质分子质量的变化进行研究，并且分析此变化与油脂释放之间的关系。分别称取已知分子质量的标准品 a 牛血清白蛋白（分子质量 66 000Da）、b 卵白蛋白（分子质量 44 000Da）、c 胰蛋白酶（分子质量 21 000Da）、d 溶菌酶（分子质量 14 000Da）和 e 胰岛素（分子质量 5500Da）20mg 溶解于 3mL pH 为 8 的磷酸盐缓冲溶液中。将 5 种配制好的蛋白质标准品溶液混合振荡均匀后，抽取混合液 1mL 加样到 Sephadex G-75，在 280nm 下分别检测蛋白质吸光值（图 3-16）。根据标准品分子质量常用对数值与保留时间关系建立线性方程（表 3-6，图 3-17）。

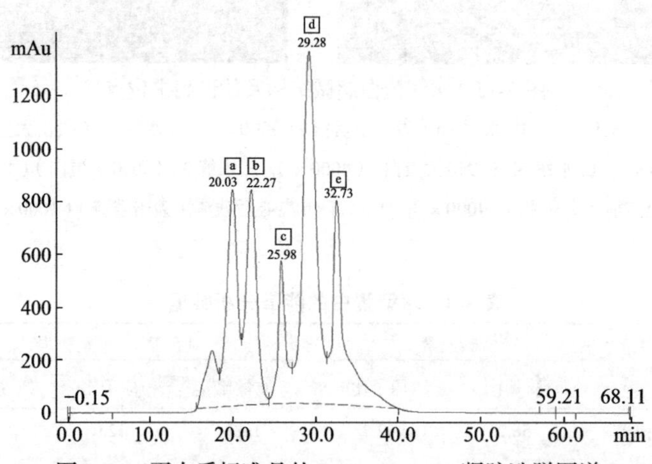

图 3-16　蛋白质标准品的 SephadexG-75 凝胶洗脱图谱

表 3-6　蛋白质标准品的分子质量与保留时间关系

	a. 牛血清白蛋白	b. 卵白蛋白	c. 胰蛋白酶	d. 溶菌酶	e. 胰岛素
分子质量 /Da	66 000	44 000	21 000	14 000	5 500
分子质量的常用对数值	4.82	4.64	4.32	4.15	3.74
保留时间 /min	20.03	22.27	25.98	29.28	32.73

采用最小二乘法求出直线的回归方程为：$y = -0.0821x+6.4726$，式中 x 代表保留时间、y 代表分子质量常用对数。采用该回归方程可以根据某蛋白质的保留时间估算出该物质的分子质量。

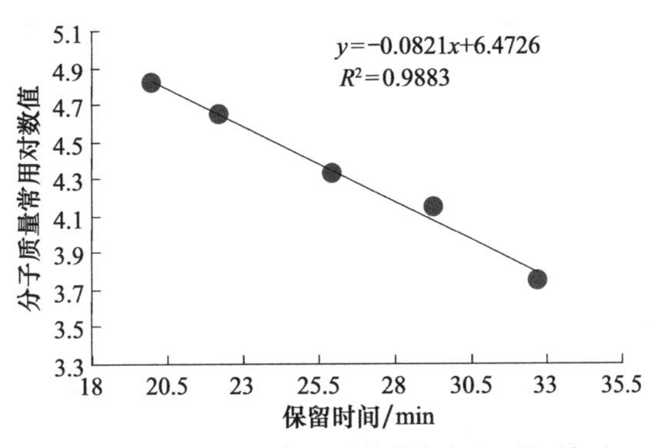

图 3-17　分子质量常用对数值与保留时间关系

在最佳挤压膨化工艺（模孔孔径 20mm、物料含水率 14.5%、螺杆转速 105r/min、套筒温度 90℃）和最佳酶解工艺（加酶量 1.85%、酶解温度 50℃、酶解时间 3.6h、料液比 1∶6、酶解 pH 9.26）条件下，按照不同水解时间取样品喷雾干燥。分别称取喷雾干燥后粉末 20mg 溶解于 3mL pH 为 8 的磷酸盐缓冲溶液中溶解。将待测样品混合振荡均匀后，抽取 1mL 经过 0.22μm 微滤膜过滤后加样到 SephadexG-75，在 280nm 下分别检测蛋白质吸光值（图 3-18）。

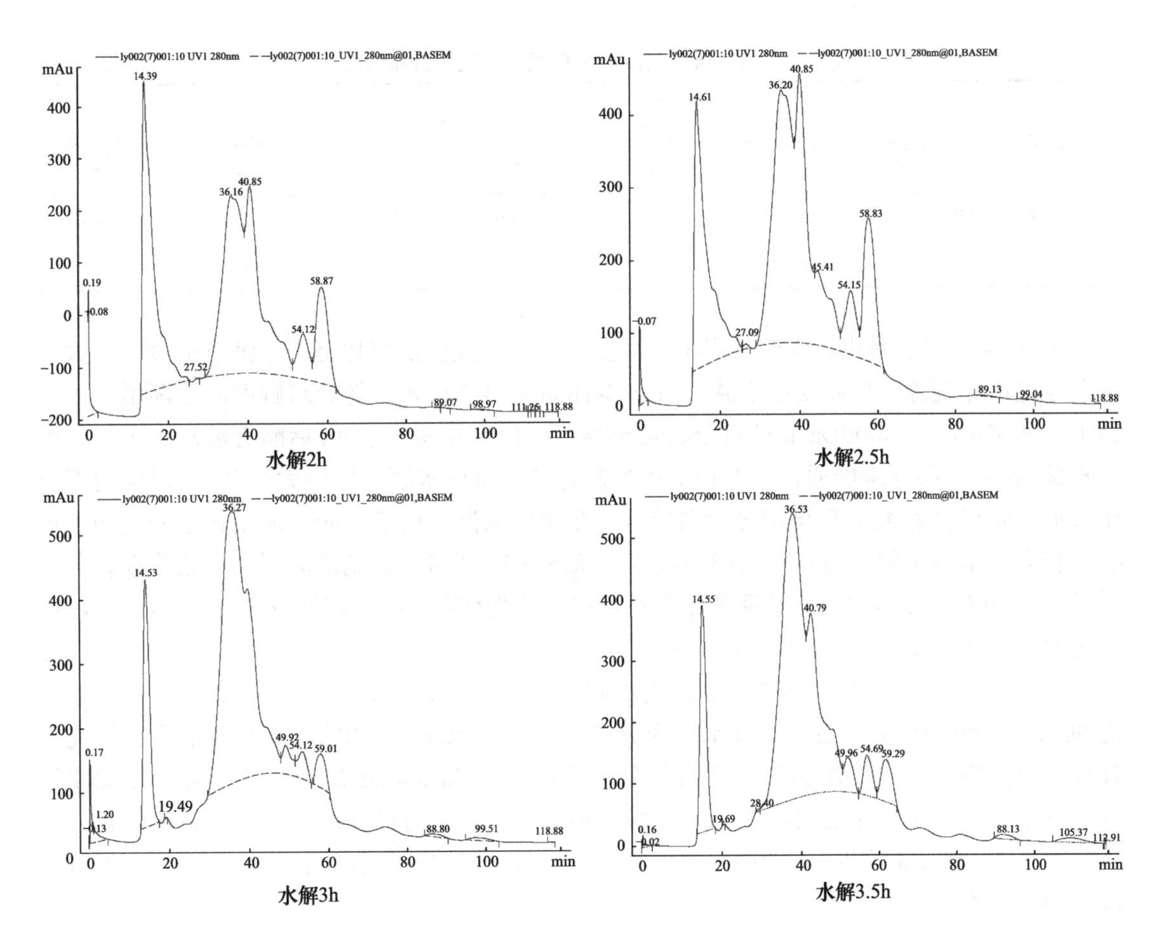

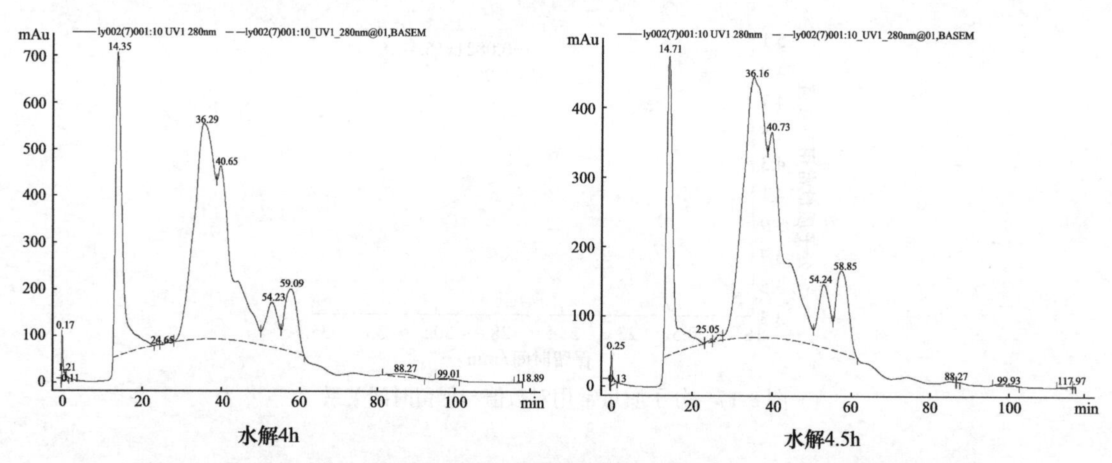

图 3-18　膨化大豆的 Alcalase 碱性内切蛋白酶水解产物 Sephadex G-75 凝胶洗脱图谱

由图 3-18 可以看出洗脱图谱的排阻时间位置存在两个主峰，根据图 3-17 分子质量常用对数值与保留时间关系的线性方程换算出各峰的分子质量分布发现，先出现的峰为分子质量大于 70 000Da 的蛋白质，后出现的一系列峰为分子质量小于 5000Da 的肽，由此可知酶解时间对样品分子质量分布的影响规律，结果见表 3-7。

表 3-7　酶解时间与水解蛋白质分子质量分布的关系　　（%）

分子质量 /Da	水解时间 /h					
	2	2.5	3	3.5	4	4.5
大于 70 000	29.14	23.04	14.60	12.30	19.35	15.48
小于 5 000	70.86	76.96	85.40	87.70	80.65	84.52

由图 3-18 可以看出，水解过程中大豆蛋白质分子质量的变化是一个渐进的过程，大豆蛋白经过从 到胨，最后变成小肽。由图 3-18 和表 3-7 可知，随着水解度的逐渐增大，样品中分子质量小于 5000Da 肽的百分比逐渐增大，但在水解大于 4h 后略有波动，可能是由于水解 4h 后一部分未能通过 0.22μm 微滤膜的蛋白质被水解，导致大于 70 000Da 的百分比增加，而在水解 4.5h 后该部分蛋白质进一步水解为肽。由于 Alcalase 是典型的内切蛋白酶，将大豆蛋白水解成氨基酸的能力很弱，从图 3-18 还可以看到洗脱图谱中始终存在分子质量大于 70 000Da 的高峰，说明膨化大豆蛋白中始终存在一些不容易被水解的蛋白质成分，膨化大豆蛋白的水解过程是不均匀过程。

由图 3-14 与图 3-18、表 3-7 蛋白质水解过程中油脂释放状态对比可知，水解 3.5h 后近 90% 易水解的大分子蛋白质被水解为分子质量小于 5000Da 的肽，而此时油脂已经充分释放。由此判断，水酶法提取前油脂与分子质量大于 70 000Da 的蛋白质复合，使油脂释放受到束缚。挤压膨化后大豆水酶法提取油脂过程中，油脂释放情况仅与容易水解且分子质量大于 70 000Da 的蛋白质相关，而与不易被水解的大分子蛋白质及分子质量在 5000Da 以下的肽无关。

参考文献

[1] 蔺健学，徐速，江连洲．油料作物制油工艺现状与冷榨制油的研究现状．大豆科技，2013, (3): 29～35.

[2] 王瑛瑶，贾照宝，张霜玉．水酶法提油技术的应用进展．中国油脂，2008, 33(7): 24～26.

[3] 李杨．水酶法直接制取脂肪酸平衡调和油和蛋白的工艺及机理研究．哈尔滨：东北农业大学博士后研究工作报告，2013.

[4] 李杨，江连洲，杨柳．水酶法制取植物油的国内外发展动态．食品工业科技，2009, (6): 383～387.

[5] Fullbook PD. The use of enzymes in the processing of oilseeds. J Am Oil Chem Soc, 1983, 60(2): 476～478.

[6] Bouvier F, Entressangles B. Utilization of cellulose and pectinase in the extract of palm oil. Revue Francaide de Corps, 1992, 39(9/10): 245～252.

[7] Tano-Debrah K, Ohta Y. Enzyme-assisted aqueous extraction of shea fat: A rural approach. J Am Oil Chem Soc, 1995, 72(2): 251～256.

[8] 林岚．酶法从大豆中制备大豆油和大豆蛋白．无锡：无锡轻工业学院硕士学位论文，1992.

[9] 曾祥基．水酶法制油工艺研究．成都大学学报(自然科学版), 1996, 15(1): 1～17.

[10] 王素梅．玉米胚芽水酶法提油工艺及其机理研究．无锡：江南大学博士学位论文，2003.

[11] 李杨，江连洲，隋晓楠，等．复合酶水酶法提取大豆蛋白的工艺优化．食品科学，2011, 32(14): 130～133.

[12] 江连洲，胡少新．中国大豆加工产业发展现状与建议．中国农业科技导报，2007, 9(6): 22～27.

[13] Lamsal BP, Murphyb PA, Johnson LA. Flaking and extrusion as mechanical treatments for enzyme-assistied aqueous extraction of oil from soybeans. J Am Oil Chem Soc, 2006, 83(11): 973～979.

[14] 冯红霞，江连洲，李杨，等．超声波辅助酶法提取油茶籽油的影响因素研究．食品工业科技，2013, 34(6): 272～274, 279.

[15] Moura JMLN de, Almeida NM de, Jung S, et al. Flaking as a pretreatment for enzyme-assisted aqueous extraction processing of soybeans. J Am Oil Chem Soc, 2010, 87(12): 1507～1515.

[16] Goodman RB, Peanasky RJ. Isolation of the trypsin inhibitors in *Ascaris iumbricoides* var. *suum* using affinity chromatography. Analytical Biochemistry, 1982, 120(2): 387～393.

[17] 赵红霞，李应彪．微胶囊包埋技术在益生菌制品中的应用．乳品科学与技术．2006, 127(6): 271～273.

[18] Ortega N, Busto MD, Perez MM. Optimisation of β-glucosidase entrapment in alginate and polyacrylamide gels. Bioresource Technology, 1998, 64(2): 105～111.

[19] Hara P, Hanefeld U, Kanerva LT. Sol-gels and cross-linked aggregates of lipase PS from *Burkholderia cepacia* and their application in dry organic solvents. Journal of Molecular Catalysis B Enzymatic, 2008, 50(2～4): 80～86.

[20] 董海宝．生物化工．北京：化学工业出版社，2001.

[21] 邓彩，龚跃法．新型树枝状分子复合载体的合成及对脂肪酶的固定化．应用化学，2004, 21(10): 1024～1028.

[22] Petri A, Gambicorti T, Salvadori P. Covalent immobilization of chloroperoxidase on silicagel and properties of the immobilized biocatalyst. Journal of Molecular Catalysis B Enzymatic, 2004, 27(2): 103～106.

[23] Yang Y, Zhang J, Yang W, et al. Adsorption properties for urokinase on local diatomite surface. Applied Surface Science, 2003, 206(1): 20～28.

[24] 盛梅，曹国民．交联烯丙基葡聚糖凝胶共价偶联脂肪酶．日用化学工业，2000, 30(4): 7～9.

[25] Bahar T, Celebi SS. Characterization of glucoamylase immobilized on magnetic poly (styrene) particles. Enzyme and Microbial Technology, 1998, 23(5): 301～304.

[26] Coulet PR, Sternberg R, Thévenot DR. Electrochemical study of reactions at interfaces of glucose oxidase collagen membranes. Biochimica et Biophysica Acta (BBA)-Enzymology, 1980, 612(2): 317～327.

[27] Van LM, Selassa RP, Van RF, et al. Cross-linked aggregates of (R)-oxynitrilase: A stable, recyclable biocatalyst for enantioselective hydrocyanation. Org Lett, 2005, 7(2): 327～329.

[28] 祝美云，艾志录，赵秋艳，等．海藻酸钙明胶联合固定化 α- 淀粉酶．食品科学，2004, 25(2): 64～68.

[29] 徐莉，侯红萍．酶的固定化方法的研究进展．酿酒科技，2010, (1): 86～89.

[30] 刘建龙，王瑞明，刘建军，等．酶的固定化技术研究进展．中国酿造，2005, 24(9): 4～6.

[31] 张伟，杨秀山．酶的固定化技术及其应用．自然杂志，2000, 22(5): 282～286.

[32] Stanley WL, Watters GG, Chan B, et al. Lactase and other enzymes bound to chitin with glutaraldehyde. Biotechnology and Bioengineering, 1975, 17(3): 315～326.

[33] 谭丽，夏文水．壳聚糖微球固定化胰蛋白酶研究．食品与生物技术学报，2007, 26(3): 46～50.

[34] 林松毅，宋龙凤，刘静波，等．壳聚糖微球固定化碱性蛋白酶研究．食品科学，2008, 29(11): 351～355.

[35] 李秀锦，仲飞，肖月娟，等．果胶酶在壳聚糖上的固定化研究．食品科学，2002, 23(10): 50～53.

[36] 徐凤彩，李雪萍．壳聚糖固定化木瓜蛋白酶的研究．中国生物化学与分子生物学报，1992, 8(5): 608～613.

[37] 张春燕，孟宪军，宣景宏．壳聚糖固定化超氧化物歧化酶的研究．食品科学，2007, 28(3): 212～215.

[38] 胡文静，谭天伟，王芳，等．改性壳聚糖固定化脂肪酶的研究．生物工程学报，2007, 23(4): 667～671.

[39] 阚建全．食品化学．北京：中国农业出版社，2002.

[40] 汪海波，黄爱妮，张含俊，等．固定化 β- 葡萄糖苷酶的酶学性质研究．食品科学，2011, 32(9): 159～163.

[41] 张富新，张媛媛，党亚丽，等．海藻酸钠固定化中性蛋白酶的研究．西北农林科技大学学报（自然科学版），2005, 33(11): 89～93．

[42] 林淦，韩萍．甲氰菊酯降解酶的海藻酸钙凝胶固定化研究．西北林学院院报，2006, 21(4): 126～128.

[43] 乔春楠，刘萍，孙君社．海藻酸钠法固定化谷氨酸脱羧酶的研究．中国生化药学杂志，2008, 29(1): 16～22.

[44] 李鸿玉，厉重先，李祖明．海藻酸钠固定化果胶酶的研究．食品科技，2010, (4): 21～24.

[45] 张国睿，雷爱祖，童张法．海藻酸钠明胶协同固定化酵母细胞生产 ATP. 食品与发酵工业，2008, 34(4): 16～20.

[46] 王争刚，路绪旺，崔鹏．大孔吸附树脂法提纯苦楝素的研究．天然产物研究与开发，2008, 20(6): 1080～1083.

[47] 吴茜茜，穆文侠，孙健，等．大孔树脂 D101 固定中性脂肪酶及其生物催化应用．食品发酵与工业，2008, 34(8): 65～68.

[48] 胡坤，韩亚杰，代斌．猪胰脂肪酶固定化载体的优化．安徽农业科学，2009, 37(15): 6865～6868.

[49] 高阳，谭天伟，聂开立，等．大孔树脂固定化脂肪酶及在微水相中催化合成生物柴油的研究．生物工程学报，2006, 22(1): 114～118．

[50] 李绍霞．磁性纳米粒子的表面功能化修饰．烟台：烟台大学硕士学位论文，2009.

[51] 王燕佳，蒋惠亮，殷伟庆．含锰磁性纳米粒子固定化脂肪酶的研究．淮海工程学院学报（自然科学版），2008, 17(2): 51～54.

[52] Jennifer LL, David AF, Matthew BS, et al. Synthesis of Fe oxide core/Au shell nanoparticles by iterative

hydroxylamine seeding. Nano Letters, 2004, 4(4): 719～723.

[53] Jin X, Li JF, Huang PY, et al. Immobolized protease in the magnetic nanoparticles used for the hydrolysis of rapeseed meals. Journal of Magnetism and Magnetic Materials, 2010, 322(14): 2031～2037.

[54] 李鸿玉，厉重先，李祖明．磁性壳聚糖微球固定化果胶酶的研究．食品科学，2008, 29(9): 399～403.

[55] 李桂银．磁性壳纳米聚糖微球的制备及其固定化酵母细胞的研究．南京：中南大学博士学位论文，2008.

[56] 颜秋平，李富荣，汤顺清，等．新型磁性海藻酸钠复合微球的制备与表征．材料科学与工程学报，2005, 23(5): 587～589.

[57] 颜秋平，李富荣，汤顺清，等．阿霉素磁性海藻酸钠微球的制备与性能．材料科学与工程学报，2007, 25(5): 746～749.

[58] Wang Y, Zheng X, Jiang Z. Ordered mesoporous materials for biology and medicine. Progress in Chemistry, 2006, 4(4): 487～492.

[59] 肖宁，赵炳超，王艳辉，等．介孔分子筛 MCM-41 固定化胰蛋白酶的研究．食品工业科技，2005, 26(10): 151～153.

[60] 王炎，郑旭翰，赵敏．漆酶在介孔分子筛 MCM-41 上的固定化研究．高校化学工程学报，2008, 22(1): 83～87.

[61] 王艳军．介孔分子筛 MCM-41 的合成及其孔道中脂肪酶的固定化研究．杭州：浙江大学硕士学位论文，2006.

[62] Giorno L, Drioli E, Garvoli G, et al. Study of an enzyme membrane reactor with immobilized fumarase for production of L-malic acid. Biotechnology and Bioengineering, 2001, 72(1): 77～84 .

[63] Rose AH. Economic Microbiology. London: Academic Press, 1980.

[64] 金敏，王忠彦，胡永松．碱性蛋白酶的研究进展及应用．四川食品与发酵，1999, (4): 6～8.

[65] Rao MB, Tanksale AM, Ghatge MS, et al. Molecular and biotechnological aspects of microbial proteases. Fems Microbiology Reviews, 1999, 23(4): 411～456.

[66] 侯利霞，相朝清，王金水，等．响应面法优化固定化碱性蛋白酶工艺．河南工业大学学报 (自然科学版), 2010, 31(1): 53～58.

[67] 薛正莲，王岚岚，蔡昌凤，等．粉煤灰固定化碱性蛋白酶特性的研究．食品与发酵工业，2005, 31(6): 37～39.

[68] 陈庆霖，庞广昌，林康艺．固定化碱性蛋白酶生产 CPP 的研究．食品科学，2000, 21(1): 25～28.

[69] 关晓月．黑木耳凝胶载体固定化碱性蛋白酶的工艺研究．哈尔滨：东北林业大学硕士学位论文，2009.

[70] 李民勤，闭春宇，徐慧显，等．α，ω-二羧基聚乙二醇磁性毫微粒固定化碱性蛋白酶的研究．离子交换与吸附，1995, 11(6): 524～529.

[71] Gusek TW, Tyn MT, Kinsella JE. Immobilization of the serine protease from thermomonospora fusca YX on porous glass. Biotechnol-Bioeng, 1990, 36(4): 411～416.

[72] Sadjadi MS, Farhadyar N, Zare K. Improvement of the alkaline protease properties via immobilization on the TiO_2 nanoparticles supported by mesoporous MCM-41. Superlattices and Microstructures, 2009, 46(1～2): 77～83.

[73] 李丹丹．磁性微球固定化碱性蛋白酶水酶法制取大豆油脂．哈尔滨：东北农业大学硕士学位论文，2012.

[74] 王瑛瑶，栾霞，魏翠平．酶技术在油脂加工业中的应用．中国油脂，2010, 35(7): 8～11.

[75] Lamsal BP, Johnson LA. Separating oil from aqueous extraction fractions of soybean. J Am Oil Chem Soc,

2007, 84(8): 785～792.

[76] 钱俊青 . 低含油量油料 (大豆) 酶法提取油脂的研究 . 杭州 : 浙江大学博士学位论文 , 2001.

[77] 江连洲 , 李杨 , 王妍 , 等 . 水酶法提取大豆油的研究进展 . 食品科学 , 2013, 34(09): 346～350.

[78] 刘志强 , 贺建华 , 曾云龙 , 等 . 酶及处理参数对水酶法提取菜籽油和蛋白的影响 . 中国农业科学 , 2004, 37(4): 592～596.

[79] 孙红 . 油茶籽油水酶法制取工艺研究 . 北京 : 中国林业科学研究院 , 2011: 41～43.

[80] 方芳 . 超声波辅助水酶法萃取葫芦籽油的研究 . 中国粮油学报 , 2012, 27(10): 62～65.

[81] 王璋 . 酶法从全酯大豆中同时制备大豆油和大豆水解蛋白工艺的研究 . 无锡轻工业学院学报 , 1994, 13(3): 179～190.

[82] 章绍兵 , 王璋 , 许时婴 . 水酶法提取菜籽油的机理探讨 . 中国油脂 , 2009, 34(10): 41～45.

[83] Roberta M, Leland CD, David BJ, et al. A process for the aqueous enzymatic extraction of corn oil from dry milled corn germ and enzymatic wet milled corn germ (E-Germ). J Am Oil Chem Soc, 2009, 86(5): 469～474.

[84] Evon P, Vandenbossche V, Pontalier PY, et al. Direct extraction of oil from sunflower seeds by twin-screw extruder according to an aqueous extraction process: Feasibility study and influence of operating conditions. Industrial Crops and Products, 2007, 26(3): 351～359.

[85] 任健 . 葵花籽水酶法取油及蛋白质利用研究 . 无锡 : 江南大学博士学位论文 , 2007.

[86] Jmln DM, Maurer D, Jung S, et al. Pilot-plant proof-of-concept for integrated, countercurrent, two-stage, enzyme-assisted aqueous extraction of soybeans. J Am Oil Chem Soc, 2011, 88(10): 1649～1658.

[87] 齐宝坤 , 江连洲 , 李杨 , 等 . 挤压膨化后微体化预处理水酶法提取大豆油脂工艺研究 . 食品工业科技 , 2012, 33(21): 196～200.

[88] Bair CW, Snyder HE. Electron microscopy of soybean lipid bodies. J Am Oil Chem Soc, 1980, 57(9): 279～282.

第四章　固态发酵技术

生物解离技术是在机械破碎的基础上，利用外加的酶制剂进一步破坏大豆籽粒细胞结构，降解包裹油体的膜，使油脂释放出来。而固态发酵（solid-state fermentation）技术是利用微生物产生的酶进行酶解制油，因此本章主要介绍固态发酵技术及其在大豆油提取中的研究。

第一节　固态发酵概述

固态发酵过程可定义为微生物在几乎没有游离水的培养基质上的生长过程及生物反应过程。相对于液态发酵而言，固态发酵培养基水分含量较低，一般在40%～60%（湿基）。但物料含水量并不是界定固态发酵或液态发酵的唯一标准，有的固态发酵，即使在物料含水量高的情况下（如湿基含水在70%以上），液态水也不能作为连续相存在，物料吸水性非常好，仍然呈现较好的固态特性，这类发酵仍可称为固态发酵或半固态发酵。例如，植物原料的青贮发酵或酸菜的发酵，物料的含水量都很高，但物料中的水大多是不易流动水，其液态性不明显。

固态发酵物料或称为基质（substrate），既是微生物生长的营养源，又是微生物生长的微环境，同时也是发酵产物的聚集地。基质包括各种谷物原料、腐朽的木材、堆积的肥料或青贮饲料，甚至包括土壤。组成培养基的成分大多是大分子物质，如淀粉、蛋白质或纤维素类物质。在反应器内的物料层（fermenting bed），则是微生物菌体、培养基质及发酵产物的混合物。固态发酵反应器内的物料可分为两相：固态相（物料层）和气相。宏观上固态发酵物料层可看成均一相。但从微观上来看，物料层同时存在固、液、气3种物质状态：固态基质、与固态基质紧密结合的液态相（包括少量的游离水）和物料颗粒间隙中的气相。在某些情况下（如强制通风的填料床式固态发酵、流化床固态发酵），气流可贯穿物料层，发酵物料颗粒（非连续相——固相）可视为分布于气相（连续相）的环境中。半固态发酵，如黄酒发酵、小曲酒发酵，由于物料含水量较高，在发酵过程中，发酵基质的大分子逐渐被分解成小分子溶质，半固态的物料逐渐转变为连续液相为主的状态。

有些固态发酵是微生物生长在惰性载体表面上进行生物反应的过程，如固定化细胞，惰性载体本身并不能被微生物利用，这类似于有些固态发酵物料中所加入的填充物，如稻壳、麸皮、玉米芯等，这些填充料的加入，起到疏松物料、便于透气的作用，它们含有少量的可被微生物利用的营养物，但大多是不可酶解的物质，这种情况也可归属于固态发酵范围。

固态发酵技术最早可能始于酒曲的制造及酿酒。最近10年中，固态发酵技术在许多方面的应用取得了飞速的发展，目前被用来生产许多低成本、高附加值的产品，甚至在生物循环和生物降解有毒物质等方面表现出巨大的潜力。固态发酵技术在传统大豆加工领域的应用也越来越广泛，固态发酵技术生产的功能性大豆肽蛋白饲料，不但适口性好、消化率高，而且其蛋白质具有低抗原性和生物转化率高等特点；固态发酵技术辅助冷榨制取植物油脂的工艺在油脂加工中的应用也受到越来越多的关注。

一、固态发酵的分类

（一）传统固态发酵与现代固态发酵

虽然固态发酵与液态发酵相比，具有独特的优势，但也存在着许多不足。特别是传统固态发酵，其是发酵工业中古老而又落后工艺的代名词。现代发酵技术的关键条件是纯种大规模集约化培养。随着科学技术发展和可持续发展的影响，国内外逐步重视对固态发酵的研究开发，已取得了很大进展。依据固态发酵过程中能否实现限定微生物纯种培养，将其分为传统固态发酵与现代固态发酵。现代固态发酵是为了充分发挥固态发酵的优势，针对传统固态发酵存在的问题，使之适应现代生物技术的发展而进行的，可以实现限定微生物的纯种大规模培养。现代固态发酵与传统固态发酵的比较见表 4-1。

表 4-1　现代固态发酵与传统固态发酵技术比较

现代固态发酵	传统固态发酵
在密闭容器的固态发酵反应罐中进行	在极为简单的发酵容器中或敞口式固态发酵进行
采用单一菌株纯种或限定菌株混合发酵	基本是自然富集发酵或强化菌种发酵
扩大了固态发酵应用范围	限于传统食品的生产
增加了操作能耗，设备投资较大	操作能耗低，设备投资较小，劳动力强
需要无菌处理发酵原料	可以直接利用粮食和纤维素原料，价格低廉
适宜于分离纯化高附加值产品	一般产品后处理简单，可直接烘干

（二）固态发酵的形式

1. 按微生物的情况和形成的产品条件不同分类

固态发酵可以以许多不同的形式进行，按照使用微生物的情况和形成产品的条件不同，固态发酵可分为自然富集固态发酵、强化微生物混合固态发酵、限定微生物混合固态发酵和单菌固态纯种发酵。

自然富集固态发酵是指利用自然界中的微生物，由不断演替的微生物进行的富集混合发酵过程。它不需要人工接种微生物，其所需发酵的微生物主要依赖于当地空气和物料中的自然微生物区系，多种微生物演替成最适于生长代谢或共生协作的小生态环境。其微生物富集区系不仅与当地空气和物料中的自然微生物区系有关，还与小生态环境自然变化密切相关。

强化微生物混合固态发酵是指在自然富集固态发酵的基础上，根据人们部分掌握的微生物代谢机制，人为强化接种微生物菌系不明确的富集培养物或特定微生物培养物所进行的混合发酵过程。强化微生物混合固态发酵除应用于食品发酵、沼气发酵、乙醇发酵作用外，在石油采收、湿法冶金等领域同样显示出了优势[1]。人们在长期的科学研究和生产实践中不断发现，不少生命活动及其效应是借助于两种以上的生物在同一环境中的共同作用进行的，自然界的微生物没有一种是单独存在的，单靠纯培养很难反映它们的真实活动情况。因此，强化微生物混合固态发酵微生物资源具有非常广阔的应用前景。

限定微生物混合固态发酵是在对微生物相互作用和群落认识的基础上，接种混合培养的微生物是已知和确定的，通常使用两种或两种以上经过分离纯化的微生物纯种，同时或先后接种在同一灭菌的培养基上，在无污染条件下进行的固态发酵过程。在长期的实验和生产实践中，人们不断地发现，很多重要生化过程是单株微生物不能完成或只能微弱进行的，必须依靠两种或多种微生物共同培养完成。采用固定化细胞技术固定混合菌可使反应系统多次使用，降低成本，增加效率，在实际应用中很有意义。此外，通过细胞融合技术和基因工程技术由具有互生或共生关系的微生物构建工程菌，可使工程菌既具有混合培养的功能，又拥有纯培养菌株营养要求单一、生理代谢稳定、易于调控等优点，也是极有前景的研究方向。

单菌固态纯种发酵是在纯培养基础上建立起来的，对于选育良种、保持生理活性和稳定代谢过程有很大作用。它还对扩大固态发酵的应用范围和潜力的发挥起着非常重要的作用，同时也是固态发酵的一个重要方向。

2. 按固态发酵固相的性质分类

根据固态发酵固相的性质，可以把固态发酵分为两类。一类是以农作物（如麸皮、豆饼等）为底物的固态发酵方式。这些底物既是固态发酵过程中的固相组成部分，又为微生物生长提供营养，在这里可以称这种发酵为传统固态发酵方式（或固体底物基质固态发酵）。另一类固态发酵方式是以惰性固态载体为固态发酵过程中的固相，微生物生长的营养是吸附在载体上的培养液，这些载体可以是天然的，也可以是人工合成的。这些载体材料有大麻、珍珠岩、聚氨酯泡沫体、蔗糖渣和聚苯乙烯等，这种发酵方式称为惰性载体吸附固态发酵。

与固体底物基质固态发酵相比，惰性载体吸附固态发酵具有很多优点[2]。固体底物基质固态发酵的主要不足之处在于微生物发酵生长过程中，培养基被分解，底物易结块，孔隙率随之降低，导致底物外形和物理特性都发生了变化，降低了发酵过程中的传质和传热。使用具有稳定结构的固态载体充当固态发酵的固相可以克服这一缺点，从而更有利于微生物的生长和产物产量的增加。例如，采用聚氨酯泡沫体为载体吸附固态发酵核酸酶 P_1 时，产量和活力分别比采用麸皮固态发酵提高 9 倍和 4 倍。另外，惰性载体吸附固态发酵与固体底物基质固态发酵相比，还具有产物提取简便的优点，可以很容易地从惰性载体中提取到胞外产物，而且所得产物的杂质较少，载体还可重复使用。例如，利用聚苯乙烯作为载体，以肋生弧菌产生 L- 谷氨酰胺酶时，产物比采用麦麸粉固态发酵时得到的产物黏性要低。同时，前者的产物不含蛋白质污染物，而后者则含有多余的淀粉酶和纤维素酶等杂质。此外，惰性载体吸附固态发酵还能够对培养基营养成分进行合适的调节，了解产物中的各成分并进行分析，从而有利于对发酵过程的控制及动力学研究与模型建立等。

二、固态发酵的特点

Viniegra-Gonzalez[3] 总结了固态培养的特点，认为固态发酵具有物料的水活度低、颗粒粒径大小不同、菌丝缠结易导致物料结块等特性，使基质的混合和扩散都比较困难，容易形成温度、基质浓度及产物浓度的梯度。Durand 和 Chereau[4] 对固态发酵和液态发酵的特点进行了比较，见表 4-2。

表 4-2 固态发酵与液态发酵的比较[4]

项目	固态发酵	液态发酵
培养基质水分含量	低	高
水活度	较低水活度，杂菌因此不能生长	水活度高，许多微生物都可以生长
培养基	原料种类少，但成分不完全明确，无机盐种类要求不高；培养基体积分数高，高基质浓度导致产品浓度高，故体积生产率高	由多种纯度高、化学物质明确的组分配制而成，培养基体积分数较低，故体积生产率较低；高基质浓度导致流体流变学的问题，需要流加培养
通风问题	由于物料层压力降较小，故通风动力消耗不大	需要高压空气，从气相到液相的传氧系数较小
混合问题	颗粒内的混合是不可能的，微生物的生长主要受到营养物质的扩散问题影响	可剧烈搅拌，营养物质的扩散不是制约微生物生长的主要因素
产热	代谢热的去除比较困难，常导致过热问题	水的相对含量高，发酵液温度控制较容易
控制	由于在线测定及菌体量的测定不易进行，发酵过程的控制较为困难	许多在线监测已经实用化或正在研发中，易检测菌体量，易自动控制
下游过程	由于体积产物浓度较高，下游处理较容易进行，萃取时易污染基质成分	产物浓度相对较低，下游过程需分离掉大量的水分，产品的纯化相对较易
污染	没有大量水污染	产生大量废水
动力学研究	微生物生长动力学及传递动力学研究不够	微生物生长动力学及传递动力学研究充分，可用于指导发酵反应器的设计和放大

三、固态发酵的基本过程

固态发酵生产的基本过程包括原料预处理阶段（备料、成型、灭菌、物料降温、进料）、菌种扩培阶段、发酵过程控制阶段（发酵控制，如通风、控温、控湿、搅拌翻料）、后处理阶段（出料、浸泡及产品提取、烘干、磨粉或磨浆、灭菌处理等操作）等。有的操作过程属于物理过程，有的属于反应类过程（生物化学过程）。这些过程和反应过程相互影响，如干燥脱水的过程，不但是物料的干燥失水过程，而且物料中的微生物会因干燥脱水而死亡；升温或降温会使物料中微生物的活性下降或上升，使酶活力下降或增强，从而导致生物反应速度的变化。即使像固态发酵物料翻拌这种简单的操作，也会因物料的翻拌而导致蔓延在物料中的菌丝体被折断，从而影响菌丝的完整性，使其生物活性变差。

1. 原料预处理

固体发酵原料，大多是天然的谷物原料，如小麦、稻米、大豆（或豆粕）、麸皮、木屑和秸秆等。有的由单一物料组成，有的则由多种物料配成。原料预处理的目的是使这些原料更适合被微生物利用。预处理的方法很多，如破碎、蒸煮（灭菌）、压制成型（块曲制造）、冷却等。

2. 菌种扩培

固态发酵的微生物，有的是天然接种，有的是人工培养后接种。固态发酵所接种的菌种，有液态种和固态种两类。其扩大培养有固态种曲和液态种曲两种方式。

3. 固态发酵过程控制

固态发酵过程涉及物质的传递和热量的传递。由于固态物料的非均质性及不同固态发酵反应器的特点，物质和热量传递呈现非常复杂的规律，因此不能用液态发酵的模式来解决其问题。例如，发酵物料温度的控制，既有热传导机制，更有对流传热机制发挥作用。发酵温度、物料的水分、通风、搅拌（或物料的翻料）及空气湿度、物料的 pH 是最重要的控制条件。

4. 固态发酵产品的后处理

根据不同的产品类型应采用不同的后处理方式。后处理的主要操作包括烘干、磨粉、筛分、灭菌、调配、分装等。有些固态发酵产品，如酒曲和酱油米曲是粗酶制剂，酶和发酵基质混为一体，而且发酵产品中含有的残余蛋白质和淀粉等营养物质，可作为进一步的发酵原料，这类发酵产品只需经过简单的加工处理（如磨粉或干燥）就可直接投入下一阶段的生产。也有的固态发酵产品和固态发酵基质需先行分离提纯，如固态发酵酶制剂、氨基酸、有机酸、抗生素等需通过浸泡，使产物转移到水溶液中，再通过压榨，将固形物分离掉。有些固态发酵产品是挥发性的，如传统的乙醇发酵，需通过蒸馏，纯化挥发性产物。

第二节　固态发酵技术在大豆油提取中的应用

随着固态发酵技术的改进和完善，固态发酵不仅可以应用于液态发酵不能实现的发酵过程，还可应用于一些目前已有的液态发酵过程，并与之一争高低。应用现代固体发酵技术能实现大规模生产，而且其投资规模和生产成本往往要比液态发酵法低，特别适合于一些精细发酵制品的制备和生产，更重要的是现代固态发酵往往没有影响环境的污染废物产生，在食品加工业中发挥着越来越重要的作用。

一、固态发酵辅助提取大豆油的应用

目前，对于固态发酵技术在辅助提取大豆油方面已有研究。作者团队以米曲霉作为发酵菌株发酵大豆，利用发酵过程中产出的纤维素酶与蛋白酶，降解破坏大豆组织中的纤维素骨架与脂蛋白复合体，进而破坏大豆组织结构，达到易于后期油脂提取的目的。在研究过程中，主要针对发酵时间、水分含量、发酵温度、接种量进行了优化，得到最佳发酵条件为发酵时间 46.24h、水分含量 31.55%、发酵温度 37.7℃、接种量 9.88%。在此条件下，蛋白酶活性为 1823U/mL，纤维素酶活性为 7452U/mL。达到此酶活后，继续发酵 32h，用索氏萃取法对大豆进行抽提，结果表明：与未经发酵的大豆相比，油脂完全提取时间从 8h 缩短至 3h，且提油率提高了 53.5%，油脂提取的效率提高显著[5]。

压榨法提取植物油脂主要有热榨和冷榨工艺，传统热榨工艺中蛋白质易变性、油中热敏性物质易破坏；冷榨工艺相对于传统热榨工艺，温度低，蛋白质未发生变性，油脂中的营养成分得以有效保存，但冷榨工艺制油依然存在冷榨饼残油高、出油少或不出油现象。作者团队为解决固态发酵基质中能量、空气传递困难，酸碱度、湿度、菌种分布不均匀，以及一般冷榨出油少或不出油等问题，研发出一种固态发酵辅助冷榨法提取大豆油的新工艺（图 4-1）。通过大量的理论分析、多次的筛选试验和对比试验得到：当发酵时间为 30～50h、发酵温度为 25～45℃、菌种添加量为干物料重量的 4%～12%、发酵 pH 为 6.5～8.5、发酵产物含水率为 4%～8%、冷榨温度为 50～80℃、冷榨螺杆转速为 35～55r/min 时，大豆油的提取率高于现有常规冷榨法，油脂品质高于现有热榨法。当发酵时间为 41.8h、发酵温度为 38℃、菌种添加量为干物料重量的 8%、发酵 pH 为 7.6，发酵产物含水率为 5.9%、冷榨温度为 68.8℃、冷

榨螺杆转速为 44.5r/min 时，为最佳的提取工艺条件，油脂的提取率为 47.59%，总油提取率预测值为 46.56% ± 0.30%，该方法大大提高了冷榨法提取大豆油脂的提取率[6]。

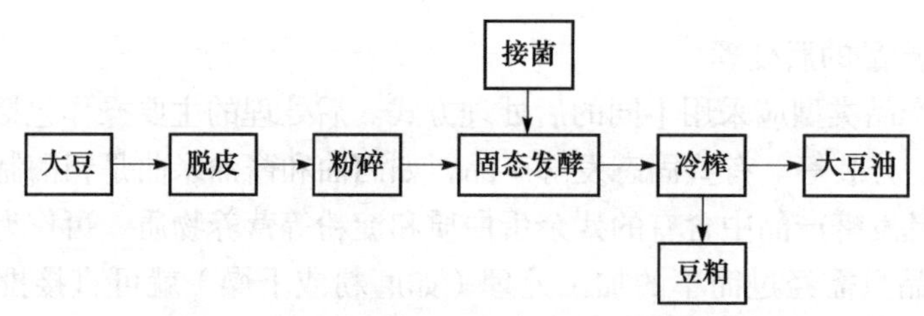

图 4-1　固态发酵冷榨提取大豆油脂的新工艺

二、固态发酵提取大豆油和蛋白质的应用

作者团队采用发酵工艺分别联合磨碎和挤压膨化前处理技术，将枯草芽孢杆菌接种于经磨碎和挤压膨化前处理的全脂豆粉培养基中发酵，37℃条件下 160r/min 振荡发酵 36h 制取大豆油和蛋白质，通过油和蛋白质得率及其品质评估工艺的可行性。结果显示，发酵全脂豆粉联合挤压膨化能够显著提高油和蛋白质的提取率，总油和总蛋白得率分别为 95.1% 和 87.12%，与水酶法得率相近，显著高于磨碎前处理工艺[7]。

1. 发酵全脂豆粉的总油和总蛋白提取率

表 4-3 显示采用发酵法提取大豆油和蛋白质，原料的预处理方式对油和蛋白质得率有着极大的影响，经普通磨碎处理的豆粉发酵后总油与总蛋白提取率较低，与生物解离技术提取大豆油和蛋白质的得率相似，说明单纯采用发酵法来增进油和蛋白质得率效果不明显，而发酵联合挤压膨化前处理技术显著增加了油和蛋白质得率（$P<0.05$），分别达到 95.1% 和 87.12%，远高于未膨化的。

表 4-3　总油、总蛋白提取率　（%）

提取方法	原料	总油提取率	总蛋白提取率
发酵	磨碎豆粉	65.96 ± 0.05b	66.41 ± 0.09b
	膨化豆粉	95.10 ± 0.15a	87.12 ± 0.13a

注：同一列数字不同字母表示差异显著（$P<0.05$）

发酵结束后，测定磨碎豆粉与膨化豆粉发酵液中的碱性蛋白酶活分别为 318U/mL、337U/mL，说明枯草芽孢杆菌在豆粉培养基生长过程中产生蛋白酶，这有益于豆粉中蛋白质的水解和油脂的释放。

2. 大豆油的品质

1）油的理化指标　表 4-4 显示发酵磨碎豆粉和发酵膨化豆粉提取的油各理化指标相似，但二者与溶剂浸出油的品质存在一定差异。发酵法制取的油在酸值、碘值、过氧化值、皂化值方面均低于浸出油，且色泽比浸出油浅，说明发酵提取的油具有更好的品质，而且发酵制取的油未经精炼，几项重要的理化指标已达国家三级油的标准。作者之前报道的粗酶提取的大豆油品质也有相似的结果。

表 4-4　各提取工艺所得大豆油的理化指标

理化指标	浸出法制油	发酵膨化豆粉提取的油	发酵磨碎豆粉提取的油
色泽（罗维朋比色法 25.4mm）	黄 30 红 4.0	黄 30 红 2.0	黄 30 红 2.0
酸值 /(mg/g)	1.0 ± 0.09a	0.6 ± 0.04b	0.6 ± 0.07b
碘值 /(g/100g)	125.5 ± 2.80a	121.1 ± 1.15b	122.2 ± 0.71b
过氧化值 /(μg/g)	1.1 ± 0.13a	0.7 ± 0.05b	0.7 ± 0.03b
皂化值 /(mg/g)	176.5 ± 2.29a	174.1 ± 2.53a	174.3 ± 2.26a

注：同一行数字不同字母表示差异显著（P<0.05）

2）油的脂肪酸组成　表 4-5 显示发酵制取的大豆油与溶剂浸提油的脂肪酸组成基本一致，符合国际标准。其油中主要成分为不饱和脂肪酸，含量占 84% 以上，其中亚油酸含量高达 54% 以上，亚麻酸在 10.5% 以上，油酸含量在 19.5% 以上，这使所得油具有优良的营养保健作用。此外，与传统溶剂浸提工艺相比，发酵法制油不但避免了有机溶剂的使用，而且工艺操作条件温和，所得油具有更加良好的食用品质。

表 4-5　不同工艺提取大豆油的脂肪酸组成　（%）

脂肪酸组成	浸出法制油	发酵膨化豆粉制油	发酵磨碎豆粉制油	国际标准
棕榈酸 C16：0	11.64 ± 0.11	11.42 ± 0.12	11.44 ± 0.08	8～13
硬脂酸 C18：0	4.57 ± 0.05	4.08 ± 0.03	4.11 ± 0.02	2.5～5.4
油酸 C18：1	19.99 ± 0.14	19.52 ± 0.18	19.51 ± 0.31	17.7～28.0
亚油酸 C18：2	53.52 ± 0.74	54.05 ± 0.91	54.05 ± 0.85	49.8～59
亚麻酸 C18：3	10.99 ± 0.29	10.93 ± 0.35	10.94 ± 0.17	5～11

注：上述国际标准为国际食品法典委员会标准 CODEX STAN 210—1999

3. 分离蛋白的性质

1）分离蛋白中粗蛋白的含量　由图 4-2 可知，发酵磨碎与发酵膨化全脂豆粉所得分离蛋白（FG-SPI 和 FE-SPI）的粗蛋白含量显著低于采用碱溶酸沉法所得分离蛋白（W-SPI）的粗蛋白含量（P<0.05），由于发酵水解豆粉过程中释放的部分游离油溶解在溶液中，因此所回收的分离蛋白中含有少量油脂，造成 FE-SPI 和 FG-SPI 粗蛋白含量低。

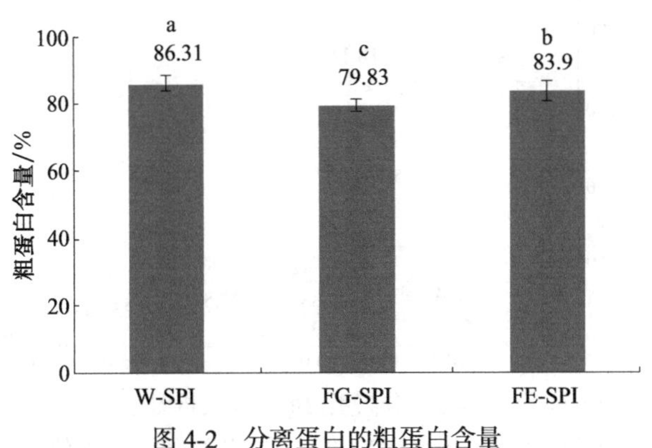

图 4-2　分离蛋白的粗蛋白含量

各柱形图上方不同字母表示差异显著（P<0.05）

2）大豆分离蛋白的分子质量分布情况　W-SPI 的洗脱峰主要出现在洗脱时间 5～10min，即大约 75% 的蛋白质分子质量集中分布于 66 000Da 以上（图 4-3A），而小分子质量的多肽含量较低。

图 4-3B 显示发酵磨碎豆粉所得分离蛋白具有较大峰面积的洗脱峰主要出现在洗脱时间 15～35min，说明 FG-SPI 分子质量主要分布在 10 000Da 以下，其中分子质量在 5500Da 以下

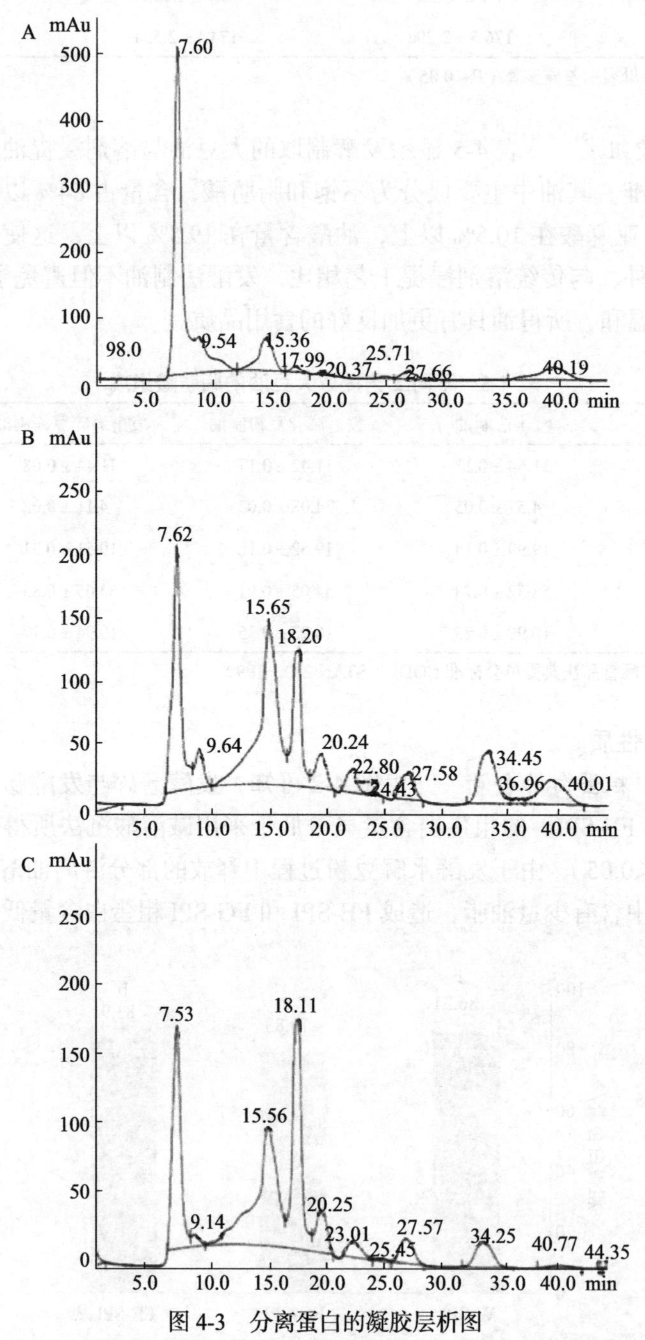

图 4-3　分离蛋白的凝胶层析图

A. W-SPI 的分子质量分布；B. FG-SPI 的分子质量分布；C. FE-SPI 的分子质量分布

的蛋白质含量最多，达38%，分子质量在5500～10 000Da的蛋白质含量在32%左右。由于发酵过程中产生的蛋白酶将大豆蛋白水解成小分子的多肽，因此造成发酵制取的大豆分离蛋白分子质量较小。

发酵膨化豆粉制取的分离蛋白的洗脱峰出现位置与FG-SPI相似（图4-3C），但在洗脱15～35min的洗脱峰面积更大，其中分子质量在5500Da以下的蛋白质含量最多，达46%，分子质量在5500～10 000Da的含量为30%。由于豆粉膨化后更有利于发酵水解的进行，因此相较于FG-SPI、FE-SPI的分子质量分布于较低区域的比例更高。

3）大豆分离蛋白的功能性　表4-6显示发酵提取工艺所得各分离蛋白的溶解性均显著优于W-SPI（$P<0.05$），但FE-SPI和FG-SPI的起泡性和发泡稳定性均显著低于W-SPI，FE-SPI的起泡性和发泡稳定性低于FG-SPI，但差异不显著。由于发酵水解作用，豆粉中长链大分子蛋白质被降解生成短链的小分子肽，提高了蛋白质在溶液体系中的分散性。FE-SPI的溶解性显著优于FG-SPI，豆粉膨化后，胞内蛋白质充分暴露，更有利于酶的水解，因此提高了蛋白质在溶液体系中的分散性。

表4-6　大豆分离蛋白的功能性

样品	溶解性/%	疏水性	持水性/%	持油性/%	乳化性	乳化稳定性/min	起泡性/mL	发泡稳定性/%
W-SPI	70.50±2.70c	12.50±0.5a	3.17±0.11c	3.61±0.18a	0.41±0.02a	61.17±1.56a	381±11.27a	68±3.61a
FG-SPI	79.20±2.50b	2.73±0.25b	4.51±0.50a	2.12±0.31b	0.35±0.03b	41.01±1.21b	318±8.19b	28±2.53b
FE-SPI	86.30±3.52a	2.12±0.13b	4.21±0.55b	1.67±0.21c	0.33±0.03b	39.33±1.34b	302±6.46c	23±2.57b

注：同一列数字不同字母表示差异显著（$P<0.05$）

发酵提取工艺所得各分离蛋白的表面疏水性显著低于W-SPI，FE-SPI的表面疏水性比W-SPI低83%左右。发酵时，由于受到酶的攻击，蛋白质空间构象发生改变，造成疏水小区分布位置的变化。FE-SPI的表面疏水性低于FG-SPI，但差异并不显著（$P>0.05$）。

发酵所得各分离蛋白的持水性均显著优于W-SPI（$P<0.05$）。发酵提取大豆油和蛋白质时，在所产酶的作用下，蛋白质被水解成较多的带电残基短肽，同时大量亲水基团外露，从而增强了对水分子的吸附作用。FE-SPI的持水性显著低于FG-SPI，膨化工艺导致豆粉中蛋白质结构的重新排布，从而影响了FE-SPI的吸水性能。

发酵提取的各分离蛋白持油力均显著低于W-SPI；虽然FE-SPI的持油力明显低于FG-SPI，但从实际数值来看相差并不大。发酵和膨化工艺导致蛋白质中暴露的疏水基团减少，降低了分离蛋白与油的结合能力；同时水解作用造成蛋白质分子质量的降低，难以形成凝胶质阻止油脂移动，截留作用下降，因此发酵所得分离蛋白持油性下降。

4）流体性质　FG-SPI和FE-SPI的表观黏度明显低于W-SPI，其中FE-SPI的表观黏度最低（图4-4）。

W-SPI在剪切速率$1s^{-1}$时的表观黏度明显高于剪切速率为$1000s^{-1}$时的黏度，呈典型的剪切变稀特性。FG-SPI和FE-SPI在剪切速率$1s^{-1}$和$1000s^{-1}$时的黏度差异不大，黏度变化曲线接近于直线，剪切变稀的现象不明显，表现出接近牛顿流体的特性。

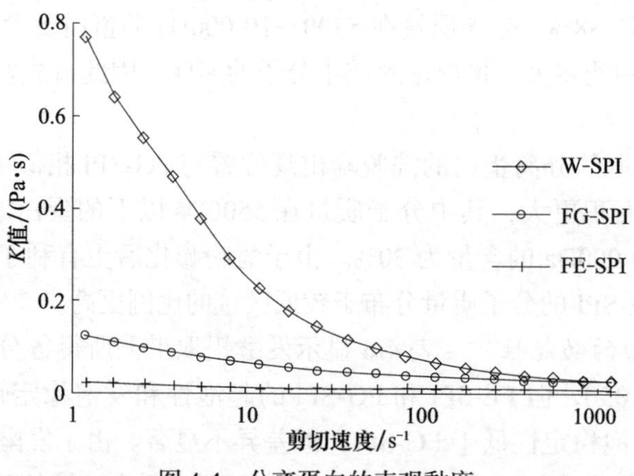

图 4-4　分离蛋白的表观黏度

W-SPI 的流变指数 *n* 小于 1，明显小于 FG-SPI 和 FE-SPI 的 *n* 值，呈典型的假塑性流体（表 4-7）。而 FG-SPI 和 FE-SPI 的 *n* 值都较大，特别是 FE-SPI 的 *n* 值接近于 1，即接近牛顿流体，这与图 4-4 所表现出来的结果是一致的。

表 4-7　分离蛋白溶液（10%）的流体行为参数

样品	R^2	流变参数 *n* 值	*K* 值 /（Pa · s）
W-SPI	0.9984	0.5265 ± 0.02b	0.5727 ± 0.0237a
FG-SPI	1.0000	0.7990 ± 0.02a	0.1023 ± 0.0097b
FE-SPI	0.9982	0.8248 ± 0.03a	0.0193 ± 0.0012c

注：同一列数字不同字母表示差异显著（$P<0.05$）

K 值代表蛋白质的黏度程度，各分离蛋白的 *K* 值大小与在剪切速率为 1～1000s^{-1} 时所体现的表观黏度（图 4-4）规律一致。FE-SPI 和 FG-SPI 的 *K* 值均显著低于 W-SPI，FE-SPI 的 *K* 值显著低于 FG-SPI。由于发酵使豆粉中大分子蛋白降解生成小分子的短肽，所得 FE-SPI 和 FG-SPI 的溶解性提高，因此黏度降低。

参 考 文 献

[1] 许赣荣，胡文锋 . 固态发酵原理、设备与应用 . 北京：化学工业出版社，2009.

[2] 徐海梅，余多慰，龚祝南 . 花生复合酶解工艺优化及过程跟踪的研究 . 中国粮油学报，2007, 22(6): 146～151.

[3] Viniegra-Gonzalez G. Solid state fermentation, characteristics, limitation and monitorin. *In*: Roussos S, Lonsane BK, Viniegra-Gonzalez G. Advances in Solid State Fermentation. London: Kluwer Academic Publishers, 1999.

[4] Durand A, Chereau D. A new pilot reactor for solid state fermentation: Application to the protein enrichment of sugar beet pulp. Biotechnology and Bioengineering, 1988, 31(5): 476～486.

[5] 蔺建学，徐速，张雅娜，等 . 米曲霉固态发酵大豆辅助提油预处理工艺的优化 . 中国油脂，2014, 39(2): 5～9.

[6] 江连洲 . 大豆加工新技术 . 北京：化学工业出版社，2016.

[7] 吴海波，齐宝坤，江连洲，等 . 发酵全脂大豆粉提取油和蛋白的研究 . 中国粮油学报，2015, 30(8): 24～31.

第五章 破乳工艺概述

从大豆细胞的组成角度来讲，油料细胞中的油脂体天然状态下表面被油体蛋白膜覆盖，虽然经过研磨、粉碎后部分油体蛋白膜被破坏，但在搅拌浸取过程中，水相中游离的蛋白质分子，也趋于吸附到油水界面上，从而形成稳定的乳状液。

破乳是整个生物解离提油工艺中的重点和难点，若要提高生物解离工艺的经济效益，必须进行低成本破乳后回收油脂，提高生物解离提油工艺的油脂得率。目前生物酶法提取大豆油脂的瓶颈问题是破乳技术，若要提高经济效益，必须进行低成本破乳后回收油脂，而当今国内外已有的破乳技术均存在工艺复杂、能耗大、历时长等诸多问题，不利于日后的产业化推广使用。国内和国外生物解离技术提取研究都只是总油提取率，并没有具体涉及游离油脂的提取率。因此，开发绿色、能耗低、工艺简单的破乳工艺技术，并且研发生物酶法同步提取大豆油脂、浓缩蛋白技术就显得尤为重要。

破乳方法有物理机械法、化学法和电力作用 3 类。物理机械法有加热破乳法、离心分离破乳法、超声波破乳法等，化学法主要是通过加入高分子絮凝剂改变乳状体系界面膜的性质，从而达到破乳的目的。生物解离技术的优势之一是避免使用有机溶剂和有毒化学试剂，为此对于生物解离法提油工艺中形成的乳状液，常采用物理方法破乳。目前已有越来越多的研究集中到破乳工艺上，如冷冻解冻法、乙醇冷浴、生物酶法、超声波破乳法等。本章就生物解离提油过程中产生乳状液的各种破乳方法的原理特点研究现状及工业化应用前景做一论述。

第一节 乳状液概述

1. 乳状液的定义

乳状液是一种或几种液体以液滴（微粒或液晶）形式分散在另一种与之互不相溶的液体中构成具有相当稳定度的多相分散体系[1]。由于它们外观往往呈乳状，因此称为乳状液或乳化液。形成的新体系内由于两液相的界面积增大，界面能增加，属热力学不稳定体系，但如果加入可降低体系界面能的第三种组分——乳化剂，则可使分散体系稳定性大大提高。乳状液中以液滴形式被分散的一相称为分散相（或是内相、不连续相），连成一片的另一相称为分散介质（或是外相、连续相），即一般乳状液是由分散相、分散介质和乳化剂 3 部分组成。

乳状液的分散相直径一般为 0.1～10μm[2]。从乳状液的液珠直径范围来看，它部分属于粗分散体系。常见乳状液通常为，一相是水或是水溶液，另一相是与水不相混溶的有机液体，如油脂、蜡等。两种互不相溶的有机液体组成的油包油型乳状液也存在，但实际应用很少。

2. 乳状液的生成条件

对于纯水和纯油，无论怎样搅拌它们绝不会形成乳状液，因为这两种液体彼此强烈地排斥。若制备稳定的乳状液，必须满足下述 3 个条件，缺一不可[2,3]。

（1）存在着互不相溶的两相，通常为水相和油相。

（2）存在一种乳化剂（通常是一类表面活性剂），其作用是降低体系的界面张力，在其微珠的表面上形成薄膜或双电层以阻止微液珠的相互聚结，增加乳状液的稳定性。

（3）具备强烈的搅拌条件，增加体系的能量。

在水酶法提油过程中，完全满足上述 3 个条件，导致乳状液的生成。

3. 乳状液的类型

常见的乳状液有两类。一类是以油为分散相，水为分散介质，称为水包油（O/W）型乳状液；另一类是以水为分散相，油为分散介质，称为油包水（W/O）型乳状液[4]。根据“相体积”理论，当水油比相当时，即如果水相或者油相的体积占总体积的 26%～74% 时，将引起多重乳化现象。所谓多重乳状液是 W/O 和 O/W 两种类型同时存在的乳状液，即水相中可以有一个油珠，而此油珠中又含有一个水珠，因此可用 W/O/W 表示此种类型。同样，也存在 O/W/O 型乳状液，见图 5-1。在生物解离过程中形成的乳状液为 O/W 型。

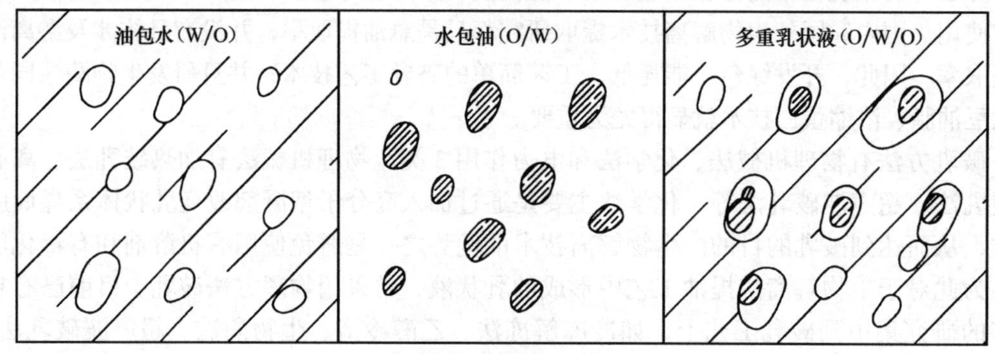

图 5-1　乳状液的类型

4. 水解后各相含油质量分数和乳状液成分分析

利用冲淡法测定乳状液的类型，将两滴乳状液放在载玻片上，一滴中加入水，另一滴中加入油，轻轻搅拌，在 10 倍显微镜下观察，发现水相易于和乳状液融合在一起，由此说明得到的是 O/W 型乳状液。

近些年来，美国科学家把挤压膨化与生物解离技术相结合，将利用生物解离技术从低含油的大豆中提取油脂变得可行[5~7]。挤压膨化后的大豆细胞壁受到破坏，更有利于油脂释放，在高温、高压、高剪切作用下使蛋白质的分子结构发生伸展、重组，分子表面的电荷重新分布，分子间氢键、二硫键部分断裂，导致蛋白质变性，蛋白质的消化率明显提高，通过增加表面积和蛋白质变性，从而更有利于酶对大豆蛋白的作用。挤压增加蛋白质对酶攻击的敏感性，使得在酶解后油脂释放更充分，并且使酶解全脂豆粉后油与蛋白质形成乳状物减少。然而通过查阅的相关文献发现，目前国外的研究均在特定的挤压膨化参数条件下辅助生物解离技术提取大豆油脂和蛋白质。

对挤压膨化和非挤压膨化辅助生物解离技术提取油脂工艺进行对比研究，通过离心后油脂在各相中含量质量分数的对比（表 5-1）可以看出，挤压膨化辅助生物解离技术提取工艺较非挤压膨化辅助生物解离技术提取工艺的游离油得率高，且乳状液当中含油量少。

表 5-1　生物解离提取离心后各相中含油质量分数　（%）

各相含油质量分数（挤压膨化辅助生物解离提取）				各相含油质量分数（非挤压膨化辅助生物解离提取）			
游离油	乳状液	水解液	残渣	游离油	乳状液	水解液	残渣
61.3	29.3	2.6	6.8	21.8	43.4	7.3	27.5

通过对挤压膨化和非挤压膨化辅助生物解离技术提取油脂工艺中乳状液主要成分进行对比，研究发现（表 5-2），两种工艺得到的乳状液当中水和油含量基本相同，但挤压膨化辅助生物解离技术提取工艺的乳状液中蛋白质含量较非挤压膨化辅助生物解离技术提取工艺的乳状液中蛋白质降低一半左右。蛋白质是很好的表面活性剂，具有很强的乳化特性，可以降低油水的界面张力或可以在液滴间形成静电或空间阻碍，防止脂肪球的聚集和结合。此外，蛋白质还可以增加有效吸附层的厚度和界面黏度，使乳状液具有空间和时间上的稳定性，这说明要破坏稳定的乳状液体系达到相分离的目的很难[8]。因此，要采用高效的破乳方法，才能有效地破坏乳状液的稳定性，选择好破乳的方法极为重要。

表 5-2　乳状液主要成分　（%）

挤压膨化辅助生物解离技术提取所得乳状液					非挤压膨化辅助生物解离技术提取所得乳状液				
水	油	蛋白质	淀粉	纤维素	水	油	蛋白质	淀粉	纤维素
44.46	45.92	6.98	1.23	1.14	41.37	42.26	13.82	1.15	1.12

第二节　冷冻解冻破乳概述

一、概　　述

冷冻解冻破乳是一种有效的物理破乳方法，是利用温度的调节实现对乳状液的结构和性状的改变从而达到破乳的目的。在冷冻解冻破乳工艺中，冷冻温度及时间、解冻条件、预处理方式等均会对破乳效果产生影响。有些学者认为冷冻解冻之所以能较好地破坏乳状液稳定性，是因为冷冻过程中乳状液中出现油相结晶，这些脂肪晶体可以刺入水相，假如脂肪晶体恰好出现在相邻油滴之间，则将刺穿界面膜引起油滴的聚集，从而大幅度降低乳状液稳定性达到破乳的目的[3]。还有学者做了类似的研究，认为在冷冻过程中，乳状液中冰晶体的形成会迫使乳状液液滴靠拢在一起，这种情况在解冻时常引起严重的聚结[9]。

虽然冷冻解冻破乳方法破乳效果较好，但耗能较大，需要专门的设备，这无疑会显著增加生产成本。因此，若要提高水酶法工艺的经济效益，必须进行低成本破乳后回收油脂。

二、冷冻解冻破乳工艺的研究

1. 国外对冷冻解冻破乳的研究

国内外对冷冻解冻破乳的研究较多，国外研究得相对较早。Lamsal 和 Johnson[10] 对水酶法提取大豆油脂的破乳进行研究，利用水酶法提取全脂大豆粉中的油脂，酶解离心后得到 4 相：①游离油；②乳状液；③水解液；④残渣。经过研究，他们得出无论应用挤压预处理 - 水酶法或挤压预处理 - 水剂法提取大豆油，大豆蛋白的亚基都存在于乳状液中起乳化作用，使大豆油很难分离出来，并且乳状液中大豆卵磷脂也起到乳化作用。因此，他们分别利

用磷脂酶 A_1、磷脂酶 A_2 和磷脂酶 C 及冷冻解冻的破乳工艺进行了对比研究，并且对相关机理进行了探讨，通过对比最终可以使破乳率达到 70%～80%。Chabrand 等[11] 对大豆水酶法提取过程中形成的乳状液进行了研究，他们分别对不同破乳工艺进行了对比研究，通过研究发现破乳效果为：利用 Protex 7L 蛋白酶酶解后冷冻解冻破乳＞Protex 7L 蛋白酶酶解后加热破乳＞Protex 7L 蛋白酶酶解破乳＞冷冻解冻破乳＞加热破乳。

2. 国内对冷冻解冻破乳的研究

以生物解离提取大豆油过程中产生的乳状液为研究对象，通过冷冻解冻破乳方法对其破乳工艺进行研究，考察了冷冻温度、冷冻时间及解冻温度对乳状液中油回收率的影响。由图 5-2 各破乳参数对乳状液中油回收率的影响结果可知，乳状液中油回收率随冷冻温度的降低而逐渐增大，当温度低于 -12℃时趋于平缓，所以响应面实验研究中选择冷冻温度水平值为 -22～-9℃。乳状液中油回收率随冷冻时间的增长而增大，当冷冻时间超过 10h 后趋于平缓，所以响应面实验研究中选择冷冻时间水平值为 5～15h。乳状液中油回收率随解冻温度的增高先增加后减小，所以响应面实验研究中选择解冻温度水平值为 30～65℃[12]。

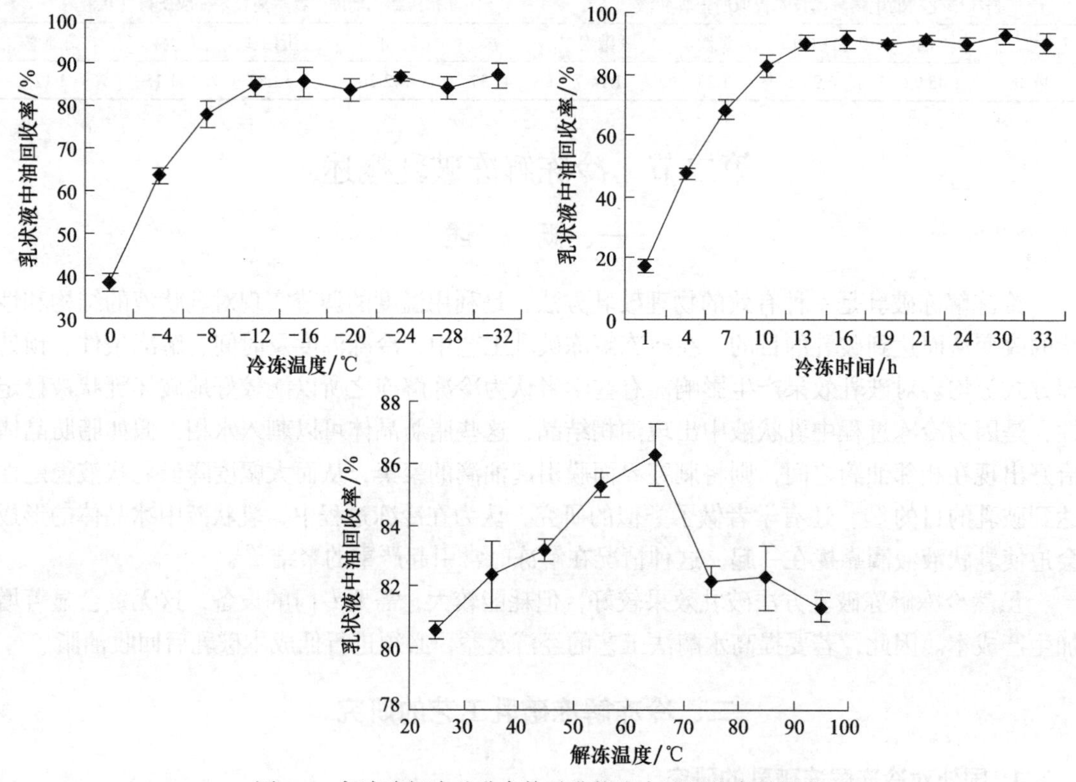

图 5-2　各冷冻解冻破乳参数对乳状液中油回收率的影响

在单因素的基础上，应用响应面优化分析方法对冷冻解冻破乳回归模型进行分析，寻找最优响应结果为：冷冻温度 -18℃，冷冻时间 12.5h，解冻温度 57℃，破乳后乳状液中油回收率可达 93.16% 左右，总游离油得率达到 89.28% 左右。同时，发现挤压膨化预处理法可使乳状液中的一部分脂肪球粒径增大，聚集程度升高，并使起到乳化作用的部分蛋白质发生变性，乳化性减弱而使乳状液稳定性变差，冷冻解冻后破乳效果、油脂回收率升高。

此外，齐宝坤等[13]研究微波解冻破乳方法，在单因素实验的基础上，选取冷冻温度、冷冻时间、微波解冻温度、微波解冻功率和微波解冻时间5个因素为自变量，以乳状液中油脂回收率为响应值，进行响应面实验设计。得到破乳的最佳条件为：冷冻温度 -16.9℃，冷冻时间17.5h，微波解冻温度62.4℃，微波解冻功率666.5W，微波解冻时间10.5min。在此条件下，响应面有最优值为96.89% ± 1.43%。

第三节　酶解破乳概述

一、概　　述

蛋白质和磷脂是影响生物解离提油工艺过程中产生的乳状液稳定性的关键因素[14]，油料细胞中的油脂体在天然状态下，表面被油脂体蛋白膜和磷脂所覆盖，阻止了其相互聚集。目前主要采用生物酶制剂深度水解或在酶解后利用磷脂酶对表面磷脂进行酶解，从而达到破乳的目的。这种方法的成功之处在于生物解离工艺中形成的乳状液是由表面蛋白及磷脂的静电斥力来稳定的，因此有效地去除表面蛋白或磷脂均可起到破乳的作用。

在乳状液中添加磷脂酶酶解破乳是一种新型的生物酶法破乳技术，然而用磷脂酶降低或去除大豆磷脂对乳状液的稳定作用并非简单易行。研究表明[15]，乳状液中添加少量的LysoMax（一种 A_2 溶血磷脂酶），会形成具有更强乳化性的磷脂——溶血磷脂，因此不但达不到破乳的目的，反而增加了乳状液的乳化稳定性。磷脂酶D是大豆的一种内生磷脂酶，它可以将磷脂酰胆碱（PC）及磷脂酰乙醇胺（PE）两种大豆磷脂转变为植物磷脂酸（PA）。Yao和Jung[16]发现在生物解离提取油脂过程中，PE和PC向PA的转变与游离油产率的降低有相关性，因此磷脂酶D对于乳状液的稳定性具有重要作用。这种观点在Jung等[15]关于挤压大豆片的储存条件对大豆内源磷脂酶是否会影响到乳化液稳定性研究中得到验证。研究得出，挤压过程中磷脂酶D变性失活，无论是储存温度还是储存时间都不会影响乳状液的稳定性。

Chabrand等[11]利用溶血磷脂酶 A_1 酶解乳状液成功破乳，由此发现溶血磷脂对蛋白酶酶解后的乳状液起到主要的稳定作用，是由于溶血磷脂酶 A_1 主要催化sn1位置上的酯键断裂而不催化sn2位置上的酯键断裂。因而可知，用溶血磷脂酶 A_1 降解乳状液中的溶血磷脂可起到破乳的作用。溶血磷脂酰胆碱（LPC）和溶血磷脂酸（LPA）存在于破乳之前的乳状液中，将在溶血磷脂酶酶解过程中被去除而其他磷脂则得以保存。上述结论并非普遍适用，这是因为溶血磷脂可能是由内源酶在豆粉储藏中产生的或是在提取过程中生成的。

研究发现，乳状液经过磷脂酶处理并调节pH至4.5后有沉淀形成，从而达到彻底破乳的效果，上述现象的产生是由于蛋白质和磷脂间存在交互作用。若仅调节pH至4.5而不使用磷脂酶酶解，则乳状液中不会形成沉淀，同时可以发现破乳进行得并不彻底。这是因为蛋白质在等电点下静电斥力最小，会更多地聚结于油水界面处，形成更致密的蛋白层。在没有外加蛋白吸附和解吸条件下，由于蛋白质层的厚度分布不均，会形成不平整的界面覆盖物。尽管这种覆盖物的形成允许油脂的聚结释放，但当覆盖物达到一定厚度时，油脂的释放将被阻断，这便造成了破乳工艺的不完整性。而界面处磷脂的酶解有利于蛋白质的解吸及油滴的聚结释放，这是由于蛋白质与磷脂之间具有交互作用。蛋白质在油水界面处的吸附是不可逆的，所以这种解吸现象在没有磷脂-蛋白质交互作用的情况下是不可能发生的。

二、二次酶解破乳工艺最适酶制剂

在生物解离提取大豆油脂的酶解破乳工艺中，用于二次酶解的酶制剂一般有磷脂酶 A_1、磷脂酶 A_2、糖化酶、果胶酶、纤维素酶及其相应组合。由表 5-3 中各种酶在最优酶解条件下对比研究，可知利用磷脂酶 A_1 进行二次酶解破乳，游离油脂得率高于其他酶制剂的酶解效果，所以二次酶解工艺的最适酶制剂是磷脂酶 A_1。

表 5-3 二次酶解最适酶制剂[17]

二次酶解条件	二次酶解反应条件	游离油脂率 /%
磷脂酶 A_1+ 冰浴 + 离心	pH：5.0 温度：50℃ 时间：2h	91.38
糖化酶 + 冰浴 + 离心	pH：4.6 温度：60℃ 时间：2h	59.69
果胶酶 + 冰浴 + 离心	pH：4.6 温度：50℃ 时间：2h	71.63
（纤维素酶 + 果胶酶）+ 冰浴 + 离心	pH：4.6 温度：50℃ 时间：2h	75.58
冰浴 + 离心后沉淀 + 磷脂酶 A_1	pH：7.0 温度：30℃ 时间：2h	77.25
冰浴 + 磷脂酶 A_1+ 离心	pH：7.0 温度：30℃ 时间：2h	67.46
磷酸 + 冰浴 + 离心	pH：4.6 温度：60℃ 时间：2h	89.58
冰浴 + 离心后沉淀 + 糖化酶	pH：4.6 温度：60℃ 时间：2h	74.05
磷脂酶 A_2+ 冰浴	pH：8.0 温度：37℃ 时间：2h	53.55
冰浴 + 磷酸 + 离心	pH：4.6 温度：30℃ 时间：2h	68.92
冰浴 + 离心后沉淀 + 糖化酶	pH：4.6 温度：60℃ 时间：2h	74.05

三、二次酶解破乳最适工艺参数

根据 Chabrand 等[11]的研究，可以发现大豆蛋白、磷脂及多糖均对生物解离过程中形成的乳状液有稳定作用。蛋白质在乳状液界面的分布形态并未被完全解释清楚，但可知具有双亲性的水溶性蛋白质趋向于吸附在油水界面处形成一层稳定的蛋白质膜，进而阻断油脂的聚结释放。磷脂具有很强的表面活性，同时会显著地影响乳状液的稳定性。多糖的存在会使乳状液黏度增大或形成水相凝胶，使油滴之间分离开，降低油脂的聚集释放。研究过程中，向酶解后的水解液和乳状液中加入磷脂酶 A_1、磷脂酶 A_2、磷脂酶 B、磷脂酶 C、磷脂酶 D、糖化酶、果胶酶、纤维素酶及其相应组合进行反应，发现当加酶量大于 0.5g 时，游离油脂得率基本不变，继续增加加酶量会增加生产成本；当酶解温度大于 50℃时，游离油脂得率迅速降低，低温抑制酶的活性，而高温使酶失活；游离油脂得率随酶解时间的增加而增加，但达到一定时间后游离油脂得率将不再增大，这主要是因为二次酶解一定时间后，酶解彻底；二次酶解后，酶解 pH 过低，抑制了磷脂酶的活性；酶解 pH 过高，磷脂酶变性。当酶解 pH 在 5.5 附近时，破乳效果最好，游离油脂得率达到最高。

采用酶法对乳状液进行破乳，破乳率较高，且酶法破乳不会引入有害物质，油脂品质高，耗能低。因此酶法破乳技术将具有更好的发展和应用前景，值得进一步研究。

第四节 乙醇冷浴破乳概述

一、概 述

目前的研究表明，生物解离提取大豆油所形成的乳化体系中含有大量的油脂，导致游离油脂的提取率降低。国外主要采用冷冻解冻破乳和生物酶法破乳，这两种破乳方法破乳率高，但是同时存在能耗高、成本高、破乳时间长的缺点，大大限制了生物解离法提取植物油脂的经济效益。近些年，国内学者把乙醇破乳与生物解离技术相结合，向乳状液中加入乙醇使蛋白质空间结构发生改变，尤其是二级结构变化较大，这是乙醇破乳的主要原因，因此使大豆游离油脂的提取率提高变得可行。

二、乙醇破乳法

向乳状液中加入乙醇后，蛋白质的α螺旋结构转化为β折叠结构，蛋白质的酰胺键发生很大变化，乳状液中蛋白质的二级结构变化很大，乳状液中起乳化作用的蛋白质经过乙醇处理后完全变性，最终导致乳状液中起乳化作用的蛋白质乳化能力完全丧失，使得乳状液完全破乳且油脂充分释放，此时破乳率近 100%[12]。

三、乙醇冷浴破乳的研究

乙醇冷浴破乳法具有乙醇破乳和冷冻破乳的双重功效，研究表明在冷冻过程中乳状液和水解液中出现油相结晶，这些脂肪晶体刺穿界面膜引起油滴的聚集，从而大幅度降低乳状液和水解液稳定性达到破乳的目的。而乙醇可以使乳状液和水解液中的蛋白质沉淀，从而使油脂释放出来[17]。

1. 破乳前后乳状液、水解液成分分析

从表 5-4 可知，破乳前乳状液中油脂含量高达 54%，水解液中油脂为 15%，生物解离提取出的油脂大部分存在于乳状液和水解液中，没有以游离油脂形式提取出来的。乳状液中磷脂和多糖对乳状体系的稳定性有影响，从而影响游离油脂的提取率。破乳后，乳状液和水解液中油脂含量大大降低，蛋白质含量也有一定程度的降低，磷脂含量也降低，可以推测出大量的油脂以游离油脂形式提取出来，大大提高了游离油脂得率[17]。

表 5-4 乙醇冷浴破乳前后乳状液、水解液的成分组成[17] （%）

	乳状液成分		水解液成分	
	破乳前	破乳后	破乳前	破乳后
水分	35.00 ± 0.27	86.20 ± 0.08	70.30 ± 0.21	83.30 ± 0.09
蛋白质	5.00 ± 0.03	3.10 ± 0.03	4.00 ± 0.03	1.80 ± 0.09
油脂	54.00 ± 0.18	7.30 ± 0.18	15.00 ± 0.11	2.50 ± 0.11
磷脂	0.80 ± 0.05	0.20 ± 0.05	0.20 ± 0.36	0.09 ± 0.05
多糖	1.30 ± 0.06	1.30 ± 0.06	7.90 ± 0.19	7.10 ± 0.21

2. 乙醇冷浴工艺参数对游离油脂得率的影响研究

采用乙醇冷浴对水解离心后乳状液和水解液进行破乳，分别对冷浴温度、乙醇添加量、乙醇浓度和冷浴时间 4 个因素进行研究，以游离油得率为考察指标，优化乙醇冷浴工艺的最佳参数（图 5-3）。从图 5-3 可以得出，乙醇冷浴破乳的温度范围为 -40～-30℃，游离油、乳状液和水解液体积：乙醇体积水平值范围为 1：（0.75～1.25），乙醇浓度范围为 70%～90%，选择冷浴时间范围为 25～45min[18]。

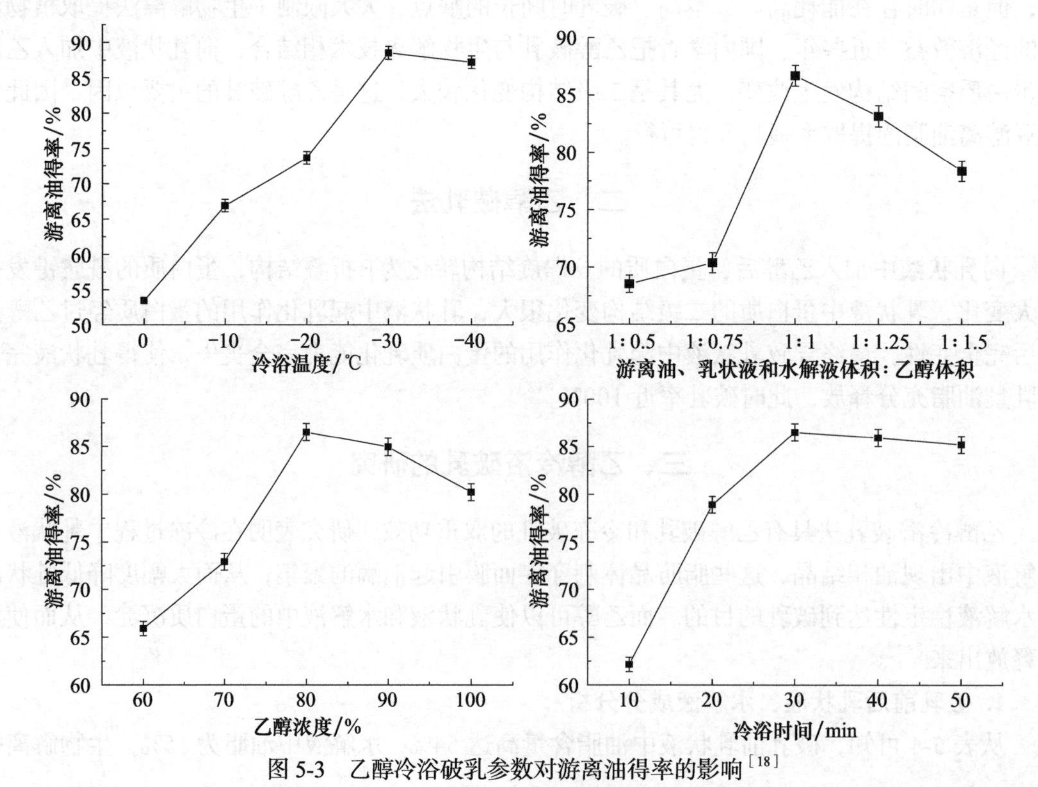

图 5-3 乙醇冷浴破乳参数对游离油得率的影响[18]

在单因素的基础上，应用响应面优化分析方法对乙醇冷浴破乳回归模型进行分析，寻找最优响应结果为：乙醇温度 -33℃，乙醇添加量为 1∶1.10，乙醇浓度为 82%，冷浴时间 36min，游离油脂得率为 88.79%。通过用常温乙醇破乳、冷冻解冻破乳、乙醇冷浴破乳 3 种方法对乳状液和水解液进行破乳，发现利用乙醇冷浴破乳工艺比以往研究常用的破乳工艺优势明显，其中乙醇冷浴破乳比常温乙醇破乳游离油脂得率提高了近 17 个百分点，比冷冻解冻破乳提高 12 个百分点（表 5-5），由此可知乙醇冷浴破乳是一种高效的破乳方法。

表 5-5　不同破乳方法的游离油得率[18]　（%）

破乳方法	游离油脂得率	提高百分点
常温乙醇破乳	71.43	17.36
冷冻解冻破乳	76.31	12.48
乙醇冷浴破乳	88.79	

第五节　超声波破乳概述

一、概　　述

超声波是频率高于 20kHz 的声波。当超声波在介质中传播时，超声波与介质的相互作用，使介质发生物理和化学的变化，从而产生一系列力学的、热学的、电磁学的和化学的超声效应，包括机械效应、空化作用、热效应、化学效应。

二、超声波破乳

国外对超声波原油破乳的研究开展得比较早[19~21]，20 世纪 80 年代就有相关的报道。相对而言，国内有关这方面的研究报道很少。孙宝江和乔文孝[22]从理论上分析了油中的水滴粒子在超声波辐射下的位移效应，给出了超声波分离油水的理论根据。由于位移效应的存在，水粒子将不断向波腹或波节运动、聚结并发生碰撞，生成直径较大的水滴，并在重力作用下与油分离。针对超声波破乳的影响因素有超声波的频率与声强、超声波处理温度、超声波处理时间和超声波功率，具体如下。

1. 超声波的频率与声强

超声波的频率与声强，是超声波破乳的最主要的声波参数。有研究表明[23]，在实验范围内，超声波频率的大小在一定量级范围内只影响粒子向波腹或波节运动所走的距离，而对破乳效果的影响在一定量级内不明显。也许在实验频率范围内，超声波的频率对破乳效果的影响是较小的，而在其他范围内影响则可能会出现明显差别。

2. 超声波处理温度

大豆油的黏度随温度升高而降低，乳化液也一样，温度越高其黏度越低。大豆油或乳化液的黏度越高，其升温降黏效果也越显著。当温度升高后，粒子在乳状液中的运动阻力减小。同时，聚结水珠沉降时受的阻力减小，沉降速度加快。因此，当温度升高后，脱水效果明显提高。实际上，温度升高后，油脂和乳化液黏度降低，超声波的穿透能力增强，促使粒子运动加剧，位移增加。此外，介质黏度降低后，沉降时间也将缩短，从而进一步加强了超声波处理效果。

3. 超声波处理时间

将时间反映在处理强度上，一般认为，处理时间越长，处理的强度就越大，处理效果就越好。然而实际情况并非如此，处理时间和处理强度也是有一个限度或最佳期。当处理时间和处理强度超过一定限度时，脱水率反而会降低，这是由于处理强度提高到一定水平后，会促使破乳的乳化液重新乳化，因此就会降低破乳的效果[24]。

4. 超声波功率

对于不同的油脂介质或不同的乳化剂类型，超声波破乳的最佳功率将会有所差别。因此，在实际应用时一定要根据不同性质的乳化液选择出合适的处理功率范围[25]。

三、超声波辅助乙醇破乳

在破乳时，乙醇的加入可以使得乳状液中的蛋白质由α螺旋结构转化为β折叠结构，蛋白质的酰胺键发生很大变化，乙醇与蛋白质接触的面积增大，最终导致蛋白质变性，乳化性减弱，从而达到破乳的目的。因此，可以将超声和乙醇结合起来，利用超声波的超声效应和乙醇的化学效应，有效地对生物解离提取植物油脂的乳状液进行破乳，从而提高油脂提取率。

李杨[12]采用了超声波辅助乙醇破乳法进行乳状液破乳研究，考察了乙醇浓度、乙醇添加量、超声波功率、超声波处理时间和超声波处理温度对破乳后油回收率的影响（图 5-4），得出结果为乙醇浓度水平值为 60%～80%、乙醇添加量水平值为 0.4～0.6L/kg 乳状液、超声波功率水平值为 100～500W、超声波处理时间水平值为 20～60s 和超声波处理温度水平值为 40～60℃。

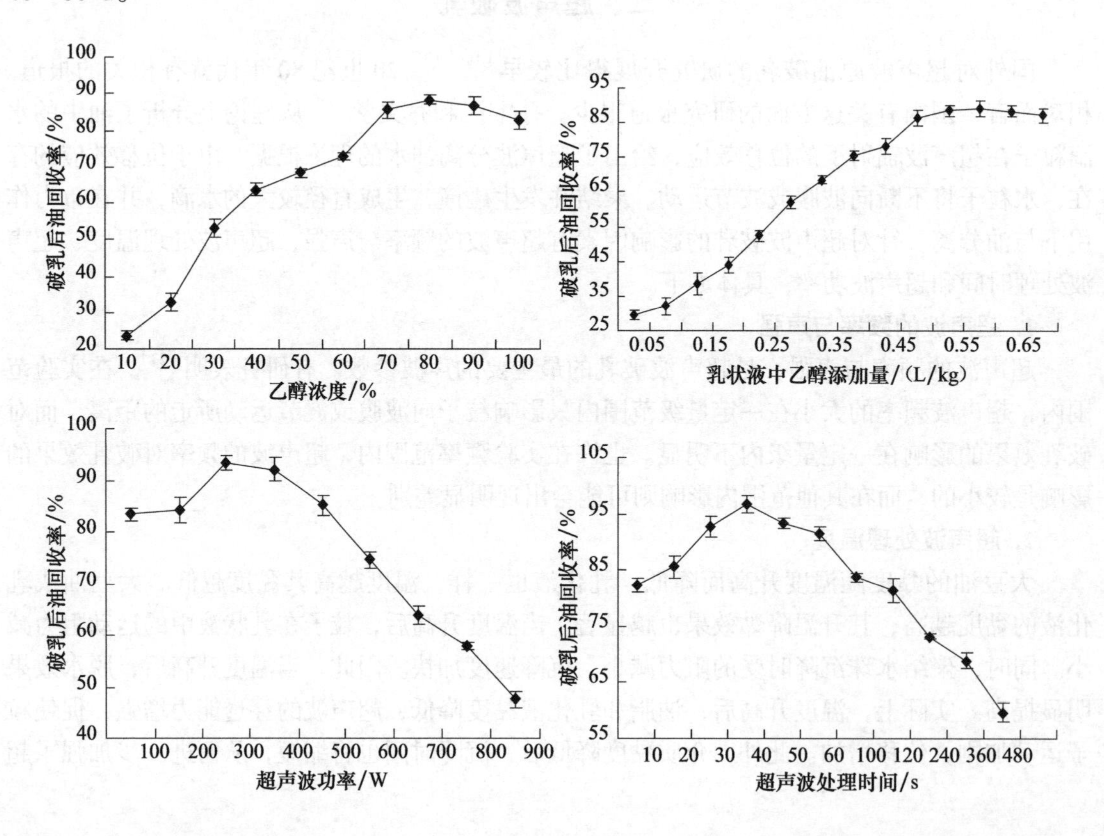

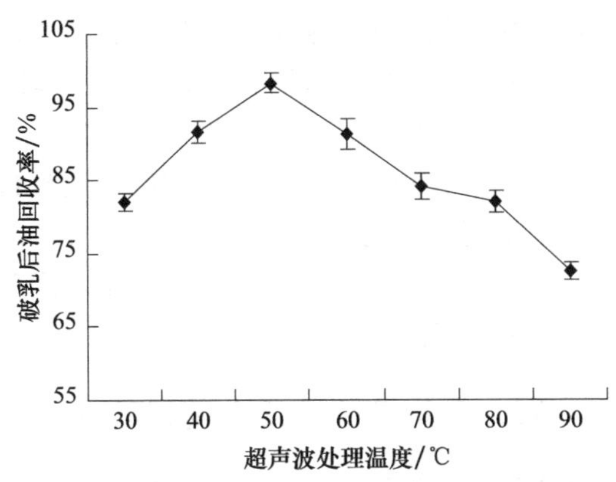

图 5-4　各超声波辅助乙醇破乳参数对乳状液中油回收率的影响[12]

在单因素的基础上，采用响应面优化法进行过程优化，发现当乙醇浓度为 73%、乙醇添加量为 0.56L/kg 乳状液、超声波功率为 350W、超声波处理时间为 45s、超声波处理温度为 53℃时，破乳后油回收率为 99.54% ± 0.77%，并且因子贡献率为乙醇添加量＞超声波处理时间＞乙醇浓度＞超声波功率＞超声波处理温度。

通过对各超声波辅助乙醇破乳参数对乳状液中油回收率的降维分析可知（图 5-5），破乳后乳状液中油回收率随乙醇浓度的增加而先增大后逐渐趋于平缓，分析由于乙醇浓度增加导致起到乳化作用的蛋白质变性程度增大，乳化性减弱或丧失。破乳后乳状液中油回收率随乙醇添加量增加而先增大后趋于平缓，分析由于乙醇添加量增加导致乙醇与蛋白质接触的面积增大，最终导致蛋白质变性，乳化性减弱。破乳后乳状液中油回收率随超声波功率的增加先增加后减小，说明超声波功率不是越大越好，而是有一个临界值，低于这个

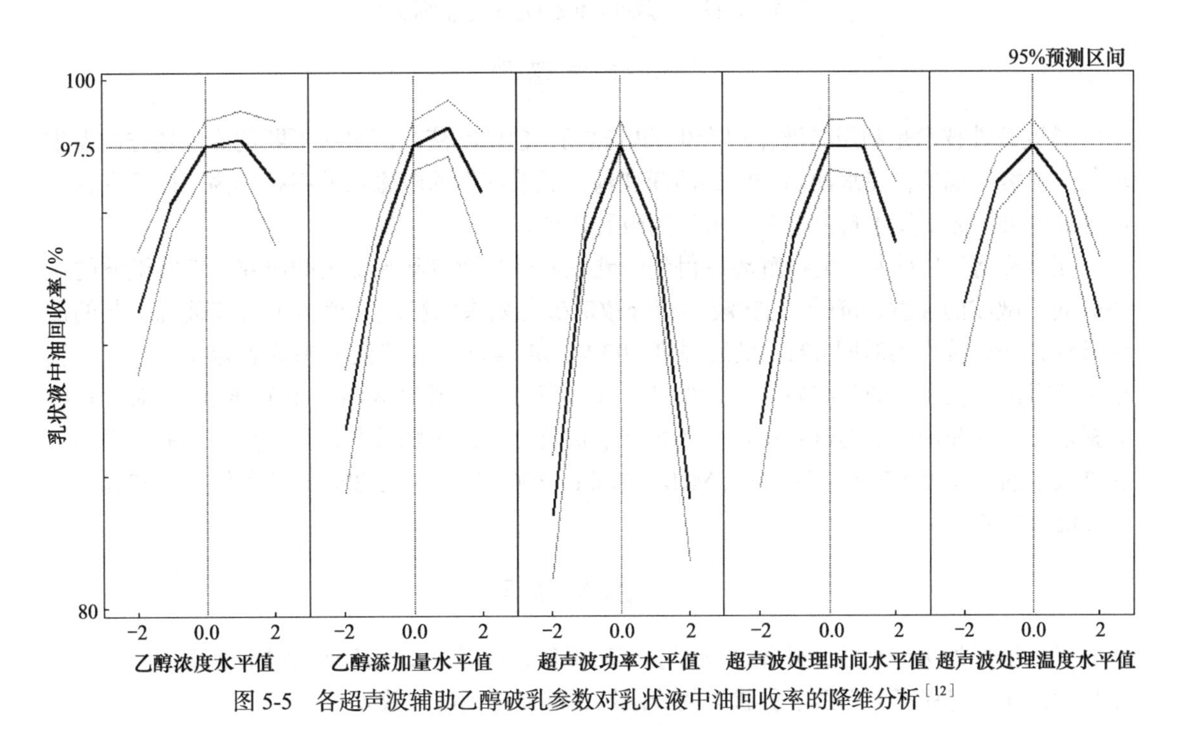

图 5-5　各超声波辅助乙醇破乳参数对乳状液中油回收率的降维分析[12]

值，超声波起破乳作用，且随功率的增加，破乳率也增加，但当高于一定数值时，超声波就会起乳化作用，使已经分离的油和水重新乳化，从而降低破乳率[26]。破乳后乳状液中油回收率随超声波处理时间的延长先增加后减小，说明在一定的超声波处理时间内乳状液中的油脂可以聚集，而超声波处理时间长导致已经聚集的油滴被再次打碎，引起破乳率下降。破乳后乳状液中油回收率随超声波处理温度的延长先增加后减小，并且在零水平附近有极大值，分析因为温度升高导致体系内布朗运动增大油脂之间碰撞概率增加，而温度达到一定数值时乳状液体系变成牛顿流体，导致乳化性加大。

四、超声波辅助二次酶解破乳

生物酶法破乳主要利用蛋白酶深度水解或在酶解后利用磷脂酶对表面磷脂进行酶解[27]，从而达到破乳的目的。超声波具有能量与波动的双重属性，它的机械作用和空化作用可以使物质结构发生改变，有效提高反应效率，缩短反应时间[28]。李杨等[29]采用磷脂酶 A_1 对生物解离技术提取大豆油过程中产生的乳状液进行超声波辅助二次酶解破乳工艺的研究，为提高水酶法提取大豆油的得率提供一定的理论依据。

李杨等[29]在超声波辅助作用下，采用磷脂酶 A_1 对碱性蛋白酶 Alcalase 2.4L 酶解膨化大豆制备大豆油过程中产生的乳状液进行二次酶解破乳，考察了加酶量、乳水体积、反应时间、超声波功率对破乳率和总提油率的影响。在单因素实验基础上，采用响应面分析法对超声波辅助二次酶解破乳工艺条件进行优化，确定最优破乳工艺条件为：加酶量 1530U/g，乳水体积比 1∶2.17，反应时间 63min，超声波功率 204W。在最优工艺条件下，破乳率为 91.14%，总提油率为 88.48%。

第六节　其他破乳工艺概述

一、微波破乳

微波破乳技术是利用微波作用产生的电磁场，使乳状液内部水滴不断地沿电场方向发生聚集、破裂的现象，使水油两相间的薄膜变薄。微波产生的电磁场的高频振荡，使得乳状液内部的电极性分子发生自由振荡，可达到破乳效果。

王文睿等[30]对大豆生物解离后得到的乳状液进行微波破乳工艺的研究，考察微波的作用时间、微波的强度、pH 及乳状液体积分数对破乳效果的影响，得出了微波破乳工艺的最佳条件，即微波作用时间 49s、微波强度 700W、pH 4.66、乳状液体积分数为 82%，并经验证实验得出，在最优的微波破乳工艺条件下破乳率可达高到 75.88%。王瑛瑶等[31]对生物解离提取花生油和蛋白质的过程中产生的乳状液进行了微波破乳研究，其研究得出的结果为：在微波辐射（功率 850W，频率 915MHz）2min，3000r/min 离心 20min 的条件下，破乳率可达 44.5% 左右。

二、加热破乳

乳状液经加热处理后，外相的黏度会有所降低，同时分子热运动的增加加剧了液滴的聚结程度，在一定程度上降低了乳状液的稳定性，从而达到破乳效果。

王文睿等[32]利用水浴和油浴加热对大豆生物解离制得的乳状液进行破乳，研究了乳状液体积分数、加热温度、加热时间对破乳效果的影响，得出加热破乳的最佳工艺条件为：乳状液体积分数85%，pH 4.5，加热温度120℃，加热时间15min，并经验证实验得出，在最优的加热破乳的工艺条件下，破乳率可高达到90.76%左右。Chabrand和Glatz[33]对生物解离制取大豆油和蛋白质过程中产生的乳状液进行了破乳研究，将乳状液在95℃的条件下加热30min，采用−18℃冷冻和30℃解冻的方法进行破乳处理，游离油得率从3%增加到22%。

三、调节pH破乳

Wu等[6]对生物解离提取大豆油过程中产生的乳状液采用调节pH的方法进行了破乳研究，研究结果表明，降低pH有利于破坏乳状液的稳定性，当pH达到4.5时，基本可以完全破坏乳状液的稳定性。de Moura等[34]在用生物解离技术提取大豆油和蛋白质的研究过程中，当将pH调至4.5时，同样可以达到较好的破乳效果。Chabrand等[11]也采用调节pH的方法对生物解离技术提取大豆油过程中产生的乳状液进行了破乳研究，破乳率可高达83%左右。李桂英和袁永俊[35]用调节pH的破乳方法对生物解离技术提取菜籽油过程中产生的乳状液进行了研究，研究结果表明，乳状液在碱性的条件下，不但不利于破乳，反而使乳化的现象加重，当pH调节到11时，破乳的效果更差，pH为5时破乳的效果最好。

四、无机盐破乳

乳状液的稳定性还与界面的电势有关。一般油水界面上有电荷存在时，界面的两边均有双电层和电位降。对于由蛋白质稳定的水包油型乳状液，当油滴接近表面上的双电层发生相互重叠时，静电排斥作用将使油滴分开，乳状液保持稳定[36]。而在乳状液中加入某些无机盐后，将可能会破坏稳定的蛋白质双电层结构，促使油滴之间发生聚集从而起到破乳的作用。Zhu等[37]对生物解离技术提取海胆性腺油产生的乳状液进行破乳研究，发现氯化钠在一定程度上能够破坏乳状液的稳定性。

比较几种物理破乳方法可知，微波、加热乳状液的破乳率不高，虽然冷冻解冻破乳效果较好，但耗能较大，需要专门的设备；采用化学破乳的游离油回收率有高有低，但其引入了盐类和有机溶剂，需要专门的设备和工艺去除这些物质，这无疑会增加提油的成本，降低油脂的品质。对于乳状液破乳工艺的研究，一直是大豆生物解离技术中需要重点攻破的难题，不同破乳方法的破乳效果均不同，同时会影响油脂和蛋白质及其他生物活性成分的提取，还会影响油脂和蛋白质的品质、生产的能耗及成本等。因此，选择与生物解离技术相适应的破乳方法仍是今后研究的重点和难点。

五、高压CO_2破乳

高压CO_2作为一种新兴的物理方法主要作用于蛋白质沉降[38]。Khorshid等[38]利用高压CO_2沉降大豆蛋白，使pH降至3～5以加快蛋白质沉降从而释放油脂[6]。Zaki等[39]证明CO_2可以对W/O型乳状液进行破乳，增加CO_2的压力和停留时间可以提高沉降速率，加速破乳过程。因此，高压CO_2可以通过沉降乳状液中蛋白质有效地进行破乳，而且作用时间短，效果明显。

韩宗元等[40]研究了高压 CO_2 破乳过程中高压 CO_2 的温度、浓度、处理时间及压力对破乳效果的影响，并采用透射电镜来观察乳状液破乳前后油脂和蛋白质的变化情况。在单因素基础上通过响应面优化得到最佳破乳条件：高压 CO_2 压力为 13.96MPa，温度 155.64℃，处理时间 21.46s，浓度 0.53g/cm^3，破乳率最优值 94.88% ± 0.30%。通过透射电镜观察分析，图 5-6A 为破乳前乳状液中油脂和蛋白质分布情况，可发现酶解后细胞壁被破坏，蛋白质大量聚集在一起，油滴被镶嵌在蛋白质中很难释放出来；图 5-6B 为乳状液经过高压 CO_2 破乳后的分布情况，包裹油脂的蛋白质膜大部分破碎、变小，而油体聚在一起形成油滴，小油滴变大，从包裹的蛋白质中释放出来，并且聚集在一起[41]。通过透射电镜观察可以发现，高压 CO_2 可以破坏乳状液的稳定体系并有效地使油脂从乳状液中释放出来，进而解决了乳状液破乳的难题，最终提高了大豆油的提取率。

A
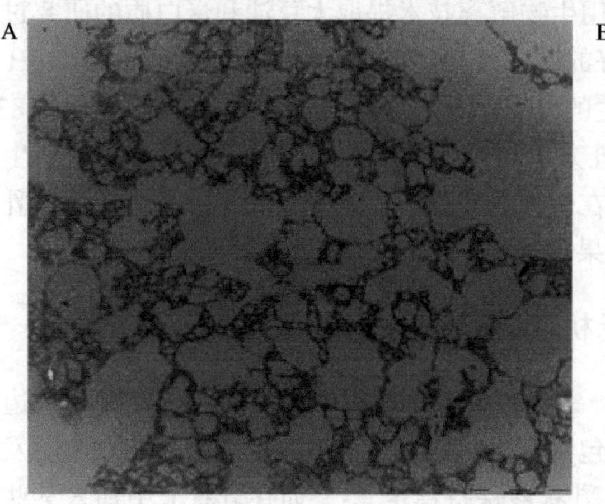
B
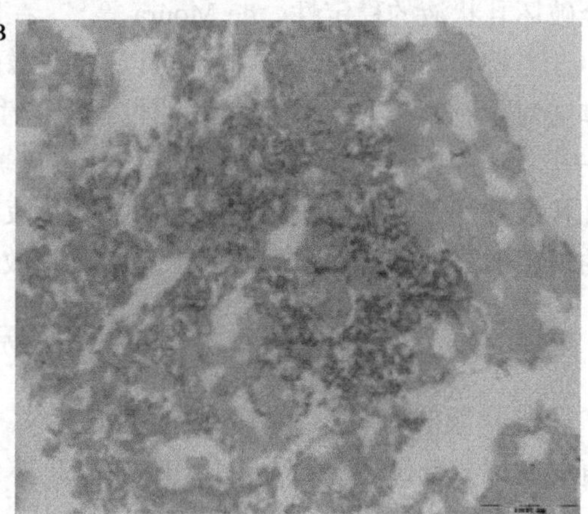

图 5-6　乳状液高压 CO_2 破乳前后透射电镜对乳状液结构分析[40]

A. 破乳前；B. 破乳后

六、等电点法破乳

韩宗元等[42]研究了等电点法破乳，为破乳问题提供了一种有效的解决方法。他研究了破乳条件（破乳次数、破乳温度、破乳时间）对破乳率的影响。在单因素破乳试验基础上进行响应面优化，得到最佳破乳参数：破乳温度 62.77℃，破乳时间 34.26min，破乳次数 2.71，在此条件下，破乳率为 98.08% ± 0.62%。

采用透射电镜和光学显微镜观察，如图 5-7A 所示，破乳前，大量的蛋白体聚集在一起并且包围着油体。少量油体从蛋白体中分离出来，但大量的油体与蛋白体结合，称为油质体[43]。在 pH 4.5 条件下破乳，蛋白体分离出来，然后变小分散，如图 5-7B 所示。最后，越来越多的油体聚集形成油滴释放出来。

通过光学显微镜可以观察到生物解离过程中油脂的释放情况，并了解其释放机理。破乳前，如图 5-8A 所示，乳状液开始形成，油体非常小并且大量蛋白质包围脂肪球，脂肪球基本无法被苏丹Ⅲ染液染色。在破乳后，如图 5-8B 所示，脂肪球完全释放出来，大量油滴聚集在一起，蛋白质被破坏，分散成小部分，考马斯亮蓝基本无法染色。

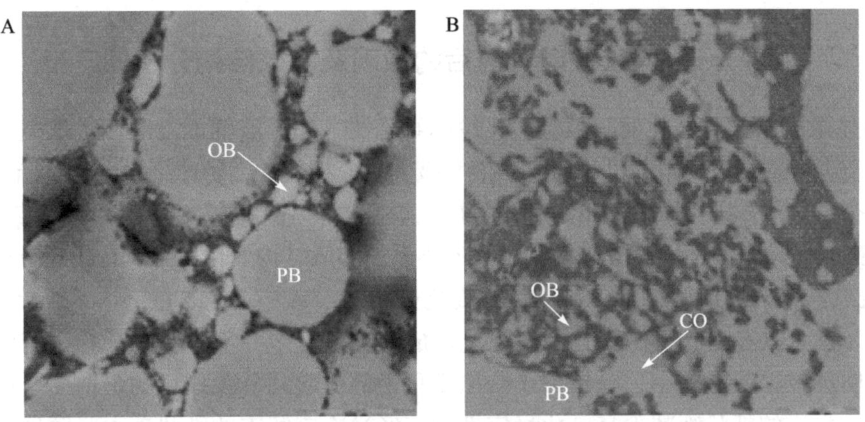

图 5-7　乳状液等电点法破乳前后透射电镜对乳状液结构分析[42]

A. 破乳前；B. 破乳后

PB. 蛋白体；OB. 油体；CO. 结合的油脂

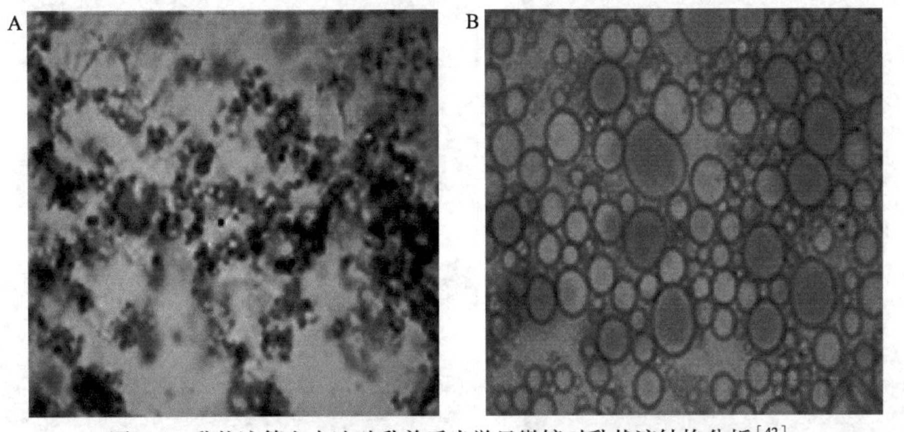

扫码见彩图

图 5-8　乳状液等电点法破乳前后光学显微镜对乳状液结构分析[42]

A. 破乳前；B. 破乳后

第七节　破乳相关机理研究概述

油水乳状液是一个十分复杂的液 - 液两相分散体系，随着人们对破乳技术及机理的深入理论研究和实践，人们认识到破乳技术在冶金、化学、化工、环保、医学、生物等领域有着广泛的应用前景。由近些年学者关于破乳的研究可以看出，国外采用的破乳方法均存在成本过高的缺点。破乳是整个水酶法提取工艺中的重点和难点技术，若要提高水酶法工艺的经济效益，必须进行低成本破乳后回收油脂。李杨[12]通过对非膨化生物解离提取工艺和挤压膨化生物解离提取工艺形成的乳状液破乳机理的研究，发现采用冷冻解冻破乳和超声波辅助乙醇破乳法可以较好地解决这一难题，并利用光学显微镜、扫描电子显微镜（能谱仪）、差式扫描量热仪（DSC）及傅里叶红外光谱仪对破乳机理进行分析。

一、乳状液破乳前后的微观及超微结构分析

利用显微成像法对破乳前、破乳后（冷冻解冻法、超声波辅助乙醇破乳法）乳状液中油脂分布状态进行研究。利用苏丹Ⅲ对乳状液和破乳后液相中的脂肪球染色，观察脂肪球在破乳前后的状态变化，并进行理论分析。利用扫描电子显微镜（能谱仪、冷台）观察破乳前、破乳后（冷冻破乳、超声波辅助乙醇破乳）乳状液体系的超微结构变化，并进行机理分析。

1. 乳状液破乳后油脂释放的微观结构变化分析

由图 5-9 可以看出，挤压膨化酶解工艺形成的乳状液中一部分脂肪球粒径有所增大，另一部分脂肪球粒径依然较小，分析由于挤压膨化使部分起到乳化作用的蛋白质变性，其乳化性减弱导致生成的乳状液减少且乳化稳定性差。经过冷冻解冻的乳状液中脂肪球粒径进一步

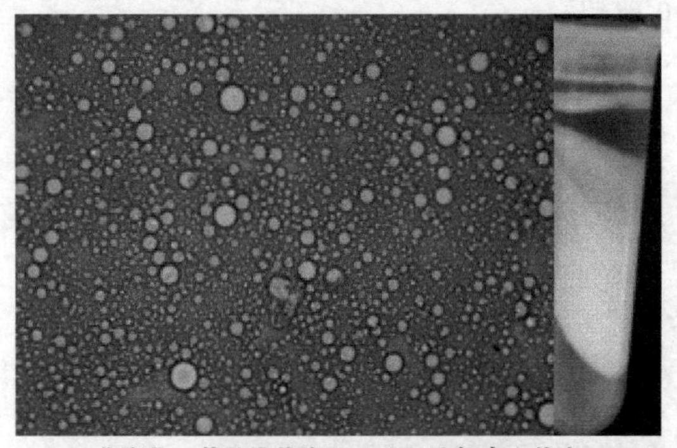

非膨化工艺的乳状液（10×）及酶解离心状态

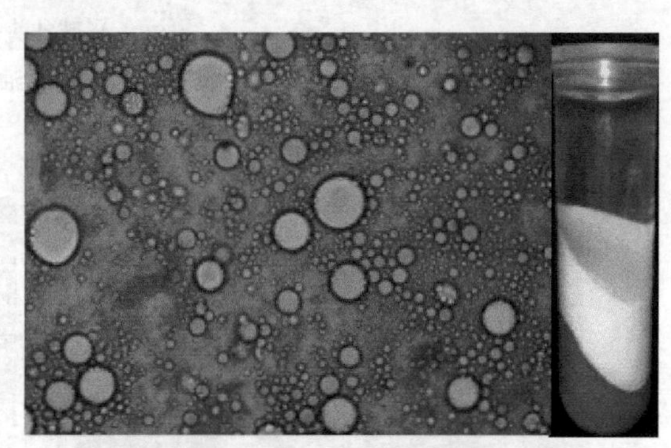

膨化工艺的乳状液（10×）及酶解离心状态

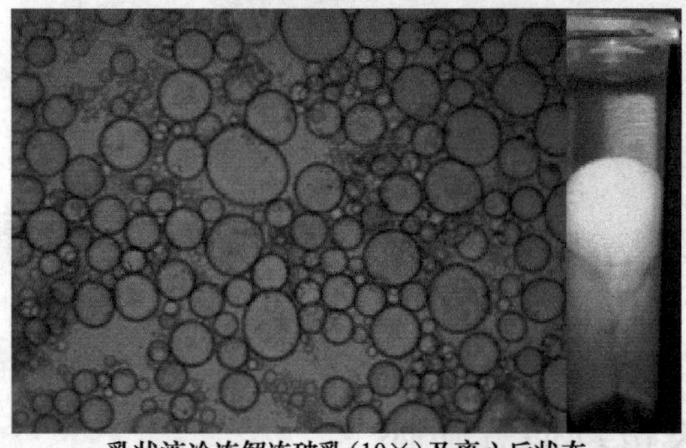

乳状液冷冻解冻破乳（10×）及离心后状态

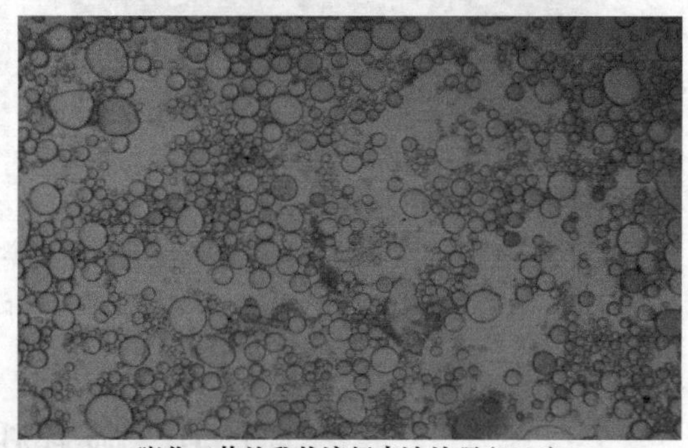

膨化工艺的乳状液超声波处理（10×）

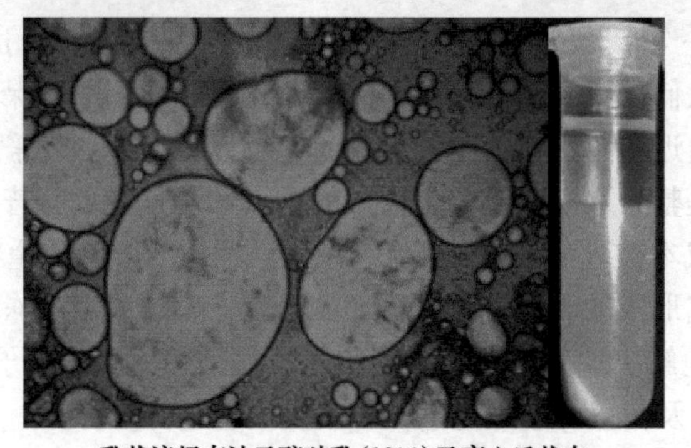

乳状液超声波乙醇破乳（10×）及离心后状态

扫码见彩图

图 5-9　乳状液破乳前后脂肪球分布状态

增大且发生聚集，离心后乳状液中的油脂大部分被释放，但一小部分存在于油水界面中剩余的黏稠物中不能释放。在超声波的作用下乳状液（挤压膨化酶解工艺）中大粒径的脂肪球被打碎分散，而小粒径的脂肪球由于布朗运动的增加进一步聚集且粒径增加，使得乳状液中脂肪球粒径分布较均匀，但平均粒径增加，有利于后期破乳。经过超声波作用后加入乙醇的乳状液中脂肪球粒径急剧增加，并且聚集成较大油滴（肉眼可见）。将整个体系离心后发现，起乳化作用的蛋白质等物质变性沉淀，油水界面已经不存在黏稠物，此时破乳率近100%。

2. 乳状液破乳前后超微结构变化分析

利用扫描电子显微镜-冷台观察乳状液超微结构为类蜂窝状结构，其孔隙微小呈较均匀分布，并且孔隙边缘呈无规则疏松状（图5-10）。冷冻解冻后乳状液的“蜂窝”中孔隙急剧扩大，并且孔隙边缘变为平整紧密状，此时油脂释放。即破乳是由于在冷冻过程中分散相水的相变引起界面上活性物质团聚，形成胶团，胶团在融化过程中不能重新打开，在油水界面上形成紧密排列，从而导致整个乳化体系不稳定，解冻后油脂聚集破乳[44]。这与大部分学者认为冷冻过程中，连续相冻结产生的冰晶可能会刺破界面膜，并进入油滴内部导致解冻后油脂聚集破乳的结论不同[45]。乳状液经过超声波处理后规则的“蜂窝”结构坍塌，整个乳化体系的暴露面积增大。经过超声波处理后的乳状液在添加乙醇后，蛋白质分子充分展开，整个乳化体系变得平整，孔隙完全消失，并且体系表面有明显的液滴出现，此时破乳率近100%。

乳状液（1000×）（液氮固定、冷台观察）

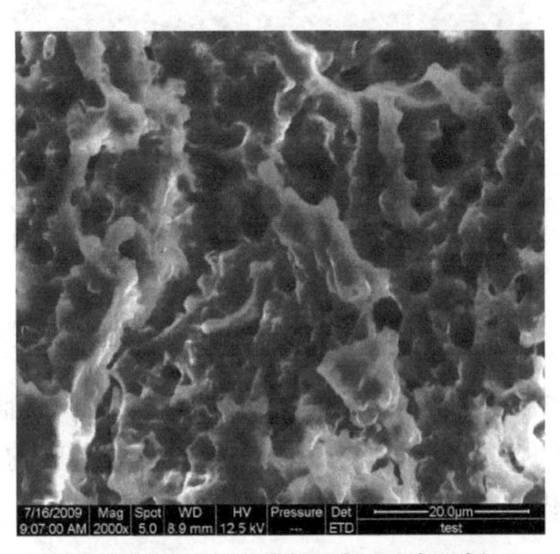

乳状液（2000×）（液氮固定、冷台观察）

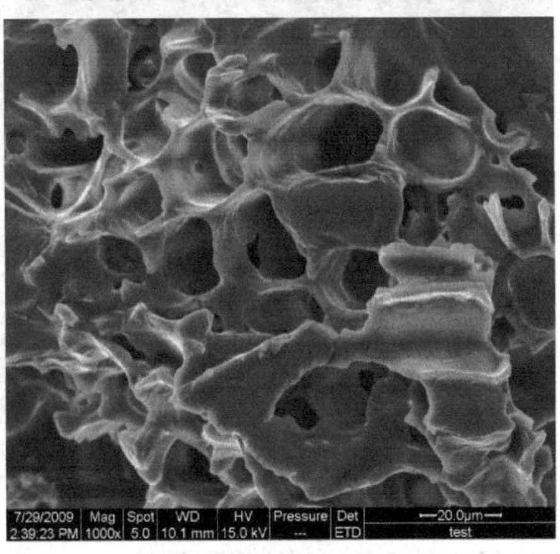

冷冻解冻后乳状液（1000×）

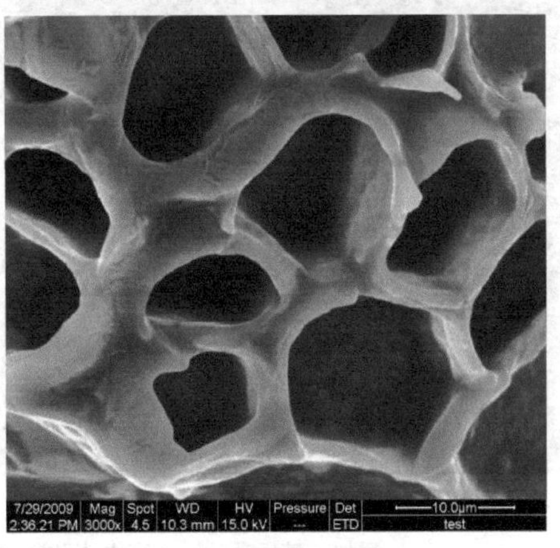

冷冻解冻后乳状液（3000×）

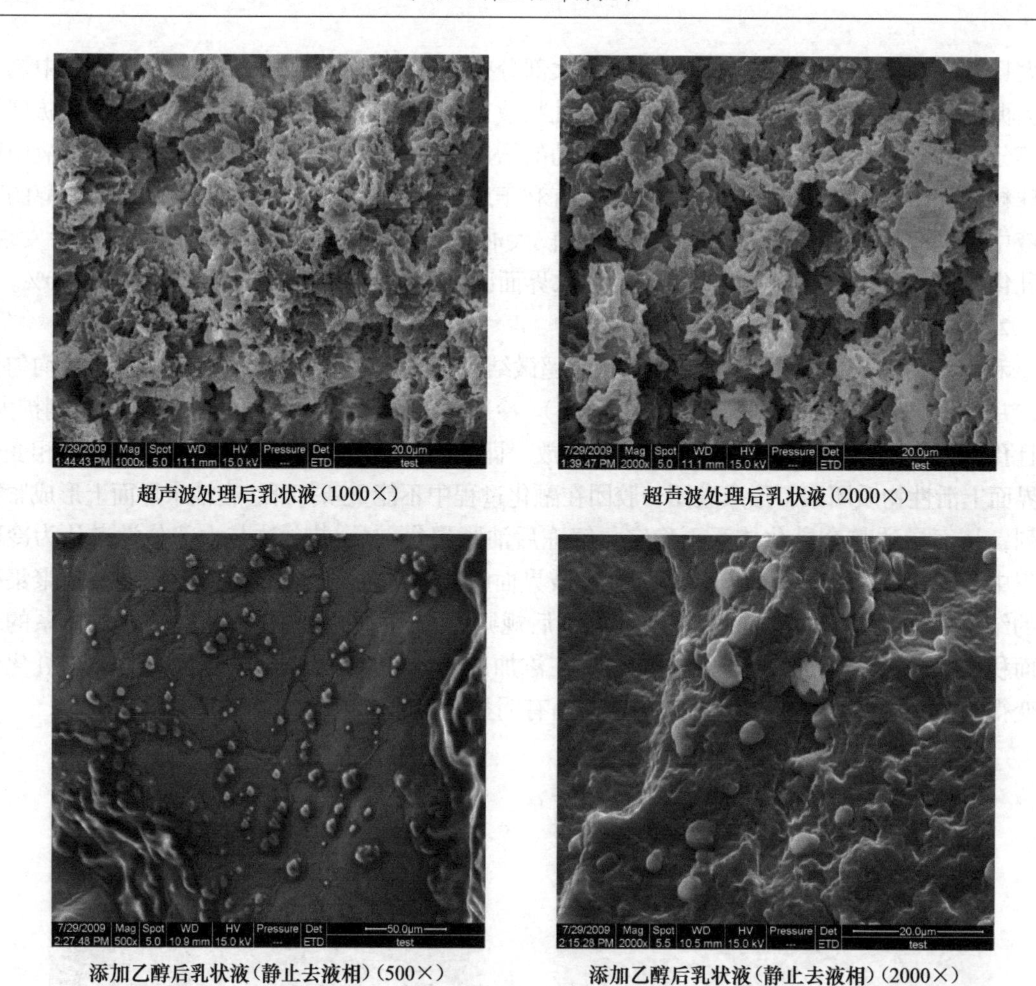

超声波处理后乳状液（1000×）　　超声波处理后乳状液（2000×）

添加乙醇后乳状液（静止去液相）（500×）　　添加乙醇后乳状液（静止去液相）（2000×）

图 5-10　乳状液破乳前后超微结构变化状态

由图 5-11 和表 5-6 结果可知，超声波辅助乙醇破乳后出现液滴的含氮量明显低于体系表面的含氮量，说明破乳后体系表面出现的液滴类物质为脂肪，而体系表面主要由变性后失去乳化能力的蛋白质构成。

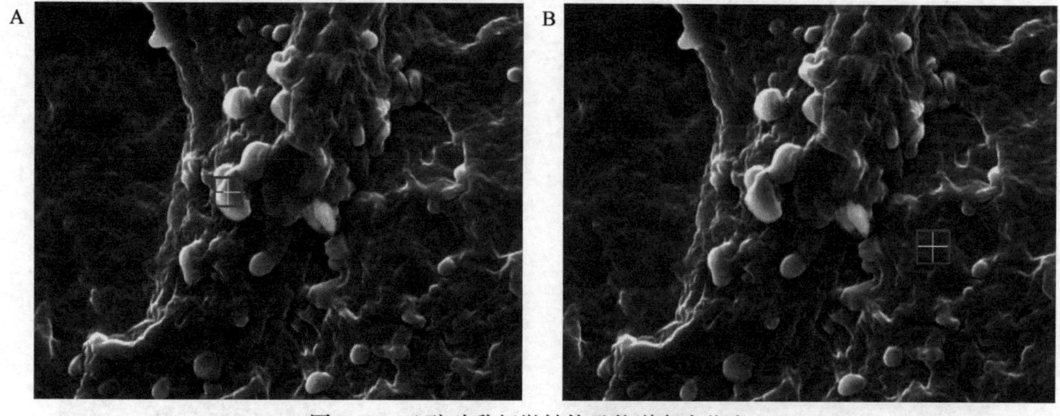

图 5-11　乙醇破乳超微结构及能谱轰击位点

A. 添加乙醇后乳状液（轰击脂肪区域）；B. 添加乙醇后乳状液（轰击非脂肪区域）

表 5-6　乙醇破乳的能谱分析数据　（%）

元素	A 添加乙醇后乳状液（轰击脂肪区域）		B 添加乙醇后乳状液（轰击非脂肪区域）	
	质量比	原子比	质量比	原子比
C	75.34	79.70	63.57	68.82
N	06.39	05.80	13.60	12.63
O	18.26	14.50	22.83	18.55

二、乳状液破乳前后的 DSC 检测分析

不同的蛋白质有着不同的功能特性，这与蛋白质的结构有关，蛋白质不同的变性程度将影响蛋白质的结构，从而进一步影响蛋白质的功能性质。一般蛋白质有两种状态，即天然状态和变性状态。在蛋白质的加热变性时分子内相互作用如静电相互作用、氢键、疏水相互作用等的破坏，多肽链的展开，这些都是吸收能量的过程[46]。

蛋白质变性伴随着焓变，因而可通过诸如 DSC 这样的热分析仪器来监控。DSC 能提供许多信息，如溶剂条件、分子间相互作用对蛋白质变性转变的影响及加工条件对蛋白质功能性质的影响等。在 DSC 谱图中，通过最大峰对应的温度和峰面积可分别确定这种变性转变的温度及变性焓。变性温度代表蛋白质的热变性，而焓变则反映蛋白质分子的疏水性或亲水性，同时也反映蛋白质分子的聚集程度[47]。

通过对乳状液破乳前后的 DSC 检测分析，证实了乳化体系中起到乳化作用的表面活性剂是蛋白质，蛋白质的变性和乳化能力丧失是乳状液破乳的关键。

由图 5-12 乳状液的 DSC 谱图可知，乳状液中有两个热变性峰，由此说明在乳状液中含有两种主要的蛋白质。在天然大豆中有 11S 和 7S 的两个热变性峰，其中 11S 蛋白的热变性温度为 90～100℃，而 7S 蛋白的热变性温度为 75～80℃，由此说明乳状液中的蛋白质不是 7S 蛋白和 11S 蛋白，而是水解后不溶性且具有良好乳化性的蛋白质。由于乳状液中成分复杂，其中所含的水和脂肪都对蛋白质的热变性温度有较大影响。由于水和油脂对乳状液中蛋白质的保护作用，蛋白质的热变性温度较高，在 127.2℃和 133.1℃左右。

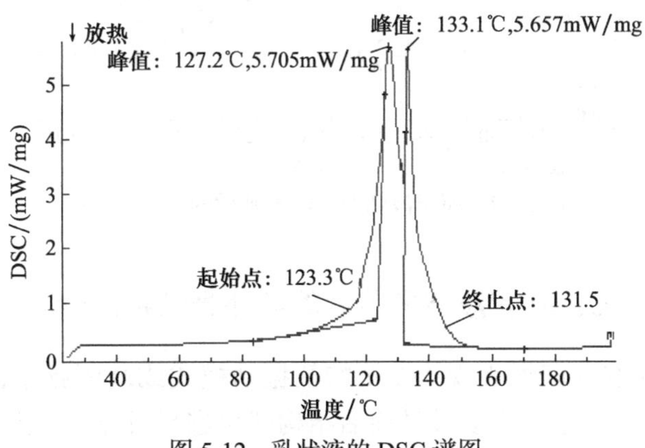

图 5-12　乳状液的 DSC 谱图

由图 5-13 乳状液冷冻解冻破乳后的 DSC 谱图可知，乳状液中的蛋白质经过冷冻后焓值明显减小，热变性温度在 127℃的蛋白质经过冷冻后焓值由 5.705mW/mg 降低到 1.574mW/mg，

并且热变性温度在133.1℃的峰消失。由此说明，乳状液中起乳化作用的蛋白质经过冷冻后严重变性，并且热变性温度在133℃的蛋白质经过冷冻后完全变性且丧失乳化能力，而热变性温度在127℃的蛋白质经过冷冻后部分变性且乳化能力减弱，最终导致大部分蛋白质的乳化能力丧失，使得乳状液破乳油脂释放。

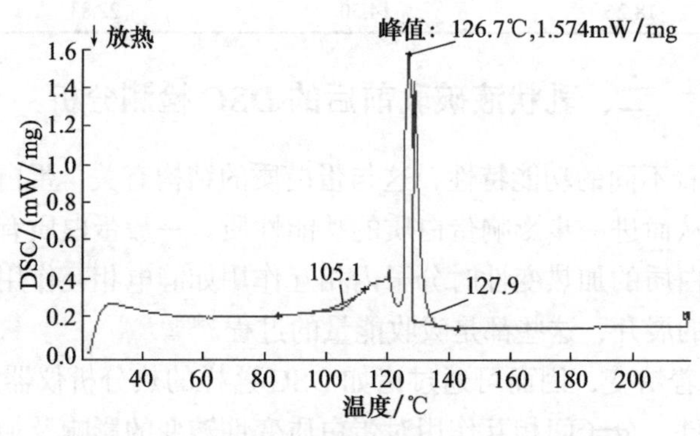

图 5-13　乳状液冷冻解冻破乳后的 DSC 谱图

由图 5-14 超声波辅助乙醇破乳后的 DSC 谱图可知，当乳化体系加入乙醇后，热变性温度在127.2℃的蛋白质和热变性温度在133.1℃的蛋白质的热变性峰全部消失。谱图中出现了一个较宽的吸热峰且温度在105.5℃，其焓值较低，为0.7121mW/mg，分析判断认为这个峰为含有杂质水和乙醇的挥发吸热峰。由此说明，乳状液中起乳化作用的蛋白质经过乙醇处理后完全变性，最终导致乳状液中起乳化作用的蛋白质乳化能力完全丧失，使得乳状液完全破乳且油脂充分释放，此时破乳率近100%。

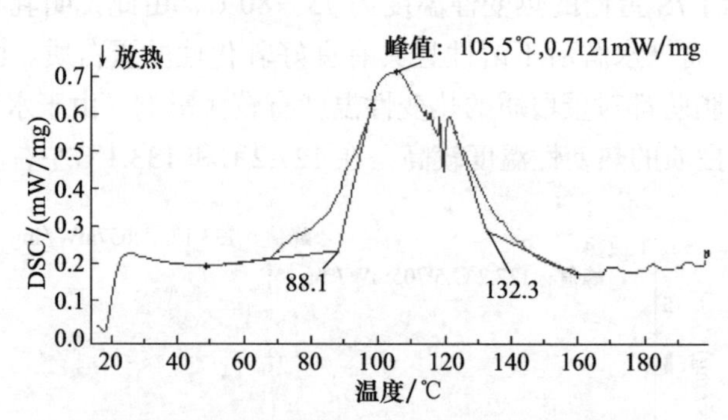

图 5-14　超声波辅助乙醇破乳后的 DSC 谱图

三、乳状液破乳前后的红外光谱检测分析

蛋白质和多肽在红外区域表现为9个特征振动模式或基团频率，因此可以利用傅里叶变换红外光谱对乳状液中蛋白质破乳前后结构变化进行研究，并推测破乳机理。在蛋白质的二级结构研究中常用酰胺Ⅰ带（1700～1600cm^{-1}）谱峰进行指认，酰胺Ⅰ带的谱峰指认目前已经比较成熟，其中1640～1610cm^{-1}为β折叠；1650～1640cm^{-1}为无规则卷曲；1658～1650cm^{-1}为α螺旋；1700～1660cm^{-1}为β转角，根据此规律研究乳状液中蛋白质破乳

前后二级结构的变化，并分析蛋白质二级结构变化对破乳的影响规律[48]。

由图 5-15 乳状液红外光谱图和图 5-16 冷冻破乳后红外光谱图对比可知，乳状液冷冻后，其红外光谱图特征频率区变化较小，指纹频率区没有变化，分析因为冷冻对乳状体系内官能团影响较小。在酰胺 A（3300cm^{-1}）和酰胺Ⅰ（1660cm^{-1}）吸收带的谱峰发生变化，分析判断乳状液中蛋白质在冷冻过程中二级结构发生变化，部分氢键被打开，并且 α 螺旋结构向无规则卷曲结构转化。由此说明，乳状液中蛋白质的二级结构变化导致乳化性降低，最终使得乳状液破乳油脂释放。

由图 5-15 乳状液红外光谱图和图 5-17 乙醇破乳红外光谱图对比可知，乳状液乙醇破乳后，其红外光谱特征频率区和指纹区均有变化，分析因为乳状液中蛋白质在加入乙醇后变性，其二级结构发生变化，部分氢键被打开，并且残留的乙醇引入的 O—H 也导致谱峰的变化。同时，加入乙醇后乳状液中蛋白质的 α 螺旋结构转化为 β 折叠结构，蛋白质的酰胺键发生很大变化。由此说明，加入乙醇后乳状液中蛋白质的二级结构变化很大导致乳化性丧失，最终使得乳状液破乳，油脂释放。

由图 5-17 乙醇破乳红外光谱图和图 5-18 超声波辅助乙醇破乳红外光谱图对比可知，乳状液的超声波处理后加入乙醇和只加乙醇破乳，其红外光谱特征频率区和指纹区均没有变化。由此说明，超声波处理对乳状液中起乳化作用的蛋白质化学结构变化无影响，只是增加了整个乳化体系的布朗运动使小粒径脂肪球聚集，并且使乳化体系中蛋白质物理结构伸展，使蛋白质与乙醇接触面积增大，导致破乳率增加。

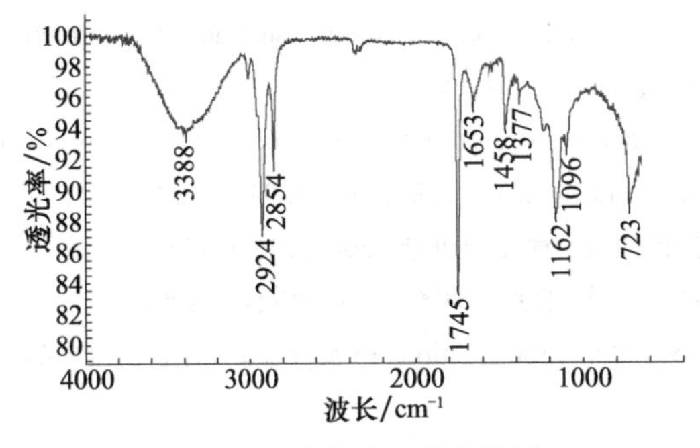

图 5-15　乳状液红外光谱图

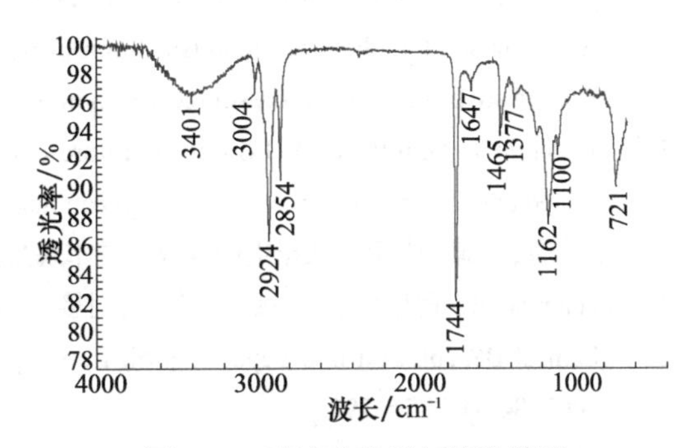

图 5-16　冷冻破乳后红外光谱图

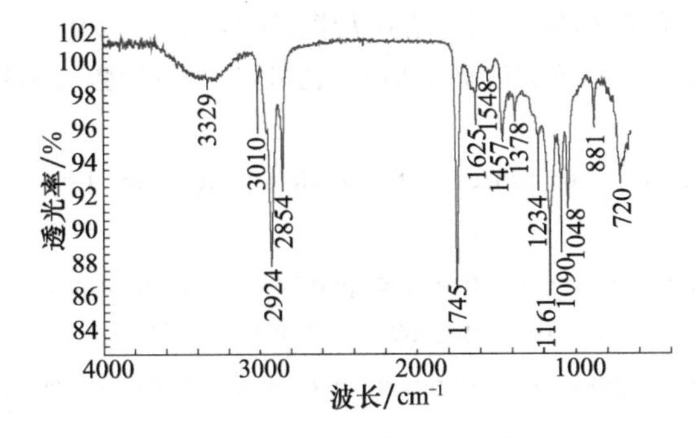

图 5-17　乙醇破乳红外光谱图

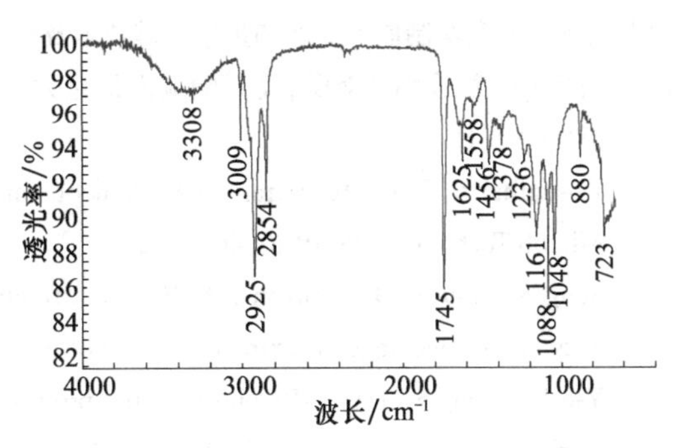

图 5-18　超声波辅助乙醇破乳红外光谱图

综上所述，利用傅里叶红外光谱仪对破乳机理进行分析可知，乳状液中蛋白质在冷冻过程中二级结构发生变化，部分氢键被打开，并且α螺旋结构向无规则卷曲结构转化。由此说明，乳状液中蛋白质的二级结构变化导致乳化性降低，最终使得乳状液破乳油脂释放。乳状液中加入乙醇后蛋白质的α螺旋结构转化为β折叠结构，蛋白质的酰胺键发生很大的变化。由此说明，加入乙醇后乳状液中蛋白质的二级结构变化很大导致乳化性丧失，最终使得乳状液破乳，油脂释放。超声波处理对乳状液中起乳化作用的蛋白质化学结构变化无影响，只是增加整个乳化体系的布朗运动使小粒径脂肪球聚集，并且使乳化体系中蛋白质物理结构伸展，使蛋白质与乙醇接触面积增大，导致破乳率增加。

参考文献

[1] Walstra P. Principles of emulsion formation. Chemical Engineering Science, 1993, 48(2): 333～349.

[2] Utada AS, Lorenceau E, Link DR, et al. Monodisperse double emulsions generated from a microcapillary device. Science, 2005, 308(5721): 537～541.

[3] Graaf SVD, Schroën CGPH, Boom RM. Preparation of double emulsions by membrane emulsification-a review. Journal of Membrane Science, 2005, 251(1～2): 7～15.

[4] Davis HT. Factors determining emulsion type: Hydrophile-lipophile balance and beyond. Colloids and Surfaces A Physicochemical and Engineering Aspects, 1994, 91(3): 9～24.

[5] Zhang SB, Wang Z, Xu SY. Optimization of the aqueous enzymatic extraction of rapeseed oil and protein hydrolysates. J Am Oil Chem Soc, 2007, 84(1): 97～105.

[6] Wu J, Johnson LA, Jung S. Demulsification of oil-rich emulsion from enzyme-assisted aqueous extraction of extruded soybean flakes. Bioresource Technology, 2009, 100(2): 527～533.

[7] Stephanie J, Abdullaha M. Low temperature dry extrusion and high-pressure processing prior to enzyme-assisted aqueous extraction of full fat soybean flakes. Food Chemistry, 2009, 114(3): 947～954.

[8] 王瑛瑶，王璋．水酶法从花生中提取油与水解蛋白的研究．食品与机械，2005, 21(3): 17～20.

[9] Fennema OR. 食品化学．3 版．王璋，许时婴，江波，等译．北京：中国轻工业出版社，2003.

[10] Lamsal BP, Johnson LA. Separating oil from aqueous extraction fractions of soybean. J Am Oil Chem Soc, 2007, 84(8): 785～792.

[11] Chabrand RM, Kim HJ, Zhang C, et al. Destabilization of the emulsion formed during aqueous extraction of soybean oil. J Am Oil Chem Soc, 2008, 85(4): 383～390.

[12] 李杨．水酶法制取大豆油和蛋白关键技术及机理研究．哈尔滨：东北农业大学博士学位论文，2010.

[13] 齐宝坤，江连洲，李杨，等．响应面优化大豆乳状液冷冻微波解冻破乳工艺研究．中国油脂，2013, 38(1): 8～11.

[14] Rosenthal A, Pyle DL, Niranjan K. Aqueous and enzymatic processes for edible oil extraction. Enzyme Microb Technol, 1996, 19(6): 402～420.

[15] Jung S, Maurer D, Johnson LA. Factors affecting emulsion stability and quality of oil recovered from enzyme-assisted aqueous extraction of soybeans. Bioresource Technol, 2009, 100(21): 5340～5347.

[16] Yao LX, Jung S. 31P NMR phospholipid profiling of soybean emulsion recovered from aqueous extraction. Agric Food Chem, 2010, 58(8): 4866～4872.

[17] 刘琪．乙醇冷浴辅助酶法提取大豆油工艺研究．哈尔滨：东北农业大学硕士学位论文，2013.

[18] 刘琪，江连洲，李杨，等．乙醇冷浴辅助酶法提取大豆油工艺研究．中国油脂，2012, 37(11): 4～7.

[19] Aurelian S, Vladimir A. Installation for desalination and purification of crude petroleum. RO81776, 1983.

[20] Paczynska-Lahme B. Demulsification of petroleum emulsions with ultrasound. Erdöl Erdgas Kohle, 1989, 105(7～8): 317～318.

[21] Singh BP, Pandey BP. Ultrasonication for breaking water-in-oil emulsions. Proceedings-Indian National Science Academy Part A, 1992, 58: 181～194.

[22] 孙宝江，乔文孝．乳化原油的超声波脱水研究．声学学报，1999, 24(3): 327～331.

[23] 高文庆，高东民，魏凤兰．超声波原油破乳的影响因素．内蒙古石油化工，2008, 34(23): 36～37.

[24] 祁高明，吕效平．超声波原油破乳研究进展．化工时刊，2001, 15(6): 11～14.

[25] 张道征，刘钟信，袁志香，等．FY 系列破乳净水剂在江河联合站的试验与应用．石油地质与工程，2007, 21(1): 86～87.

[26] 谭晓飞．超声辐射原油破乳技术的研究．天津：天津大学硕士学位论文，2007.

[27] List GR, Mounts TL, Lanser AC. Factors promoting the formation of the nonhydratable soybean phosphatide. J Am Oil Chem Soc, 1992, 69(5): 443～446.

[28] 王振宇，郝文芳．超声波法提取黑木耳蛋白质的工艺研究．生物质化学工程，2007, 41(5): 25～27.

[29] 李杨，齐宝坤，隋晓楠，等．超声辅助二次酶解对大豆乳状液破乳工艺研究．中国油脂，2016, 41(2): 16～19.

[30] 王文睿，江连洲，郑环宇，等．大豆乳状液的微波破乳工艺优化．食品科学，2011, 32(18): 11～14.

[31] 王瑛瑶，王璋，罗磊，等．水酶法提花生油中乳状液性质及破乳方法．农业工程学报，2009, 24(12): 259～263.

[32] 王文睿，江连洲，郑环宇，等．热处理对大豆乳状液破乳工艺的研究．食品工业科技，2012, 33(4): 285～287.

[33] Chabrand RM, Glatz CE. Destabilization of the emulsion formed during the enzyme-assisted aqueous extraction of oil from soybean flour. Enzyme Microb Technol, 2009, 45(1): 28～35.

[34] de Moura JMLN, Campbell K, Mahfuz A, et al. Enzyme-assisted aqueous extraction of oil and protein from soybeans and cream de-emulsification. J Am Oil Chem Soc, 2008, 85(10): 985～995.

[35] 李桂英，袁永俊．水酶法提取菜籽油中破乳的研究．食品科技，2006, 31(3): 101～103.

[36] 夏立新．油水界面膜与乳状液稳定性关系的研究．大连：中国科学院大连化学物理研究所博士学位论文，2003.

[37] Zhu BW, Qin L, Zhou DY, et al. Extraction of lipid from sea urchin (Strongylocentrotus nudus) gonad by enzyme-assisted aqueous and supercritical carbon dioxide methods. Eur Food Res Technol, 2010, 230(5): 737～743.

[38] Khorshid N, Hossain MM, Farid MM. Precipitation of food protein using high pressure carbon dioxide. Journal of Food Engineering, 2007, 79(4): 1214～1220.

[39] Zaki NN, And RGC, Kilpatrick PK. A novel process for demulsification of water-in-crude oil emulsions by dense carbon dioxide. Industrial and Engineering Chemistry Research, 2003, 42(25): 6661～6672.

[40] 韩宗元，江连洲，李杨，等．高压 CO_2 对水酶法乳状液破乳影响的研究．中国粮油学报，2014, 29(12): 48～53.

[41] Martinez-Palou R, Cerón-Camacho R, Chávez B, et al. Demulsification of heavy crude oil-in-water emulsions: A comparative study between microwave and thermal heating. Fuel, 2013, 113(2): 407～414.

[42] 韩宗元，李晓静，江连洲，等．响应面优化等电点法破乳工艺．中国粮油学报，2016, 31(1): 43～47.

[43] Campbell KA, Glatz CE, Johnson LA, et al. Advances in aqueous extraction processing of soybeans. J Am Oil Chem Soc, 2011, 88(4): 449～465.

[44] 林畅 . 冷冻解冻法破除油包水型乳状液的研究 . 大连 : 大连理工大学博士学位论文 , 2007.

[45] Aronson MP, Ananthapadmanabhan K, Petko MF, et al. Origins of freeze-thaw instability in concentrated water-in-oil emulsions. Colloids Surfaces A Physicochemical and Engineering Aspects, 1994, 85(2～3): 199～210.

[46] 戴军 . 食品仪器分析技术 . 北京 : 化学工业出版社 , 2006.

[47] 毕万里 . 醇法大豆浓缩蛋白加工工艺对其理化性质的影响 . 无锡 : 江南大学硕士学位论文 , 2008.

[48] Zhang X, Huang LX, Nie SQ. FTIR characteristic of the secondary structure of insulin encap sulated within liposome. Journal of Chinese Pharmaceutical Science, 2003, 12(1): 112～114.

第六章 生物解离技术提取大豆油的扩大试验及中试试验的研究

20 世纪 70 年代，随着微生物技术在酶生产中的应用和推广，工业化产酶降低了酶制剂的价格，采用生物解离技术提油引起了国内外研究者的浓厚兴趣。20 世纪 90 年代，随着油料微观分子结构的研究和食品酶学的不断发展，生物解离提油技术迎来了第二次发展高潮。进入 21 世纪，由于越来越严格的环境限制条款和出于对健康的考虑，尤其是自美国环境保护署（EPA）提议，自 2004 年取缔浸出油厂排放正己烷，这更加引发人们对使用溶剂的思考。随着越来越多的新型酶制剂的开发和多种破乳技术的不断应用，生物解离技术提取植物油脂技术进入了第三波研究高潮。2004 年，美国将生物解离提油技术的攻关推及世界最主要油料作物——大豆，将其作为美国农业部特殊项目并开展持续研究。与此同时，我国对于“建设资源节约型、环境友好型”中国特色社会主义社会的科学发展观深入人心，激发了更多的研究者对生物解离提油技术的热情。

大豆是国内外最早利用生物解离技术进行提油的油料[1]。由于大豆属于低含油量油料，采用生物解离技术提取大豆油较高含油量的油料提取的难度较大，在提取过程中蛋白质和油脂乳化严重，游离油得率较低，但随着国内外学者的不断探索和研究，生物解离技术提取大豆油获得了较大的进步和较多的研究成果。目前，对于生物解离技术在提取大豆油方面的研究，主要是实验室阶段对生物解离技术提取策略的研究，为了提高提油率和提蛋白率，在原料的预处理工艺、酶解工艺及破乳工艺的优化等方面的研究，一直处于工艺的研究探索阶段，国外已完成了生物解离技术提取大豆油的中试试验（中间性试验），作者团队也开展了生物解离技术提取大豆油的扩大试验及中试试验的研究。

本章就生物解离技术提取大豆油的扩大试验及中试试验的研究，论述了不同的酶解和破乳条件对生物解离技术提取的影响，选择较优的酶解和破乳条件进行响应面优化的扩大试验，探讨了酶解和破乳过程中乳状液变化情况对油脂释放的影响，并通过中试试验研究完成了由小试到中试规模的推广，为实现工业化生产的新型生物解离提油技术提供理论指导和技术支持。

第一节 生物解离技术提取大豆油扩大试验的研究

扩大试验是针对工艺条件较复杂，为确定较合理的技术经济指标和工艺流程提供基本依据，而进行模拟生产的实验室连续性稳定试验，有时为了验证和校核详细可选性试验进行扩大试验来确定其工艺流程和指标是否可靠。国内外生物解离技术提取大豆油的研究已经取得了较大的进步，韩宗元等[2]在实验室规模基础上，对生物解离技术中酶解工艺及乳状液破乳工艺进行了扩大试验研究，并通过透射电镜和光学显微镜观察、研究，揭示出生物解离技术提取大豆油的释放机理，以便于提高生物解离技术的油脂提取率和油的品质。

一、生物解离技术提取大豆油酶解工艺的扩大试验

韩宗元等[2]在Moura等[3]和李杨[4]的研究基础上，进行生物解离技术提取大豆油的扩大试验。将脱皮的全脂大豆片进行粉碎，然后在挤压膨化机中进行挤压膨化（图6-1），再经过粉碎机粉碎，通过过筛机过60目筛后，取1.2kg物料加入真空反应釜（图6-2）中，加水调节使料液比达到1∶6。用2mol/L氢氧化钠调节混合液pH到9.5，然后加物料质量2.5%的Protex 6L，使温度保持在55℃，反应进行3h[3,4]。酶解后，混合液在超高速低温离心机离心20min，转速为14 400*g*。离心后，将最上层的游离油萃取出来，再将乳状液收集，放入4℃冰箱内保存，然后再进行破乳，将破乳油和游离油收集到一起。

图6-1 挤压膨化机装置图[2]

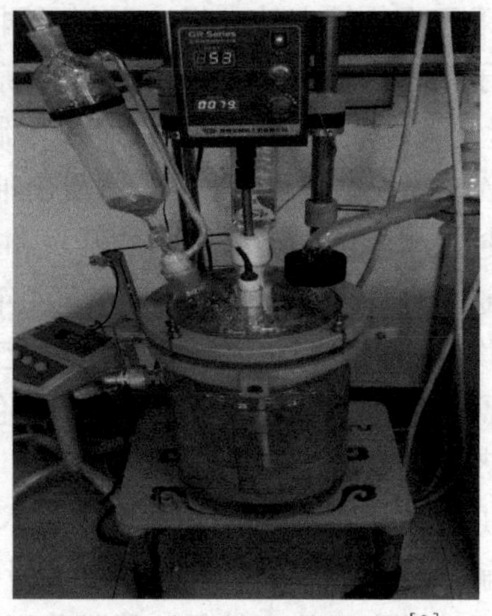

图6-2 真空反应釜装置图[2]

扫码见彩图

1. 生物解离技术提取大豆油的酶解工艺单因素扩大试验

Rosenthal等[5]对酶解参数进行了研究，酶解条件对油脂提取率起到了巨大的影响，因为它们能使酶达到最大的活性，从而影响细胞壁结构的破坏。研究指出，挤压膨化大豆片通过生物解离技术提取大豆油，油脂提取率达到50%～70%[6]。本研究选取反应过程的pH、酶添加量、酶解过程的反应时间、酶解过程的反应温度、反应过程的料液比进行单因素实验，结果见图6-3。由图6-3可知，在加酶量2.5%、pH达到9.5附近、酶解时间3h、酶解温度55℃、料液比为1∶6时，油脂提取率达到最大。

2. 生物解离技术提取大豆油的酶解工艺响应面扩大试验

在单因素基础上，采用SAS9.13软件进行优化得到最优酶解条件：酶添加量1.92%，反应过程的pH为9.15，酶解过程的反应时间为3.09h，酶解过程的反应温度为56.15℃，反应过程的料液比1∶5.04，此时油脂提取率为69.02%±0.55%。此研究结果和Moura等[3]的研究结果相近，但油脂提取率低于Johnson的。因为Johnson在生物解离技术扩大试验过程中，提高挤压膨化机的转速，在破乳阶段采用酶法破乳，提高油脂提取率，最重要的是循环进行生物解离技术过程，降低了水解液中油脂含量，并将这些油脂提取出来。在挤压膨化过程中，转速提高会使温度相应增加，导致挤压过程中，油脂被挤压出来，降低原料中的油脂；不采用酶法破乳，因为酶制剂的价格昂贵，无法在国内工厂中推广。而李杨研究的大豆生物

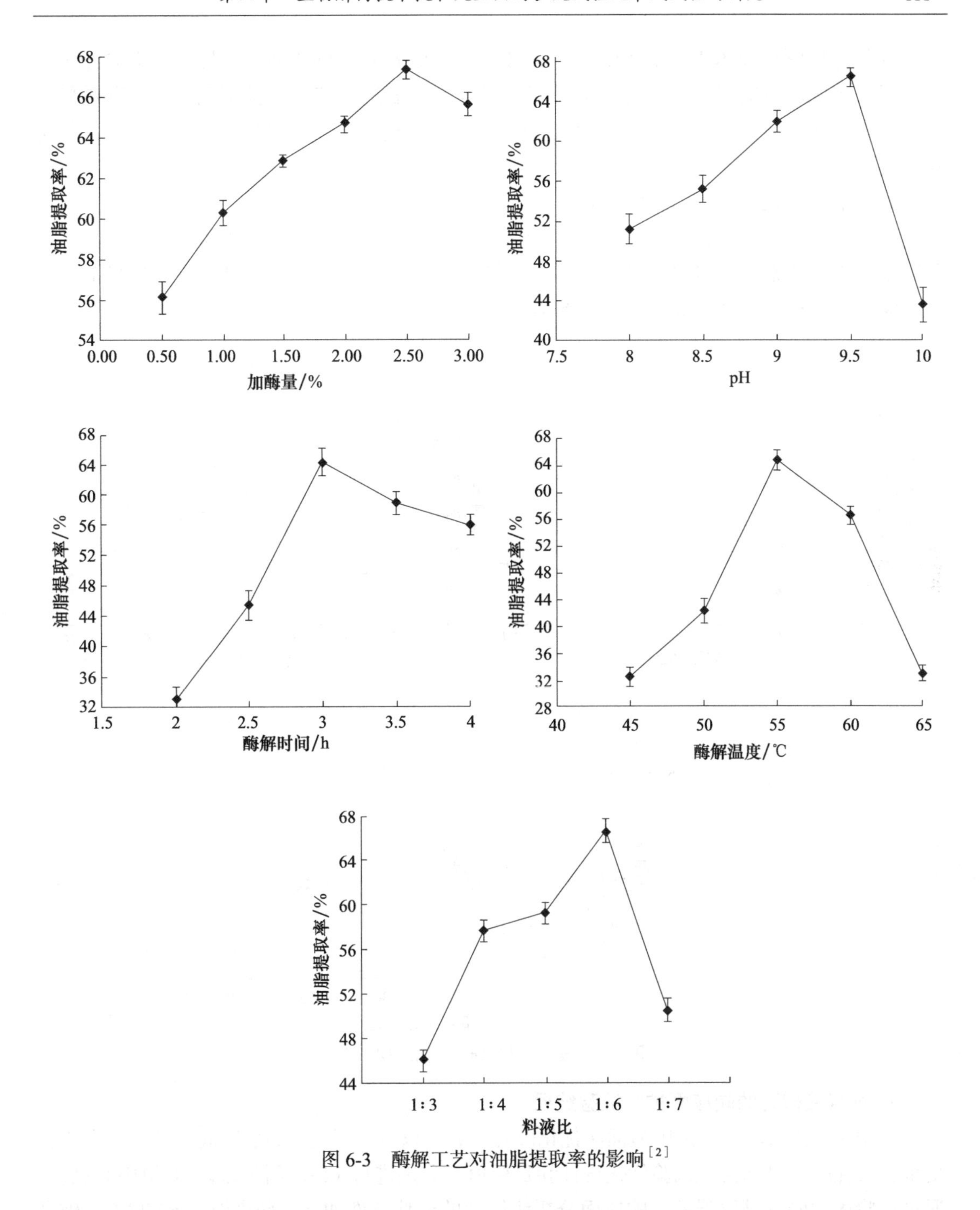

图 6-3 酶解工艺对油脂提取率的影响[2]

解离技术过程中总油提取率是采用原料中的总油减去残渣中的油的计算方法，而这其中水解液中的油基本无法提取出来。

二、生物解离技术提取大豆油破乳工艺的扩大试验

由于生物解离技术提取大豆油脂过程中产生大量乳状液，乳状液中含有大量油脂，因

此破乳是生物解离技术提油的关键工艺，必须通过破乳回收游离油，并且达到提高经济效益、降低破乳成本的目的。因此，本研究采用等电点法进行破乳试验研究，优化其破乳工艺，解决破乳难题。在 Chabrand[7]等的研究基础上，进行生物解离技术提取大豆油的等电点法破乳。

1. 乳状液破乳的单因素扩大试验

韩宗元等[8]在前人的研究基础上[3,6,7,9]，分别选取破乳次数、破乳时间、破乳温度进行单因素实验，考察各因素对破乳率的影响，结果见图 6-4。由图 6-4 可知，在 2 次破乳，破乳温度 60℃，破乳时间 30min 时，破乳率达到最大。

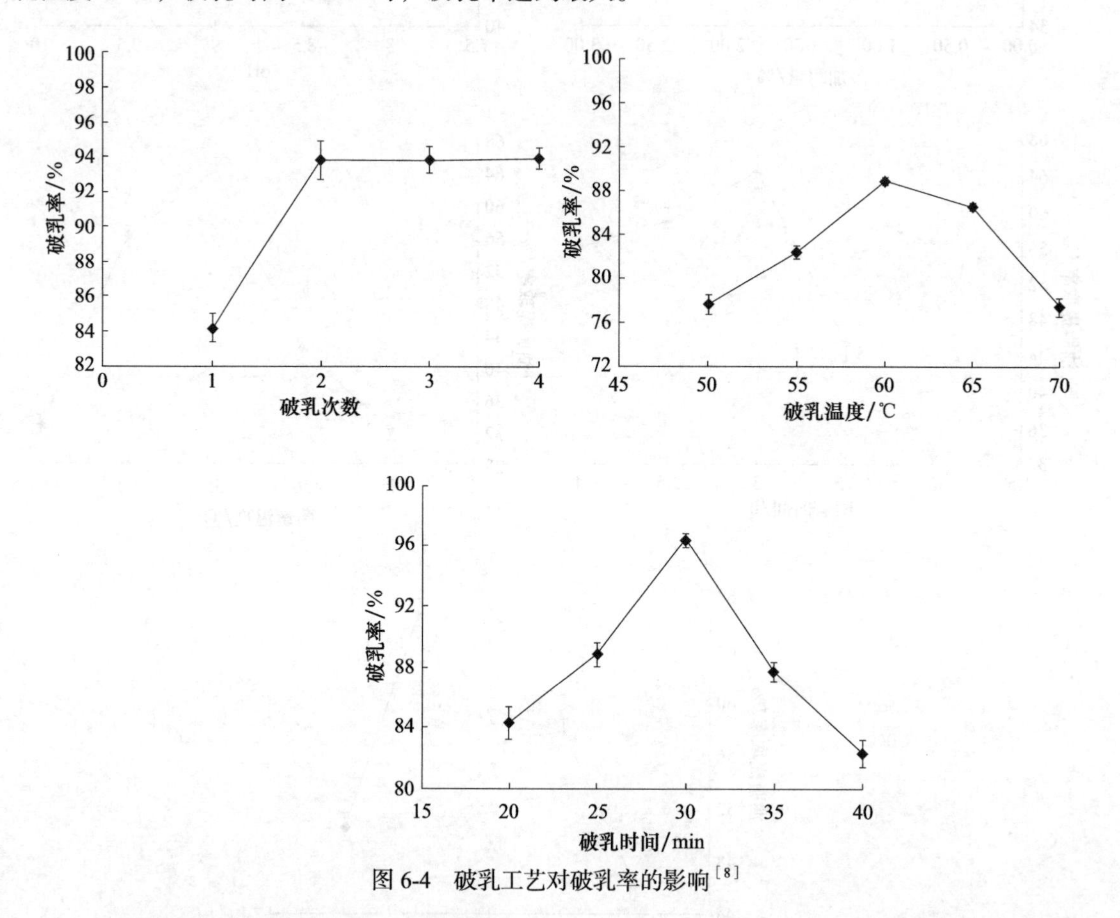

图 6-4　破乳工艺对破乳率的影响[8]

2. 乳状液破乳的响应面扩大试验结果

根据单因素实验，采用响应面法优化破乳参数。以破乳温度、破乳时间、破乳次数为自变量，破乳率为目标值，试验优化设计和目标值。分别进行 14 组析因试验、6 组中心试验，通过试验优化降低试验误差。响应面分析法得到的最佳条件如下：破乳温度 62.77℃，破乳时间 34.26min，破乳次数 2.71 次，破乳率预测值 98.08% ± 0.62%。在最佳条件下进行 3 次平行试验，3 次试验结果分别为 97.81%、97.65%、98.01%，3 次平行试验的平均值为 97.82%，这说明响应值符合回归预测值，并且模型能预测乳状液破乳的实际条件。

本试验采用等电点法破乳的结果与 Wu 和 Moura 酶法破乳的破乳率基本相同，但由于磷脂酶和蛋白酶都十分昂贵，因此不利于企业推广应用；李杨采用的冷冻解冻法在中试生产过程中很难实现，并且中试车间不是防爆车间，乙醇是易燃易爆品，生产中添加乙醇会增加安全成本。正因为本试验尽量采取低成本、破乳率高的试验方法，所以本试验不选择酶法破乳、冷冻解冻和乙醇破乳，而采取等电点法破乳。

第二节　生物解离技术提取大豆油中试试验的研究

中试试验作为理论转化为实践的重要发展过程，从初步技术鉴定或实验室阶段研试成功的科技成果出发，为验证、补充相关数据，确定、完善技术规范（即产品标准和产品工艺规程）或解决工业化、商品化规模生产关键技术而进行的试验。

韩宗元等[10]在 de Moura 等[1]和江利华等[11]的研究基础上，进行生物解离技术提取大豆油的中试试验。通过扩大试验工艺流程和酶解条件的优化，将中试车间进行改造，以符合中试工艺流程的各项条件。

一、单阶段生物解离技术提取大豆油中试试验的研究

1. 单阶段生物解离中试试验流程

在扩大试验基础上，进行生物解离技术提取大豆油脂的中试试验。

工艺 1：称取 100kg 过 60 目筛的挤压膨化大豆粉，打开水龙头调节料液比到 1∶6，加 2mol/L 氢氧化钠调节到 9.5，然后加入为大豆粉质量 2.5% 的 Protex 6L 碱性蛋白酶（Protex 6L，酶活 5.8×10^5DU/g），用数显温度计显示温度，确保酶解罐中温度保持在 55℃，酶解时间 4h，酶解后将混合液通过两相离心分离机，转速 4500r/min，离心后液相进行破乳，调节 pH 到 4.5 后，用数显温度计显示温度，保证破乳温度一直为 60℃，然后记录 30min，完成第一次破乳；再用 pH 计调节 pH 到 4.5，数显温度计控温保证温度为 60℃，然后再记录 30min，完成第二次破乳。破乳后再通过碟片式离心机，转速 6500r/min，最后获得大豆油，工艺 1 如图 6-5 所示。

工艺 2：称取 100kg 过 60 目筛的挤压膨化脱皮大豆粉，打开水龙头调节料液比到 1∶6，加 2mol/L 氢氧化钠调节到 9.5，然后加入为大豆粉质量 2.5% 的 Protex 6L 碱性蛋白酶（Protex 6L，酶活 5.8×10^5DU/g），用数显温度计显示温度，确保酶解罐中温度保持在 55℃，酶解时间 4h，酶解后将混合液通过两相离心分离机，转速 4500r/min，离心分离后得到液相，用泵将液相加入碟片式离心机中离心，转速 6500r/min，离心后将乳状液和水解液进行破乳，调节 pH 到 4.5 后，用数显温度计显示温度，保证破乳温度一直为 60℃，然后记录 30min，完成第一次破乳；再用 pH 计调节 pH 到 4.5，数显温度计控温保证温度为 60℃，然后再记录 30min，完成第二次破乳。破乳后再通过碟片式离心机，转速 6500r/min，最后获得大豆油。

2. 单阶段生物解离技术提取大豆油的中试试验研究分析

江利华等[11]通过试验证明大豆脱皮有助于提高大豆油的提取率；de Moura 等[1]得出结论：大豆脱皮能提高油脂提取率和破乳率。因此，在中试工艺中，对脱皮大豆和未脱皮大豆进行试验，确保预处理过程提高中试生物解离技术的提油率。Juliana[3]指出生物解离技术提取大豆油的扩大试验的各组分质量分数分别为：游离油和乳状液质量分数 77%，水解液质量分数 20%，残渣质量分数 3%。表 6-1 表明：脱皮大豆的含油率比未脱皮大豆高，但蛋白质、水分和灰分质量分数比未脱皮大豆低。而且，在中试工艺中，脱皮大豆提取的游离油

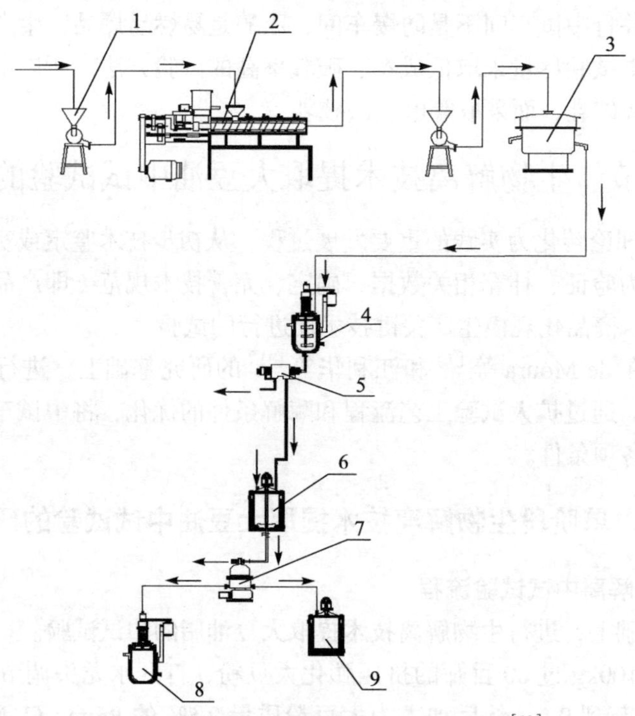

图 6-5　单阶段生物解离中试试验流程图[10]

1. 粉碎机；2. 挤压膨化机；3. 过筛机；4. 酶解罐；5. 卧式离心机；6. 破乳罐；7. 碟式离心机；8. 储油罐；9. 水解液和乳状液罐

和乳状液质量分数高于未脱皮大豆（$P<0.05$、71.81%、62.47%），同时脱皮大豆残渣中油的质量分数远低于未脱皮大豆，脱皮大豆乳状液中油脂也高于未脱皮大豆（$P<0.05$、43.33%、39.69%），因此大豆脱皮能提高大豆油脂的提取率。

表 6-1　脱皮大豆和未脱皮大豆各组分的质量分数[10]　（%）

组分	脱皮大豆	未脱皮大豆
大豆含水率 A	8.72 ± 0.20a	8.76 ± 0.08a
大豆蛋白 B	41.91 ± 0.41a	42.17 ± 0.26a
大豆油脂 C	18.59 ± 0.33a	15.63 ± 0.85b
大豆灰分 D	4.01 ± 0.23a	5.18 ± 0.31b
离心后游离油 + 乳状液 E	71.81 ± 0.44a	62.47 ± 0.67b
离心后水解液 F	21.46 ± 1.07a	23.17 ± 0.58a
离心后残渣 G	6.61 ± 0.28a	13.95 ± 1.03b
乳状液中油脂 H	43.33 ± 1.12a	39.69 ± 0.85b
乳状液中蛋白 I	6.94 ± 0.02a	7.14 ± 0.09b
乳状液中水分 J	44.74 ± 0.24a	46.82 ± 0.17b

注：同行不同字母表示在 $P<0.05$ 水平上差异显著

通过表 6-2 的主成分分析可知，根据累积贡献率超过 95%，可以提取前 3 个主成分因子，其贡献率分别为 0.46、0.27、0.22。在表 6-3 中，根据前 3 个主因子的载荷绝对值的大小可以确定：第一主成分因素为大豆油脂、大豆灰分和离心后的游离油和乳状液质量分数，其载荷绝对值都超过 0.40，说明大豆的基本指标对油脂提取率的影响极大，大豆自身含油质量分数越高，提取出油脂也越多；第二主成分因素为乳状液中的蛋白质质量分数，其载荷绝对值超过 0.50，说明乳状液中蛋白质质量分数对破乳影响很大，又因为破乳对油脂提取率起到极大的作用，因此乳状液蛋白质质量分数越低，包裹大豆油脂蛋白也越少，油脂提取率也因此越高；第三主成分因素为乳状液中的水分，其载荷绝对值超过 0.60，说明此乳化体系为水包油型，乳状液中水分越多，油脂也越少，因此分离提取大豆油脂也越难。通过主成分分析，能得到以下结论：大豆油脂和灰分质量分数、离心后游离油和乳状液质量分数、乳状液中蛋白质和水分质量分数是生物解离技术提取大豆油脂的关键。因为游离油和乳状液中可以获得大量的大豆油，然而水解液和残渣中的油脂很难提取出来，因此要尽可能将油脂聚集在游离油和乳状液中，进而把包裹油脂的蛋白质网状结构破坏，通过等电点法破乳回收破乳油。

表 6-2　主成分因子提取[10]

主成分因子	特征值	差异	贡献率	累积贡献率
PC1	4.61	1.89	0.46	0.46
PC2	2.72	0.56	0.27	0.73
PC3	2.16	1.7	0.22	0.95

表 6-3　主成分分析因子载荷[10]

组分	主成分 1	主成分 2	主成分 3
	PC1	PC2	PC3
大豆含水率 A	−0.21	0.04	−0.53
大豆蛋白 B	−0.39	0.31	0.12
大豆油脂 C	0.41	0.24	−0.14
大豆灰分 D	−0.41	−0.07	0.32
离心后游离油 + 乳状液 E	0.40	−0.05	−0.28
离心后水解液 F	0.36	0.38	0.02
离心后残渣 G	−0.14	0.50	−0.15
乳状液中油脂 H	0.32	0.31	0.31
乳状液中蛋白质 I	−0.16	0.56	0.03
乳状液中水分 J	0.17	−0.09	0.62

表 6-4 指出：在单阶段中试工艺中，工艺 1（1 次提取，2 次离心，1 次破乳）比工艺 2（1 次提取，3 次离心，1 次破乳）对油脂提取率有显著的影响（$P<0.05$），而且工艺 2 中碟片式离心机使用 2 次，增加生产的花费，且提取率相比工艺 1 降低，因此在中试中选择工艺 1 作为生物解离技术提取大豆油脂的提取工艺，并可将工艺 1 应用到循环酶解试验中。Jung 等在连续生物解离技术提取大豆油的中试中提出：此过程包括 2 阶段提取和 1 阶段破乳，此循环能降低水解液中的残油，提高油脂提取率[12]。

表 6-4　单阶段水酶法油脂提取率和破乳率[10]　（%）

工艺	油脂提取率	破乳率
工艺 1 脱皮大豆片	61.85 ± 0.75a	92.01 ± 0.33a
工艺 1 未脱皮大豆片	56.91 ± 0.64b	90.42 ± 0.27b
工艺 2 脱皮大豆片	60.24 ± 0.47c	90.34 ± 0.24b

注：同列不同字母表示在 $P<0.05$ 水平上差异显著

二、连续生物解离技术提取大豆油的中试试验的研究

1. 连续生物解离技术提取大豆油的中试试验流程

将全脂脱皮大豆片经粉碎机粉碎，在挤压膨化机中进行挤压膨化，再经过粉碎机粉碎，过 60 目筛后，取 100kg 物料加入 1.3L 酶解罐中，加水调节使料液比达到 1∶6。用 2mol/L 氢氧化钠调节混合液 pH 到 9.5，然后加物料质量 2.5% 的 Protex 6L，使温度保持在 55℃，反应进行 4h[1,3～4]。酶解后，混合液在两相离心机离心，转速 4500r/min。离心后，将液相进行破乳，调节 pH 到 4.5 后，用数显温度计显示温度，保证破乳温度一直为 60℃，然后记录 30min，完成第一次破乳；再用 pH 计调节 pH 到 4.5，数显温度计控温保证温度为 60℃，然后再记录 30min，完成第二次破乳。破乳后将液相在碟片式离心分离机分离，转速 6500r/min，得到大豆油，再将剩余的乳状液和水解液加入下一次的酶解过程中，继续进行生物解离技术提取过程，工艺流程见图 6-6。

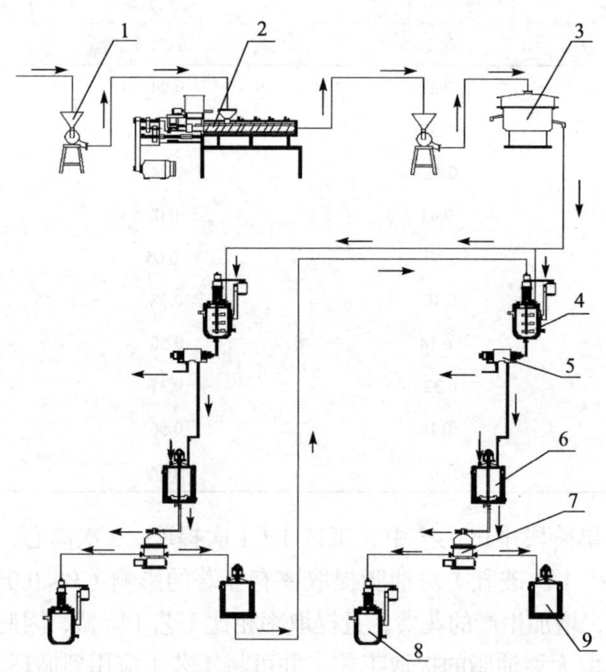

图 6-6　连续生物解离技术提取大豆油中试试验流程图[10]

1. 粉碎机；2. 挤压膨化机；3. 过筛机；4. 酶解罐；5. 卧式离心机；6. 破乳罐；7. 碟式离心机；8. 储油罐；9. 水解液和乳状液罐

2. 连续生物解离技术提取大豆油的中试试验研究分析

从表 6-5 中可以看出，在连续生物解离技术提取大豆油的中试过程中，随着循环试验次数增加，油脂提取率逐渐增加，在第 4 次时达到最大，为 66.46% ± 0.28%，通过循环试验可以回收残留在乳状液和水解液中的油脂，提高油脂提取率，并可看出循环酶解过程相对于单阶段中试过程至少降低 39% 的水和 48% 的酶的用量，减少成本。

表 6-5　连续生物解离技术中试的油脂提取率[10]

循环次数	油脂提取率 /%	水用量 /kg	酶用量 /kg
1	56.73 ± 0.41a	504	1.92
2	58.33 ± 0.34b	287	1
3	62.29 ± 0.32c	299	1
4	66.46 ± 0.28d	306	1
5	63.84 ± 0.30e	274	1
6	62.93 ± 0.25f	281	1

注：同列不同字母表示在 $P<0.05$ 水平上差异显著

生物解离技术提取大豆油试验分别进行了小试、扩大试验和中试，表 6-6 显示 3 种试验在油脂提取率和破乳率上有显著的不同（$P<0.05$），并且随着试验规模的扩大，油脂提取率和破乳率逐渐降低。因为生物解离技术提取大豆油脂最终要进行产业化推广，所以研究各试验条件对油脂提取率的影响是非常重要的。通过分析，产生以上现象有 3 个主要原因，分别是：①中试的热损耗面积更大，这影响了内部的温度，导致酶的活性降低；②温度和 pH 的测量都是局部的，很难监测酶解液内部的实际温度和 pH，不利于油脂的提取；③工厂生产用的离心机和实验室使用的离心机存在较大的差别，并且工厂使用的离心机的效果较差，因此这些因素都使油脂提取率和破乳率降低。

表 6-6　生物解离技术提取大豆油的试验比较[10]

试验	预处理条件	酶解条件	破乳条件	油脂提取率 /%	破乳率 /%
小试	套筒温度 110℃，螺杆转速 100 r/min，筛网目数 40	酶添加量 1.92%，酶解温度 56℃，酶解时间 4h，料液比 1∶5.04（kg/kg），pH 9.15	破乳温度 63℃，破乳时间 34 min，破乳次数 2	74.92 ± 0.92a	96.08 ± 0.43a
扩大试验	同上	同上	同上	69.33 ± 0.38b	94.54 ± 0.76b
中试	同上	同上	同上	61.85 ± 0.75c	92.01 ± 0.33c

注：同列不同字母表示在 $P < 0.05$ 水平上差异显著

三、生物解离技术中试车间改造

通过扩大试验工艺流程和酶解条件的优化，将中试车间进行改造，使其符合中试工艺流程的各项条件。在中试车间原有的设备基础上，将大豆分离蛋白车间改造成油脂提取车间。由于碱溶酸沉提取蛋白质的设备可以应用到酶解过程中，可减少改造的费用，并能同时提取出大豆油和大豆蛋白，具体的设备图见图 6-7。

中试车间的正视图

中试车间的侧视图

图 6-7　中试车间设备图[10]

1. 酶解罐；2. 卧式离心机；3. 碟片式离心机；4. 破乳罐；5. 残渣罐；6. 高速离心喷雾干燥机

生物解离技术中试车间改造情况如下：①酶解罐中添加搅拌器（自制），增大物料与酶的接触面积，加大酶解的充分程度，使物料搅拌更均匀；②搅拌器上添加减速器，控制搅拌速率，降低其剪切力，保证其搅拌速度均匀，混合充分；③在酶解罐上添加温度显示器，监控酶解罐内温度变化，确保温度的稳定和准确；④在酶解罐内添加蒸汽盘管，通过蒸汽加热达到快速升高温度的效果，并降低温度损耗；⑤在酶解罐内添加加热棒，辅助增加酶解罐温度并起到调节温度的作用。

四、大豆油品质分析结果

比较生物解离技术和溶剂浸提法提取的大豆油的品质，结果如表 6-7 所示，生物解离技术提取的大豆油品质更好，且其水分及挥发物、过氧化值、p-茴香值和磷的含量与溶剂浸提法有显著的不同（$P<0.05$），与 Jung 等[12]研究的结果相近。过氧化值和 p-茴香值分别是检测初级氧化产物和次级氧化产物的指标，生物解离技术提取的大豆油氧化程度更低，很显然，较低的过氧化值是令人期望的。而且生物解离技术提取的大豆油的不饱和脂肪酸含量高于溶剂浸提法，其中油酸和亚油酸的含量特别高，分别为 22.62%、50.50%。由于不饱和脂肪酸对人体健康有益，因此含量越多越好。这些说明生物解离技术提取大豆油的品质更高，对人体更有益。表 6-7 表示两种提取方法的大豆油指标和脂肪酸的组成与分布。

表 6-7　溶剂浸提法和生物解离技术提取大豆油的特征值[10]

油的特征值	提取方法	
	溶剂浸提法	生物解离技术（等电点破乳）
水分及挥发物 /%	1.22 ± 0.05a	0.18 ± 0.04b
折光指数	1.4738 ± 0.001 4a	1.4721 ± 0.0010a
色泽	黄 27 ± 1.01a	黄 25 ± 1.24a
	红 3.0 ± 0.15a	红 2.7 ± 0.11b

续表

油的特征值	提取方法	
	溶剂浸提法	生物解离技术（等电点破乳）
酸值 /(mg KOH/g)	0.78 ± 0.14a	0.44 ± 0.11b
不皂化物 /%	0.27 ± 0.04a	0.21 ± 0.05a
过氧化值 /(meq/kg)	6.04 ± 0.18a	3.93 ± 0.12b
p- 茴香值	1.88 ± 0.17a	2.46 ± 0.18b
磷 /ppm	243.76 ± 0.67a	11.26 ± 0.42b
游离脂肪酸 /%	0.36 ± 0.03a	0.25 ± 0.04b
脂肪酸分布 /%		
C10: 2	0.87 ± 0.12a	0.77 ± 0.10a
C14: 0	0.11 ± 0.01a	0.09 ± 0.02a
C16: 0	13.58 ± 0.21a	13.39 ± 0.18a
C16: 1	0.11 ± 0.02a	0.18 ± 0.02b
C17: 0	0.14 ± 0.02a	0.13 ± 0.01a
C17: 1	ND	ND
C18: 0	5.32 ± 1.12a	5.62 ± 0.88a
C18: 1	18.45 ± 0.45a	22.62 ± 0.56b
C18: 2	53.51 ± 1.34a	50.50 ± 0.97b
C18: 3	5.45 ± 0.23a	5.02 ± 0.66a
C20: 0	0.74 ± 0.08a	0.65 ± 0.11a
C20: 1	0.42 ± 0.05a	0.36 ± 0.07a
C20: 2	0.10 ± 0.02a	0.09 ± 0.02a
C22: 0	0.48 ± 0.09	ND
C22: 1	0.18 ± 0.03	ND
C24: 0	ND	ND
饱和脂肪酸	20.37 ± 0.26a	19.88 ± 0.24a
不饱和脂肪酸	79.09 ± 0.28a	79.54 ± 0.34a
单不饱和脂肪	19.16 ± 0.14a	23.16 ± 0.22b
多不饱和脂肪酸	59.93 ± 0.43a	56.38 ± 0.44b

注：同列不同字母表示在 $P<0.05$ 水平上差异显著

将生物解离技术提取出的大豆油与国家三级油标准进行比较（表 6-8），除了水分及挥发物质量分数生物解离技术较高以外，其余大豆油脂的指标均满足国家三级油的标准，这说明生物解离技术提取的大豆油的品质较好。

表 6-8 大豆油的品质指标[10]

指标	生物解离中试生产大豆油	国家三级大豆油标准
水分及挥发物质量分数 /%	0.18±0.04	≤0.10
透明度	澄清，透明	澄清，透明
色泽	黄 25±1.24 红 2.7±0.11	黄≤70 红 4.0
气味，味道	具有大豆油的气味和味道，无异味	具有大豆油的气味和味道，无异味
不溶解的杂质	0.02	≤0.05
酸值 /(mg/g)	0.44±0.11	≤1.0
过氧化值 /(meq/kg)	3.93±0.12	≤6.0

五、中试成本分析及应用前景

生物解离技术提取大豆油中试试验主要费用为车间设备改造费 7000 元、原料采购费 16 500 元和燃动消耗费 2500 元，车间设备改造费包括加热盘管制作费、无缝钢管、电子温度显示器、法兰片、弯头和阀门等的采购费及水泵和油泵的采购费，原料采购费包括脱皮大豆片和 Protex 6L 蛋白酶制剂采购费，燃动消耗费包括水、电和蒸汽消耗费，试验每日可获得 11kg 大豆油、15kg 副产物（大豆肽），大豆油的价格为 70 元 /5L，大豆肽价格为 220 元 /kg，利润丰厚，具有良好的经济效益；并且围绕生物解离相关前沿性技术，以解决技术问题和关键装备为目标，开发无溶剂残留的绿色植物油产品及高价值的副产物，构建大豆油提取技术的创新体系。

参考文献

[1] de Moura J, Maurer D, Jung S, et al. Pilot-plant proof-of-concept for integrated, countercurrent, two-stage, enzyme-assisted aqueous extraction of soybeans. J Am Oil Chem Soc, 2011, 88(10): 1649～1658.

[2] 韩宗元 , 江连洲 , 李杨 , 等 . 水酶法提取大豆油的扩大试验研究 . 中国粮油学报 , 2015, 30(2): 37～42, 49.

[3] Moura JMLND, Almeida NMD, Johnson LA. Scale-up of enzyme-assisted aqueous extraction processing of soybeans. J Am Oil Chem Soc, 2009, 86(8): 809～815.

[4] 李杨 . 水酶法制取大豆油和蛋白关键技术 . 哈尔滨 : 东北农业大学 , 2010.

[5] Rosenthal A, Pyle DL, Niranjan K, et al. Combined effect of operational variables and enzyme activity on aqueous enzymatic extraction of oil and protein from soybean. Enzyme Microb Technol, 2001, 28(6): 499～509.

[6] Campbell KA, Glatz CE, Johnson LA, et al. Advances in aqueous extraction processing of soybeans. J Am Oil Chem Soc, 2011, 88(4): 449～465.

[7] Chabrand RM, Glatz CE. Destabilization of the emulsion formed during the enzyme-assisted aqueous extraction of oil from soybean flour. Enzyme and Microbial Technology, 2009, 45(1): 28～35.

[8] 韩宗元 , 李晓静 , 江连洲 , 等 . 响应面优化等电点法破乳工艺 . 中国粮油学报 , 2016, 31(1): 43～47.

[9] Wu J, Johnson LA, Jung S. Demulsification of oil-rich emulsion from enzyme-assisted aqueous extraction of

extruded soybean flakes. Bioresource Technology，2009，100(2)：527～533.

[10] 韩宗元，李晓静，江连洲．水酶法提取大豆油脂的中试研究．农业工程学报，2015, 31(8): 283～289.

[11] 江利华，华娣，王璋，等．水酶法从花生中提取油与水解蛋白的中试研究．食品与发酵工业，2009, 35(9): 147～150.

[12] Jung S, Maurer D, Johnson LA. Factors affecting emulsion stability and quality of oil recovered from enzyme-assisted aqueous extraction of soybeans. Bioresource Technology, 2009, 100(21): 5340～5347.

第七章　生物解离大豆油脂和大豆蛋白的性质

传统的植物油制取方法虽然能得到95%以上的油脂，但提油后油料蛋白变性严重，利用程度较低。全球植物油料每年的产量巨大，特别是花生、大豆和菜籽等油料作物，但由于提取油脂后蛋白质变性严重，难以开发为食用蛋白，因此造成巨大的资源浪费。生物解离与传统的水代法有本质的区别，传统水代法得到的油料蛋白的变性程度超过机械压榨和溶剂浸出法，而生物解离的最大优点是能良好地保持油料蛋白的性能。无论是水相中直接加工利用，还是回收分离蛋白再利用，效果都十分理想。大豆、花生、菜籽等油料的蛋白质含量不但高，而且质量好，是植物蛋白中的精品。

20世纪70年代，在国际上有许多学者提出生物解离提取油脂的方法，但受到酶制剂工业的影响，该技术研究进展缓慢。进入90年代后，由于生物技术迅猛发展大力促进了酶制剂产业的进步，多种酶类已经投入批量生产，为生物解离提取油脂技术研究创造了良好的条件。随着人们对饮食营养与保健的重视，植物蛋白在全球范围内日益受到人们的关注，而生物解离提取油脂的最大优点就是能同时利用油料的油脂与蛋白质，因此生物解离技术再次成为当前国内外食品工业研究的热点。因此，本章对生物解离同时提取大豆中油脂和蛋白质的理化性质进行论述，为生物解离的工业化生产提供理论基础。

第一节　生物解离大豆油脂的理化特性

一、概　　述

生物解离是近年来广泛研究的一种油脂提取新技术，具有出油率高、油质好、色泽浅、生产能耗低、不易造成环境污染等优点。生物解离提取的大豆油透明度高、无杂质、风味浓郁、无异味、口感良好，其外观品质介于一级油与三级油之间；色泽较浅，处于二级油和三级油之间，不需脱色或简单进行脱色处理；折光率最高，密度处于一级油和三级油之间；水分及挥发物的含量最高，酸价、过氧化值介于一级油和二级油之间，不需要脱酸工序，碘价最低，p-茴香值最高，未皂化物含量较高，表明生物解离大豆油仍需要进一步的精炼（脱臭和脱蜡）[1]。

二、生物解离大豆油脂的理化性质评价

1. 大豆油品质评价

生物解离制取工艺和传统工艺相比，得到的油没有溶剂残留且工艺条件温和，能保持良好的品质。对挤压膨化后生物解离提取工艺（模孔孔径20mm，物料含水率14.5%，螺杆转速105r/min，套筒温度90℃）、超声波辅助乙醇破乳提取工艺（乙醇浓度73%，乙醇添加量

0.56L/kg，超声波功率350W，超声波处理温度53℃）、非膨化处理生物解离提取工艺（加酶量1.85%，酶解温度50℃，酶解时间3.6h，料液比1∶6，酶解pH 9.26）及传统溶剂浸提工艺得到的大豆油脂品质进行比较和分析，如表7-1所示。

表7-1　不同工艺大豆油品质比较

项目		质量指标			
		挤压膨化后生物解离提取工艺	超声波辅助乙醇破乳	非膨化处理生物解离提取工艺	传统溶剂浸提工艺
色泽	（罗维朋比色槽25.4mm）				黄60红4.0
	（罗维朋比色槽133.4mm）	黄30红2.0	黄30红2.0	黄30红3.5	
气味、滋味		气味、口感良好	气味、口感良好	气味、口感良好	具有大豆油固有的气味和滋味
透明度		澄清、透明	澄清、透明	澄清、透明	—
水分及挥发物/%		0.01	0.01	0.01	0.02
不溶性杂质/%		0.01	0.01	0.01	0.01
酸值/（mg KOH/g）		0.12	0.13	0.13	0.20
过氧化值/（mmol/kg）		0.6	0.7	0.8	1.2
加热试验（280℃）		无析出	无析出	无析出	微量析出
含皂量/%		—	—	—	0.02
烟点/℃		180℃	180℃	180℃	—
冷冻试验（0℃储藏5.5h）		澄清、透明	澄清、透明	澄清、透明	浑浊
溶剂残留量/（mg/kg）		—	—	—	80

将表7-1的结果与GB 1535—2003中大豆油品质等级指标对比研究可知，挤压膨化后生物解离制取的大豆油不需要精炼即可达到二级大豆油的标准；非膨化处理生物解离和膨化处理生物解离制取的大豆油品质差别很小，均可达到二级油标准，说明在生物解离提取工艺中加入挤压膨化预处理对得到的大豆油品质无影响；利用超声波辅助乙醇破乳工艺对乳状液破乳后得到的大豆油品质可达到二级油标准，说明此破乳条件对大豆油品质无影响；利用生物解离提取的大豆油脂和破乳后得到的大豆油脂的品质均优于未经精炼处理溶剂浸提法得到的大豆原油。

2. 不同提取工艺对大豆油脂肪酸分布及维生素E含量影响

大豆油中含有大量的亚油酸。亚油酸是人体必需的脂肪酸，具有重要的生理功能。此外，还含有少量的亚麻酸。富含不饱和脂肪酸的大豆油可以有效地降低血脂和胆固醇。亚麻酸和亚油酸是人体必需脂肪酸，在人体内可以转化为花生四烯酸，对于合成磷脂、形成细胞结构、维持一切组织的正常功能及合成前列腺素，都十分必要[2]。

维生素E最突出的化学性质是抗氧化作用，它能增强细胞的抗氧化作用，有利于维持各种细胞膜的完整性，参加整体的某些细胞组织的多方面代谢过程，保持膜结合酶的活力和受体等作用。维生素E具有许多重要的生理功能，如抗衰老、抗凝血、增强免疫力、改善末梢血液循环、防止动脉硬化、维持细胞完整性，从而保持肌肉、神经系统和造血系统的正常功能等。

挤压膨化后生物解离提取、非膨化处理生物解离提取、挤压膨化后溶剂浸出和非膨化处理溶剂浸出等工艺制取的大豆油脂中脂肪酸组成接近（生物解离的油酸含量略高），证明不同的制取工艺对所得大豆油中脂肪酸组成影响不显著。由表 7-2 不同工艺大豆油的维生素 E 含量检测结果可知，由于维生素 E 具有溶于乙醇的特点，因此利用超声波辅助乙醇破乳会使维生素 E 损失，而挤压膨化工艺和生物解离工艺措施对所得大豆油中维生素 E 含量无影响。

表 7-2　不同工艺大豆油脂肪酸与维生素 E 含量

脂肪酸组成及维生素 E 含量	工艺措施				
	挤压膨化后生物解离	超声波辅助乙醇破乳	非膨化处理生物解离	挤压膨化后溶剂浸出	非膨化处理溶剂浸出
亚油酸 /%	54.546	53.722	54.601	52.637	52.748
亚麻酸 /%	9.654	7.532	7.421	7.031	7.049
油酸 /%	20.501	22.517	22.694	23.935	23.99
硬脂酸 /%	4.551	5.407	5.091	5.176	5.201
棕榈酸 /%	10.747	10.821	10.252	11.219	11.01
维生素 E（IU/100g）	0.94	0.13	0.87	0.84	1.05

第二节　生物解离大豆蛋白和大豆多肽的功能特性

一、概　　述

大豆含 18%～22% 的油脂和 40% 左右的蛋白质，不仅是主要的油料作物，更是巨大的优质植物蛋白资源。目前从植物油料中提油的主要方法是压榨法和浸出法，这些方法虽然出油率高，但设备复杂，更主要的是造成蛋白质变性，使提油后饼粕不能有效利用，蛋白质资源严重浪费，且溶剂浸出后需要脱溶过程，设备多、投资大、污染重。为克服传统制油工艺的弊端，考虑到经济、环境和安全等多方面的因素，生物解离提取植物油技术应运而生[3~8]。

生物解离是一种新兴的提油方法。它以机械和酶解为手段破坏植物细胞壁，使油脂得以释放。该技术处理条件温和，而且可以同时提取油和蛋白质。在生物解离制油过程中，伴随着蛋白质的有限水解，生成一些大豆多肽，这个过程本身就是对蛋白质的改性过程，必然对大豆蛋白的功能特性，如溶解性、起泡性、乳化性等产生影响，这直接影响到对大豆蛋白的综合利用。因此，研究生物解离大豆蛋白和多肽的功能特性十分必要，这对加快生物解离提油技术的工业化应用具有重大意义。

二、不同提取工艺对水解蛋白和多肽中氨基酸组成的影响

氨基酸是构成生物机体的众多生物活性大分子之一，是构建细胞、修复组织的基础材料。氨基酸被人体用于制造抗体蛋白以对抗细菌和病毒的侵染，制造酶和激素以维持和调节新陈代谢；氨基酸是制造精卵细胞的主体物质，是合成神经介质的不可缺少的前体物质；氨基酸能够为机体和大脑活动提供能源，氨基酸是一切生命之源。已知基本氨基酸有 20 多种，其中赖氨酸、苏氨酸、亮氨酸、异亮氨酸、缬氨酸、甲硫氨酸、色氨酸、苯丙氨酸 8 种氨基酸，人体不能自己制造，称为必需氨基酸，需要由食物提供。此外，人体合成精氨酸、组氨

酸的能力不足以满足自身需要，需要从食物中摄取一部分，这些氨基酸称为半必需氨基酸。其余的十几种氨基酸，人体能够自己制造，称为非必需氨基酸。氨基酸的平衡和适量的供应是人体健康的基本前提，任何一种氨基酸供应缺乏，都会影响免疫系统和其他正常功能的发挥，使人处于亚健康状态，变得比较容易遭受疾病的侵袭。氨基酸是一类具有特殊重要意义的化合物，是机体生长发育、防止衰老所必需的营养物质，也是机体调节代谢功能，增强抗病能力所需的有效物质，特别是 8 种必需氨基酸。

氨基酸在医药上也有很大的用途，目前手术中输液多加有各种氨基酸，增强患者的抵抗力，同时也增加营养。随着人民生活水平的提高，人们对摄入的营养物质的要求越来越高，尤其是幼儿、青少年的健康成长，疾病患者的康复，都迫切需要高质量的营养物质，所以有效开发氨基酸食品是很有必要的。

由表 7-3 可以看出，在生物解离提取工艺中添加挤压膨化工艺可以使水解液中水解蛋白和肽中游离氨基酸百分比增加，说明大豆挤压膨化后蛋白质被酶攻击的位点暴露，导致水解更充分，使得游离氨基酸增加。尤其是必需氨基酸和半必需氨基酸百分含量的增加，使水解蛋白和多肽营养价值有较大改善，可以应用于相关的食品加工领域。

表 7-3　不同提取工艺的水解液中水解蛋白和肽中游离氨基酸组成　（%）

氨基酸	非膨化处理生物解离		挤压膨化后生物解离	
	水解液中可溶性蛋白（NSI）	水解液中肽（TCA-NSI）	水解液中可溶性蛋白（NSI）	水解液中肽（TCA-NSI）
天冬氨酸	0.40	0.44	0.49	0.65
苏氨酸	0.14	0.16	0.17	0.22
丝氨酸	0.18	0.20	0.22	0.29
谷氨酸	0.70	0.76	0.86	1.16
甘氨酸	0.14	0.16	0.18	0.24
丙氨酸	0.16	0.18	0.19	0.25
胱氨酸	0.05	0.06	0.06	0.07
缬氨酸	0.18	0.19	0.21	0.25
甲硫氨酸	0.05	0.06	0.06	0.08
异亮氨酸	0.16	0.18	0.20	0.25
亮氨酸	0.26	0.29	0.33	0.42
酪氨酸	0.14	0.15	0.17	0.21
苯丙氨酸	0.18	0.19	0.21	0.27
组氨酸	0.10	0.10	0.12	0.15
精氨酸	0.25	0.28	0.32	0.42
脯氨酸	0.18	0.20	0.22	0.30
赖氨酸	0.22	0.24	0.27	0.36
氨基酸总量	3.49	3.84	4.28	5.59

三、生物解离大豆蛋白的物化性质评价

1. 不同 pH 下水解蛋白的溶解性

蛋白质的溶解性是反映其功能的主要指标，也是表现其他物化性质的基础。考察大豆挤

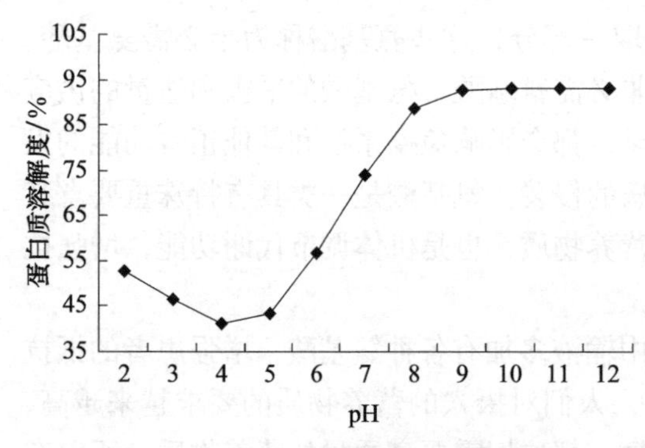

图 7-1　不同 pH 下水解蛋白的溶解度

压膨化生物解离提取后得到的大豆蛋白水解物在不同 pH 条件下的溶解性能，以溶出蛋白质含量占总测试液中蛋白质总量的百分比表示溶解度，结果见图 7-1。

由图 7-1 不同 pH 下水解蛋白的溶解度可知，大豆挤压膨化后生物解离制取的蛋白质水解产物与大豆分离蛋白水解产物相似，在不同 pH 条件下水解物的溶解性变化很大，pH 在 4～5 时溶解度最低，增加 pH，水解物的溶解度急剧增加，在 pH 为 9 时溶解度达到 90% 以上，继续增加 pH 溶解度将不变，此数值远远高于未水解大豆分离蛋白的溶解度。在 pH 为 3.0 以下时水解物的溶解度也会提高，说明 pH 4～5 时存在水解物的等电点，此位置溶解的蛋白质是等电点可溶性肽。

2. 不同 pH 下水解蛋白的发泡能力和发泡稳定性

发泡性能是蛋白质的重要物化性能之一，蛋白质的发泡性能是蛋白质溶液形成气 - 液界面薄膜并包容大量气泡的能力。不同的蛋白质分子组成和结构将表现出不同的发泡性能，如蛋白质的溶解性、分子柔性、极性基团的数量和位置、疏水性等都会影响蛋白质的发泡能力和发泡稳定性。作者团队研究了不同 pH 条件下水解蛋白的发泡能力和发泡稳定性，结果见图 7-2。

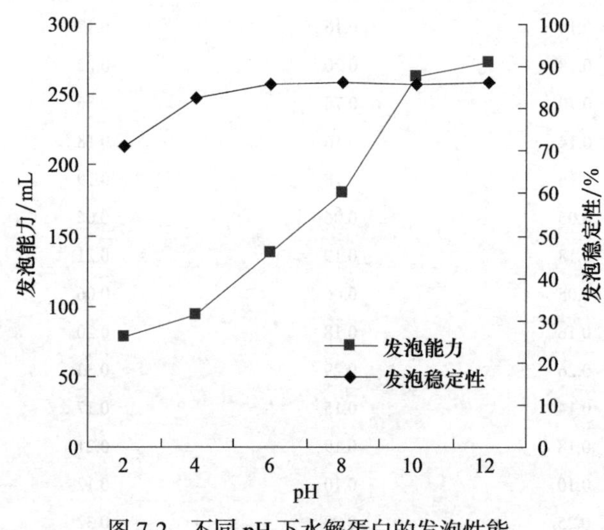

图 7-2　不同 pH 下水解蛋白的发泡性能

结果表明，在试验 pH 范围内，生物解离大豆蛋白的发泡能力随 pH 的增加而增加，但发泡稳定性变化并不显著。溶液 pH 影响蛋白质分子的基团解离，从而表现出不同的发泡能力。蛋白质的发泡能力和发泡稳定性受不同分子性质影响，发泡能力主要受蛋白质的吸附速度、疏水性和柔性影响，而发泡稳定性主要取决于蛋白质膜的流变性质，其中分子所带静电荷的影响很大。通过试验证明，大豆挤压膨化后生物解离制取的蛋白水解液具有较好的发泡能力和发泡稳定性，可以应用于相关食品加工领域。

3. 不同浓度和 pH 下水解蛋白的乳化活性和乳化稳定性

乳化性能是蛋白质的另一项重要功能性质，对蛋白质乳化性能的评价指标有多种，如乳化活性、乳化能力、乳化稳定性等，可以采用不同的测定方法。本试验利用浊度法测定大豆挤压膨化后生物解离制取蛋白水解物在不同浓度时的乳化活性。

由图 7-3 不同浓度水解蛋白的乳化活性和乳化稳定性可知，随着水解蛋白浓度的增加，溶液的乳化活性也增大，但与分离蛋白水解物相比其乳化活性较低[9]。随着水解蛋白浓度的增加，溶液的乳化稳定性变化不大且较差，说明挤压膨化造成大豆内蛋白质结构的改变使得酶解后水解蛋白乳化性较差，但有利于后期进行破乳。

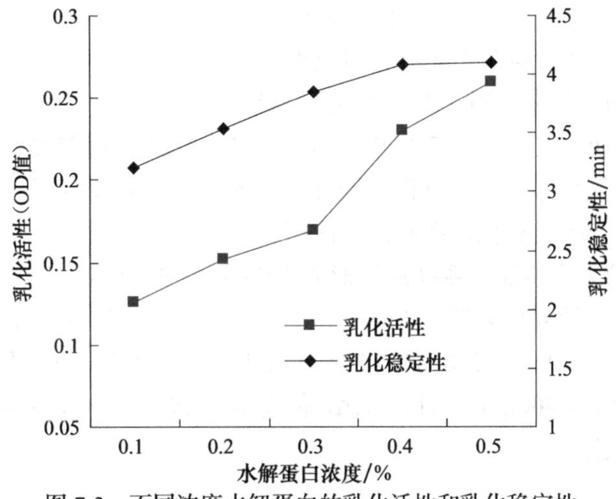

图 7-3　不同浓度水解蛋白的乳化活性和乳化稳定性

由图 7-4 不同 pH 下水解蛋白的乳化活性和乳化稳定性可知，随着 pH 的提高，其乳化活性增加很快，但 pH 在 4.0 附近时出现极小值，这与水解蛋白的溶解性变化趋势相似，说明不同 pH 条件下蛋白质的溶解性对乳化性有影响，但 pH 较低可以改变蛋白质分子的表面性质及蛋白质之间的相互作用而影响其乳化性。由图 7-4 可知，蛋白质的乳化稳定性随 pH 的增加而增加，并且在 pH4.0 附近时有较小值出现。

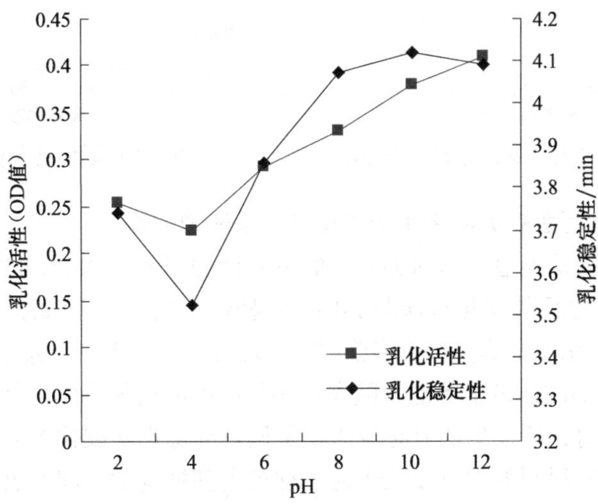

图 7-4　不同 pH 下水解蛋白的乳化活性和乳化稳定性

四、生物解离大豆多肽（TCA-NSI）抗氧化性评价

评价一种物质抗氧化活性、解释抗氧化功能的原因有多种方法，下面主要介绍硫代巴比妥酸反应物质（TBARS）测定、亚铁还原能力（FRAP）测定及对DPPH自由基的清除测定3种方法对挤压膨化后生物解离制取的大豆多肽抗氧化性进行评价。以下的论述部分是在最佳挤压膨化工艺（模孔孔径20mm，物料含水率14.5%，螺杆转速105r/min，套筒温度90℃）和最佳酶解工艺（加酶量1.85%，酶解温度50℃，酶解时间3.6h，料液比1∶6，酶解pH 9.26）条件下制取大豆油脂和蛋白质，水解液离心除去大豆油脂和乳状液后利用三氯乙酸调节pH到等电点，液体离心后除去不溶性蛋白得到等电点可溶性大豆肽，经过喷雾干燥制成大豆肽粉，按照不同浓度调配后测定抗氧化性。

1. 不同添加量的大豆多肽对TBARS值的影响

由图7-5不同添加量大豆肽的TBARS值可知，TBARS值随着大豆多肽浓度的增加而降低，即对卵磷脂脂质氧化体系的抑制作用增强。由此说明，大豆挤压膨化后生物解离制取的大豆多肽具有对卵磷脂脂质氧化体系的抑制作用。

2. 不同添加量的大豆多肽对亚铁还原能力（FRAP）的影响

由图7-6不同添加量大豆多肽的FRAP值可知，FRAP值随着大豆多肽浓度的增加而增加。当大豆多肽浓度由10mg/mL增加到20mg/mL时，FRAP值变化幅度较小。当大豆多肽浓度由20mg/mL增加到40mg/mL时，FRAP值急剧增加。当大豆多肽浓度大于40mg/mL时，FRAP值比较稳定。

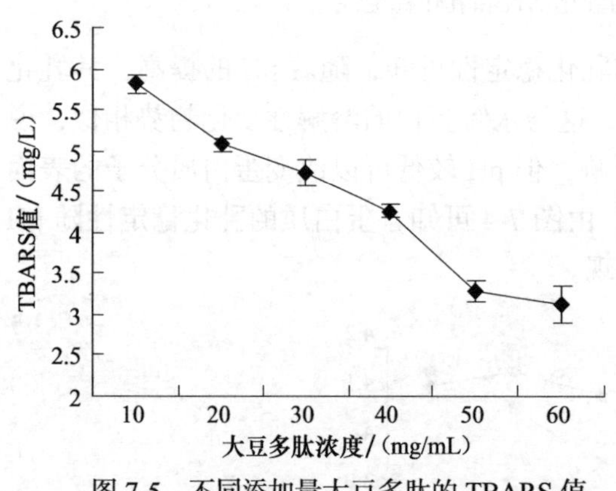

图7-5　不同添加量大豆多肽的TBARS值

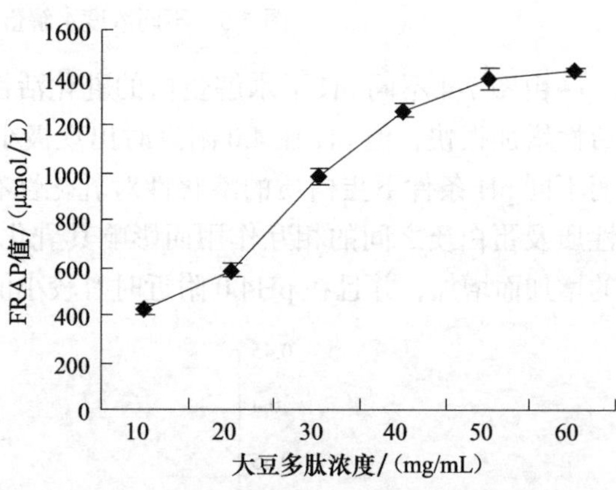

图7-6　不同添加量大豆多肽的FRAP值

3. 不同添加量的大豆多肽对清除DPPH自由基能力的影响

由图7-7不同添加量大豆多肽对DPPH的清除能力可知，DPPH的清除能力随大豆多肽浓度的增加而增加，并且其变化规律与FRAP值相似。当大豆多肽浓度由10mg/mL增加到30mg/mL时，DPPH的清除能力随大豆多肽浓度的增加变化不大。当大豆多肽浓度由30mg/mL增加到50mg/mL时，DPPH的清除能力随大豆多肽浓度的增加变化显著。当自由基的形成超过人体自身保护能力时，所发生的氧化应激正是诱发动脉粥状硬化等慢性病的原因。大豆挤压膨化后生物解离制取得到的大豆多肽作为一种自由基抑制剂，同时也作为一种基本抗氧化

剂与自由基反应，可以降低自由基在人体中产生的危害[10]。

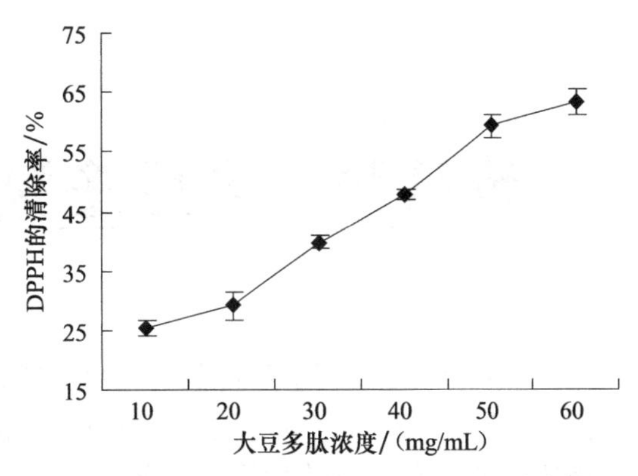

图 7-7　不同添加量大豆多肽对 DPPH 的清除能力

综上所述，通过研究证实了大豆挤压膨化后生物解离制取的水解蛋白具有较好的溶解性、发泡能力和发泡稳定性，可以应用于相关的食品加工领域。大豆挤压膨化后生物解离制取的水解蛋白具有乳化活性和乳化稳定性，但与分离蛋白水解物相比其乳化活性较低。随着水解蛋白浓度的增加，溶液的乳化稳定性变化不大且较差，说明挤压膨化造成大豆内蛋白质结构的改变使得酶解后水解蛋白乳化性较差，但有利于后期进行破乳。同时，在最优油脂和蛋白提取率的挤压膨化与生物解离条件下，大豆挤压膨化后生物解离制取的水解液经过等电点沉淀去除不溶性蛋白后得到的大豆多肽具有抗氧化性，对 TBARS 抑制作用、还原能力及 DPPH 自由基清除能力的效果较明显，但抗氧化机理尚不清楚，有待进一步研究。

参考文献

[1] 李杨，张雅娜，王欢，等．水酶法提取大豆油与其他不同大豆油品质差异研究．中国粮油学报，2014, 29(6): 46～52.

[2] 章绍兵，王璋．水酶法从菜籽中提取油及水解蛋白的研究．农业工程学报，2007, 23(9): 213～218.

[3] 王瑛瑶，贾照宝，张霜玉．水酶法提油技术的应用进展．中国油脂，2008, 33(7): 24～26.

[4] 易建华，朱振宝，赵芳．酶的选择对水酶法提取核桃油的影响．中国油脂，2007, 32(2): 27～29.

[5] 郭兴凤，陈定刚，孙金全，等．水酶法提油技术概述．粮油加工，2007(5) : 70～72.

[6] 谭春兰，袁永俊．水酶法在植物油脂提取中的应用．食品研究与开发，2006, 27(7): 128～129.

[7] Domínguez H, Núnez MJ, Lema JM. Aqueous processing of sunflower kernels with enzymatic technology. Food Chem, 1995, 53(4): 427～434.

[8] Rosenthal A, Pyle D L, Niranjan K. Aqueous and enzymatic processes for edible oil extraction. Enzyme Microb Technol, 1996, 19(6): 402～420.

[9] 刘瑾．酶法改善大豆分离蛋白起泡性和乳化性的研究．无锡：江南大学硕士学位论文，2008.

[10] 王瑛瑶．水酶法从花生中提取油与水解蛋白的研究．无锡：江南大学硕士学位论文，2005.

第八章 大豆生物解离产物的综合利用

生物解离技术作用条件温和，而且可以同时提取油和蛋白质，在制油过程中，伴随着蛋白质的有限水解，这个过程本身就是对蛋白质的改性过程，必然对大豆蛋白的功能特性，如溶解性、起泡性、乳化性等产生影响，这直接影响到对大豆蛋白的综合利用；生物解离产物中的多肽除了具有优越的加工特性之外，还兼具一些独特的功能特性，如消化吸收率高，能降低胆固醇、降血压和促进脂肪代谢的生理功能；此外，通过生物解离技术生产大豆油脂和大豆蛋白的过程中还会产生一些加工副产物，如大豆膳食纤维、大豆异黄酮等，合理开发利用这些资源对于提高大豆资源的利用率具有重要的实际意义。本章就生物解离产物如大豆蛋白、大豆多肽、大豆膳食纤维等产物的综合利用的研究现状及应用前景进行论述。

第一节 大豆蛋白的提取

传统的植物油制取方法虽然能得到95%以上的油脂，但提油后油料蛋白变性严重，作为食品饲料再利用困难。而利用生物解离技术对大豆蛋白进行改性，即通过蛋白酶水解大豆蛋白，改变其功能特性，是一种制造低黏度、高分散性，发挥产物特殊功能特性的一种有效方法。生物解离后的大豆蛋白，其特性体现为起泡性、等电点溶解度明显增强，良好的溶解性，低黏度、抗凝胶形成性，而且在体内消化吸收快，蛋白质消化吸收率高；具有低抗原性，不会产生过敏反应；能增强运动员体能，促进骨肉细胞复原，帮助消除疲劳；能促进脂肪代谢，消除过多脂肪；促进发酵作用，产生有益分泌物；具有抗氧化性。

一、预处理对大豆蛋白的影响研究

1. 挤压膨化工艺参数对生物解离大豆蛋白提取率影响研究

挤压膨化后的大豆蛋白，在高温、高压、高剪切作用下使蛋白质的分子结构发生伸展、重组，分子表面的电荷重新分布，分子间氢键、二硫键部分断裂，导致蛋白质变性，但蛋白质的消化率明显提高，通过增加表面积和蛋白质变性，从而更有利于酶对大豆蛋白的作用。挤压增加蛋白质对酶攻击的敏感性，并且提高了酶解后的大豆蛋白得率，减少酶解全脂豆粉油与蛋白质形成的乳状物[1,2]。

将挤压膨化技术与生物解离技术相结合提取大豆油的同时，得到高质量大豆蛋白，研究不同挤压膨化参数，即模孔孔径、套筒温度、物料含水率、螺杆转速对生物解离大豆蛋白提取率的影响。

工艺流程如下：

大豆→清理→粉碎→水分调节→挤压膨化→粉碎→调节pH和温度→酶解→灭酶→离心→去除上层油脂→收集→调节pH为等电点使蛋白质沉淀→离心→干燥→大豆分离蛋白

李杨等[1]研究表明，挤压膨化最佳工艺条件为模孔孔径为12mm，物料含水率为17%，螺杆转速为94r/min，套筒温度为92℃。经过验证与对比试验可知，在最优挤压膨化工艺条件下，总蛋白得率可达到94.17%左右，比传统的湿热预处理后酶解的总蛋白得率提高了近15%。经分析，其原因可能是经过挤压膨化预处理的全脂豆粉，其细胞结构充分破坏，使得酶的作用位点暴露更有利于蛋白酶的作用，并且得出不同的挤压膨化工艺参数下对细胞的破坏程度不同，从而酶的作用位点暴露程度也不相同，其因子贡献率为套筒温度＞螺杆转速＞模孔孔径＞物料含水率。

2. 不同预处理方法对蛋白质提取率的影响研究

对比研究干法挤压膨化、湿法挤压膨化、湿热处理、超声波处理大豆蛋白后得到的游离油提取率、蛋白质提取率，确定最适合水酶法提取大豆油脂和大豆蛋白的预处理方法[3]。

由图8-1可知，干法挤压膨化预处理与湿法挤压膨化预处理较其他预处理方法有较大优势。由于湿法挤压膨化预处理需蒸汽加热，其温度高、能耗大且蛋白质变性严重，因此本实验确定最适合生物解离技术提取大豆油脂和大豆蛋白的预处理方法为干法挤压膨化预处理方法。

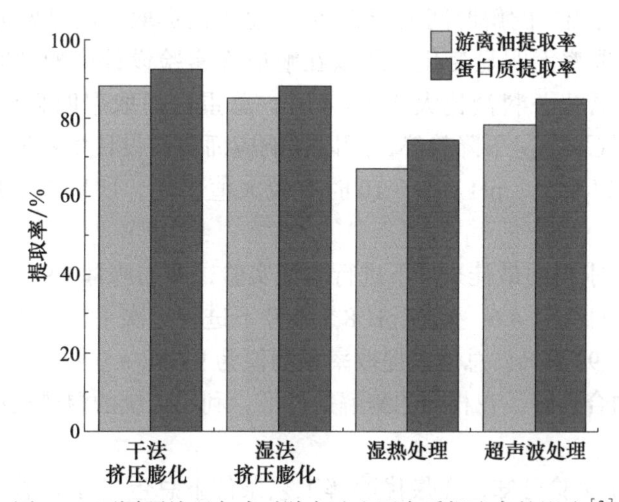

图8-1　不同预处理方式对游离油和蛋白质提取率的影响[3]

二、酶解条件对大豆中蛋白质的影响研究

1. 不同蛋白酶种类对生物解离大豆蛋白提取率影响

由图8-2可知，利用碱性蛋白酶进行生物解离提取，游离油提取率、蛋白质提取率均高于其他4种酶的水解效果。以下实验利用生物解离提取大豆油脂和蛋白质工艺中均选用2.4L碱性蛋白酶。酶解工艺参数为：加酶量1.85%、酶解温度50℃、酶解时间3.6h、料液比1∶6、酶解pH 9.26[3]。

2. 碱性蛋白酶对挤压膨化处理后的蛋白质提取的率的影响

李杨等[2]在碱性蛋白酶提取大豆蛋白的单因素实验中，由图8-3A的结果可以看出，当加酶量大于1.5%时，总蛋白提取率明显增加，所以在响应面实验设计中加酶量水平选1.4%～2.2%。由图8-3B的结果可以看出，酶解温度在60℃附近时，总蛋白提取率有较大

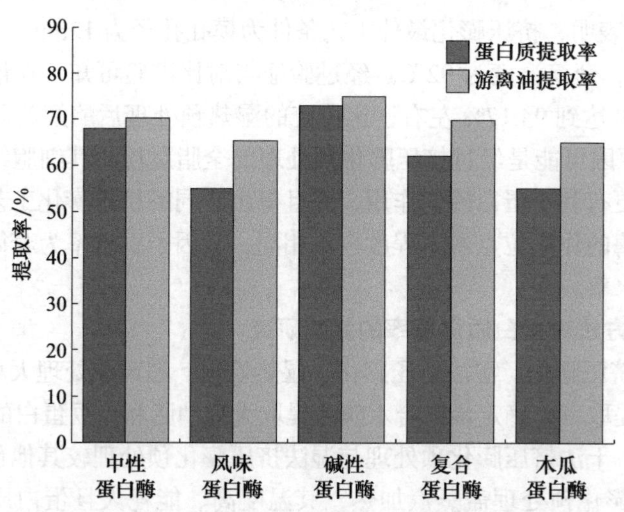

图 8-2　不同蛋白酶对游离油和蛋白质提取率的影响[3]

值出现，因为考虑到交互作用，所以在响应面实验设计中酶解温度选择在 45～65℃。由图 8-3C 的结果可以看出，酶解时间大于 2h 时，总蛋白提取率明显增加，但当酶解时间大于 4h 时，总蛋白提取率无明显变化，所以在响应面实验设计中酶解时间选择 2～4h。由图 8-3D 的结果可以看出，料液比大于 1∶4 时，总蛋白提取率明显增加，但当料液比大于 1∶7 时，总蛋白提取率呈下降趋势，所以在响应面实验设计中料液比选择 1∶4～1∶8。由图 8-3E 的结果可以看出，pH 在 9～10 时有较大值出现，所以在响应面实验设计中 pH 选择 8.5～10.5。

在响应面分析法求得的最佳条件下进行验证实验，即加酶量 1.9%、酶解温度 50℃、酶解时间 200min、料液比 1∶4.6、酶解 pH 8.5 条件下进行 3 次平行实验，3 次平行实验的总蛋白提取率平均值为 93.76%，总蛋白提取率预测值为 93.3% ± 0.99%，说明响应值的实验值与回归方程预测值吻合良好。在相同的酶解条件下，利用传统的湿热处理方法，总蛋白提取率仅为 78.83%。

经过验证与对比实验可知，在最优酶解工艺条件下总蛋白提取率可达到 93.76% 左右，比传统的湿热预处理后酶解的总蛋白提取率提高了近 15 个百分点，经分析，其原因可能是经过挤压预处理的全脂豆粉的细胞结构被充分破坏，使得酶的作用位点暴露，更有利于蛋白酶的作用。

3. 复合酶提取大豆蛋白的工艺研究优化

采用复合酶水解提取大豆蛋白，以蛋白质提取率为目标值对复合酶水解水酶法工艺进行研究，最终确定最适水酶法提取水解蛋白的工艺流程，为今后的中试及产业化生产提供一定参考[4]。

最终的工艺参数确定为：料液比 1∶6（g/mL）、纤维素酶添加量 0.64%、半纤维素酶添加量 0.56%、酶解 pH 为 5、酶解温度 37℃条件下水解 0.75h 后，再利用 Alcalase 碱性内切蛋白酶，加酶量 1.85%、酶解温度 50℃、酶解 pH 9.26、水解 3.6h，总蛋白提取率达到极大值即 85.78%。经过复合酶酶解预处理，比传统的湿热预处理的总蛋白提取率提高了近 10 个百分点，其原因经分析是经过复合酶酶解处理的豆粉的细胞结构被充分破坏，酶的作用位点暴露更有利于蛋白酶的作用。

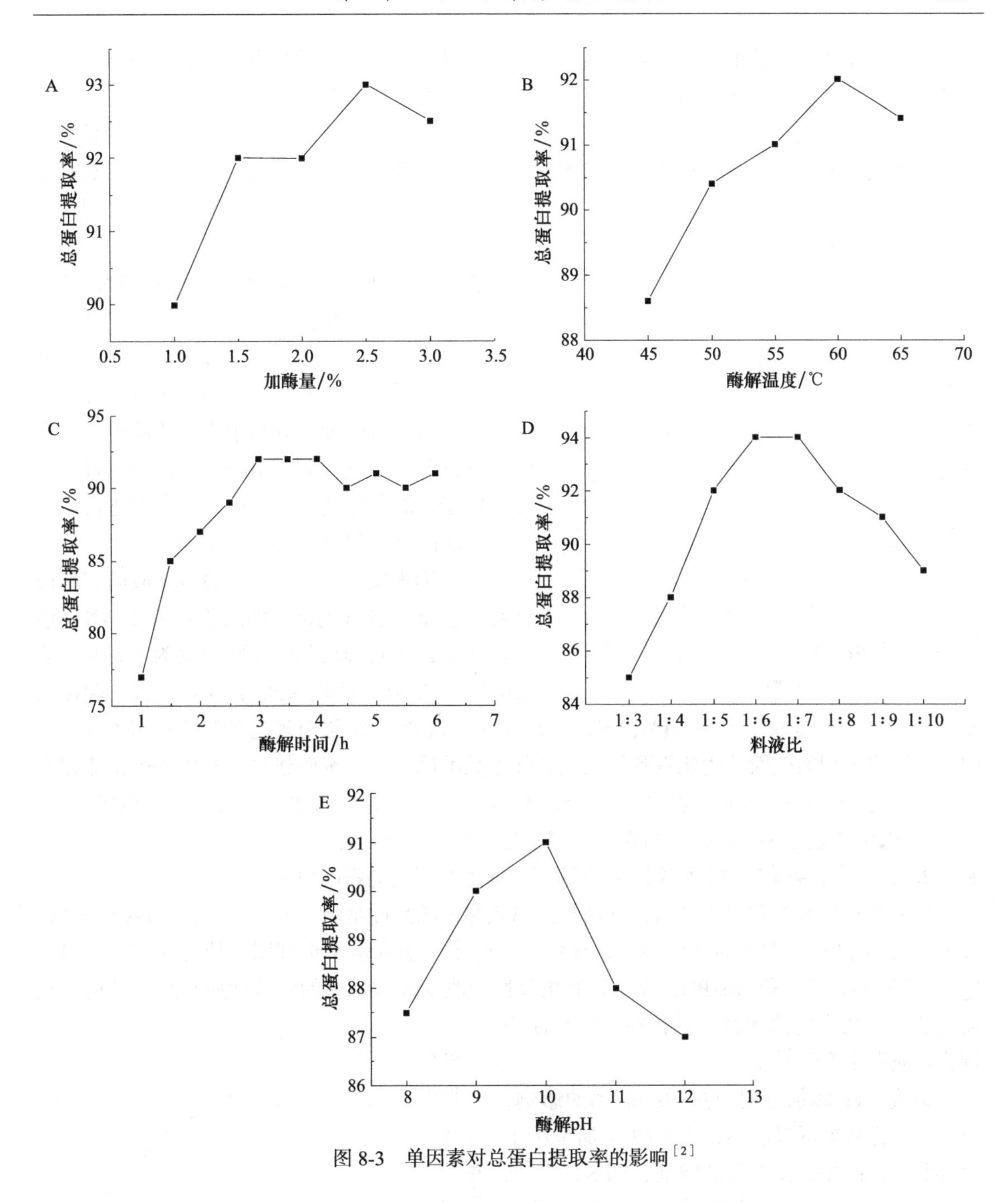

图 8-3　单因素对总蛋白提取率的影响[2]

三、蛋白质改性技术对生物解离提取大豆蛋白品质影响研究

1. 琥珀酰化对生物解离提取大豆蛋白的影响

琥珀酰化是蛋白质化学改性的常用方法，是通过大豆蛋白分子的亲核基团（如氨基、羟基）与琥珀酸酐的亲电子基团（如羰基）相互反应，再引入琥珀酸亲水基团，在催化剂的作用下继续引入长碳链亲油基团，使大豆蛋白成为具有双极性基团的高分子表面活性剂。研究

结果表明，琥珀酰化能够明显改善蛋白质的功能特性，高度酰化的蛋白质在碱性条件下溶解度会增大，利用琥珀酰化后的蛋白质进行酶解能够显著地提高多肽提取率。

将琥珀酰化与大豆生物解离技术相结合，研究了加酶量、液料比、琥珀酸酐添加量、酶解时间和改性时间对总蛋白提取率的影响，并利用响应面分析优化出最佳改性工艺参数，为提高大豆蛋白提取率，更好地实现大豆副产物的综合利用，以及开发出功能性更强的副产物产品提供一定的理论参考[5]。

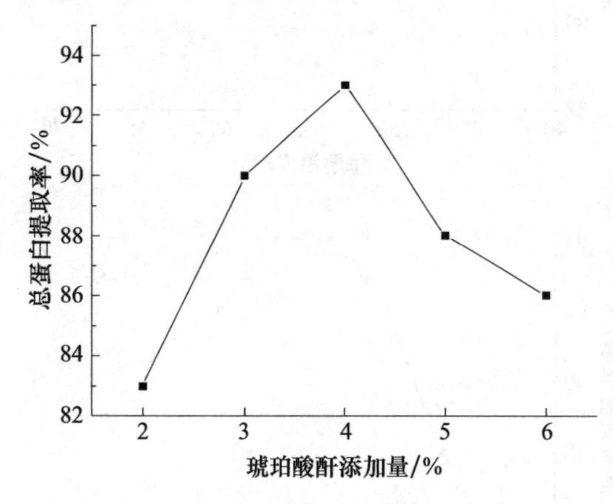

图 8-4　琥珀酸酐添加量对总蛋白提取率的影响[5]

由图 8-4 可知，当添加量小于 4% 时，随着琥珀酸酐的添加，总蛋白提取率也不断增加，当添加量大于 4% 时，总蛋白提取率反而降低。其原因可能是添加琥珀酸酐对蛋白质进行改性，增加了蛋白质的溶解度，有利于蛋白质酶解，破坏脂蛋白的结构，使油游离出来，但是添加过多，使改性蛋白的乳化性提高，反而不利于蛋白质的提取，因此琥珀酸酐添加量定为 4%。

在单因素实验的基础上，通过响应面实验设计对工艺条件进行优化，即加酶量为 2.24%，液料比为 5.25∶1，琥珀酸酐添加量为 5.13%，酶解时间为 3.21h，改性时间为 1.64h，进行验证试验，测得总蛋白提取率为 93.01%，多肽提取率为 66.02%，结果与理论预测值误差在 1% 以内。这说明采用响应面法优化得到的工艺条件参数准确可靠，按照建立的模型进行预测在实践中是可行的。与改性工艺条件相比，即加酶量为 2.24%，液料比为 5.25∶1，酶解时间为 3.21h，测得的总蛋白提取率为 88.64%，多肽提取率为 42.56%。

2. 三聚磷酸钠（STP）加量对生物解离提取大豆蛋白的影响研究

大豆蛋白的磷酸化是指磷酸化试剂与蛋白质侧链的活性基团（如 Ser、Thr、Try 的—OH 及 Lys 的 ε- 氨基）发生的亲核加成，在蛋白质分子中引入磷酸根基团，使上述基团（Thr、Lys）变为 Thr-PO_3^{2-} 和 Lys-PO_3^{2-} 等。磷酸化改性会改变大豆蛋白的电荷性质和空间结构，从而引起大豆蛋白的溶解性、乳化性、持水性等理化性质发生变化[6]。

研究 STP 添加量对总蛋白提取率的影响，由图 8-5 的结果可以看出，当 STP 添加量小于 3% 时，总蛋白提取率明显增加；当 STP 添加量大于 3% 时，总蛋白提取率反而下降。其原因可能是，随着 STP 添加量的增大，蛋白质改性程度增大，蛋白质溶解性提高，从而使总蛋白提取率增大；当 STP 添加到一定量之后，蛋白质的乳化性可能提高，不利于蛋白质的酶解，反而使总蛋白提取率降低。所以，在响应面实验设计中 STP 添加量选择 3%。

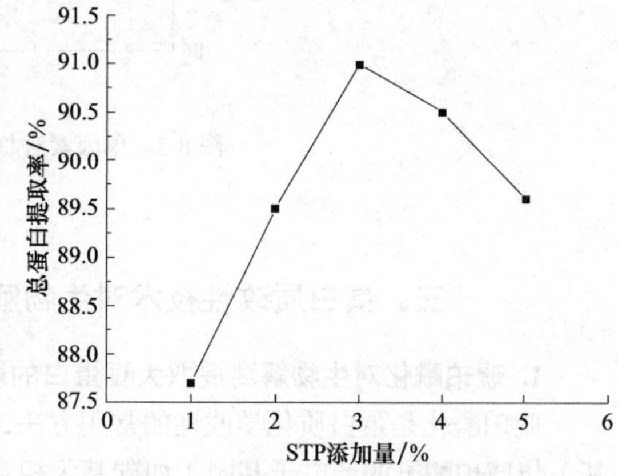

图 8-5　STP 添加量对总蛋白提取率的影响[6]

在单因素实验的基础上，通过响应面对工艺条件的优化，即加酶量为5000U/g底物，料液比为1∶8，STP添加量为4%，酶解时间为3.37h，改性时间为35.68min，进行验证试验，测得总蛋白提取率为94.05%。这与理论预测值误差在1%以内，说明采用响应面法优化得到的工艺条件参数准确可靠，按照建立的模型进行预测在实践中是可行的。采用大豆粉直接酶解，即加酶量为5000U/g底物，料液比为1∶8，STP添加量为4%，酶解时间为4h，此条件下的总蛋白提取率为78.82%。

第二节　大豆多肽提取

随着食品科技、医学、生物技术水平的不断提高及人们饮食观念的更新，大豆中一些成分的功能特性被重新认识，这就为新型大豆功能性食品的开发提供了新的思路。在近几年的大豆综合深加工的研究过程中，尤其注重对大豆中营养保健成分及大豆功能性食品的研究，而大豆多肽是其中的佼佼者之一。美国、日本等国相继开展了大豆多肽的生产和应用研究。大豆多肽除具有优于大豆蛋白的加工特性（如高保湿性、发泡性、非酸沉性等）外，还具有一些独特的功能特性：消化吸收率高，具有降低胆固醇、降血压和促进脂肪代谢的生理功能；无蛋白质变性、酸性不沉淀、加热不凝固、易溶于水和流动性好等良好的加工性能。试验表明[7]，肽比游离氨基酸消化更快、吸收更多，这表明肽的生物效价和营养价值比游离氨基酸更高，是当前国际食品界最热门的研究课题和极具发展前景的功能因子。

一、大豆多肽的制备

获得大豆多肽的方法及技术很多，不同的方法具有不同的条件选择，所获得大豆多肽的品质、含量和生化性质各有不同。目前，生产大豆多肽所用的方法和技术主要有酶解法和微生物发酵法两种。

1. 酶解法

酶解法生产多肽产品安全性高，生产条件温和，易控制，较最初的酸解制备法更具优势。因此，目前已成为生产大豆多肽的主要方法。通常可选用胰蛋白酶、胃蛋白酶等安全性动物蛋白酶，也可使用菠萝蛋白酶和木瓜蛋白酶等安全性植物蛋白酶，但目前主要应用的是枯草杆菌、放线菌、栖土曲霉、黑曲霉和地衣型芽孢杆菌等微生物的蛋白酶，这主要是因为微生物蛋白酶易获得、产量高、酶活力强和成本低等。酶解法生产的大豆多肽无苦味，同时可降解大豆蛋白的抗营养因子，直接用于饮料调配[8]。酶解法生产多肽可以分为单酶水解法和复合蛋白酶水解法，如用中性蛋白酶、木瓜蛋白酶和菠萝蛋白酶3种复合酶同时水解底物，酶解度可以达到约84%，比单酶水解法成本更低、效率更高。为提高大豆多肽的产品质量，现在多采取复合蛋白酶水解法。大豆多肽酶解工艺随蛋白酶的选择、不同行业对产品性能的要求不同而不同，同时酶解法产多肽率相对发酵法低，而且成本较高，限制了酶解法在多肽生产中的应用。生物解离技术不仅能得到高品质的油脂，同时能得到优质蛋白和高功能性的多肽，近年来针对生物解离技术提取大豆多肽的研究已成为研究的热点。

1）*生物解离技术提取大豆多肽*　针对挤压膨化后生物解离技术提取大豆油脂和蛋白质的副产物——大豆多肽进行研究，应用响应面分析方法对酶解过程中大豆多肽得率进行优化，挤压膨化条件为模孔孔径 18mm、套筒温度 90℃、物料含水率 14%、螺杆转速 100r/min，其工艺流程如下：

大豆 → 清理 → 粉碎 → 水分调节 → 挤压膨化 → 粉碎 → 调节 pH 和温度 → 酶解 → 灭酶 → 收集上清液 → 调节 pH 为等电点使蛋白沉淀 → 离心 → 喷粉 → 大豆蛋白肽粉

2）多肽得率测定　采用三氯乙酸（trichloroacetic acid，TCA）可溶性氮法（nitrogen solubility index，NSI）进行测定。

$$\text{TCA-NSI} = \frac{N_1}{N_2} \times 100$$

式中，TCA-NSI 为三氯乙酸可溶性氮得率（%）；N_1 为在 10% TCA 溶液中的可溶性氮量（mg）；N_2 为原料大豆中的总氮量（mg）。

3）最佳工艺参数　通过对碱性蛋白酶酶解工艺参数（加酶量、酶解温度、酶解时间、料液比、酶解 pH）对多肽得率影响的单因素和响应面实验研究，得到多肽得率的响应面优化值。在最佳工艺条件为加酶量 1.6%、酶解温度 60℃、酶解时间 3h、料液比 1∶5、酶解 pH 9.6 条件下，进行验证实验，结果多肽得率为 41.06% ± 1.34%，多肽得率平均值为 41.36%[9]。

2. 微生物发酵法

目前，通过微生物发酵法产酶水解大豆蛋白生产大豆多肽被认为是一种较先进和极其有效的生产活性肽的方法。生物活性肽能够在微生物代谢活动产生的混合酶作用下释放出来，同时微生物可借助多肽水解液提高生长及产酶能力，循环协作，效率更高。此法生产大豆多肽不是简单地将大豆蛋白切成小肽，而是将释放的小肽通过移接和重排，经过微生物作用对某些苦味基因进行修饰、转移和重组，使制得的大豆多肽具有更好的溶解性，无苦味，增强了应用价值[8]。活性微生物发酵制备大豆多肽，发酵液蛋白水解度较高，大豆多肽收率高，而且风味、色泽等感官特性均优于酶法水解的产物[10]。此外，应用微生物直接脱苦效果好，实现一步法制备大豆多肽，省去很多中间步骤，大大降低了成本。

二、大豆多肽的功能特性

大豆多肽即“肽基大豆蛋白水解物”的简称，是大豆蛋白经蛋白酶作用或微生物技术处理，得到的蛋白质水解产物，含有少量大分子肽、游离氨基酸、糖类和无机盐等成分。大豆多肽的分子质量以 1000Da 为主，主要为 300～700Da。每 100g 大豆多肽的必需氨基酸含量分别为：赖氨酸 6.26g、甲硫氨酸 1.31g、亮氨酸 8.18g、异亮氨酸 4.48g、苏氨酸 3.99g、缬氨酸 5.30g、苯丙氨酸 5.54g[11]。大豆多肽的必需氨基酸组成与大豆蛋白完全一样，含量丰富而平衡，且多肽化合物易被人体消化吸收，具有防病、治病、调节人体生理机能的作用。

1. 营养特性

人类摄食蛋白质经消化酶作用后，并不一定完全以游离氨基酸形式吸收，更多的是以低肽形式吸收。小肠黏膜功能缺陷的比较研究表明，即使不同氨基酸系统的转运能力已明显减弱，肽载体仍能参与游离氨基酸的吸收。大豆多肽还能通过血中血蛋白的升高，降低小肽对水与电解质的排泄，达到预防腹泻的效果。多肽保留了原蛋白的营养特性，而且通过蛋白质的改性作用消除了原蛋白中的一些营养抑制因子，这在一定程度上增加了它的吸收利用效率[12]。

2. 低过敏抗原性能

大豆蛋白活性肽与人体中的抗原提示细胞中的免疫遗传因子 IQ 抗原相互作用，使 T 细胞、B 细胞被活化，随即产生球蛋白 E，球蛋白 E 与过敏素结合，使过敏素失去作用。

3. 免疫调节功能

免疫是指机体对各种病原菌的感染有抵抗能力，从而减少疾病的发生率。陈城[13]让小鼠口服摄取不同计量的大豆蛋白活性肽，表明大豆蛋白活性肽可增强小鼠单核巨噬细胞的吞噬功能和半数溶血值[14]。由此可见，大豆蛋白活性肽具有调节免疫的作用。国明明和华欲飞[14]用小鼠做实验，结果显示，大豆多肽不仅能增强正常小鼠的免疫功能，还能显著提高环磷酰胺致免疫功能低下小鼠的胸腺指数、脾脏指数、脾淋巴细胞对刀豆蛋白 A（ConA）的刺激指数、抗体生成细胞含量和血清溶血素的含量，这表明大豆多肽对机体的免疫功能有一定的增强作用[15]。

4. 抗氧化功能

大豆蛋白活性肽含有被激活的组氨酸、酪氨酸和其他活性物质，可改善人体消化、吸收功能，并可在人体内捕捉和消除自由基、甲氧基和氧化物等，同时能与重金属离子产生螯合作用，消除毒性，使有害金属离子失去作用。有人用微生物蛋白酶水解大豆球蛋白，得到分子质量为 700～1400Da 的肽，试验证明，其具有抑制亚油酸自动氧化的作用；体外模型试验证明，这些肽具有清除自由基的作用，可用于食品抗氧化剂和抗衰老食品[16]。

5. 促进微生物发酵的特性

大豆蛋白活性肽具有促进微生物的生长繁殖和代谢的作用，可以促进细菌、霉菌、放线菌、酵母菌等菌类的繁殖。在面包中添加，能促进面包酵母的产气作用，使产品质地柔软、新鲜、体积增大、香气增加。

6. 促进脂肪代谢和矿物质的吸收作用

大豆多肽能形成有机钙多肽结合物，使钙的溶解性和吸收性明显提高，从而促进其被动吸收。大豆蛋白活性肽作为这些离子的载体，在补充矿物质的同时补充了优质蛋白，起到提高机体免疫力、抗疲劳、快速恢复体力等保健作用。饲养试验表明[17]，母猪被饲喂小肽铁后，母猪奶和仔猪血液中的含铁量升高，而饲喂有机铁却无此效果，说明小肽对铁的吸收转运具有十分重要的作用。研究还表明[18]，在蛋鸡饲粮中添加小肽制品后，不但血浆中的 Fe^{2+}、Ca^{2+}、Zn^{2+} 的含量显著高于对照组，而且蛋壳强度有所提高，这与一些小肽具有与金属离子结合的特性有关，从而促进钙、铁和锌的被动运输和体内储存。

7. 降血压、降血脂和降胆固醇作用

早在 20 世纪初，就发现了大豆蛋白具有降低血脂和胆固醇的作用，其水解物大豆多肽同样具有此功能，且效果更佳。许多动物实验和临床试验表明，分子相对质量大于 5000Da 的大豆多肽具有明显降低胆固醇的作用；并且只对胆固醇值高的人有降低胆固醇的作用，对正常人没有影响。

大豆蛋白活性肽可抑制肠道内胆固醇的吸收，刺激甲状腺素的分泌增加，促进胆汁酸化并排出体外。其含有的多种血小板凝集阻碍肽、血纤维蛋白抑制肽，能降低血脂的浓度和黏稠度，防止血凝块的产生和破坏血凝块，从而达到抗血栓形成、降低血清胆固醇和调节血脂的目的。

大豆多肽具有抑制血管紧张素转化酶（ACE）的活性。血压是在血管紧张素转化酶的作用下进行调节的，血管紧张素 AⅠ不具活性，但是 AⅠ在 ACE 作用下可以转变为具有活性的血管紧张素 AⅡ，AⅡ具有收缩血管平滑肌的活性功能，会引起血压升高。大豆多肽可以抑制 ACE 活性，防止血管平滑肌收缩，起到降低血压的作用。许多动物实验和人体临床试验说明，大豆多肽有降低血脂和胆固醇的作用。大豆多肽能阻碍肠道内胆固醇的吸收，促使胆固醇排出体外，降低血液中血脂和胆固醇的浓度[19]。

8. 强健肌肉和消除疲劳作用

要使运动员肌肉量有所增加，必须要有适当的运动刺激和充分的蛋白质补充。为了维持或提高运动员的运动能力，增加肌肉含量和力量，并快速消除疲劳，抑制或缩短体内“负 N 平衡”，在运动前、运动中及运动后及时快速地进行蛋白质的增加或补充，均可以弥补体内蛋白质消耗，促进肌肉快速修复和运动疲劳的恢复。由于大豆多肽易于吸收，能迅速被机体利用，如在运动前和运动中食用，既可减轻肌蛋白降解，维持体内正常蛋白质合成，又能减轻或延缓由运动引发的其他生理方面改变，达到抗疲劳效果[20]。

第三节　膳食纤维提取

膳食纤维定义委员会将膳食纤维（DF）定义为非淀粉多糖和抗消化的低聚糖类，按其溶解特性的不同，可分为水不溶性膳食纤维（IDF）和水溶性膳食纤维（SDF）。水不溶性膳食纤维的主要成分是纤维素、部分半纤维素、木质素；水溶性膳食纤维包括某些植物细胞的贮存物和分泌物及微生物多糖，其主要成分是胶类物质。膳食纤维主要生理功能有整肠、通便，防治肠道疾病和便秘的作用；还能调控血清胆固醇、降血压，防治心血管疾病；降血糖及预防肥胖等[21]。大量的研究结果表明，膳食纤维溶解性是影响其生理功能的重要因素[21,22]，SDF 和 IDF 在人体内所具有的生理功能作用不同，SDF 比 IDF 的生理功能更加突出，这是由于 SDF 具有很好的水溶性。因此 SDF 作为功能性成分，可广泛应用于食品行业。豆渣是生产大豆分离蛋白和豆粉、豆腐等豆制品的副产品，其含水率高达 80%，容易变质，长期以来主要用作牲畜的饲料，附加值低，许多豆渣未被有效利用，造成资源浪费，并对环境造成污染。通过对豆渣营养成分的测定发现，豆渣含有蛋白质、脂肪、维生素、微量元素等各种营养成分，并且含有丰富的膳食纤维[23]，合理开发利用这一资源，生产豆渣水溶性膳食纤维，提高大豆资源的利用率具有重要的实际意义。

一、豆渣中膳食纤维的研究概况

国外对豆渣水溶性膳食纤维研究起步比较早，1961 年 Kawamura 和 Narasaki[24] 在碱性条件下提取了大豆水溶性多糖；Morita[25] 于 1965 年在 100℃热水中提取了大豆水溶性多糖；Aspinall 和 Cottrell[26] 于 1967 年从大豆中提取了多糖类物质，并对其结构进行了初步研究，此后国外陆续报道过一些大豆水溶性多糖的提取方法。1993 年，日本不二油脂公司成功地开发了提取自大豆分离蛋白副产物的大豆水溶性多糖，并将其商品命名为大豆纤维。此后，

Nakamura 等[27~29]对豆渣水溶性多糖的单糖组成、结构和功能特性进行了深入的研究，阐明了糖链的结构组成和功能性原理，并将其应用于蛋白质饮料等食品中。国内近几年关于豆渣水溶性膳食纤维的研究也在逐渐增多，主要研究化学法、酶法、微生物发酵法、挤压膨化法、超高压均质和多种方法的结合来提高豆渣中水溶性膳食纤维的含量[30,31]，以及提取豆渣水溶性膳食纤维的工艺条件，从而制备出高活性、高含量的豆渣水溶性膳食纤维。大部分研究者测定了豆渣中总膳食纤维和水溶性膳食纤维含量，但对其生理活性、化学组成、性质和应用等方面的研究报道较少。

二、豆渣中膳食纤维的提取

豆渣膳食纤维有水溶性的膳食纤维和水不溶性的膳食纤维两种，膳食纤维的种类和性质不同，其提取方法也各不相同。目前，豆渣中膳食纤维的提取方法主要有 4 种：化学分离法、膜分离法、发酵法和化学试剂 - 酶结合提取法[32]，下面主要介绍前 3 种。

1. 化学分离法

化学分离法是指将粗产品或原料干燥、磨碎后，采用化学试剂提取而制备膳食纤维的方法，主要有直接水提法和酸碱法等。直接水提法是豆渣中 SDF 最为简便的提取方法。此方法工艺简单、成本低、无二次污染，乙醇可回收再利用，但豆渣不溶性膳食纤维的得率较低，不适用于豆渣总膳食纤维的提取。

2. 膜分离法

膜分离法是利用天然或人工制备的具有选择透过性的膜，以外界能量或化学位差为推动力对双组分或多组分的溶质和溶剂进行分离、分级、提纯和浓缩的方法。膜分离法提取膳食纤维就是利用膜分离技术分离低聚糖和一些小分子的酸、酶来提取高纯度的膳食纤维，或将分子质量不同的膳食纤维分离提取，避免了化学分离法的有机残留。膜分离法是提高不溶性膳食纤维的得率和分离可溶性膳食纤维最有前途的方法，但是由于受到技术水平的限制，目前还不易实现工业化生产。

3. 发酵法

采用微生物发酵制取膳食纤维是一种比较新颖的方法。发酵法就是选用适当的菌种对原料进行发酵，然后水洗至中性，干燥即得到膳食纤维。其生产过程简单，成本低廉，且易实现工业化生产，为生产高活性膳食纤维寻找到了一条新途径。

三、豆渣水溶性膳食纤维的成分与主要结构

1. 豆渣水溶性膳食纤维的成分

豆渣水溶性膳食纤维由 3 种组分组成，相对分子质量分别在 550 000、25 000、5000 左右，其中相对分子质量在 550 000 左右的组分含量高，该组分主要由 43.6% 半乳糖、22.5% 阿拉伯糖、19.6% 半乳糖醛酸、2.5% 鼠李糖、3.7% 海藻糖、5.9% 木糖、2.2% 葡萄糖等多种成分组成[33]。

2. 豆渣水溶性膳食纤维的主要结构

豆渣 SDF 的主要成分是大豆水溶性多糖（SSPS）。Nakamura 等[28]研究发现大豆水溶性多糖具有胶质类似结构，主要由 3 部分组成：聚鼠李糖半乳糖醛酸（RG）长链和聚半

乳糖醛酸（GN）组成的主链、同型半乳聚糖短链和同型阿拉伯聚糖侧链及连接糖蛋白的木聚糖半乳糖醛酸；其中糖侧链通过聚鼠李糖半乳糖醛酸结合，比聚半乳糖醛酸主链骨干更长[28,34]。

四、豆渣水溶性膳食纤维的特性

1. 豆渣水溶性膳食纤维的溶解性和黏度

豆渣水溶性膳食纤维可溶解于热水或冷水中而不发生凝胶，表现出较其他胶体和稳定剂更低的黏度，其黏度表现出牛顿流变学特性。在 20℃可配制成高浓度的（>30%）水溶液。10% 的溶液在 5～80℃不产生凝胶现象；其结构虽然类似果胶，但是与多价阳离子的相互作用极其微小，这点与低甲氧基果胶和海藻酸钠的性质不同；10% 的溶液在 60% 糖条件下并不发生凝胶化，与高甲氧基果胶不同，并且酸、热、盐类对豆渣水溶性膳食纤维溶液的黏度影响不大，具有很好的稳定性。因此，豆渣 SDF 可以用于含盐或糖的液体食品中，不会有流变性的改变[29,34]。

2. 豆渣水溶性膳食纤维对蛋白质颗粒的稳定性

豆渣水溶性膳食纤维中的主要组成——大豆水溶性多糖，含有近 20% 的半乳糖醛酸，带有负电荷，可吸附在蛋白质颗粒上，在其四周形成多糖类吸附层，可防止蛋白质颗粒的凝集，这说明蛋白质颗粒的稳定性与其分子结构是密切相关的。

SSPS 主要结构与果胶类似，但单糖含量比果胶多，分子中的阿拉伯糖和半乳糖侧链形成一个球状结构，而果胶分子的主骨架是由 1,4-A- 半乳糖与半乳糖相连，鼠李半乳糖的支链与半乳糖链相连，形成一个链状结构。因此，豆渣 SDF 与果胶的稳定机理不同[27]。果胶分子的半乳糖链在分散机制中起重要作用，是因为覆盖在蛋白质颗粒表面的果胶分子的相反电荷的静电排斥作用而阻止凝聚。而 SSPS 分子的糖侧链在分散机制中通过空间排斥作用来阻止蛋白质颗粒的凝聚。这个作用是由于 SSPS 在蛋白质颗粒表面形成了一个厚的吸附层，使蛋白质颗粒比较稳定，难以沉淀[29,35]。

3. 豆渣水溶性膳食纤维对谷物食品的防黏着性

豆渣水溶性膳食纤维可防止米饭存放久时而产生黏着现象，具有良好的解离效果。米粒的黏度是由淀粉决定的，淀粉在蒸煮初期从米粒中游离出来，后期在其表面形成凝胶。当豆渣 SDF 覆盖在米粒表面，在蒸煮过程中降低了米粒表面淀粉糊的黏度，使得米粒表面更光滑[33]。同样，将面制品浸渍在 SDF 溶液中，或将 SDF 溶液喷洒在面制品上，均可改善面类解离性，达到防黏着的作用。由于在米饭和面制品表面吸附 SDF 中的多糖类分子，能保持水分形成厚的吸附层，以防止米饭和面类黏着，使食物更为清爽可口。这种防止黏着性与酸性蛋白粒子的分散稳定性类似，同样是由于 SDF 结构导致的[36]。

五、豆渣水溶性膳食纤维的功能特性

有报道，通过美国分析化学家协会（Association of Official Analytical Chemists，AOAC）方法测得豆渣水溶性膳食纤维中膳食纤维含量超过 60%。因此，豆渣 SDF 具有很高的持水性、持油能力，能螯合消化道中的胆固醇和重金属，调节代谢功能、降低血糖、促进肠蠕动，改变肠道系统的微生物群系；有利于废物的排出，减少对有害物质的吸收，从而对预防糖尿病、心脑血管病，预防便秘，防止结肠癌、胆结石的发生等有良好的效果[22,34]。

六、豆渣水溶性膳食纤维的分析方法

膳食纤维组分复杂，至今尚无公认的标准检测方法，而现有的各种检测方法各有利弊，因其测定原理不同，结果差异较大，甚至某些结果并无可比性。膳食纤维的分析测定方法又与其定义密切相关，自 20 世纪 60 年代初以来分析化学家建立起了大量的检测方法[37]。国外报道的 SDF 分析方法有数十种之多，大多数研究经常采用的方法是酶 - 重量法和酶 - 化学法。

1. 酶 - 重量法

酶 - 重量法是目前公认的测定总膳食纤维、不可溶膳食纤维、可溶性膳食纤维含量的方法，是 AOAC、美国谷物化学师协会（Amercian Association of Cereal Chemists，AACC）等权威机构接受的标准检测方法。其原理是用 α - 淀粉酶、蛋白酶、葡萄糖苷酶进行酶解消化以除去蛋白质和可消化淀粉，然后过滤，上清液用 4 倍体积的 95% 乙醇沉淀，过滤沉淀物后分别用 78% 乙醇、95% 乙醇和丙酮洗涤残留物，干燥、称重即为可溶性膳食纤维。通过测定沉淀物的蛋白质、灰分含量校正膳食纤维的量。此方法精度高、重现性好，但步骤烦琐、费时[37]。酶 - 重量法的研究进展主要围绕 AOAC 法进行不断的改进。对于一般样品，寻找尽可能完全除去蛋白质、脂肪、淀粉等物质的试剂、酶和方法，同时尽可能准确地模拟人体消化系统的条件，以提高其准确性和精度。主要改进手段有改变缓冲液的浓度及组成；采用不同的酶体系，如高脂肪样品采用胆汁去脂肪；改进分离手段，如采用透析、超声波、高速离心分离等[36]。

2. 酶 - 化学法

酶 - 化学法的原理是以测定样品中的非淀粉多糖（NSP）作为膳食纤维测定指标，首先将淀粉用酶完全水解，待溶液离心后，通过酸水解残渣再测定单糖，并通过转换系数得出总糖，即 NSP[38]。酶 - 化学法以 Englyst 法和 Uppsala 法的使用最广泛，二者主要是通过化学分析，测定膳食纤维的单糖组成，并计算出膳食纤维的含量。在样品进行酶解、酸水解处理后，可根据实际条件采用比色法、气相色谱法（GLC）或液相色谱法（HPLC）测定膳食纤维的水解成分。国外主要采用 GLC 或 HPLC 测定其水解组分，该方法不但能测出膳食纤维含量，而且可分析出更多的膳食纤维的组成信息，作为一种研究手段，进行组成与结构的相关研究，为确定膳食纤维的化学组成和生理功能之间的关系提供有效数据，能够满足生理学、营养学及技术领域研究的需要。

第四节 其他副产物综合利用

大豆异黄酮（isoflavone）是从大豆中分离提取出的以 3- 苯并吡喃酮为母核的、具有多酚结构混合物的统称，是大豆生长过程中形成的次生代谢产物[39]。自然界中大豆异黄酮的资源十分有限，仅存在于豆科蝶形花亚科的极少数植物中，大豆是唯一在营养学上有意义的食物资源。天然存在的大豆异黄酮总共有 12 种，分为游离型的苷元（aglycon）和结合型的糖苷（glycosides）。大豆中的大豆异黄酮，97% 以上以糖苷的形式存在，苷元只占总量的 2%～3%[40]。大豆异黄酮是大豆中有效活性物质之一，表现弱的雌激素双向调节作用，具有抗氧化、抗肿瘤、促进机体生长等多种生理功能[41]。

一、大豆异黄酮的提取

近年来异黄酮作为一类有重要药理活性的物质，其提取及纯化方法受到人们的广泛关注。较为常见的有溶剂萃取、超声提取、超临界 CO_2 流体萃取法、有机溶剂沉淀、层析法、超滤膜法等。

1. 粗提方法

大豆异黄酮的初步提取一般采用溶剂萃取法和超声波法相结合。根据不同的原料确认不同的萃取剂和超声条件。

1）*溶剂萃取法*　由于异黄酮在溶剂中的溶解性能相差较大，没有一种能适合所有异黄酮成分的提取溶剂，而必须根据目标成分的性质及杂质的类别来选择溶剂。其中，乙醇具有毒性小、易去除、操作简单等特点，一般与超声提取法相结合，异黄酮的提取率较高，现阶段在工业生产中较为常见。甲醇提取步骤比较复杂，且甲醇是有毒物质，提取后较难除去，不符合环保安全要求，不适合大规模工业生产，近年来较少采用。丙酮对异黄酮溶解具有良好的选择性，可使提取物中大部分杂质不被溶解而被除去，异黄酮则部分或全部溶解于丙酮中。但由于丙酮溶剂较贵，且有毒性，后续加工中不易去除，现阶段大豆异黄酮主要用于食品药品行业，故工业生产中较少使用此方法。由于异黄酮中具有酚羟基，因此可用碱性水溶液（如碳酸钠、氢氧化钠、氢氧化钙水溶液）或碱性稀醇（如 50% 的乙醇）提取，提取液经酸化后可析出异黄酮或调节 pH 沉淀除去蛋白质等杂质。该法是将大豆粉末浸泡在弱碱性水溶液中，提取一段时间后加酸调节 pH 到蛋白质等电点，使之沉淀成凝乳状物，分离后得到液相提取物。

2）*超声提取法*　近年来超声提取法逐渐用于大豆异黄酮。实践表明，超声提取法与溶剂萃取法相结合可有效地缩短溶剂萃取法提取大豆异黄酮的时间，大大提高提取效率。研究表明，随着超声时间延长，越来越多的大豆异黄酮转移到溶剂相中。通过研究可以得到，用超声提取法提取 30min，提取率就可以达到最大值。超声波功率的增加相当于增加了大豆组织细胞壁的破坏速度，增大了传质动力，使得相同时间内异黄酮进入溶质的量增加，提高了提取量[42]。超声提取法提取大豆异黄酮的提取率高，且耗能少、成本低、工艺简单，较适宜用于工业生产中。

2. 精制纯化方法

由于粗提后的提取物中除大豆异黄酮外还含有较多的蛋白质、糖类等杂质，为获得较高含量的大豆异黄酮产品，需进一步精制去杂。异黄酮化合物的分离包括异黄酮与非异黄酮化合物的分离，以及异黄酮化合物之间的单体分离，常用的分离纯化方法有溶剂沉淀法、层析法、超临界法、重结晶、超滤法等。

1）*溶剂沉淀法*　主要利用大豆异黄酮中一些物质较难溶于或微溶于部分有机溶剂的性质，一般选用乙醚、丙酮等溶剂作为沉淀剂，使得这些大豆异黄酮中不易溶的物质沉淀出来达到提取的目的。溶剂沉淀法加工工艺简单，不需要很高的技术水平即可操作，但此方法生产效率较低，只有分离能力而无纯化能力，产品相对纯度较低，必须经过二次纯化，现阶段基本不用于大豆异黄酮的生产加工。

2）*层析法*　近年来，层析法因具有生产工艺简单、成本低、原料可反复利用等特点逐渐用于大豆异黄酮的纯化。其原理是利用各待分离组分在相间停留时间的不同而进行分离。一般用于大豆异黄酮精制纯化的层析物质有吸附树脂、阴离子交换树脂、阳离子交换树脂等。

3）超临界法　超临界法是利用超临界流体在有机溶剂中有较大的溶解度，能引起溶剂体积膨胀，以降低其溶剂化能力，从而使溶剂中溶解的物质析出这一原理而开发的新兴分离技术。异黄酮是强极性物质，溶于多种极性溶剂，但不溶于超临界 CO_2 流体，根据这一性质来进行异黄酮的分离纯化[43]。该方法得到的异黄酮纯度较高，但缺点是设备要求较高，且工艺较复杂。

4）重结晶　重结晶生产方法较为简单，但相较其他的方法，重结晶的大豆异黄酮纯度不够，往往需要几次结晶后才可得到较高含量的异黄酮产品。生产周期较长，不适宜工业生产加工。

5）超滤法　该方法是在一定的压力下利用超滤膜去除提取液中部分杂质以达到纯化的目的，但是单独使用超滤膜来精制，得到的大豆异黄酮含量较少，一般此法与吸附树脂相结合，可减轻树脂的负担。在大豆异黄酮的精制方面使用较为合理，但该方法对滤膜本身的要求较高，生产成本较高[44]。

二、大豆生物解离产物中大豆异黄酮的提取

徐渐等[45]对生物解离提取大豆油后的副产物进行研究，提取其生理活性物质——大豆异黄酮。采用超声方法和酸水解方法相结合对生物解离提取大豆油副产物进行异黄酮提取，在此基础上进行响应面优化，确定最佳提取工艺。分析了影响异黄酮提取的各种因素，并予以优化。优化后工艺条件为：料液比 1∶12.54，乙醇浓度 70.28%，盐酸浓度 2.6mol/L，水解提取时间 30min，提取温度 30℃。结果表明，超声波和酸水解的方法适用于生物解离提取油后豆渣中大豆异黄酮的提取，在加入酸水解后大豆异黄酮总提取量较单纯 70% 乙醇提取法提高 42.55%。

三、大豆异黄酮的生理功能

有关大豆异黄酮生理特性的研究始于 20 世纪 50 年代，当时发现大豆异黄酮具有雌激素活性。其实，大豆异黄酮的雌激素活性十分微弱，仅为内源性雌激素雌二醇活性的 1/10 000～1/1000。正是由于大豆异黄酮具有弱雌激素活性，可竞争性地与雌激素受体结合，从而具有抗雌激素的作用。进一步的研究表明，大豆异黄酮的生理作用是多方面的，抗雌激素作用只是其中的一种[46]。

1. 抗癌作用

大豆异黄酮可抑制多种肿瘤的发生风险。诱导癌细胞凋亡、阻抑细胞周期进程是大豆异黄酮抗癌作用的机制。大量的试验证实了大豆异黄酮可有效地抑制白血病、乳腺癌、结肠癌、肺癌、胃癌等的发生，同时还发现染料木黄酮不仅可有效阻止血管增生还可提高某些药物的抗癌效果。因此，大豆异黄酮不但具有防癌功能，而且还有治癌作用[47]。目前，大豆异黄酮抗肿瘤作用的主要机制包括以下几个方面：①抗氧化作用；②类雌激素和抗激素作用；③调节细胞周期及诱导细胞凋亡；④抑制酪氨酸蛋白激酶的活性；⑤抑制拓扑异构酶的

活性；⑥抑制肿瘤新生血管的生成，有抗癌活性[48]。

2. 防治心血管疾病作用

与雌激素的作用机理相似，大豆异黄酮的药效能够直接到达管状血管，从而起到保护心脏的功效。Squadrito 等[49]研究表明，大豆异黄酮能够降低人体内低密度脂蛋白胆固醇的含量，从而减少这些胆固醇诱导血管反应的概率，抑制冠心病及心脑血管疾病的发生。近年来，研究者对大豆异黄酮在预防心血管疾病中的作用机制进行了大量研究，目前比较成熟的机制有以下几种：①大豆异黄酮可使低密度脂蛋白（LDL）受体发生正向调节，从而促进胆固醇的清除；②防止 LDL 过度氧化，染料木黄酮对脂质过氧化体系中的脂质自由基有显著的清除作用；③抑制血管平滑肌细胞的增殖；④抗血栓生成，染料木黄酮可以通过对酪氨酸激酶的抑制作用来抑制血小板激活和凝聚[50]。

3. 抗骨质疏松作用

更年期妇女骨质疏松症的发病机制是由于性激素缺乏诱发破骨细胞生成细胞因子网络系统的改变，激发了破骨细胞的活性，而抑制成骨细胞的活性，骨质吸收速度超过了骨形成速度。目前，治疗它的主要方法是激素替代疗法（HRT）。然而高雌激素水平可能增加癌症的发生危害，该方法一直未能普及。大豆异黄酮的弱雌激素样作用使药学家看到了曙光[51]。

4. 延缓衰老的作用

大豆异黄酮有延缓衰老、抗老年性痴呆的作用。老年性痴呆是目前最常见的一种痴呆症，是一组病因未明的原发性退行性脑变性疾病。多起病于老年期，潜隐起病，病程缓慢且不可逆，临床上以智能损害为主。病理改变主要为皮质弥漫性萎缩，沟回增宽，脑室扩大，神经元大量减少，并可见老年斑（SP）、神经原纤维缠结（NFT）等病变，胆碱乙酰化酶及乙酰胆碱含量显著减少。该病与胆碱乙酰转移酶（ChAT）的活性和胆碱能神经减少密切相关。用大豆异黄酮对这类患者进行治疗，可明显降低该病的发病率，缓解症状，恢复认知[52]。

5. 其他作用

通过研究发现，短期的大豆干预能提高学生的记忆能力[53]。大豆异黄酮抗氧化、抗辐射的研究近年也屡见报道，并在化妆品行业得到了应用。另外，大豆异黄酮还有抗菌消炎及提高机体免疫力作用[54]。

参考文献

[1] 李杨，江连洲，吴海波，等．挤压膨化工艺参数对水酶法提取大豆总蛋白得率的影响．中国粮油学报，2009, 24(12): 47～51.

[2] 李杨，江连洲，许晶，等．挤压膨化预处理水酶法提取大蛋白的工艺研究．食品科学，2009, 30(22): 140～145.

[3] 隋晓楠，江连洲，李杨，等．水酶法提取大豆油脂过程中蛋白相对分子质量变化对油脂释放的影响．食品科学，2012, 33(5): 37～41.

[4] 李杨，江连洲，隋晓楠，等．复合酶水酶法提取大豆蛋白的工艺优化．食品科学，2011, 32(14): 130～133.

[5] 刘雯，江连洲，李杨，等．琥珀酰化对水酶法提取大豆蛋白的影响．中国粮油学报，2012, 27(2): 14～35.

[6] 刘雯，江连洲，李杨，等．响应面法优化水酶法结合磷酸化提取大豆蛋白的生产工艺．食品工业科技，

2012, 33(6): 272～279.

[7] Smith MW, Newey JM. Amino acid and peptide transportacross the mammalian small intestine. Protein Metaband Nutr, 1960, 64: 213～219.

[8] 乐国伟. 大豆肽的营养及其在食品工业中应用安全性探讨. 中国食品添加剂, 2006, (s1): 140～145.

[9] 江连洲, 隋晓楠, 齐宝坤, 等. 酶法水解大豆膨化料提取多肽的工艺. 食品科学, 2011, (14): 161～164.

[10] Tan T, Zhang M, Wang B, et al. Screening of lipases producing Candida sp. and production of lipase by fermentation. Process Biochem, 2003, 39(4): 459～465.

[11] 廖占权. 大豆肽的功能及质量评价方法. 中国油脂, 2007, 8(32): 34～37.

[12] 王进波, 刘建新. 寡肽的吸收机制及其生理作用. 饲料研究, 2000, (6): 1～4.

[13] 陈成. 大豆蛋白活性肽保健功能性的研究. 大豆科技, 2005, (2): 22～24.

[14] 国明明, 华欲飞. 大豆肽免疫调节作用的研究. 食品科技, 2007, (7): 242～244.

[15] 陈宏军, 方希修. 饲用大豆肽在仔猪生产中的研究与应用. 兽药与饲料添加剂, 2007, 12(5): 18～20.

[16] Fei YJ, Kanai Y, Nussherger S, et al. Expression cloning of a mammalian proton-coupled oligopeptide transporter. Nature, 1994, 368(6471): 563～566.

[17] 张智, 孙凌雪. 大豆蛋白活性肽在相关行业中的应用. 中国调味品, 2003, (5): 11～13.

[18] 豆康宁, 董彬, 王银满. 大豆蛋白活性肽的生物功能与应用前景. 粮食加工, 2007, 32(2): 52～54.

[19] 段玉兰. 小肽的吸收及其应用前景. 饲料博览, 2002, (3): 43～45.

[20] 李书国, 陈辉. 大豆多肽的功能特性及加工工艺. 21世纪中国谷物与油脂科学技术发展中青年论坛, 1998, 8(1): 14～15.

[21] 王家乐. 水溶性膳食纤维在乳品中的应用. 中国食品报, 2003, (8): 1～6.

[22] 谢碧霞, 李安平. 膳食纤维. 北京: 科技出版社, 2006.

[23] 李庄. 大豆水溶性多糖的提取与应用研究. 上海: 华东师范大学硕士学位论文, 2005.

[24] Kawamura S, Narasaki T. Studies on the carbohydrates of soybeans: Part Ⅵ. Component sugars of fractionated polysaccharides, especially identification of fucose in some hemicelluloses. Agricultural and Biological Chemistry, 1961, 25(7): 527～531.

[25] Morita BM. Polysaccharides of soybean seeds part 1. Polysaccharide constituents of "Hot-Water-Extract" fraction of soybean seeds and an arabinogalactan as its major component. Agricultural and Biological Chemistry, 1965, 29(6): 564～573.

[26] Aspinall GO, Cottrell IW. Polysaccharides of soybeans. Ⅵ. Neutral polysaccharides from cotyledon meal. Canadian Journal of Chemistry, 1971, 49(7): 1019～1022.

[27] Nakamura A, Furuta H, Maeda H, et al. Analysis of the molecular construction of xylogalacturonan isolated from soluble soybean polysaccharides. Bioscience Biotechnology and Biochemistry, 2002, 66(5): 1155～1158.

[28] Nakamura A, Maeda H, Corredig M. Emulsifying properties of enzyme-digested soybean soluble polysaccharide. Food Hydrocolloids, 2006, 20(7): 1029～1038.

[29] Nakamura A, Furuta H, Kato M, et al. Effect of soybean soluble polysaccharides on the stability of milk protein under acidic conditions. Food Hydrocolloids, 2003, 17(3): 333～343.

[30] 姜竹茂, 陈新美, 缪静. 从豆渣中制取可溶性膳食纤维的研究. 中国粮油学报, 2001, 16(3): 52～55.

[31] 徐广超, 姚惠源. 豆渣水溶性膳食纤维制备工艺的研究. 河南工业大学学报(自然科学版), 2005, 26(1): 54～57.

[32] 张世仙, 杨春梅, 吴金鸿. 豆渣膳食纤维提取方法及功能研究进展. 西南师范大学学报(自然科学版),

2009, 34(4): 93～97.
[33] 赵国志，刘喜亮，刘智锋. 水溶性大豆多糖类开发与应用. 粮食与油脂，2006, (8): 15～17.
[34] 姜爱莉，贺红军，孙承锋. 大豆膳食纤维的提取工艺. 食品工业，2004, (1): 46～47.
[35] 张晓华，任晨刚，郭顺堂. 可溶性大豆多糖的提取工艺及其应用研究. 大豆科学，2006, 25(1): 28～31.
[36] 魏红，钟红舰. 膳食纤维的应用及检测方法的进展. 中国食物与营养，2004, (5): 46～48.
[37] 周建勇. 膳食纤维测定方法的历史及现状 (1969～1999). 中国粮油学报，2001, 16(3): 10～14.
[38] 申瑞玲. 膳食纤维的研究进展. 食品工程，2002, (2): 19～22.
[39] 汪大敏，杨国武，李皎. 大豆异黄酮的特性及其应用前景展望. 中国食品添加剂，2008, (4): 104～108.
[40] 梁敏，邹东恢. 大豆异黄酮的开发与前景展望. 粮油加工与食品机械，2005, (11): 45～47.
[41] 徐春华，张治广，谢明杰. 大豆异黄酮的抗氧化和抗肿瘤活性研究. 大豆科学，2010, 29(5): 870～873.
[42] 田琳，尉震，石军，等. 超声波法在大豆异黄酮提取中的应用. 科技创新导报，2009, (12): 111.
[43] 袁其朋，张怀，钱忠明. 超临界 CO_2 抗溶剂法纯化大豆异黄酮的研究. 大豆科学，2002, 21(3): 177～202.
[44] 徐渐，江连洲，张宏伟. 大豆异黄酮提取技术研究. 大豆科技，2011, (2): 24～26.
[45] 徐渐，江连洲，穆莹. 超声波酸水解法提取豆渣中异黄酮条件优化. 食品工业科技，2012, 33(13): 253～256.
[46] 王建华. 大豆异黄酮研究进展. 现代中药研究与实践，2013, (1): 85～88.
[47] 崔旭海，李晓东，毕海丹，等. 大豆异黄酮生理功能的最新研究进展. 食品研究与开发，2005, 26(4): 178～182.
[48] 井乐刚，张永忠. 大豆异黄酮的物理化学性质. 中国农学通报，2006, 22(1): 85～87.
[49] Squadrito F, Altavilla D, Morabito N, et al. The effect of the phytoestrogen genistein on plasma nitric oxide concentrations, endothelin-1 levels and endothelium dependent vasodilation in postmenopausal women. Atherosclerosis, 2002, 163(2): 339～347.
[50] 杨科峰，蔡美琴. 异黄酮对心血管作用的研究进展. 上海交通大学学报 (医学版), 2005, 25(5): 532～534.
[51] 杨茂区，陈伟，冯磊. 大豆异黄酮的生理功能研究进展. 大豆科学，2006, 25(3): 320～324.
[52] 李万林，钟姣姣，王少龙，等. 大豆异黄酮生理功能及其检测方法的研究进展. 饮料工业，2014, (4): 54～59.
[53] File SE, Jarrett N, Fluck E, et al. Eating soya improves human memory. Psychopharmacology, 2001, 157(4): 430～436.
[54] Guo TL, Mccay JA, Zhang LX, et al. Genistein modulates immune responses and increases host resistance to B16F10 tumor in adult female B6C3F1 mice. The Journal of Nutrition, 2001, 131(12): 3251～3258.

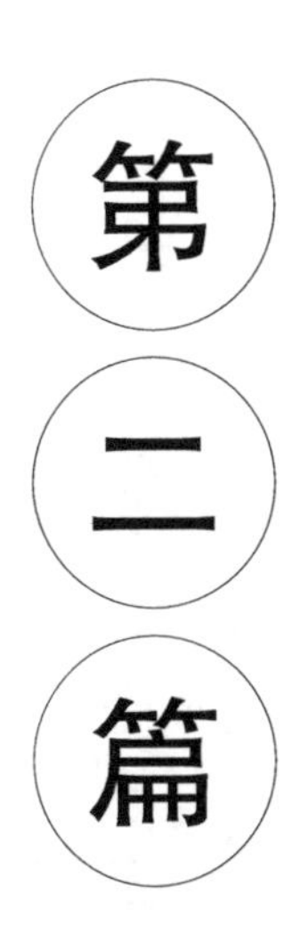

花　生

第二篇

第九章 油料花生

花生含有丰富的油脂和蛋白质，是人类可食用油脂和蛋白质的重要宝库。花生营养价值很高，抗营养因子比大豆少，被认为是一种极具开发潜力和综合开发价值的高油高蛋白油料。其是世界四大油料作物之一，自从1993年超过印度后，中国花生总产量稳居世界第一，我国年均用于制油的花生比例占国内花生利用总量的58%左右。本章主要对油料花生进行综合阐述，分别介绍了花生的化学组成、营养价值及组织结构等特点，这部分内容是研究花生生物解离技术的重要理论基础。

第一节 花生的化学组成及营养价值

花生（*Arachis hypogaea*）又称为落花生，豆科落花生属作物。黄河流域的河南、河北和山东，长江流域的四川、湖南、湖北、安徽、江苏和江西及南部沿海的广东、广西和福建都是我国花生的主产区，新疆也有区域适合种植。据统计，2015年我国花生播种面积为470万hm^2左右，产量约为1690万吨[1]。

在花生籽仁中，油脂和蛋白质为主要成分。花生油脂中油酸和亚油酸的含量丰富，其中亚油酸具有降低血脂和血压、软化血管、预防或减少心血管病的发病率、促进微循环等作用，有“血管清道夫”的美誉。花生除了富含油脂外，还是优质的蛋白质资源，在常见的油料作物中仅次于大豆[2]。花生蛋白营养丰富，必需氨基酸种类齐全、比例合理，赖氨酸的有效利用率高，可与动物性食品如鸡蛋、牛奶、瘦肉等媲美。花生蛋白具有很好的抗乳化性和保湿性能，成膜性和抗氧化性好，是可食用性食品保鲜膜的理想基料。花生中还含有较多的维生素E、钙、铁、磷等营养物质，其中每100g花生油中含有高达30～60mg的天然维生素E[3]。

花生种皮中富含白藜芦醇，可以预防动脉粥样硬化、保护缺氧心脏、扩张血管、改善微循环，预防或减少心肌梗死和脑栓塞的发生[4]。

在花生果中，花生果壳占整个花生质量的28%～32%，籽仁占68%～72%。在花生籽仁内，种皮占3.0%～3.6%，子叶占62.1%～64.5%，胚芽占2.9%～3.9%。花生各部分的主要成分见表9-1[5]。

表9-1 花生的主要成分[5] （%）

成分	脱皮全脂花生子叶	花生壳	种皮	胚芽
水分	5.0～8.0	5.0～8.0	9.0	—
蛋白质	27.6	4.8～7.2	11.0～13.4	26.5～27.8
脂肪	52.1	1.2～2.8	0.5～1.9	39.4～43.0
总碳水化合物	13.3	10.6～21.2	48.3～52.2	—

续表

成分	脱皮全脂花生子叶	花生壳	种皮	胚芽
还原糖	0.2	0.3～1.8	1.0～1.2	7.9
蔗糖	4.5	1.7～2.5	—	12.0
戊糖	2.5	16.1～17.8	—	—
淀粉	4.0	0.7	—	—
半纤维素	3.0	10.1	—	—
粗纤维	—	65.7～79.3	21.4～34.9	1.6～1.8
灰分	2.4	1.9～4.6	2.1	2.9～3.2

注："—"表示未检出

一、水　分

通常花生籽仁的安全水分为 5%～8%，采用不同加工方法加工的花生及其制品的水分含量高低不同。水煮可使水分升高到 36% 左右，烘烤或油炸能使水分降至 2% 以下。水分含量的高低影响花生及其制品的贮藏期，花生及其制品水分含量低，贮藏期会长些；水分含量高，贮藏期较短[6]。

二、脂　肪

花生籽仁中含有丰富的脂肪，而花生油是花生籽仁中最主要的成分。随品种和栽培条件不同，其脂肪含量也会有所不同。在几种油料作物中，花生的脂肪含量仅次于芝麻，而高于大豆、油菜籽和棉籽。花生籽仁含脂肪 50% 左右，花生各组分的脂肪中脂肪酸含量随品种有较大的差异，近年来花生育种开发的新品种——高稳定性花生、高油酸花生的油酸含量高达 80% 以上[7]。花生种子中甘油三酯占 97.25%，1,3- 二酰甘油酯占 0.27%，1,2- 二酰甘油酯占 0.31%，磷脂占 1.62%，固醇酯占 0.22%，其他占 0.16%。我国普通花生的脂肪酸含量分布如表 9-2 所示[8]。

表 9-2　黑花生和白花生中脂肪酸鉴定结果[8]　（%）

序号	化合物	分子式	相对含量		相似度	
			黑花生	白花生	黑花生	白花生
1	十四烷酸甲酯	$C_{15}H_{30}O_2$	0.1	0.09	96	96
2	十五烷酸甲酯	$C_{16}H_{32}O_2$	0.03	0.03	94	94
3	十六碳烯酸甲酯	$C_{17}H_{32}O_2$	0.3	0.27	99	99
4	十六烷酸甲酯	$C_{17}H_{34}O_2$	14.56	14.35	99	99
5	十七烷酸甲酯	$C_{18}H_{36}O_2$	0.33	0.22	98	98
6	十八碳三烯酸甲酯	$C_{19}H_{32}O_2$	0.11	0.04	91	91
7	十八碳二烯酸甲酯	$C_{19}H_{34}O_2$	46.53	57.12	99	99
8	十八烯酸甲酯	$C_{19}H_{36}O_2$	11.54	7.31	99	99
9	十八酸甲酯	$C_{19}H_{38}O_2$	7.02	7.22	99	99
10	十九烯酸甲酯	$C_{20}H_{38}O_2$	0.11	—	99	—
11	十九烷酸甲酯	$C_{20}H_{40}O_2$	0.02	—	98	—
12	3- 辛基环氧化乙烷辛酸甲酯	$C_{19}H_{36}O_3$	1.05	—	80	—
13	二十碳烯酸甲酯	$C_{21}H_{40}O_2$	2.29	2.46	99	99

续表

序号	化合物	分子式	相对含量		相似度	
			黑花生	白花生	黑花生	白花生
14	二十烷酸甲酯	$C_{21}H_{42}O_2$	4.43	4.51	99	99
15	二十一烷酸甲酯	$C_{22}H_{44}O_2$	0.07	0.08	96	96
16	二十二碳烯酸甲酯	$C_{23}H_{44}O_2$	0.19	0.39	95	95
17	二十二烷酸甲酯	$C_{23}H_{46}O_2$	5.12	7.22	98	98
18	二十三烷酸甲酯	$C_{24}H_{48}O_2$	—	0.16	—	93
19	二十四烷酸甲酯	$C_{25}H_{50}O_2$	3.42	3.66	98	98
20	二十六烷酸甲酯	$C_{27}H_{54}O_2$	0.48	0.50	86	86

注："—"表示未检出

花生油脂肪酸组分中含量超过总量1%的脂肪酸有8种，即棕榈酸（C16∶0）、硬脂酸（C18∶0）、油酸（C18∶1）、亚油酸（C18∶2）、花生酸（C20∶0）、花生四烯酸（C20∶4）、山嵛酸（C22∶0）、二十四烷酸（C24∶0），共占总量的99%以上，其中油酸和亚油酸共占80%左右，虽然各自的变幅很大，不过二者总量变幅较小[9]。据测定分析，国内花生品种间脂肪酸的变幅，油酸为34%～68%，亚油酸为19%～43%，油酸和亚油酸比（O/L）的变幅为0.78～3.5。曾发现有个别品系油酸含量高达80%，亚油酸含量仅有2%，O/L为40[10]。油酸、亚油酸及O/L除品种间差异很大外，也受种植地区、温度、年份、气候条件、成熟度等因素影响，如在收获前的4周温度越高，油酸和O/L越高。亚油酸是食品营养品质的重要指标，人体内不能合成亚油酸，必须从食物中获得，以满足生理的需要。亚油酸对调节人体生理机能、促进生长发育、预防疾病有不可取代的作用，特别是对降低血浆中胆固醇含量、预防高血压和动脉粥样硬化有显著的功效。

高含量的长链饱和脂肪酸如山嵛酸、花生酸等被认为是有害的。不同品种类型的花生，其各种脂肪酸含量相差较大，如表9-3所示[11]，加工不同的花生食品应注意选择相适应的花生品种。

表9-3 不同类型花生中脂肪酸的含量[11] （%）

类型	棕榈酸	硬脂酸	花生酸	山嵛酸	花生四烯酸	油酸	亚油酸
普通型	11.11	1.31	1.81	2.79	1.22	58.49	20.72
珍珠豆型	14.71	2.28	1.98	3.19	2.18	42.76	32.09
龙生型	12.92	1.15	1.73	2.90	2.44	52.30	25.23
平均	12.91	1.58	1.84	2.96	1.95	51.18	26.01

三、蛋白质

花生籽仁含有24%～36%的蛋白质，花生蛋白中约有10%是水溶性的，称为清蛋白，其余90%为球蛋白，由花生球蛋白和伴花生球蛋白两部分组成，二者的比例因分离方法的不同为（2～4）∶1，花生蛋白的等电点在4.5左右[12]。

花生蛋白的营养价值与动物蛋白相近，蛋白质含量比牛奶和猪肉都高，其营养价值在植物蛋白中仅次于大豆蛋白。花生蛋白中含有大量人体必需氨基酸，谷氨酸和天冬氨酸含量较高，赖氨酸含量比大米、小麦粉和玉米高，其有效利用率达98.8%，而大豆蛋白中赖氨酸的有效利用率仅为78%[13]。应该指出，从必需氨基酸组成模式来看，花生蛋白的营养价值不如大豆蛋白，大豆蛋白中只有甲硫氨酸含量较低，而花生蛋白中必需氨基酸的组成不平衡。赖氨酸、苏氨酸和含硫氨基酸都是限制性氨基酸，花生蛋白中的限制性较强，这是花生蛋白营养的一个弱点，在开发利用花生蛋白时应予以注意。花生蛋白还含有较多的谷氨酸和天冬氨酸，这两种氨基酸对促进脑细胞发育和增强记忆力都有良好的作用。一般而言，花生蛋白仍是一种较为完全的蛋白质。

花生蛋白的生物值（BV）为58，蛋白质功效比值（PER）为1.7，纯消化率（TD）为87%，易被人体消化和吸收。通过对不同地区生产的8种不同的花生进行研究，结果表明，花生球蛋白的氨基酸分数是31%～38%，伴花生球蛋白的氨基酸分数为68%～82%。花生饱和脂肪酸含量低，亚油酸含量高，可以预防高血压、动脉粥样硬化和心血管等方面的疾病[14]。

花生蛋白中棉子糖和水苏糖含量很低，仅相当于大豆蛋白的14.3%，食用这两种不消化糖后，腹内容易产生胀气，因而食用花生及其蛋白质制品不会产生腹胀嗝气的现象。花生中虽然含有少量的胰蛋白酶抑制因子、甲状腺肿素、植酸等抗营养物质，但是这些抗营养物质经过热加工后易被破坏而失去活性[15]。由此可见，花生蛋白具有较高的营养价值，在食品和畜禽饲料中应占有很重要的地位。

四、碳水化合物

花生籽仁含有10%～23%的碳水化合物，但因品种、成熟度和栽培条件不同，其含量有较大变化。碳水化合物中淀粉约占4%，其余是游离糖，游离糖又可分为可溶性和不可溶性两种。可溶性糖主要是蔗糖、果糖、葡萄糖，还有少量水苏糖、棉子糖和毛蕊糖等。不溶性糖有半乳糖、木糖、阿拉伯糖和氨基葡糖等。其中还原性糖的含量与烤花生的香气和味道密切相关。花生籽仁中的碳水化合物成分如表9-4所示[10]。

表9-4　花生籽仁中的碳水化合物含量[10]　（%）

成分	含量
淀粉	4.0
二糖	4.5
还原糖	0.2
戊聚糖	2.5
总碳水化合物	10.0～13.0

五、维　生　素

花生籽仁中含有丰富的维生素，其中以维生素E最多，其次为维生素B_2、维生素B_1和维生素B_6等，但几乎不含维生素A和维生素D。维生素B_1易受高温的破坏，因此花生在高温加工中，维生素B_1会有大量损失，而维生素B_2在加热过程中性质比较稳定，损失轻微[16]。

六、微量元素

花生籽仁约含3%的矿物质。花生生长在不同的土壤中，其矿物质含量差别较大。据分析，花生籽仁的无机成分中包含近30种元素，其中以钾、磷含量最高，详细微量元素含量见表9-5[17]。

表 9-5　花生籽仁中的微量元素[17]　（单位：mg/100g）

微量元素	含量	微量元素	含量
磷	250	锌	3.4～5.0
钾	500～890	锰	1.3～3.2
钙	20～90	铜	0.6～1.9
镁	90～340	铁	2.1～7.0
硫	190～410	硼	1.2～1.8

七、花生风味的挥发性成分

花生制品的风味品质直接影响其产品质量和产品销路。花生籽仁中含有大量的与花生风味有关的化学成分。花生籽仁中含有的蛋白质、还原糖、脂类化合物等，在一定温度或生物作用下会生成一些小分子的化合物，现已从花生中鉴定出 100 多种有机化学成分，其中绝大部分属挥发性物质，它们与花生的风味有着直接或间接关系。这些挥发性成分包括戊烷、辛烷、甲基甲酸、乙醛、丙酮、甲醇、乙醇、2-丁醇酮、戊醛、己醛、辛醛、壬醛、癸醛、甲基吡嗪、三甲基吡嗪和甲基乙基吡嗪等，其中己醛是香味的主要成分，并辅之以戊醛和其他化合物[18]。

八、其 他 成 分

花生中含有少量胰蛋白酶抑制剂，约为大豆的 20%，并含有甲状腺肿素、凝血素、植酸和草酸等抗营养物质，但这些抗营养物质经过热加工处理后容易被破坏而失去活性，一般不会影响花生及其制品的营养价值[19]。

第二节　花生的组织结构

一、花生籽仁结构

花生籽仁由种皮、子叶、胚 3 部分组成（图 9-1）。种皮有紫、紫红、褐红、桃红、粉红等不同颜色，包在种子最外边，主要起保护作用。包在种皮里面的是 2 片乳白色肥厚的子叶，也叫作种子瓣，贮藏着供胚发芽出地面形成植物体所需的脂肪、蛋白质和糖类等养分，种子瓣的重量占种子的 90% 以上。胚又分为胚芽、胚轴和胚根 3 部分。胚根为象牙白色，突出于 2 片子叶之外，呈短喙状，是生长主根的部分。胚芽为蜡黄色，由 1 个主芽和 2 个侧芽组成，是以后长成主茎和分枝的部分。胚根上端和胚芽下端为粗壮的胚轴，种子发芽后将子叶和胚芽推向地面的胚轴上部，叫作根茎[20]。

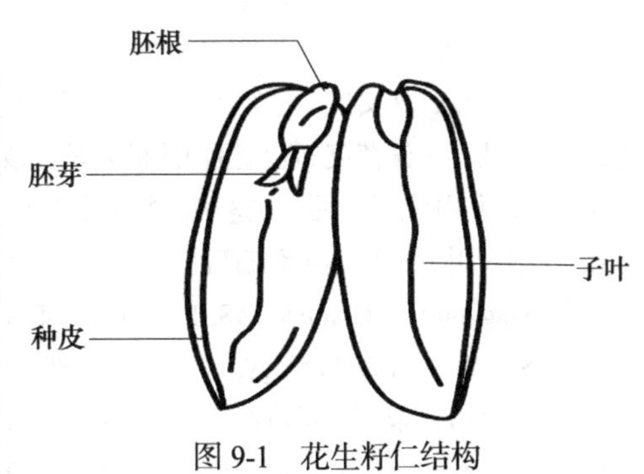

图 9-1　花生籽仁结构

二、花生籽仁的分类

花生籽仁通称花生种子或花生米，着生在荚果的腹缝线上。种子一端钝圆或较平（子叶端），另一端较突出（胚根端）。种子形状可分为椭圆形、三角形、桃形、圆锥形和圆柱形5种。通常以饱满种子的百仁重表示花生品种的种子大小，是品种特征的体现，按百仁重大小可把花生分为大粒品种（80g以上）、中粒品种（50～80g）、小粒品种（50g以下）3种[21]。而以每千克（随机取样）籽仁粒数表示大批收获产品种子的实际大小。普通型大粒品种的百仁重可达100g左右，而一些珍珠豆型品种的百仁重不足50g。在两室荚果中，一般前室种子（通称先豆）较后室种子（通称基豆）发育晚、重量轻[22]。

参考文献

[1] 陈艳军 . 中国花生及花生油市场分析 . 粮油市场报，2016-02-06(B04).

[2] 屈宝香，罗其友，张晴，等 . 中国花生产业发展与食用植物油供给安全保障分析 . 中国食物与营养，2008，(11)：13～15.

[3] 周瑞宝 . 花生加工技术 . 北京：化学工业出版社，2012.

[4] 赵贵兴，陈霞，刘昊飞，等 . 花生的功能成分，营养价值及其开发利用研究 . 安徽农学通报，2011，17(12)：39～42.

[5] 华娣 . 水酶法从花生中提取油与水解蛋白的研究 . 无锡：江南大学硕士学位论文，2007.

[6] 申晓曦，李汴生，阮征，等 . 水分含量对花生仁储藏过程中的品质影响研究 . 现代食品科技，2011，27(5)：495～498.

[7] 李兰，彭振英，陈高，等 . 花生种子发育过程中脂肪酸积累规律的研究 . 华北农学报，2012，27(1)：173～177.

[8] 侯冬岩，回瑞华，李铁纯，等 . 黑花生和白花生中脂肪酸成分的比较 . 食品科学，2011，32(2)：177～179.

[9] 胡彦，沈清清，张铁，等 . 花生油与紫苏种子油脂肪酸组分的比较研究 . 文山学院学报，2014，27(3)：17～20.

[10] 李正明，王兰君 . 植物蛋白生产工艺与配方 . 北京：中国轻工业出版社，1998.

[11] 李宝龙 . 不同品质类型花生品种生理特性与品质形成差异机理研究 . 泰安：山东农业大学硕士学位论文，2009.

[12] 张智猛，胡文广，许婷婷，等 . 中国花生生产的发展与优势分析 . 花生学报，2005，34(3)：6～10.

[13] 潘秋琴，沈蓓英 . 花生蛋白质的磷酸化改性 . 中国油脂，1997，22(1)：25～27.

[14] 陆恒 . 国外花生蛋白的利用 . 粮油食品科技，1989，(1)：32.

[15] 刘大川 . 花生蛋白及其产品的功能性 . 粮食与油脂，1992，(1)：7～11.

[16] Jangchud A, Chinnan MS. Properties of peanut protein film: sorption isotherm and plasticizer effect. Food Science and Technology, 1999, 32(2): 89～94.

[17] 张忠信，朱松，刘莉娜，等 . 花生的营养成分与食疗方剂 . 中国食物与营养，2007，(11)：57～58.

[18] 段淑芬 . 花生的风味品质 . 花生学报，1986，(2)：48～49.

[19] 林茂，吕建伟，马天进，等 . 花生挥发性风味物质研究进展 . 食品研究与开发，2013，(12)：106～110.

[20] 崔凤高 . 花生高产种植新技术 . 北京：金盾出版社出版，2009.

[21] 史传奇 . 东北豆科植物形态学及系统学研究 . 哈尔滨：哈尔滨师范大学博士学位论文，2016.

[22] 吴社兰，周可金，路伟 . 优质花生新品种的生育特征与产量结构研究 . 花生学报，2005，34(4)：28～31.

第十章　花生生物解离技术的研究概述

在花生油料中，油脂存在于花生细胞内部，并通常与其他大分子（蛋白质和碳水化合物）结合，构成脂多糖、脂蛋白等复合体。此外，在油料磨浆过程中，部分磷脂转移到油中，与蛋白质结合并吸附在油滴表面形成稳定的乳状液，酶能破坏脂蛋白膜，从而降低乳状液的稳定性，提高游离油提取率。因此，若想通过生物解离技术提取花生中的油脂和蛋白质，需要采取有效的预处理工艺、酶解工艺及破乳工艺来破坏上述的稳定结构及体系，从而使细胞中的有效成分易于释放，以提高油脂和蛋白质的得率。本章主要对花生生物解离技术进行综合介绍，分别对花生生物解离技术中预处理工艺、酶解工艺及破乳工艺进行论述。

第一节　花生生物解离预处理工艺的研究概述

花生生物解离技术中常见预处理工艺主要有破碎预处理、超声波预处理、烘烤预处理、碱提预处理及低温预榨等。

一、破碎预处理

花生中的油脂和蛋白质主要集中在长 70μm、宽 40μm 的子叶含油细胞中，花生蛋白以直径为 2～10μm 的蛋白体亚细胞形式无规则地分布于含油细胞内，油脂以直径 0.5～2.5μm 的油体形式存在。根据花生内油脂与蛋白质的存在形式，可以看出在提取花生油和蛋白质时，粉碎处理非常关键[1]。

油料粉碎度是影响酶作用和提油效果的重要因素之一。破碎处理能为油与蛋白质在介质中的浸取创造条件进而提高出油率，若细度不够，细胞组织不能彻底破坏，油与蛋白质就难以释放出来，因此一般情况下破碎程度越大，提油效果越好。图 10-1 显示了不同破碎程度的油料作物用生物酶处理的细胞变化效果，从图 10-1 可以看出，经酶处理后油脂更容易从细胞中释放出来。同时，机械破碎的程度也影响最终的得油率。适度粉碎可以降低工艺中产生的乳状液稳定性，提高油和蛋白质回收率。朱凯艳等[2]研究了粉碎预处理对生物解离技术提取花生油和蛋白质得率的影响。研究发现，当花生料浆的体积平均粒径从 38μm 降至 28μm 时，总油得率和水解蛋白得率升高幅度最大，分别为 88.8% 和 77.5%。Rhee 等[3]对生物解离提取花生油和蛋白质的工艺条件进行优化，研究人员发现油料的粉碎程度对生物解离提取植物油效果会有很大影响。

油料的破碎方法分为干碾压法和湿研磨法，采用何种破碎方法取决于油籽的初始水分含量、化学组成、物理结构和采用的工艺[1]。一般而言，对于初始水分含量较高的油料种子（如可可籽），常采用湿法破碎；而对于花生，湿法破碎的结果是产生严重的乳化现象，从而制约游离油得率的提高。王瑛瑶[4]对生物解离技术提取花生油进行研究，探讨了不同破碎方式对游离油得率的影响，结果见表 10-1。研究发现，尽管湿法粉碎比干法粉碎的花生粒径

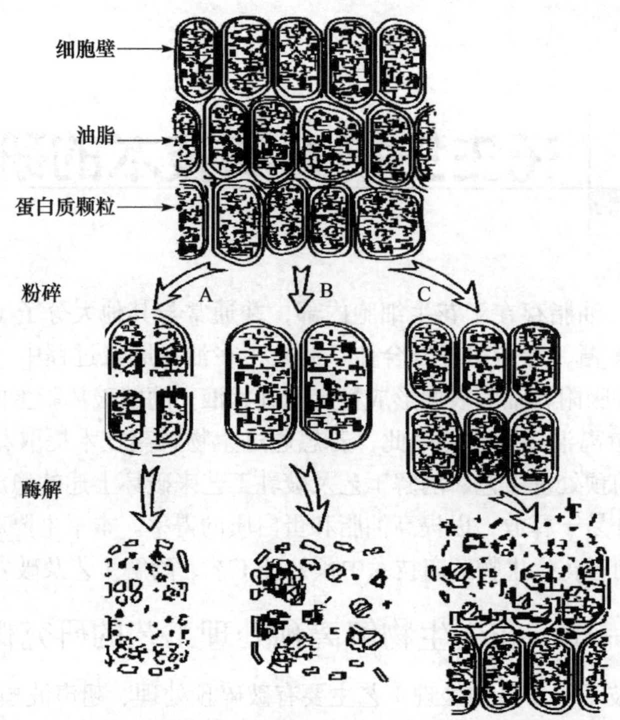

图 10-1　不同破碎程度的油料作物用生物酶处理的细胞变化效果

A. 粉碎得非常充分；B. 粉碎得较充分；C. 粉碎得不充分

小，但会引起严重乳化，得油率反而低，油料在被粉碎的过程中，受到各种机械力，油滴和蛋白质分散得很细的同时发生相互作用，因此在要求油料尽可能被磨细的同时必须尽量避免料浆在破碎处理过程中发生乳化作用。因此，对于花生，采用干法粉碎较为合适，这样既可以减少能耗又可以在一定程度上避免粉碎过程中形成稳定的乳状液[5]。

表 10-1　不同粉碎方式对游离油得率的影响[4]　（%）

粉碎方式	游离油Ⅰ得率	总游离油得率	破乳后乳状液中油残存率*
干法粉碎	73.1	91.69	3.42
湿法粉碎	74.2	82.10	14.21

$$* 破乳后乳状液中油残存率（\%）=\frac{破乳后乳状液中油质量}{原料中总的油质量}\times 100$$

二、超声波预处理

超声波辅助提取技术是一种新的提取分离技术，具有独特的物理性能，可促使植物细胞组织破壁或变形，能够产生增溶作用，使有效成分提取更充分，提取率相比于传统工艺有所提高[6]。超声波对油脂、蛋白质萃取分离的强化作用主要源于其空化效应，而超声空化又引起了湍动效应、聚能效应、微扰效应和界面效应，因而超声波可提高萃取分离过程的传质速率和效果，从而有利于蛋白质的提取，且超声波预处理会对花生细胞结构造成一定程度的损伤，同时对油脂与蛋白质结合体进行空化作用，有利于充分酶解。齐宝坤等[7]对超声波辅助生物解离提取花生蛋白工艺进行了研究，在单因素实验基础上，选出最优的超声波处理时间和超声波处理温度，重点以酶用量、酶解 pH、酶解温度、酶解时间和料液比为考察的影响因子，花生蛋白提取率为响应值。最终筛选出最佳超声条件为：超声波处理温度 40℃、超声波处理时间 15min，在此超声条件下得到花生蛋白提取率可达 94%。李杨等[8]采用超声波辅助生物解离技术提取花生油，在超声波处理时间 20min 和超声波处理温度 45℃下，在单因素实验基础上，以加酶量、酶解 pH、酶解温度、酶解时间和料液比为影响因素，以花生提油率为响应值，采用响应面实验确定最优工艺条件为：加酶量 1.7%，酶解温度 56℃，酶解时间 3.8h，料液比 1∶4，酶解 pH 9.3，在此条件下花生提油率为 95.50%。

超声波处理可以改变物料的状态，从图 10-2 可以看出，超声后物料状态由聚集变为分散，并且对油脂与蛋白质结合体产生了空化作用，有利于充分酶解，进而有利于蛋白质提取。

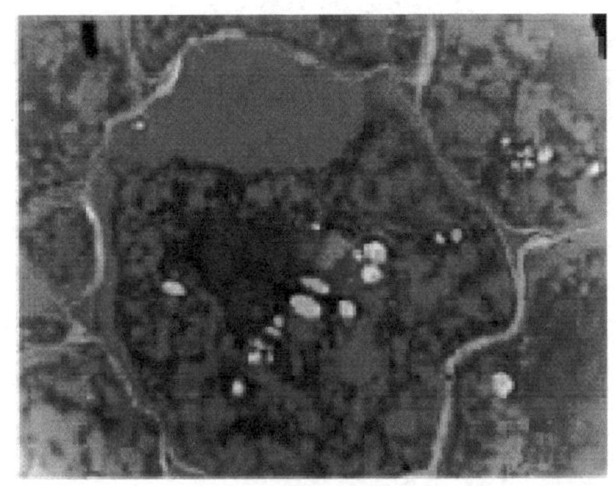
超声波预处理前花生透射电镜图

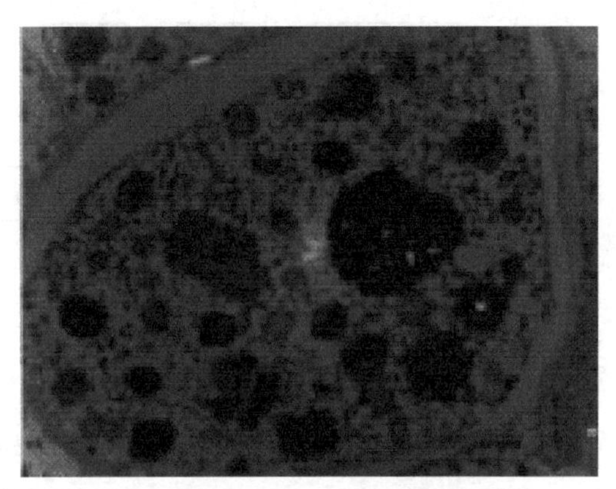
超声波预处理后花生透射电镜图

图 10-2　超声波预处理前后花生透射电镜图[7]

三、烘烤预处理

目前，在实验室规模上采用生物解离技术提取花生油是有效可行的，但酶解时间较长会对生产效率及产品的安全卫生产生不利的影响。目前针对生物解离技术的考察指标主要是油脂和蛋白质的得率，很少涉及油脂的风味评价。实际上，对一种食用油制取工艺进行评价，除了油脂得率之外，油脂风味也应作为一项重要指标。例如，具有浓香味的热榨花生油较精炼浸出油更受消费者的青睐，生物解离技术提取和压榨法制取油的质量接近，不需要烦琐的精炼步骤即可食用，但由于酶解条件温和，在油脂香味方面存在欠缺，因此章绍兵等[9]借鉴水代法提取小磨芝麻油的传统工艺，尝试将花生烘烤后再进行生物解离提油，最终提取的花生油风味得到增强。甘晓露[10]对生物解离技术提取浓香花生油及水解蛋白进行了研究，研究表明：花生经 190℃烘烤 20min 后，通过生物解离技术提取出的油脂具有浓郁的香味，油脂、蛋白质的得率分别为 76%、79%。对花生仁进行烘烤处理，为生物解离技术提取花生油提供了新的思路。

四、碱提预处理

在油料种子中，细胞表面存在坚韧的细胞壁，细胞壁的主要成分是纤维素和果胶，嵌有结构蛋白，油脂和蛋白质等细胞内容物被包裹在其中。油脂通常与其他大分子物质如蛋白质和碳水化合物结合在一起形成复合体，且复合体的表面都有一层以蛋白质为主要成分的膜包裹着。在生物解离提取花生油和水解蛋白的工艺中，花生经过破碎后，为了更好地发挥蛋白酶的作用，必须尽量使花生中的蛋白质溶解在酶解体系中。花生蛋白主要由花生球蛋白和伴花生球蛋白组成，另外含有10%左右的清蛋白。球蛋白和清蛋白都可以溶于稀碱溶液中，因此在酶解之前加入碱提工艺，不仅可以使花生细胞中的蛋白质溶出，对以蛋白质包裹的油和蛋白质的复合体的溶出也具有一定的作用[11]。朱凯艳等[2]采用图10-3所示工艺路线，最终得出碱提的最佳工艺条件：固液比5∶1、pH 8.5，温度60℃、提取时间30min。碱提后，96.37%的蛋白质溶解于水相中，这些蛋白质结合了体系中97.14%的油，这为下一步蛋白酶作用于蛋白质，解离出与其结合的油创造了良好的条件。

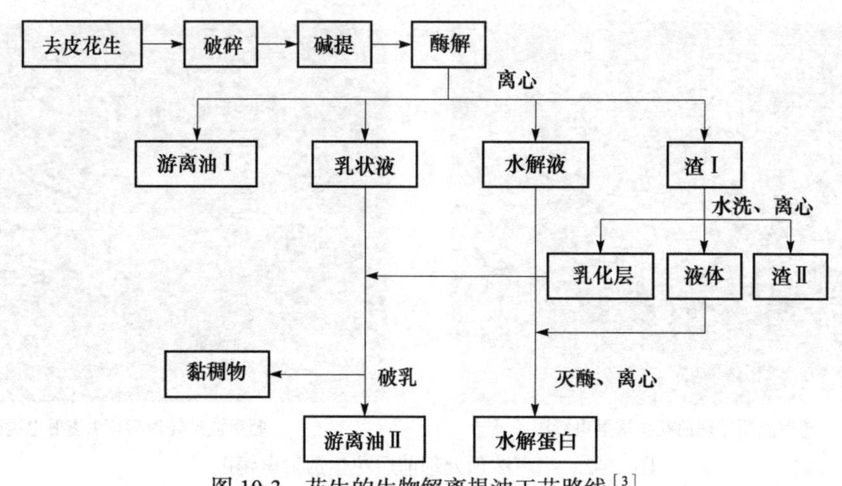

图10-3　花生的生物解离提油工艺路线[3]

五、低温预榨

生物解离技术制取花生油主要以花生仁为原料，很少研究从部分脱脂后的低变性花生饼中通过生物解离技术提取花生油和蛋白质。为了使花生油的出油率得到提高，保持花生油浓香的特点，并且制取溶解性好、纯度高的花生蛋白，王章存等[12]提出低温预榨-生物解离技术提取花生油和蛋白质，经过低温预榨预处理提取35%的油脂，即部分脱脂，然后用生物解离技术进一步提油，最终得到的油和蛋白质提取率分别为73.23%和76.06%。

第二节　花生生物解离酶解工艺的研究概述

传统的花生油加工工艺主要包括压榨法和溶剂浸出法。压榨法是通过机械挤压来制取花生油，该工艺方法简单、无溶剂残留、产品安全、风味好，但存在残油率高、花生蛋白利用率低等问题。溶剂浸出法是利用特定的有机溶剂将花生油萃取出来，其优点是生产效率高、残油率低，但该工艺需要脱除溶剂，设备多、投资大，且有机溶剂对环境有一定的影响。生物解离技术提油是一种新型的提油工艺，是将油料粗粉碎后，进行水相酶解、离心分离后同时得到油和水解蛋白的工艺。与传统制油工艺相比，生物解离技术提油工艺简单、效率高、污染少；制得的毛油质量高，基本不需要精制处理；并且能同时得到具有特定功能特性的水解蛋白[10]。

一、国外花生生物解离酶解工艺的研究

1959年，Subrahmanyan等[13]对花生中油脂和蛋白质分离进行了相关研究，随后以水作为提取溶剂的油脂提取方法开始受到很大的关注，但是上述研究中油提取率比较低，而且所得到的分离蛋白中脂肪含量接近9%～10%。1975年，Lanzani等[14]在水提过程中，单独或复配使用蛋白酶、纤维素酶和果胶酶，可使提油率达到74%～78%，未经酶处理的提油率为72%，见表10-2。2002年，Sharma等[15]在对生物解离提取花生油进行研究时，采用酸性、中性和碱性混合蛋白酶酶解，结果表明混合蛋白酶酶解效果优于胰蛋白酶和木瓜蛋白酶，其最佳工艺条件为：加酶量2.5%（酶量质量/原料质量），pH 4.0，酶解温度40℃，酶解时间18h，搅拌转速80r/min，酶解结束后在18 000r/min的转速下离心20min，最终花生的提油率提高到86%～92%，超过了溶剂萃取和机械压榨方法得到的提油率。2009年，Quist等[16]首先将脱脂未经烘烤过的花生粉和脱脂烘烤过的花生粉，分别利用Alcalase蛋白酶和胃蛋白酶、胰蛋白酶复合进行酶解，所得到的水解产物利用RP-HPLC进行分离并进行电势测定，结果表明得到的水解物对ACE抑制活性有一定的影响。2010年，Jamdar等[17]采用等电点沉降方法提取得到花生分离蛋白，然后对其用Alcalase蛋白酶进行酶解，得到花生水解蛋白，研究蛋白质水解度对其功能特性、抗氧化能力、血管紧张素转化酶抑制活性，试验结果表明蛋白质水解度对3个方面均有一定影响。2013年，Latif等[18]通过生物解离技术从花生仁中提取油和蛋白质。通过生物解离技术获得的水解液比通过溶剂萃取和压榨法获得的残留物具有更好的必需氨基酸分布，水解液通过MALDI-TOF/MS显示其富含分子质量为700～2369Da的肽，并且具有极低的植酸含量，富含多肽，因此可用作食品补充剂。

表10-2　不同酶处理对花生提油率的影响[14]　（%）

酶	酶的浓度	提油率
不加酶	0	72
果胶酶	3.0	74
纤维素酶＋果胶酶	1.5+1.5	74
纤维素酶	3.0	75
胃蛋白酶＋果胶酶	1.5+1.5	76
果胶酶＋胃蛋白酶＋纤维素酶	1.0+1.0+1.0	78
胃蛋白酶	3.0	78
胃蛋白酶＋纤维素酶	1.5+1.5	78

二、国内花生生物解离酶解工艺的研究

1. 生物解离提取花生油和蛋白质的研究

我国对生物解离提油技术的研究相对国外较晚。1999年，刘志强和何昭青[19]采用生物解离技术提取花生油和蛋白质，研究发现采用单一的纤维素酶处理花生后，对油得率和蛋白

质得率提高并不大，而利用纤维素酶、果胶酶、蛋白酶的复合酶系处理油料后，油得率和蛋白质得率均保持较高水平，并且得到了相应的酶解工艺条件：pH 6.4，温度为49℃，加酶量为0.3%，酶反应时间为4h，蛋白质得率为74.6%，油脂得率为95.4%。

2005年，王瑛瑶[4]对生物解离技术同步提取油脂与水解蛋白的工艺进行研究，得到了适合于花生的简易可行工艺路线，在保证花生粉碎粒度的情况下，酶解步骤中主要起作用的是蛋白酶，而纤维素酶、果胶酶、淀粉酶或者外切蛋白酶均不能有效提高游离油和水解蛋白得率，因此其首次使用单一食品级碱性蛋白酶Alcalase作为提取花生油用酶，具体的工艺步骤为：去皮花生经干法粉碎后，以1∶5的固液比，在pH 8.5、60℃条件下提取30min，然后调节体系pH到酶的适宜pH范围内，酶解一段时间后，离心得到游离油Ⅰ、乳状液、水解液及残渣Ⅰ。残渣Ⅰ以原料2倍体积的水洗30min，离心得到乳化层、液相和残渣Ⅱ，合并乳状液和乳化层进行冷冻解冻破乳，得到游离油Ⅱ，水解液与水洗液合并经90℃灭酶处理10min后离心得到花生水解蛋白。比较4种蛋白酶作用效果，结果表明，以Alcalase对体系的水解效果最佳（表10-3），其最佳酶解参数为：酶和花生的百分比（E/S）1.5%，温度60℃，酶解初始pH 8.5，酶解时间5h，最终得到的总游离油得率为91.3%，水解蛋白回收率为83.3%。

表10-3　不同酶作用对总游离油得率及水解蛋白得率的影响[4]　（%）

酶名称	水解度（DH）	总游离油得率	水解蛋白得率	破乳后乳状液中油残存率
As1398	15.18	87.87	81.18	4.63
Alcalase	22.64	91.69	85.90	3.42
Papain	12.34	86.47	76.40	4.83
Protease-N	17.41	88.93	79.00	4.21

前人研究生物解离技术提取花生油和水解蛋白，采用的是脱皮花生，大多是以总油回收率为指标，没有深入研究采用何种方式回收和利用蛋白质产品[14~15,20]。2005年，王瑛瑶和王璋[21]对生物解离技术提取脱皮花生中的油和水解蛋白进行了研究，但并没有对渣中的油和水解蛋白进行进一步开发和利用，且在提油过程中所得的乳状液较多。2007年，华娣[20]对生物解离技术提取花生油和水解蛋白的工艺进行了研究，直接选用带皮花生，在前人研究的工艺路线基础上，对影响游离油得率的重要因素进行了探索，并对这些因素进行全面综合优化分析，通过对比5种蛋白酶的酶解条件和游离油得率（表10-4），发现选用碱性蛋白酶Alcalase效果较好，通过单因素实验和正交实验，确定最佳工艺参数为：反应温度60℃，pH 9.5，料液比1∶5（*m*/*V*），碱提时间90min，加酶量为1.5%，酶解时间为5h。此时，游离油得率为79.32%，水解蛋白得率为71.38%。对工艺中所得的残渣和乳状液，选用中性蛋白酶As1398进行二次酶解，并对其工艺参数进行优化，最终总游离油得率可达93.01%，总水解蛋白得率可达87.93%。在小试的基础上，采用生物解离技术从带皮花生和脱皮花生中提取油和水解蛋白，并用三相卧螺离心机同时分离花生酶解浆料中的油、水解液和渣，取得了良好的效果。游离油得率和水解蛋白得率分别为79.68%、76.06%（带皮花生），81.95%、72.20%（脱皮花生），为工业化生产奠定了基础。

表 10-4　不同蛋白酶的酶解条件和结果[21]

酶名称	反应的初始 pH	酶解温度 /℃	酶解时间 /h	游离油 I 得率 /%
对照组		60	5	30.59
Protizyme	4.0	40	5	56.08
As1398	7.0	45	5	66.36
Neutrase	7.5	55	5	60.08
Alcalase	8.5	60	5	73.45
Protamex	6.0	40	5	48.89

2006 年，杨波等[22]采用生物解离从花生中提取蛋白质，筛选了 3 种酶制剂（Alcalase、As1398 和纤维素酶），确定选用纤维素酶作为水解酶，得出纤维素酶提取花生蛋白的最佳条件为：碱浸提液 pH 7.5，浸提温度 45℃，酶用量 0.2g/L，反应时间 120min，酸沉 pH 4.5，在此条件下花生蛋白的得率为 69.59%，蛋白质得率为 91.88%。

2011 年，段家玉等[23]利用中性蛋白酶 As1.398 对碱预处理过的冷榨花生饼进行酶解研究。以 pH、酶解温度、酶解时间、加酶量为单因素进行了单因素酶解研究，在此基础上以水解度为响应值对酶解条件进行响应面分析，得到较佳工艺条件为 pH 6.7、反应温度 50℃、酶解时间 2.5h、加酶量 6500U/g 底物，该条件下的水解度为 9.41%。

2016 年，赵会[24]分别利用 5 种蛋白酶处理花生体系，Alcalase 2.4L 酶解时的游离油得率和蛋白质水解度最高，索莱宝蛋白酶酶解时水解液自由基清除能力最强，而碱性蛋白酶 2709 酶解时的花生蛋白得率最高。采用 Alcalase 2.4L 和索莱宝蛋白酶进行复合水解，并通过试验确定两种酶最佳比例为 Alcalase 2.4L∶索莱宝蛋白酶 = 7∶3。通过正交实验设计得出复合酶最优水解条件：固液比 1∶5（m/V），酶添加量 8000IU/g，酶解时间 3h，酶解 pH 9。在此条件下，蛋白质得率为 62.57%、油得率为 73.12%、蛋白质水解度为 20.39%。

2. 生物解离技术提取生物活性肽的研究

国内学者对生物解离技术制备生物活性肽也有研究。2006 年，史军等[25]考察碱性蛋白酶 Alcalase、复合蛋白酶 Protamex 分别水解花生蛋白得到花生活性肽溶液，对两种蛋白酶的酶解工艺进行单因素实验及正交实验，在最佳工艺条件下制取花生活性肽。碱性蛋白酶 Alcalase 对花生蛋白的水解最终优化条件为 4% 底物、55℃、酶添加量 4%、酶解 pH 8、酶解时间 3h，此条件下水解度可达 23.37%；复合蛋白酶 Protamex 的水解最终优化条件为 2% 底物、酶解温度 55℃、酶添加量 6%、酶解 pH 7、酶解时间 3h，此条件下水解度可达 16.23%。以最优条件酶解，两种酶分别制得不同水解度的酶解液，并测其清除羟自由基（·OH）的能力。结果表明，花生肽具有较强的抗氧化特性和·OH 清除能力，特别对于碱性酶水解度达 25% 时，体外试验清除率，可高达 80% 左右。因此，花生肽作为功能因子用于保健食品具有很大的开发潜力。

2008 年，张伟等[26]利用碱性蛋白酶、复合风味酶、木瓜蛋白酶、胃蛋白酶及胰蛋白酶分别水解花生蛋白来制备血管紧张素转化酶（ACE）抑制肽，ACE 抑制率通过体外检测法进行测定。实验结果表明，碱性蛋白酶水解物的 ACE 抑制率最大。对碱性蛋白酶酶解工艺进行响应面优化，在最佳条件，即酶解温度 53.7℃，底物浓度 7.72%，酶与底物质量比 4.18%，pH 8.0，水解时间 120min 时，ACE 抑制率可达 72.78%。

2016年，宁庆鹏[27]以已醇脱氨酶激活率为指标，筛选出诺维信 Alcalase AF 为制备花生粕醒酒肽所用酶。从单因素及正交结果可知，制备花生粕醒酒肽的最优组成条件是：水解时间3h，水解温度35℃，水解反应 pH 9.5 及料液比为1∶30，已醇脱氨酶的激活率为18.25%。经各级花生粕多肽分子段对比结果可知，分子质量在1000～3000Da的多肽为醒酒最佳有效分子段，乙醇脱氢酶（ADH）的激活率为30.47%。

3. 其他研究

2012年，苗敬芝[28]对超声水提法和超声结合酶法提取花生粕中总膳食纤维的工艺条件及其功能性进行了研究。试验结果表明：超声水提法最佳工艺条件为料液比1∶15，超声波功率150W和超声波处理时间15min，花生粕总膳食纤维提取率为80.51%；超声结合酶法（酸性纤维素酶）提取最佳工艺条件为加酶量4%、料液比1∶15、超声波功率150W和超声波处理时间15min，花生粕中总膳食纤维提取率为83.83%。花生粕中总膳食纤维的持水力为387%，膨胀力为4.45mL/g。

2013年，陈盛楠等[6]以花生粕为原料，经 Alcalase 碱性蛋白酶水解，研究不同加酶量、底物浓度、酶解温度、酶解时间和酶解 pH 对花生粕水解液抗氧化性的影响。在单因素分析的基础上，采用响应面分析方法对花生粕的酶解条件进行优化，以羟自由基清除能力为考察指标，确定最佳的酶解条件为：加酶量11 820U/g，底物浓度7.52%，酶解温度43.1℃，酶解时间3.9h，酶解 pH 8.47，羟自由基清除能力为60.54%，在上述优化后的工艺条件下的验证实验测得羟自由基清除能力为60.21%。

2014年，宋慧等[29]以花生粕为原料，采用超声水提法和超声结合酶法提取花生粕中水溶性膳食纤维，通过正交实验优化工艺条件，并对其功能性进行研究。结果表明，超声水提取最佳工艺条件为料液比1∶30（*m/V*），超声波处理时间25min，超声波功率150W，花生粕中水溶性膳食纤维提取率最高为12.56%；超声结合酶法（酸性纤维素酶）提取最佳工艺条件为料液比1∶25（*m/V*），超声波处理时间15min，加酶量2%，超声波功率175W，花生粕中水溶性膳食纤维提取率为15.84%，比超声水提法提取率提高了26.11%。花生粕中水溶性膳食纤维对 $\cdot O_2^-$ 均表现出较强的清除能力，其 IC_{50} 为0.33mg/mL；花生粕中水溶性膳食纤维的持水力为404%，膨胀力为2.70mL/g。说明从花生粕中提取的可溶性膳食纤维具有良好的生理活性，可作为功能性食品基料添加到食品中，既增加了产品的保健功能，同时又提高了花生粕的附加值，具有广阔的市场前景。

第三节　花生生物解离破乳工艺的研究概述

花生生物解离提油过程中，由于提取液含有丰富的蛋白质和磷脂及微小的细胞碎片，它们具有良好的表面活性，再加上提取和离心分离过程中的搅动，无法避免产生大量稳定的乳状液。为了进一步提高提油率，对乳状液进行破乳是必要的[30]。破乳越彻底，提油率越高。破乳的好坏直接影响到整个工艺的经济价值，因此深入研究乳状液稳定性的影响因素和采取针对性的破乳技术对生物解离技术提油的产量、质量及经济成本具有指导作用。

一、花生生物解离乳状液稳定性的影响因素

在生物解离技术提油和蛋白质的过程中，油滴进入水相，油料蛋白作为界面活性物质吸

附在油滴表面，形成了稳定的乳状液[31]。生物解离乳状液一旦形成后，蛋白质作为界面膜的主要组成成分，在液 - 液界面形成稳定的结构，其界面张力最低[32]。界面张力的改变与界面组成（界面层的组成成分、界面导电性）、界面结构（界面层的分子重排、有序或无序排列）和界面动力学（界面吸附、溶胀）等相关，其中界面组成和界面结构影响较大[33~34]。

生物解离乳状液液滴表面存在双电层和电位差。当滴间接近时，表面上的双电层发生相互重叠，静电排斥作用将使油滴分开，乳状液保持稳定。当 pH 接近蛋白质等电点时，电荷之间的排斥作用迅速降低，油滴趋于絮凝 / 聚集，乳状液失去稳定性[35]。刘岩等[36]研究表明，花生球蛋白与伴花生球蛋白的乳化活性指数具有 pH 依赖性。在 pH 为 5.0（等电点附近）时，乳化活性指数最低，而偏离等电点区域的乳化活性指数迅速增加，乳状液稳定性增加。

在生物解离过程产生的乳状液体系中，蛋白质充当界面物质的主要组成成分，降低油水之间的界面张力，界面膜的分子组成、结构、动态特性、流变学特性等对乳状液稳定性具有重要影响[37]。王瑛瑶等[38]研究发现，花生生物解离技术提油形成的 O/W 型乳状液的界面吸附的肽与水相中肽的相对分子质量分布接近，但这部分肽具有良好的乳化能力，可能与构象、氨基酸组成、带电性质有关。刘向军[39]发现，花生乳状液界面吸附蛋白在水和花生油模拟体系中的乳化稳定性显著优于花生分离蛋白和非界面吸附蛋白，可能是由于界面吸附蛋白中含有分子质量较大的组分和分子质量较小的花生油体蛋白，其二硫键含量、表面疏水性均高于花生分离蛋白和非界面吸附蛋白。同时，内源荧光光谱分析表明，界面吸附蛋白和非界面吸附蛋白分子展开程度高于花生分离蛋白；圆二色谱分析表明，界面吸附蛋白中α螺旋结构少于非界面吸附蛋白和花生分离蛋白，而β折叠结构多于这两种蛋白。章绍兵等[40]研究表明，随着花生乳状液蛋白质水解度增加，乳状液油滴易于相互聚并，乳状液稳定性降低，可能是由于蛋白质分子质量变小而容易从界面结构中脱离，使乳状液原本稳固的界面膜受到破坏。

二、花生生物解离乳状液破乳方法概述

目前，针对花生生物解离技术中乳状液的破乳方法有物理破乳法、化学破乳法和酶法破乳。物理破乳法一般采用离心、加热处理或施加静电场处理乳状液，可避免使用有机溶剂和有毒有害化学试剂，同时成本也较低[41]。化学破乳法是通过添加破乳剂对乳状液进行破乳[33]，破乳剂一般为有机溶剂，不适用于食品加工。酶法破乳是通过生物酶制剂对乳状液中的乳化蛋白进行酶解从而分离油脂，但较高的成本不利于其推广应用。虽然有多种破乳方法可供选择，但对于以蛋白质为主要表面活性剂的乳状液，由于蛋白质易吸附到油 - 水界面上，在油滴周围形成黏弹性的膜，为乳状液提供空间和静电稳定作用，往往使得乳状液十分稳定，极难破乳[39]。大量乳状液的稳定存在将极大地限制生物解离技术的游离油得率，能否较为彻底地破乳从而回收其中的油在很大程度上决定了生物解离技术的经济性与否。因此，选择合适的破乳方法是十分必要的。

（一）物理破乳法

物理破乳法主要有微波破乳、加热破乳、冷冻解冻破乳和蒸汽破乳法等方法。

1. 微波破乳

微波破乳是利用微波的作用产生电磁场，乳状液内部水滴不断地沿电场方向发生聚集、

破裂，使水油两相间的薄膜变薄。由于微波电磁场的高频振荡，乳状液内部的电极性分子自由振荡，实现破乳[42]。2008 年，王瑛瑶等[38]对生物解离技术提取花生油和蛋白质过程中产生的乳状液进行了微波破乳研究，结果表明：在微波辐射功率 850W，频率 915MHz 条件下破乳 2min 后，3000r/min 离心 20min，最终得到的破乳率为 44.5% 左右。

2. 加热破乳

加热破乳可以降低乳状液的黏度和张力，使油水密度差增大，从而使乳状液的稳定性降低；加热也可使油水分子的运动速度加快，增加液滴间发生碰撞的概率，进而有利于油滴的聚结上浮，从而达到破乳的目的[43]。2008 年，王瑛瑶等[38]对生物解离技术提取花生油和蛋白质过程中产生的乳状液进行了加热破乳研究，结果表明：乳状液在 90℃条件下加热 10min 后，3000r/min 离心 20min，破乳率为 32.7%。

3. 冷冻解冻破乳

冷冻（或冷藏）解冻破乳是另一种可用于油脂回收的破乳方法[44,45]。其原理是冷冻（或冷藏）过程中，乳状液体系温度降低，油相结晶，部分晶体穿到油滴外面，刺穿液膜，从而与另一相同油滴产生局部聚结，引起 O/W 乳状液稳定性的下降；解冻过程中，油相溶解，油滴失去其球形形状，聚结成各种尺寸的大粒子，最终形成连续相，经离心可得到游离油。不断地冷冻（或冷藏）解冻可以加剧局部聚结的产生[15]。

1981 年，van Boekel 等[46]为了进一步研究冷冻解冻破乳的机理，首先对乳状液稳定性进行了研究，然后对冷冻解冻方法进行了破乳实验。2008 年，王瑛瑶等[38]对生物解离技术提取花生油和蛋白质过程中产生的乳状液进行了冷冻解冻破乳研究，结果表明：乳状液在 -20℃冷冻 15h，35℃解冻 2h 后，3000r/min 条件下离心 20min，破乳率可达 91.6%。

4. 蒸汽破乳

加热处理可以使乳状液中的蛋白质变性，导致乳化体系的稳定性降低，达到破乳的目的。目前，大多数加热破乳的研究主要采用常压水浴加热，而采用高压蒸汽对乳状液进行加热破乳的研究鲜有报道。

2012 年，李杨等[47]采用新型蒸汽破乳法对花生提油过程中乳状液进行破乳实验，确定最佳的破乳工艺条件，并与水浴加热破乳进行对比分析（表 10-5），结果表明：高压蒸汽破乳效果明显优于水浴加热破乳。

表 10-5　破乳效果分析结果[47]

破乳方法	破乳压力	破乳温度 /℃	破乳时间	破乳率 /%	总油提取率 /%
水浴加热破乳	常压	100	15min	83.22	78.16
高压蒸汽破乳	18.2MPa	115	21s	93.49	89.54

（二）化学破乳法

化学破乳法包括调节 pH、添加有机溶剂及添加无机盐等破乳方法。调节乳状液的 pH，相当于加入电解质，从而中和乳状液本身所带电荷，可以破坏油 - 水上的吸附蛋白膜，使乳状液脱稳实现油水分离。添加有机溶剂可以萃取出乳状液的油脂，从而达到破乳的目的。添加无机盐破乳的原理是在乳状液中加入某些无机盐后，将可能会破坏稳定的蛋白质双电层结构，从而促使油滴之间发生集合和破乳。

采用化学方法破乳的油回收率有高有低，且引入了盐类和有毒的有机溶剂，需要专门的设备和工艺去除这些物质，这样会增加提油的成本，降低油脂的质量和安全性[39]。

（三）酶法破乳

乳状液的形成除了需要两种互不混溶的液体外，还必须有第三种物质——乳化剂，在生物解离花生油的过程中，蛋白质和磷脂等都是乳化剂，它们可以在油水界面上吸附或富集，在油滴表面形成一层脂蛋白膜，并形成稳定的乳化胶体状态，不利于油脂的分离和提取，酶的作用可破坏脂蛋白膜，从而使油的得率提高。酶法破乳作用条件温和，清洁无污染，且能耗低、针对性强，可降低生产成本。但目前国内外学者对酶法破乳的研究仍不够深入，大多数停留在酶种筛选、破乳工艺优化等层面，对于酶法破乳进程的研究和微观机理的阐释较少涉及[48]。

由于产生乳状液的最重要原因是油水之间蛋白膜的存在，因此用蛋白质水解酶将蛋白质膜水解成多肽，蛋白质将可能失去吸附在油水之间的能力，而且用酶法水解蛋白质破乳，存在条件温和、操作简单、能耗低等优点，因此酶法破乳不失为一种理想的破乳方法[39]。为此，国内外很多学者，如 Lamsal 和 Johnson[49]、Chabrand 和 Glatz[50]、Jung 等[51]、章绍兵等[52]，对酶法破乳做了大量的研究。

2007 年，华娣等[53]采用生物解离技术从花生中提取油脂和水解蛋白，对工艺所得的渣和乳状液采用 As1398 中性蛋白酶、Alcalase 蛋白酶、木瓜蛋白酶、复合纤维素酶等进行二次酶解，其中用 As1398 中性蛋白酶酶解时，总游离油得率达到 91.98%，总水解蛋白得率可达 88.21%。

参考文献

[1] 石永峰. 酶法处理对大豆和葵花籽油脂浸出率的影响. 中国油脂, 1998, 23(2): 25～28.

[2] 朱凯艳, 张文斌, 杨瑞金, 等. 粉碎处理对花生水酶法提取油脂和蛋白质的影响. 食品与机械, 2012, 28(2): 119～122.

[3] Rhee KC, Cater CM, Mattil KF. Simultaneous recovery of protein and oil from raw peanuts in an aqueous system. Journal of Food Science, 1972, 37(1): 90～93.

[4] 王瑛瑶. 水酶法从花生中提取油与水解蛋白的研究. 无锡: 江南大学硕士学位论文, 2005.

[5] 张岩春, 于国萍. 关于大豆酶法制油的复合酶筛选与复合的研究. 粮油加工, 2004, 29(3): 53～56.

[6] 陈盛楠, 江连洲, 李扬, 等. 酶解条件对花生粕水解液的抗氧化活性影响研究. 食品工业科技, 2013, 34(6): 177～180, 193.

[7] 齐宝坤, 江连洲, 李杨, 等. 响应面优化超声波辅助水酶法提取花生蛋白工艺. 食品工业科技, 2011, (11): 253～256.

[8] 李杨, 江连洲, 齐宝坤, 等. 超声波辅助水酶法提取花生油工艺. 油脂加工, 2012, 37(3): 10～13.

[9] 章绍兵, 王建国, 房健, 等. 水酶法同时提取浓香花生油和水解蛋白质的研究. 河南工业大学学报, 2009, 30(5): 9～12, 17.

[10] 甘晓露. 水酶法提取浓香花生油及水解蛋白的研究. 郑州: 河南工业大学硕士学位论文, 2012.

[11] 江利华 . 水酶法提取花生油和水解蛋白的中试工艺及花生 ACE 抑制肽的研究 . 无锡 : 江南大学博士学位论文 , 2010.
[12] 王章存 , 康艳玲 , 刘改英 , 等 . 低温预榨 - 水酶法制取花生油和蛋白的研究 , 食品工业科技 , 2008, (1): 216～218.
[13] Subrahmanyan V, Bhatia DS, Kalbag SS, et al. Integrated processing of peanut for the separation of major constituents. J Am Oil Chem Soc, 1959, 36(2): 66～70.
[14] Lanzani A, Petrini MC, Cozzoli O, et al. On the use of enzymes for vegetable-oil extraction. A preliminary report. La Riv. Ital. delle Sostanze Grasse, 1975, 52: 226～229.
[15] Sharma A, Khare SK, Gupta MN. Enzyme-assisted aqueous extraction of peanut oil. J Am Oil Chem Soc, 2002, 79(3): 215～218.
[16] Quist EE, Phillips RD, Saalia FK. Angiotensin converting enzyme inhibitory activity of proteolytic digests of peanut(*Arachis hypogaea* L.)flour. LWT-Food Science and Technology, 2009, 42(3): 694～699.
[17] Jamdar SN, Rajalakshmi V, Pednekar MD, et al. Influence of degree of hydrolysis on functional properties, antioxidant activity and ACE inhibitory activity of peanut protein hydrolysate. Food Chemistry, 2010, 121(1): 178～184.
[18] Latif S, Pfannstiel J, Makkar HP, et al. Amino acid composition, antinutrients and allergens in the peanut protein fraction obtained by an aqueous enzymatic process. Food Chemistry, 2013, 136(1): 213～217.
[19] 刘志强 , 何昭青 . 水酶法花生蛋白质提取及制油研究 . 中国粮油学报 , 1999, 14(1): 36～39.
[20] 华娣 . 水酶法从花生中提取油与水解蛋白的研究 . 无锡 : 江南大学硕士学位论文 , 2007.
[21] 王瑛瑶 , 王璋 . 水酶法从花生中提取油与水解蛋白的研究 . 食品与机械 , 2005, 21(3): 17～23.
[22] 杨波 , 杨光 , 张静 . 水酶法提取花生蛋白工艺的研究 . 食品科学 , 2006, 27(11): 253～256.
[23] 段家玉 , 张声华 , 何东平 . 冷榨花生饼制备花生蛋白的水酶法研究 . 广东农业科学 , 2011, 38(11): 82～85.
[24] 赵会 . 水酶法同步制备花生油和抗氧化肽的研究 . 郑州 : 河南工业大学硕士学位论文 , 2016.
[25] 史军 , 王金水 , 蔡凤英 , 等 . 花生蛋白酶解条件及活性肽抗氧化特性研究 . 河南工业大学学报 (自然科学版), 2006, 27(7): 29～33.
[26] 张伟 , 徐志宏 , 孙智达 , 等 . 酶解花生蛋白制备血管紧张素转化酶抑制肽 . 中国粮油学报 , 2008, 23(10): 146～151.
[27] 宁庆鹏 . 花生粕功能多肽的研究 . 太原 : 山西大学硕士学位论文 , 2016.
[28] 苗敬芝 . 超声结合酶法提取花生粕中总膳食纤维及功能性研究 . 农业机械 , 2012, (33), 88～90 .
[29] 宋慧 , 苗敬芝 , 董玉玮 . 超声结合酶法提取花生粕中水溶性膳食纤维及其功能性研究 . 食品研究与开发 , 2014, 35(5): 44～48.
[30] 李鹏飞 . 水酶法提取花生油及蛋白质 . 无锡 : 江南大学博士学位论文 , 2016.
[31] 郝莉花 , 陈复生 , 殷丽君 . 水酶法乳状液的稳定性及其破乳方法研究进展 . 粮食与油脂 , 2017, 30(3): 13～16.
[32] Bos MA, Van VT. Interfacial rheological properties of adsorbed protein layers and surfactants: A review. Advances in Colloid and Interface Science, 2001, 91(3): 437～471.
[33] Kim HJ, Decker EA, Mcclements DJ. Influence of protein concentration and order of addition on the thermal stability of β-lactoglobulin stabilized n-hexadecane oil-in-water emulsions at neutral pH. Langmuir the Acs Journal of Surfaces & Colloids, 2005, 21(1): 134～139.
[34] Karaca AC, Low N, Nickerson M. Emulsifying properties of chickpea, faba bean, lentil and pea proteins

produced by isoelectric precipitation and salt extraction. Food Research International, 2011, 44(9): 2742～2750.

[35] Mcclements DJ. Food Emulsion: Principles, Practice and Techniques. 2nd ed. Boca Raton: CRC Press, 2005.

[36] 刘岩，赵冠里，苏新国．花生球蛋白和伴球蛋白的功能特性及构象研究．现代食品科技，2013, 29(9): 2095～2101.

[37] Ganca K, Alexander MA, Corredig M. Interactions of high methoxyl pectin with whey proteins at oil/water interfaces at acid pH. J Ag Food Chem, 2005, 53(6): 2236～2241.

[38] 王瑛瑶，王璋，罗磊，等．水酶法提花生油中乳状液性质及破乳方法．农业工程学报，2008, 24(12): 259～263.

[39] 刘向军．花生乳状液体系蛋白质的酶解动力学及破乳机制研究．郑州：河南工业大学硕士学位论文，2013.

[40] 章绍兵，刘向军，陆启玉．花生乳状液体系中蛋白质的酶解动力学研究．农业机械学报，2013, 44(9): 157～161.

[41] 陈和平．破乳方法的研究与应用新进展．精细石油化工，2012, 29(5): 71～76.

[42] 刘向军，陆启玉，章绍兵．水酶法提油过程中产生乳状液的破乳方法研究进展．中国油脂，2013, 38(4): 5～8.

[43] 李桂英，袁永俊．水酶法提取菜籽油中破乳的研究．食品科技，2006, 31(3): 101～103 .

[44] Rosenthal A, Pyle DL, Niranjan K. Aqueous and enzymatic processes for edible oil extraction: A review. Enzyme and Microbial Technology, 1996, 19(6): 402～420.

[45] Roxas P G. Process of recovering oils from oleaginous meats of nuts, beans and seeds. U. S. Patent, 3083365, 1963.

[46] van Boekel M, Walstra P. Stability of oil-in-water emulsions with crystals in the disperse phase. Colloids and Surfaces, 1981, 3(2): 109～118.

[47] 李杨，齐宝坤，隋晓楠，等．水酶法提取花生油高压蒸汽破乳工艺研究．中国油脂，2016, 41(7): 6～9.

[48] 赵翔．花生水剂法提油过程形成乳状液的酶法破乳研究．郑州：河南工业大学硕士学位论文，2012.

[49] Lamsal BP, Johnson LA. Separating oil from aqueous extraction fractions of soybean. J Am Oil Chem Soc, 2007, 84(8): 785～792.

[50] Chabrand RM, Glatz CE. Destabilization of the emulsion formed during the enzyme-assisted aqueous extraction of oil from soybean flour. Enzyme and Microbial Technology, 2009, 45(1): 28～35 .

[51] Jung S, Maurer D, Johnson LA. Factors affecting emulsion stability and quality of oil recovered from enzyme-assisted aqueous extraction of soybeans. Bioresource Technology, 2009, 100(21): 5340～5347 .

[52] 章绍兵，吕燕红，胡玥，等．水剂法提取花生油中的破乳研究．河南工业大学学报（自然科学版），2010, 31(5): 1～4, 61.

[53] 华娣，许时婴，王璋，等．酶法提取花生油与花生水解蛋白的研究．食品与机械，2007, 22(6): 16～19.

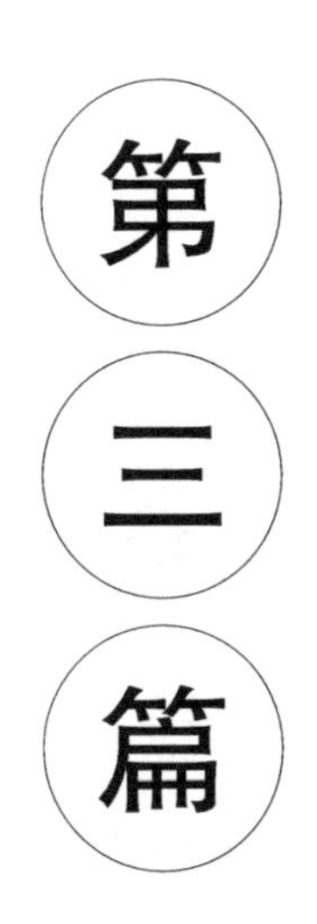

菜 籽

第十一章　油料菜籽

油菜为我国的主要油料作物之一。据国家统计局发布的资料显示[1]，2011～2015年，我国油菜籽（以下简称“菜籽”）平均产量为1396.9万吨左右。5年内我国油菜播种面积有小幅度增加，增加比例约为2.96%，单产不断增加，从1775kg/hm^{2}增至1947kg/hm^2，增长比例约为9.69%。当前，我国油菜的主要产区为长江流域各省，其种植面积占全国油菜种植总面积的2/3，菜籽产量占全国总产量的85%以上[2]。本章主要对油料菜籽进行综合阐述，主要介绍了菜籽的化学组成、营养价值、组织结构，这部分内容是研究菜籽生物解离技术的重要理论基础。

第一节　菜籽的化学组成及营养价值

一、油菜及菜籽概况

油菜是十字花科作物，是世界四大油料作物之一，分布甚广，除我国以外，加拿大、印度、波兰、法国、巴基斯坦等国家也大量种植。在我国，油菜已有1800多年的栽培历史，古代称油菜为“芸苔”，《本草纲目》中说“芸苔”来自内蒙古，故又名“胡菜”。油菜首先在青海、新疆、甘肃和内蒙古一带栽种，元、明以后，由于解决了冬种油菜的技术问题，油菜逐渐从西北高原移向长江流域。

我国栽培的油菜主要有三大类型：①芥菜型，籽粒小，种皮多呈黄色或棕红色，有浓厚辣味；②白菜型，籽粒大小不一，种皮多为棕红色、褐色或黑色；③甘蓝型，籽粒大，种皮多为黑褐色，是目前我国种植面积最多的一种[2]。

高芥酸菜油是传统的菜籽油，不仅芥酸含量高（40%以上），还含有大量硫代葡萄糖苷，又称为芥子苷，以下简称“硫苷”。20世纪50年代中期，国际上提出了芥酸有害论，再加上硫苷对动物生长和增重的负面影响，加拿大和欧洲一些国家率先开始进行油菜品种选育工作。1974年，Stefansson博士育成了世界上第一个低芥酸和低硫苷的“双低”油菜品种。1978年，加拿大油籽榨油家协会将油中芥酸低于5%、粕中含硫苷少于3mg/g的菜籽注册命名为“卡诺拉”（canola），1996年又对该定义做了修改，要求油中芥酸含量小于1%，粕中硫苷含量低于20μmol/g[2]。我国“双低”油菜的研究始于20世纪80年代，经“六五”至“九五”国家科技攻关和国际合作，中国农业科学研究院油料作物研究所、华中农业大学等科研院所选育出了100多个优质、高产的“双低”品种，其中“九五”期间全国各省审定的品种达30个。2009年，我国颁布了“双低”菜籽的国家标准为芥酸小于5%，粕中硫苷小于45μmol/g。双低油菜的推广种植成绩显著，2000年已达4500万亩以上，其中湖北省自1998年实施“双低油菜省”政策以来，油菜“双低”化已达70%，居国内领先水平。到2016年，双低油菜已达6000万亩。

二、菜籽的化学组成

菜籽的主要化学成分为水分（7%～9%）、脂类（35%～43%）、蛋白质（20%～24%）、磷脂（0.5%～0.6%）、粗纤维（5%～9%）、硫苷（3%～7%）、植酸（1.5%～2.5%）、单宁（0.8%～1.6%）、芥子碱（0.6%～1.2%）、棉子糖（0.2%～1.1%）、水苏糖（0.8%～1.6%）、葡萄糖（0.05%～0.20%）、果糖（0.05%～0.12%）和蔗糖（1.6%～3.7%）、矿物质（4%～5%）。

（一）脂　类

脂类是菜籽中含量最多的化学成分，不饱和脂肪酸含量占 80% 以上，油酸含量为 40%。菜籽脂类主要由三大类物质组成[3]。

（1）甘油酯：主要包括甘油三酯、甘油单酯和甘油二酯。在成熟的菜籽中，甘油三酯占总脂质的 95%～98%。研究表明，饱和脂肪酸和长链（20～24 个碳原子）单不饱和脂肪酸无例外地处在甘油三酯的第一和第三位置上，不饱和的十八碳脂肪酸则多处在第二位置上，二十碳和二十二碳双不饱和脂肪酸也出现在第一和第三位置上。菜籽油的脂肪酸组成要比大豆油、棉籽油、花生油和葵花籽油等常见植物油复杂得多，含量在 0.5% 以上的脂肪酸共有 15 种，碳原子数为 16～18，双键数为 0～3，其中芥酸，即顺 -13- 二十二碳一烯酸，是十字花科植物油中的独特脂肪酸。菜籽油中不饱和脂肪酸都是顺式酸，无反式酸。芥菜型、白菜型和甘蓝型菜籽的脂肪酸组成基本相似。我国部分地区传统菜籽油的脂肪酸组成是棕榈酸 2%～5%、硬脂酸 1%～2%、油酸 10%～35%、亚油酸 10%～20%、亚麻酸 5%～15%、芥酸 2.5%～5.5%、花生烯酸 7%～14%，而 canola 油的主要脂肪酸组成为棕榈酸 2.5%～6%、油酸 50%～66%、亚油酸 28%～30%、亚麻酸 6%～14%、芥酸＜5% 等。

（2）极性脂：主要包括磷脂和糖脂。菜籽油磷脂的脂肪酸类型和组成与甘油三酯有很大差别，大多是棕榈酸、油酸和亚油酸，二十碳烯酸和芥酸含量则很少。

（3）不皂化物：由 4 部分组成，即极性较低的物质（碳氢化合物和脂肪醇等）、三烯萜醇、甲基甾醇、甾醇类。

（二）蛋 白 质

菜籽蛋白除少量酶蛋白之外，大部分蛋白质都属于贮存蛋白，不具有酶活性[4]。菜籽贮存蛋白由 20%～25% 的清蛋白、60%～70% 的球蛋白和 2%～3% 的醇溶谷蛋白组成[5]。菜籽蛋白具有平衡性强的必需氨基酸组成模式，几乎不存在限制性氨基酸，其氨基酸组成与联合国粮食及农业组织（FAO）、世界卫生组织（WHO）推荐的模式非常接近，是一种优质的油料蛋白。与其他植物油料相比，菜籽蛋白中含硫氨基酸（甲硫氨酸和半胱氨酸）含量较高，赖氨酸含量仅次于大豆蛋白，体现了其具有明显的可与谷物蛋白营养互补的优势[6]。动物实验的结果表明，脱毒后的菜籽蛋白功效比值接近甚至优于酪蛋白[7]。

菜籽中的酶蛋白主要有脂肪酶、脂肪氧化酶和硫苷酶（又称为芥子酶）。在完全成熟并经过干燥的菜籽中，酶的活性很低，一经发芽，酶活力增加百倍，促使贮存物质分解[8]。硫苷酶是一种 β- 葡萄糖苷酶，在自然界中广泛存在，它不仅存在于十字花科等植物中，微生物中也存在类似的酶。在超微结构水平上已证实，菜籽种子和子叶中大多数细胞饱含硫苷酶。硫苷和硫苷酶既可分布在不同的细胞中，也可聚集在相同细胞中，但是其亚细胞的分布不同。

（三）矿物质和维生素

菜籽中含有生物素、胆碱、烟酸、叶酸、泛酸、核黄素等B族维生素，以及丰富的微量元素如钙、铁、锌、硒、铜、锰、磷等。菜籽粕矿物质含量高于豆粕，尤其是磷和硒，其中磷含量为豆粕的2倍多，而硒含量为豆粕的8倍多，但其他矿物质生物有效性差。

（四）抗营养因子

1. 硫苷

硫苷是普遍存在于十字花科植物中的一类含硫化合物。1840年，Bussy首先从芥菜籽中分离出一种硫苷，命名为黑芥子苷，即烯丙基硫苷。到目前为止，世界上共发现了100多种硫苷，其公认的结构为β-D-硫葡糖的吡喃糖苷，由两部分组成，一部分为非糖部分，另一部分为β-D-葡萄糖部分，二者通过硫苷键连接起来。分子结构中的R基团是硫苷中的可变基团，随着基团的不同，硫苷的种类和性质也就不同。

所谓菜籽中的毒素，主要来自硫苷。我国白菜型菜籽中主要含有3-丁烯基硫苷、4-戊烯基硫苷（两者占80%以上）及2-羟基3-丁烯基硫苷和吲哚硫苷。芥菜型菜籽中主要含有烯丙基硫苷（占87%）、3-丁烯基硫苷及少量的吲哚硫苷。甘蓝型菜籽中主要含有2-羟基3-丁烯基硫苷、3-丁烯基硫苷、4-戊烯基硫苷、吲哚硫苷及少量2-羟基4-戊烯基硫苷和烯丙基硫苷。“双低”菜籽品种与普通品种的硫苷组成无大的差异，但“双低”品种中吲哚硫苷含量较高，占31%左右[9]。

硫苷和硫苷酶处于细胞中的不同位置，正常情况下不会接触，但当细胞发生自溶或受到机械破坏时，它们就会接触而发生酶解反应。硫苷本身无毒，易溶于水，但酶解后可生成易溶于类脂物中的异硫氰酸（ITC）、噁唑烷硫酮（OZT）及腈类毒性化合物。腈进入体内，主要损害肝、肾，造成出血，在体内主要阻止甲状腺对碘的吸收[10～12]。另外，硫苷在酸性溶液中可以转变为羧酸，但反应不是定量的，而在碱性溶液中可以转变成氨基酸和其他降解产物。

2. 植酸

植酸是20世纪70年代以来逐渐被人们主要研究的一种抗营养物质，几乎存在所有的植物种子中[13]。植酸又称为肌醇六磷酸，是一种很强的金属螯合剂。植酸分布在菜籽细胞蛋白体内的球体中，是磷酸盐和大量矿物质营养元素在种子内的贮藏形式。植酸本身溶于水，但和镁、锌等二价或三价金属离子螯合后会形成不溶性的植酸盐，使这些金属离子不易被动物有机体所利用。世界上不少地方的矿物质缺乏病常常与摄食含植酸过多的食物有密切关系。动物食用菜籽粕后，表现缺锌症状，如疲劳、厌食和生长机能衰退等，这都是由植酸引起的[14,15]。植酸和蛋白质结合后，将影响动物体内酶对蛋白质的水解，从而使动物对蛋白质的吸收利用能力下降，因此它是菜籽中主要的抗营养因子之一[16]。但是，植酸也有多方面的用途，它可以用作食品中的保鲜剂，在医药和化工工业中也有重要的应用[17,18]。

3. 酚类化合物

菜籽中的酚类化合物主要包括单宁和酚酸两大类。单宁又分为浓缩单宁（黄烷醇的衍生物）和可水解单宁（蔗糖或葡萄糖与一个或多个三羟基苯甲酸结合而成的酯类），菜籽中以浓缩单宁为主[19]。单宁具有涩味，影响菜籽粕的适口性，还可以与蛋白质结合生产不溶性络合物，降低蛋白质的营养价值。但是，单宁具有较强的抗氧化性，目前在食品、金属表面化学、高分子合成化学和电化学等领域的应用受到重视[20]。酚酸在菜籽中主要以游离、酰化和不溶 3 种形式存在，酚类在中性或碱性条件下易发生氧化和聚合作用，使菜籽粕变黑并产生不良气味。芥子碱，即芥子酸的胆碱酯，是菜籽中最重要的酚酸之一。芥子碱具有苦味，可被水解成芥子酸和胆碱，这两种产物都是较高级植物中重要的代谢产物。在用芥子碱饲养鸡和白鼠的试验中未发现毒性反应，但芥子碱在鸡体内（肠道）经细菌作用分解生产三甲基胺，使鸡蛋具有鱼腥味。

第二节　菜籽的组织结构

一、菜籽籽粒结构

菜籽由种皮和胚两部分组成，没有胚乳。种皮中的主要成分为粗纤维，但也含有少量脂肪和蛋白质。胚具有两片子叶，菜籽油脂和蛋白质主要存在于子叶之中。种皮俗称菜籽壳，胚称为仁，二者连接紧密，难以去皮。菜籽的细胞壁由纤维素、半纤维素等物质组成，这些纤维素分子呈细丝状，并互相交织成毡状结构或不规则的小网结构，在网眼中充满了水、木质素和果胶等。

二、菜籽籽粒的细胞结构

菜籽细胞壁的厚度一般均在 1 μm 内。细胞壁的孔隙度和微孔直径较其他油料小，这种结构使其具有较强的韧性和较低的渗透性，意味着油脂穿过细胞壁渗流出来的阻力相对较大[5]。

菜籽子叶细胞超显微结构如图 11-1 所示。菜籽单个细胞呈球形，细胞壁光滑而清晰。使用柠檬酸铅溶液染色，蛋白质经染色后呈黑色，在图 11-1 中呈黑色的球体状态。由于每个油体的外面都由一层以蛋白质和磷脂为主要成分的单边膜所包围，因此染色后，油体外面有一层深色的轮廓，可以清楚地看到这些球形脂滴，紧密排列在细胞内蛋白体之间的空隙中。通过菜籽子叶细胞超显微结构图，证实油脂在菜籽细胞中的存在形式是呈显微均匀分散状态[21]。

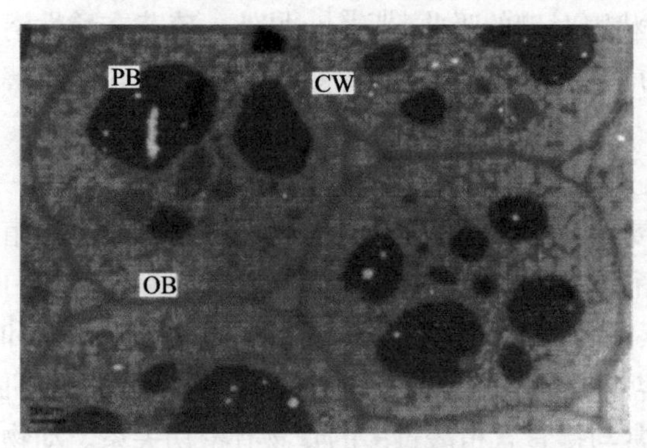

图 11-1　菜籽子叶细胞超显微结构图（3000×）[21]
CW. 细胞壁；PB. 蛋白体；OB. 油体

在菜籽细胞中，油脂主要集中在直径 0.2～0.5 μm 的油体中，油体外面有一层单分子的脂蛋白之类的膜包围。蛋白质则存在于 2～20 μm 的蛋白体内，蛋白体外也由一层糖蛋白或磷脂之类的单分子膜所包围。蛋白体和油体不规则地分布在细胞内，且油体分散于蛋白体之间的缝隙中，淀粉粒类的成分也零散地分布在细胞中[6]。

油体是亚细胞器结构中许多分散的、小而相对稳定的亚细胞微滴。菜籽将油脂累积在种子中，这是因为种子萌发和植物早期生长需要消耗大量的能量和生物合成碳骨干。菜籽是无胚乳双子叶种子，油体主要积累在子叶和胚轴中。油体在不同的品种间、不同的植株甚至在不同组织中，其大小都不尽相同，表 11-1 为不同植物中油体的平均直径和各项生化组成。

表 11-1 不同植物中油体的平均直径和各项生化组成[22]

植物	平均直径 / μm	主要组成（*m*/*m*）/%				磷脂组成（*m*/*m*）/%			
		中性脂类	蛋白质	磷脂	游离脂肪酸	卵磷酰胆碱	磷脂酰乙醇胺	磷脂酰肌醇	磷脂酰丝氨酸
花生	1.95	98.17	0.94	0.80	0.09	61.6	5.0	8.4	25.0
玉米	1.45	97.58	1.43	0.91	0.09	64.1	8.1	7.6	20.2
油菜	0.65	94.21	3.46	1.97	0.36	59.9	5.9	14.0	20.2
芥菜	0.73	94.64	3.25	1.60	0.17	53.1	15.5	13.1	18.3
棉花	0.97	96.99	1.70	1.18	0.13	58.6	4.6	18.1	18.7
亚麻	1.34	97.65	1.34	0.90	0.11	57.2	2.8	6.9	33.1
芝麻	2.00	97.37	0.59	0.57	0.13/1.47*	41.2	15.8	20.9	22.1

* 0.13% 和 1.47% 分别是新鲜油料种子和储藏数月后的油料种子油体中的游离脂肪酸含量

不同含油量的菜籽子叶细胞中的油体形态不同（图 11-2），油体形态和含油量之间的关系一直是国内外研究的焦点。采用徒手切片的方法初步观察不同含油量成熟油菜种子子叶细胞内油体的形态，从图 11-2 可以看出，在成熟油菜种子中，油体集中分布在子叶细胞的中间位置，形状不规则或呈椭圆形及圆形。高油油菜种子的油体较小、在细胞内排列紧密、胞内油体数量较多；低含油量油菜种子的油体较大、在细胞内排列疏松、胞内油体数量较少。这说明，不同含油量油菜品种子叶细胞内的油体形态大致相同，但在细胞内的数量和分布存在明显差别。

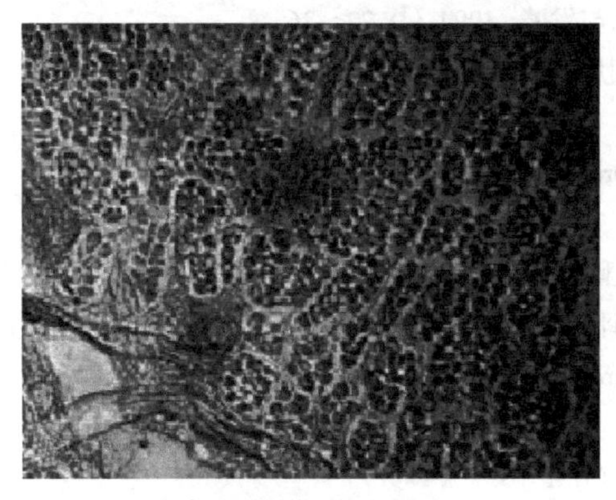

高含油量油菜油体（400×）

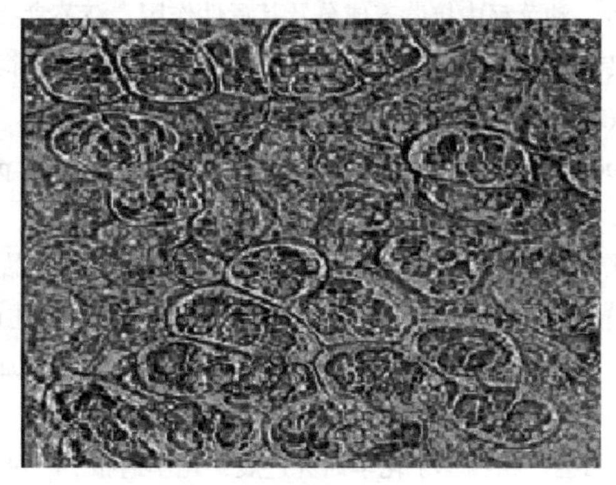

低含油量油菜油体（400×）

扫码见彩图

图 11-2 不同含油量油菜油体显微图片[23]

使用显微镜可观测出油体模型，油体是由单层磷脂排布包裹的甘油三酯形成的。磷脂分子亲水的头部基团和疏水酰基分别朝向细胞液和甘油三酯基质。后经其他研究者证实，油体是由半单位膜包裹液态基质甘油三酯而形成的球体。磷脂占油体表面的 80%，其余 20% 是蛋白质。油体表面在 pH 为中性时带负电荷，油体结构稳定。油体表面除主要镶嵌有油体蛋白外，还镶嵌少量其他蛋白质，如钙素结合蛋白。油体作为植物中最小的细胞器，其结构可能较上述模型更加复杂[5]。

从上述菜籽细胞结构来看，若想提取细胞中的油脂、蛋白质及其他成分，就必须有效而彻底地破坏细胞完整结构，使细胞内有效成分得到充分释放。

参考文献

[1] 中华人民共和国国家统计局．中国统计年鉴．2016.

[2] 程琬孜，李谷成，李欠男．中国油菜生产空间布局演变及其影响因素分析．湖南农业大学学报，2016, 17(2): 21～25.

[3] Hui YH．贝雷：油脂化学与工业学（第二卷）．5 版．徐生庚，裘爱泳译．北京：中国轻工业出版社，2001.

[4] 黄凤洪．双低油菜国内外发展动向及国家“十五”产业化发展战略．西部粮油科技，2002, 27(5): 8～11.

[5] 李诗龙．油菜籽的物理特性浅析．中国油脂，2005, 30(2): 17～20.

[6] 周瑞宝，莫重文，钱向明，等．水剂法制油和饲用菜籽浓缩蛋白中试．河南工业大学学报（自然科学版），1991, (3): 1～13.

[7] 刘玉兰．植物油脂生产与综合利用．北京：中国轻工业出版社，1999.

[8] 毕艳兰．油脂化学．北京：化学工业出版社，2005.

[9] 周斌，马榕．菜籽浓缩蛋白和分离蛋白的制取综述．中国油脂，1990, (4): 15～20.

[10] 周瑞宝，王广润，郭兴凤，等．提高菜籽粕生物学效价制油新工艺．粮油加工与食品机械，2003, (6): 37～39.

[11] Jones JD．Rapeseed protein concentrate preparation and evaluation. J Am Oil Chem Soc, 1979, 56(8): 716～721.

[12] 任国谱．硫代葡萄糖甙葡萄糖水解酶．河南工业大学学报（自然科学版），1991, (4): 97～104.

[13] Erdmen JW. Oilseed phytates: nutrition implication. J Am Oil Chem Soc, 1979, 56: 736～741.

[14] 李德芳．油菜籽中抗营养成分及其毒性作用．江苏食品与发酵，1994, (4): 22～26.

[15] 李瑚传，周瑞宝，钱向明，等．水剂法制取菜籽油和饲用菜籽蛋白的研究报告．郑州粮食学院学报，1986, (2): 10～20.

[16] Serraino MR, Thompson LU. Removal of phytic acid and protein-phytic interaction in rapeseed. J Agric Food Chem, 1984, 32: 38～40.

[17] 章一平，张国平．植酸在草毒贮藏保鲜中的应用．食品科学，1993, 14(5): 53～57.

[18] 毕艳兰，徐学兵，张根旺．植酸应用和提取研究进展述评．粮食与油脂，1995, (2): 38～42.

[19] Naczk M, Amarowicz R, Sullivan A, et al. Current research developments on polyphenolics of rapeseed/canola: a review. Food Chem, 1998, 62(4), 489～502.

[20] 狄莹，石碧．植物单宁化学研究进展．化学通报，1999, (3): 1～5.

[21] 李少华，李树君，任嘉嘉，等．预处理对油菜籽微观结构的影响，农业机械学报，2010, 41(s1): 208～211.

[22] Tzen J, Cao Y, Laurent P, et al. Lipids, proteins, and structure of seed oil bodies from diverse species. Plant Physiol, 1993, 101(1): 267～276 .

[23] 徐宜民，时焦．花生种子萌发中主要贮藏物质的变化．中国油料作物学报，1993,（2）: 35～38.

第十二章　菜籽生物解离技术的研究概述

生物解离技术是近几年来新兴的一种提油方法，该技术经济、安全、绿色环保，且由于该技术处理条件温和，提取的油脂品质较高、色泽较好而备受人们青睐。生物解离提油过程中，大部分油保留在乳状液中，由于亲水、亲油的两性物质（磷脂、蛋白质）存在，生物解离乳状液是一种复杂稳定体系，也是一种易受外界条件变化而影响其稳定性的典型弹性体系。油菜籽中含有丰富的油脂和优良的蛋白质，采用生物解离技术进行提取后，体系中存在很多油脂和蛋白质，对它们提取率和性质特点的研究是推广应用生物解离技术的重要途径。本章主要介绍了菜籽生物解离预处理工艺、酶解工艺及破乳工艺，这部分是生物解离技术提取菜籽油、蛋白质及其他成分的工艺理论基础。

第一节　菜籽生物解离预处理工艺的研究概述

菜籽预处理的目的是充分破坏油籽细胞，使油脂从细胞中最大化地释放出来。传统工艺的预处理过程有机械处理和热力处理。随着生物工程技术的深入发展，酶制剂也应用于菜籽的预处理中。在制油工艺中，油料预处理工艺是油料加工过程中的重要环节，为了提高生物解离技术提取菜籽油脂和蛋白质得率，选择适宜的预处理方法显得尤为重要。目前，菜籽生物解离预处理的方法有挤压膨化预处理、粉碎预处理、酶法预处理、超声波、超高压等物理处理方式。

一、挤压膨化预处理

油料挤压膨化技术是一项新兴的加工方式，在大豆中已有广泛应用[1~3]。挤压膨化技术在菜籽制油中也有应用，但膨化技术对菜籽微观结构影响的研究在国内较少。李少华等[4]研究了挤压膨化预处理对菜籽微观结构的影响，挤压膨化过程中油料细胞油脂聚集的变化可从图 12-1 看出，菜籽胚料经膨化后，细胞壁已经被破坏，分不清细胞轮廓，细胞质完全被挤出，油脂由细小的油滴聚集成较大的油滴，且充分外露，易于快速从膨化料中提取油脂。

二、粉碎预处理

菜籽生物解离预处理工艺中，机械粉碎是最基本的一种。油料的粉碎程度对提高油料有效成分的得率起着重要作用。根据质量传递的基本原理，适宜的粉碎度可大大增大原料的比表面积，使油脂、蛋白质等成分从固相转移到液相（水）的传递程度加强，提高油脂和蛋白质的提取率。

粉碎包括干磨和湿磨，干磨时由于原料油分含量低，在研磨过程中可防止油脂乳化，但由于菜籽是高油分油料，在干磨过程中易结成油块、油饼，阻碍进一步碾磨，同时研磨过程

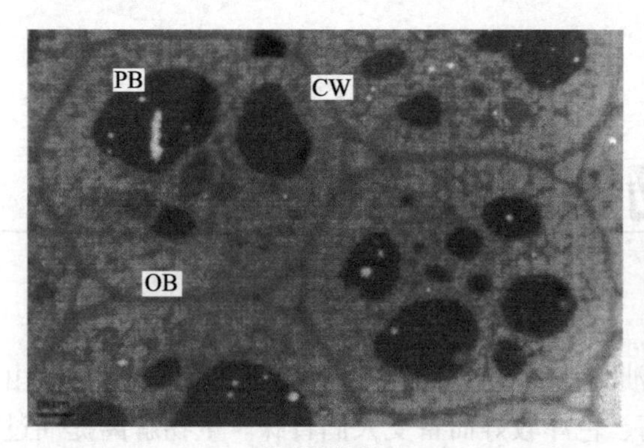

挤压膨化前

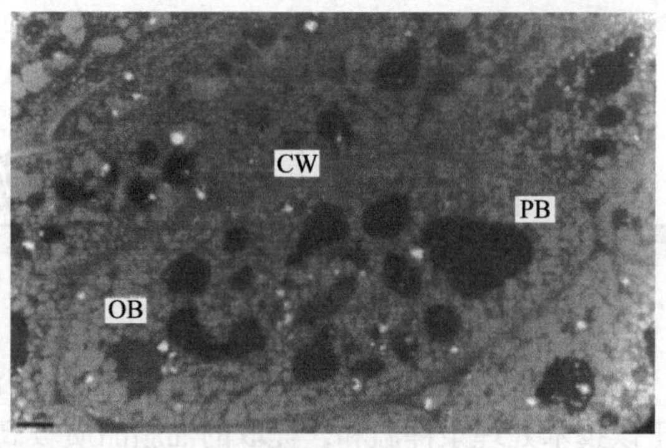

挤压膨化后

图 12-1　挤压膨化预处理前后细胞超显微结构图（3000×）[4]

CW. 细胞壁；PB. 蛋白体；OB. 油体

中会产生大量的热，使设备生产的连续性受限。湿磨时由于在研磨过程中加入了大量的水，因而可吸收碾磨过程中产生的大量热量，保证设备的连续生产，但设备处理量大，同时在碾磨过程中，会增大油水的乳化现象，给后序的破乳、提取油脂带来一定的困难。在生产与科研试验中，可以考虑利用机械干磨和湿磨各自的优点，将它们结合起来。首先采用机械干磨，使菜籽原料达到一定的粉碎度，然后再采用湿磨，这样组合既能达到粉碎要求，又能在很大程度上控制乳化。

三、酶法预处理

纤维素酶、半纤维素酶、葡聚糖酶、果胶酶、聚半乳糖醛酸酶等被应用于植物油提取中，产品得率及品质不断提高。酶法预处理原理是利用酶解来破坏、降解植物种子细胞壁的纤维素骨架、崩溃细胞壁，使油脂易于游离出来。酶法预处理具有以下特点：可以提高出油效率；所得的油脂质量较好、色泽浅、易于精炼；油与饼渣（粕）易分离等。张靖楠等[5]通过比较多种商品酶（纤维素酶、木瓜蛋白酶、碱性蛋白酶、酸性蛋白酶）对菜籽油提取率的影响，确定木瓜蛋白酶作为预处理工艺用酶。得到最佳工艺条件为酶解时间 2h、酶解温度 45℃、固液比 1∶0.2、加酶量 0.5%，在最佳工艺条件下菜籽油提取率可达 86.7%。贾照宝等[6]对生物解离技术提取菜籽油的酶复配工艺进行研究。结果表明，以果胶酶与聚糖酶作用效果最明显，当两者比例为 1∶1 时，油脂提取率最高，为 86.33%。刘志强等[7]分别用复合酶、蛋白酶、纤维素酶、果胶酶、半纤维素酶对菜籽进行生物解离制油，发现复合酶油脂提取率最高，蛋白酶作用较明显，纤维素酶次之，三者皆高于无酶提油，而果胶酶和半纤维素酶作用效果较差，二者皆低于无酶提取。同时研究酶解参数对油脂与蛋白质得率的影响，结果表明，固液比对油脂与蛋白质得率影响较大，加酶量对油脂提取率影响较显著，酶反应时间对蛋白质提取率影响较显著。李跃等[8]对菜籽酶法破壁出油工艺进行研究，通过对多种破壁酶（果胶酶、纤维素酶、木聚糖酶和β-葡聚糖酶）的筛选，发现果胶酶破壁效果最好，菜籽出油率最高。在单因素基础上，通过响应曲面法优化得到最佳破壁出油工艺参数为：加酶量 1.00%、酶解温度 50℃、料液比 1∶6、酶解时间 3h、pH 4.5，出油率高达 95.13%。章绍兵[9]采用了多种细胞壁多糖酶制剂（纤维素酶 AE80、β-葡聚糖酶 NCB-100、木聚糖酶 NCB-X50、果胶酶 Pectinex Ultra SP-L、Alcalase 2.4L）对湿磨菜籽浆进行水相酶解法提油。结果表明，果胶酶、纤维素酶和β-葡聚糖酶经复配（4∶1∶1）后处理菜籽比单一酶制剂的作用效果好，复合酶解最适工艺条件为：固液比1∶5、加酶量3%、酶解时间5h，在此条件下菜籽油得率为92.45%。

四、超声波、超高压等物理处理

超声波、超高压等物理处理方式能够促进化合物从细胞中释放出来，是新兴的提取分离技术。超声波在液体介质中的作用主要涉及气蚀、加热、动态搅拌、剪切应力和湍流。低强度（高频）超声波作为分析技术，可分析食物的理化性质，如硬度、成熟度、糖度等；而高强度（低频）超声波则用于改变食品的物理或化学属性。因此，超声波作为生物解离预处理技术时，主要利用高强度（低频）超声波。研究表明，超声波能够强化植物中油脂的提取，可以加速传热和传质过程，是一种辅助生物解离技术提取油脂的有效预处理方式。张妍等应用超声波辅助生物解离提取菜籽油，应用响应面实验优化超声参数，得到了最佳的超声参数：超声波处理温度40℃，超声波功率350W，超声波处理时间60min，此时提油率为67.55%。

五、复合预处理

复合预处理是将多种预处理方式结合使用，贾照宝等[6]应用3种不同的复合预处理方式辅助生物解离技术提取菜籽油，并对3种复合预处理方式进行比较分析（表12-1），其中A方式为干法粉碎后，沸水煮沸10min；B方式为先干法粉碎，沸水煮沸10min，再用组织捣碎机粉碎；C方式为脱皮油菜籽沸水煮沸10min，用组织捣碎机粉碎。

表12-1　不同预处理方式下的菜籽油提取率[6]　（%）

预处理方式	A	B	C
菜籽油提取率	80.39	86.33	84.12

3种方式中均采用沸水处理物料，沸水煮沸可以将菜籽中的内源硫苷酶灭活，使硫苷以完整的形式保存到残渣中，降低油脂的含硫量。表12-1结果显示，先用干法粉碎，沸水煮沸，再组织捣碎机粉碎后（B方式），菜籽油提取率最高，达86.33%。菜籽含油量高（40%～46%），干法粉碎过程中，由于细胞破碎后小部分油脂外溢造成物料结团，无法继续有效粉碎，粉碎后的菜籽颗粒大小不均，粉碎效果差，这造成后续酶作用效果不理想，使得A预处理方式油脂提取率偏低。而组织捣碎机在高速条件下，通过剪切力可以使菜籽迅速破碎。采用B方式预处理，极大地增加了酶作用的机会，利于发挥酶的功效。虽然B、C都用组织捣碎机处理，但B先用干法适当破碎物料，煮沸过程中，可能使菜籽内部结构发生膨胀，再用组织捣碎机破碎时细胞壁损伤更严重，导致酶解时油脂更易释出。因此，B方式油脂提取率高于C处理的结果。

第二节　菜籽生物解离酶解工艺的研究概述

菜籽不仅是重要的油料资源，也是很好的蛋白质资源。菜籽作为世界上第三大植物油料，国内外学者专家对其进行了比较集中的研究。但我国的菜籽加工水平并不高，目前我国对菜籽的加工主要是采用压榨或压榨 – 浸出法提取菜籽油，菜籽粕中丰富的蛋白质被浪费，除部分用作饲料外，其余则只能作肥料。造成这一局面的主要原因为：一方面菜籽本身含有一些抗营养因子或潜在的有毒物质，使得除菜籽油外，其余组分利用困难；另一方面采用压榨或压榨 - 浸出法制油使得蛋白质严重变性，导致其经济价值低廉，甚至毫无经济价值可言。在这样的背景条件下，继续采用传统的压榨或压榨 – 浸出法制油技术显然已经不合适，因此研究能够最大化开发和利用的工艺技术是十分必要的，而生物解离技术则是一种油料全利用技术。

生物解离技术是在传统制油工艺的基础上，为了能够克服传统制油工艺中蛋白质严重变性而利用困难的缺点，利用油料中蛋白质和油脂的理化特性，而探索的新型制油工艺。在生物解离酶解过程中，制油工艺和脱毒工艺同步进行，但是脱毒、油及蛋白质回收的方式有所不同。方法一是通过调节 pH 至等电点或热变性作用使蛋白质固相沉淀，菜籽中有毒物质溶于水被除去。方法二是在先酸后碱的体系中提取油和蛋白质，利用超滤技术脱除抗营养因子。因此，生物解离菜籽制油工艺中，可以在提油的同时除去某些油料中含有的有毒物质，使油料蛋白得到更加有效的利用。除此之外，以水为溶剂，食品安全性好，可以避免有机溶剂浸提所引起的安全和环境问题；能够同时提取油脂和蛋白质，条件温和，对油和蛋白质的品质影响小；但目前该法的清油得率和传统工艺还有一定的差距，实验室研究出的关键工艺步骤要实现工业化还有一定困难。尽管生物解离工艺目前还存在问题，仍不够完善，但由于其在油料提取方面具有巨大优势，可以同时利用油脂、蛋白质，减少生物活性物质的损失，这赋予了它蓬勃的生命力。从国际发展状况来看，它将成为油脂加工业新技术的一次革命。

一、国外菜籽生物解离酶解工艺的研究

1956 年，Sugarman[10] 使用生物解离技术从花生中同步分离油脂和蛋白质，为酶法制备大豆油和大豆蛋白奠定了理论基础，后来该方法相继应用于菜籽、葵花籽等油料作物的油脂和蛋白质提取中。1983 年，Fullbrook[11] 尝试用黑曲霉产生的复合酶水解菜籽，加入有机溶剂后，提油率可增加 20%。1996 年，Rosenthal 等[12] 使用复合水解多糖酶从菜籽中提取出 80% 的油，并对单一纤维素酶酶解菜籽进行了研究，发现单一纤维素酶对油脂得率没有帮助。1993 年，Sosulski 等[13] 采用低水分酶法工艺提取菜籽油时，研究了单一酶和复合酶分别对菜籽油提取率的影响，酶作用效果为复合酶（蛋白酶 +α- 淀粉酶 +α- 聚半乳糖醛酸酶）>α- 聚半乳糖醛酸酶>果胶酶>半纤维素酶>纤维素酶，因此复合酶作用优于单一酶，它能更彻底地降解细胞组织结构。2009 年，Latif 和 Anwar[14] 采用生物解离技术提取菜籽油，研究了酶种类对提油率的影响，通过对比不加酶、添加 Protex 7L、Multifect Pectinase FE、Multifect CX 13L、Natuzyme 5 组实验样品，发现添加不同的酶种类后，提取率不尽相同，结果见表 12-2。

表 12-2　酶种类对菜籽油提取率的影响[13]

	酶种类	固液比	酶解温度 /℃	搅拌条件 /(r/min)	提取率 /%
对照	不加酶				38.28
1	Protex 7L				54.29
2	Multifect Pectinase FE	1 : 6	45	120	51.50
3	Multifect CX 13L				60.32
4	Natuzyme				52.67

二、国内菜籽生物解离酶解工艺的研究

1. 生物解离提取菜籽油和菜籽蛋白的研究

我国生物解离提取菜籽油的研究较晚。2004年，刘志强等[7]分别采用复合酶（蛋白酶+纤维素酶+果胶酶）、蛋白酶、纤维素酶、果胶酶和半纤维素酶对脱皮菜籽进行生物解离提油，结果表明，酶作用对出油率和蛋白质得率的影响很大，复合酶最高，蛋白酶作用明显，纤维素酶次之，三者皆高于无酶水解。2005年，李桂英和袁永俊[15]采用物理破碎和酶降解相结合的方法，建立了一种菜籽油提取新工艺。菜籽的适宜破碎度为160～200目，最佳酶解工艺为中性蛋白酶酶解，酶解温度为50℃左右，酶解pH为6.0～6.5，料液比为1∶（4～5），适宜用酶量为200U/g左右。2009年，章绍兵等[16]对菜籽湿磨生物解离提油工艺进行了研究，采用两次酶解的方式，首先用复合酶（m纤维素酶：m果胶酶：m葡聚糖酶=4∶1∶1）进行酶解，加酶量为2.5%，再用蛋白酶进行二次酶解，加酶量为1.5%，在此条件下游离油得率为73%～76%，水解蛋白得率为80%～83%。2009年，张霜玉等[17]利用生物解离技术从菜籽中提取油及水解蛋白，首先采用果胶酶c进行酶解，在加酶量2%、pH 3.8、50℃的条件下，酶解4h后油脂提取率达到92.38%，再以植物蛋白酶进一步酶解，蛋白质提取率为95.72%，清油得率为88.09%，水解蛋白得率为82.50%。

2011年，王秋利[18]采用分步酶解法提取菜籽油，首先使用果胶酶作为破坏细胞壁的酶，结果表明：通过单因素实验得到果胶酶的添加量为2%，pH为3.8，酶解温度为50℃，酶解时间为4h；再用不同蛋白酶（植物蛋白水解酶、木瓜蛋白水解酶、中性As1398蛋白水解酶、中性蛋白水解酶、碱性蛋白水解酶、Alcalase 2.4L）进行酶解，筛选出最佳的蛋白酶为植物蛋白水解酶，最终得到的油脂提取率为93.26%，游离油得率为88.09%。2012年，李跃等[8]对油菜籽酶法破壁出油工艺进行了研究，通过对多种破壁酶的筛选，发现果胶酶破壁效果最好，菜籽出油效率最高（表12-3）。在单因素基础上，通过试验发现加酶量（$P<0.0001$）、酶解温度（$P=0.0031$）和料液比（$P=0.0007$）对油菜籽破壁出油具有显著影响。进一步采用响应面法优化，得到最佳破壁出油工艺参数为：加酶量1.00%，酶解温度50℃，料液比1∶6，酶解时间3h，pH 4.5，出油率高达95.13%。2013年，张妍等[19]应用超声波辅助生物解离提取菜籽油，经超声波预处理后，菜籽细胞壁得到了较完全的破坏。在超声波处理温度40℃，超声波功率350W，超声波处理时间60min条件下，对比不同酶（Alcalase 2.4L、Cellulase、Protex 7L、Protex 6L、Viscozyme L）对菜籽提油率的影响，研究表明，在Protex 6L和Protex 7L两种酶作用下提油率分别为72.87%、72.17%，明显高于其他3种酶作用下的提油率。不同酶作用下得到的油脂经GC/MS分析发现，不同酶对油脂脂肪酸分布并没有显著的影响。2014年，吉杰丽和朱仁俊[20]对菜籽浓缩蛋白的制备进行了研究，对生物解离技术制备菜籽浓缩蛋白工艺进行了优化，在单因素实验的基础上采用正交优化实验，探讨加酶量、提取温度、提取时间和固液比为提取因素对菜籽浓缩蛋白提取率的影响。单因素实验和正交实验表明，各因素对菜籽浓缩蛋白提取的影响次序为提取温度＞固液比＞提取时间＞加酶量；生物解离技术的最佳工艺条件为：提取温度60℃，加酶量1.0%，提取时间4h，固液比1∶4。验证实验得出浓缩蛋白产品中蛋白质含量为62.8%，蛋白质提取率可达72.3%，制备得到的菜籽浓缩蛋白中抗营养因子成分单宁、植酸、硫苷的脱除率分别为90.2%、62.2%、98.7%。

表 12-3 破壁酶种类对菜籽油提取率的影响[8]

	酶种类	酶解温度 /℃	搅拌条件 /(r/min)	提取率 /%
对照	不加酶			59.09
1	β-葡聚糖酶			64.58
2	木聚糖酶	50	180	72.82
3	纤维素酶			73.95
4	果胶酶			91.65

2. 生物解离技术提取生物活性肽的研究

国内学者对生物解离技术制备生物活性肽也有研究。2007 年，章绍兵和王璋[21]为了同时从菜籽中提取清油和水解蛋白，依次使用复合细胞壁多糖酶和碱性蛋白酶（Alcalase 2.4L）水解湿磨菜籽浆，并利用大孔吸附树脂纯化水解蛋白液。结果表明：首先经复合细胞壁多糖酶酶解，酶解条件为酶浓度 3%、pH 5.0、酶解温度 48℃、酶解时间 5h；再采用 Alcalase 2.4L 酶解，酶解条件为酶浓度 1.5%，初始 pH 9.0，酶解温度 60℃，酶解时间 3h，酶解后进行洗渣和破乳后总菜籽清油提取率为 88%～90%，总水解蛋白提取率为 93%～95%。2009 年，王瑛瑶等[22]对生物解离技术提取菜籽油的酶解工艺参数进行了优化。该团队采用生物解离技术从菜籽中提取油和水解蛋白，对工艺中蛋白酶酶解参数（酶解温度、加酶量、酶作用时间、pH）应用因子设计响应面分析法进行优化。得到清油得率和水解蛋白得率与酶解参数之间关系的两个模型方程和酶解最佳参数条件：加酶量 2.4%，酶解温度 55.5℃，酶解时间 4.5h，pH 8.5。在此条件下，清油得率和水解蛋白得率分别为 90.12% 和 87.39%。水解蛋白相对分子质量 700 以下的短肽占 88.7%。

3. 其他研究

国内学者对生物解离技术制备菜籽中的其他成分也进行了研究。2013 年，罗仓学等[23]对菜籽粕多酚提取工艺进行了优化，利用生物解离技术，在单因素实验的基础上选择了 pH、加酶量、提取温度和提取时间进行响应面分析，建立了多酚提取的二次多项式数学模型，确定了菜籽多酚提取的最佳工艺条件为：pH 4.2，加酶量 5.3%，提取温度 56℃，提取时间 45min，多酚得率达到 10.26mg/g。

第三节 菜籽生物解离破乳工艺的研究概述

在利用生物解离技术提取菜籽油时，由于菜籽中的两性大分子物质蛋白质的存在，会不可避免地形成 O/W 型乳状液（emulsion），造成严重的乳化现象，得油率低。对乳状液进行低成本的有效破乳是影响生物解离制油技术应用于菜籽油制备的关键问题。本节主要针对菜籽生物解离破乳工艺的研究进行介绍。

1. 离心分离破乳

离心分离破乳的原理是利用油水两相的密度差进行破乳。在离心力作用下，由于密度的不同，油水分子发生分离，水分子聚结下沉，油脂因密度比水小而上浮。离心力越大，油水分离效果越好。不同离心速度、离心时间都会对破乳程度产生影响。胡丽丽等[24]在 pH 7.0、温度 50℃，离心时间为 10min 条件下，探究了 3500r/min、5000r/min、6500r/min、8000r/min、10 000r/min 的转速离心对得油率的影响，实验发现：转速从 3500r/min 调至 10 000r/min 时，得油率一直呈上升趋势，但当转速超过 8000r/min 时，得油率虽增加但趋于平缓。

2. pH 破乳

pH 破乳的原理是调节乳化液的 pH，相当于在乳化液中加入电解质 HCl、NaOH 与 NaCl，以中和乳状液本身所带电荷，破坏油 - 水界面上的吸附膜，使乳化液脱稳实现油水分离，从而达到破乳的目的。李桂英和袁永俊[25]将菜籽粉以优化的酶解条件进行酶解后，调节乳化液的 pH 分别为 3、5、7、9、11，以 3500r/min 的转速离心分离 10min，取液相将其转入分液漏斗里，静止并分液，结果表明，当 pH 为 5 时，出油率最高为 61.74%。试验结果表明，乳状液在碱性条件下，不但不利于破乳，反而使乳化现象加重，在 pH 为 11 时破乳效果更差。原因是在强碱性条件下，乳化液中的酸性官能团离子化，其表面活性变得更强；在强酸性条件下，乳状液中碱性官能团离子化，其表面活性变得更强，结果 pH 在 5 时破乳效果最好。

3. 加热破乳

加热破乳的原理：温度是影响原油破乳的重要因素，温度升高会降低液滴的界面张力，降低黏度，增加油水密度差，因而降低乳状液的稳定性；另外，升温会增加油水分子运动的动能，增加液滴间的相互碰撞次数，有利于水珠的聚结沉降，使破乳易于实现。加热是最常用的破乳手段，乳状液经加热处理后，外相黏度降低，同时分子热运动的增加加剧了液滴的聚结，一定程度上降低了乳状液的稳定性，从而实现破乳。李桂英和袁永俊[25]采用不同温度（75℃、80℃、85℃、90℃、95℃）对生物解离后菜籽的乳状液进行加热破乳，研究表明，加热破乳温度在 90℃以上，效果显著。除此之外，他们还对常压加热、低温真空蒸馏和高温蒸馏对菜籽油乳状液稳定性的影响进行了研究。从破乳效果来看，高温蒸馏的油水分离程度最高，其次是低温真空蒸馏，常压加热破乳效果较差；从外观上看，60℃下真空蒸馏效果最好，游离油的色泽浅，清澈透明；常压蒸馏，游离油的色泽尚可，但比真空蒸馏的颜色深；高温 105℃下蒸馏游离油色泽深。一方面是因为在高温作用下，少量可溶性蛋白变性，产生有色物质；另一方面是因为高温作用下油脂发生氧化。从能耗上看，3 种加热方式均耗能，高温蒸馏与低温真空蒸馏耗能较大，二者均通过加热除去大量水分，温度越高，耗能越大；从游离油的质量上看，高温蒸馏与低温真空蒸馏除去的是大部分水分，少量蛋白质及其他可溶性杂质仍残留在菜籽油中，需进一步清除。但其加热破乳消耗的热能较大，开发节能型加热破乳方式还有待进一步探究。Embong 和 Jelen[26]利用煮沸的方法对菜籽油乳状液进行破乳，最终破乳率达到 90% 以上。

4. 有机溶剂破乳

萃取破乳原理：溶剂萃取是以分配定律为基础（萃取相浓度 / 萃余相浓度 = 分配系数），分配系数越大，分离效果越好。胡丽丽等[24]利用无水乙醚萃取 - 离心结合的方法对菜籽油乳状液进行破乳，最终破乳率达 98.05%。李桂英和袁永俊[25]发现当用正己烷作为破乳溶剂时，随着破乳剂正己烷用量的改变，清油得率随着改变。在正己烷用量较低时，清油得率较低，破乳效果较差。随着正己烷用量的增大，清油得率增大，破乳效果相应增加。当正己烷用量为料液总体积的 40%～50% 时，清油得率明显提高。当正己烷用量为料液总体积的 50% 时，清油得率最高。

5. 超声波辅助微波破乳

魏松丽等[27]为确定菜籽乳状液的最佳破乳技术，对近年来已报道的 9 种破乳技术的最佳条件进行了试验，并进行了对比结果，见表 12-4。

表 12-4 不同破乳技术的最佳条件对菜籽乳化液破乳率的影响[27]

破乳方法	破乳条件	破乳率 /%
离心分离	10 000r/min，20min	34.70±2.44
调节 pH	pH 1.5，1.5h	69.12±1.75
加热	100℃，10min	22.50±0.97
超声波	200W，10min	17.31±1.12
冷冻解冻	（冷冻）-20℃，18h；（解冻）50℃，2.0h	73.46±1.40
冷冻微波解冻	（冷冻）-16.9℃，17.5h；（解冻）666.5W，10.5min	89.82±1.56
微波	700W，49s，pH 4.66	83.93±2.23
乙醇萃取	乙醇添加量 0.5L/kg，0.5h	83.79±1.83
超声波辅助乙醇萃取	（超声波）400W，40s，50℃；乙醇添加量 0.5L/kg，0.5h	90.47±0.91

由表 12-4 可知，不同破乳技术对菜籽乳状液的破乳效果差别明显，其中超声波辅助乙醇萃取技术对菜籽乳状液的破乳率最高，为 90.47%；冷冻微波解冻技术的效果次之，破乳率为 89.82%；微波破乳技术的效果又次之，破乳率为 83.93%。可见，超声波辅助乙醇萃取、冷冻微波解冻及微波这 3 种破乳技术较适合应用于菜籽乳状液的破乳，但考虑到冷冻解冻技术和乙醇萃取技术存在能耗高或有机溶剂使用量大等问题，因而将更加节能环保的超声波辅助和微波破乳技术有机结合并以此作为菜籽乳状液破乳的最佳技术进行后续研究。因此，魏松丽等[27]研究在超声波辅助作用下，采用微波辐射对生物解离技术制取菜籽油过程中产生的乳状液进行破乳。采用单因素实验方法，对超声波辅助微波破乳工艺条件进行优化。结果表明，最优破乳工艺条件为：乳状液体积分数 60%，pH 5.0，超声波强度 400W，超声波处理温度 40℃，超声波处理时间 30s，微波强度 600W，微波作用时间 70s，在最优工艺条件下，破乳率可达 96.30% 左右。

6. 冷冻解冻破乳

van Boekel 和 Walstra[28]对 O/W 型乳状液的稳定性进行了研究，并用冷冻解冻法进行了破乳。他们认为冷冻解冻能较好地破坏乳状液稳定性，是因为冷冻过程中乳状液中出现油相结晶，这些脂肪晶体可以刺入水相，假如脂肪晶体恰好出现在相邻油滴之间，则将刺穿界面膜引起油滴的聚集，从而大幅度降低乳状液稳定性，达到破乳的目的。Owen[29]做了类似的研究，他们提出，在冷冻过程中，乳状液中冰晶体的形成会迫使乳状液液滴靠拢在一起，这种情况在解冻时常引起严重的聚结。章绍兵和王璋[21]对生物解离技术从菜籽中提取油脂和蛋白质过程中产生的乳状液的破乳问题进行了研究。破乳分为两步进行：将乳状液在 4℃下放置 1 天后，在不同转速下离心 20min，吸取上层清油，弃去水相；离心后得到的残余乳状液在 -18℃下冷冻 20h 后 40℃水浴中解冻 2h，离心（10 000r/min，20min）后吸取清油，总破乳率约为 75%。尽管冷冻解冻方法可以破乳，但耗能比较大，需要专门的设备，这无疑会显著增加生产成本。

参 考 文 献

[1] Williams MA. Extrusion preparation for oil extraction. INFORM, 1995, 6(3): 289～293.

[2] 倪培德. 膨化技术在制油新工艺中的应用. 中国油脂, 1990, (3): 8～14.
[3] 刘大川. 挤压膨化技术在油脂工业上的应用. 黑龙江粮油科技, 2000, (4): 58～60.
[4] 李少华, 李树君, 任嘉嘉, 等. 预处理对油菜籽微观结构的影响. 农业机械学报, 2010, 41(s1): 208～211.
[5] 张靖楠, 曹阳, 邱树毅, 等. 水酶法提取菜籽油预处理新工艺研究. 食品科技, 2010, 35(10): 230～233.
[6] 贾照宝, 王瑛瑶, 刘建学, 等. 水酶法提取菜籽油预处理工艺及酶复配研究. 食品工业科技, 2008, 29(10): 153～155.
[7] 刘志强, 贺建华, 曾云龙, 等. 酶及处理参数对水酶法提取菜籽油和蛋白质的影响. 中国农业科学, 2004, 37(4): 592～596.
[8] 李跃, 石彦国, 李春阳, 等. 油菜籽酶法破壁出油工艺研究. 中国粮油学报, 2012, 27(11): 45～49.
[9] 章绍兵. 水酶法从油菜籽中提取油和生物活性肽的研究. 无锡: 江南大学博士学位论文, 2008.
[10] Sugarman N. Process for simultaneously extracting oil and protein from oleaginous materials. US19500187473, 1956-09-29.
[11] Fullbrook PD. The use of enzymes in the processing of oil-seeds. J Am Oil Chem Soc, 1983, 60(2): 476～478.
[12] Rosenthal A, Pyle DL, Niranjan K. Aqueous and enzymatic processes for edible oil extraction. Enzyme Microb. Technol, 1996, 19(1): 402～420.
[13] Sosulski K, Sosulski FW. Enzyme-aided vs. two-stage processing of canola: technology, product quality and cost evaluation. J Am Oil Chem Soc, 1993, 70(9): 825～829.
[14] Latif S, Anwar F. Effect of aqueous enzymatic processes on sunflower oil quality. J Am Oil Chem Soc, 2009, 86(4): 393～400.
[15] 李桂英, 袁永俊. 水酶法提取菜籽油的研究. 中国油脂, 2005, 30(10): 33～35.
[16] 章绍兵, 王璋, 许时婴. 水酶法提取菜籽油的机理探讨. 中国油脂, 2009, 34(10): 41～45.
[17] 张霜玉, 王瑛瑶, 陈光, 等. 水酶法从油菜籽中提取油及水解蛋白的研究. 中国油脂, 2009, 34(1): 30～33.
[18] 王秋利. 水酶法从菜籽中提取油研究. 黑龙江农业科学, 2011, (10): 92～94.
[19] 张妍, 李杨, 江连洲, 等. 响应面法优化超声辅助水酶法提取菜籽油脂工艺参数及酶种类对油脂提取效果的影响. 食品工业科技, 2013, 34(12): 251～254.
[20] 吉杰丽, 朱仁俊. 菜籽浓缩蛋白的制备研究. 农产品加工: 学刊, 2014, (23): 8～11.
[21] 章绍兵, 王璋. 水酶法从菜籽中提取油及水解蛋白的研究. 农业工程学报, 2007, 23(9): 213～219.
[22] 王瑛瑶, 张霜玉, 贾照宝. 菜籽水酶法提油中蛋白酶酶解参数优化研究. 中国粮油学报, 2009, 24(8): 80～83.
[23] 罗仓学, 史兰, 李振尧. 菜籽粕多酚提取工艺优化. 中国食品添加剂, 2013, (4): 134～140.
[24] 胡丽丽, 袁永俊, 王健. 水酶法菜籽油破乳工艺的优化. 食品与发酵科技, 2013, 49(1): 21～24.
[25] 李桂英, 袁永俊. 水酶法提取菜籽油中破乳的研究. 食品科技, 2006, 31(3): 101～103.
[26] Embong MB, Jelen P. Technical feasibility of aqueous extraction of rapeseed oil-a laboratory study. Can Inst Food Sci Technol J, 1977, 10(4): 239～243.
[27] 魏松丽, 刘元法, 曹培让, 等. 水酶法制取菜籽油的超声辅助微波破乳工艺研究. 中国油脂, 2017, 42(7): 1～4, 9.
[28] van Boekel MAJSV, Walstra P. Stability of oil-in-water emulsions with crystals in the disperse phase. Colloids & Surfaces, 1981, 3(2): 109～118.
[29] Owen R. 食品化学. 3 版. 王璋, 许时婴, 江波, 等译. 北京: 中国轻工业出版社, 2003.

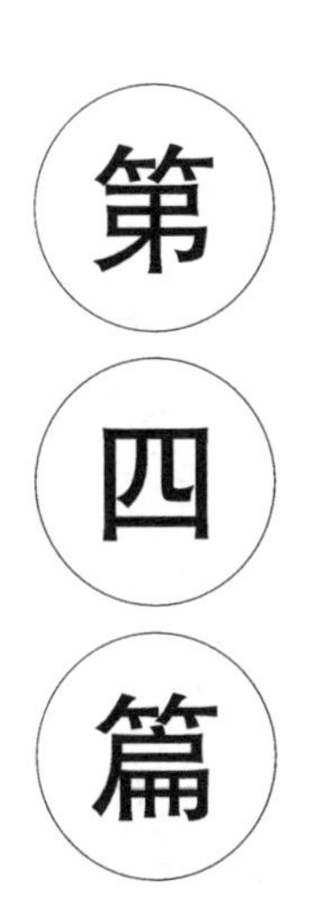

葵 花 籽

第十三章 油料葵花籽

葵花（sunflower）属于菊科向日葵属，俗名朝阳花子、向阳花、天葵子、望日葵子、转日葵、向日葵子，属一年生草本植物，是一种历史悠久的古老油料作物，起源于美洲[1]。

人们起初种植向日葵主要是用作装饰，直到18世纪，由于葵花籽油提取技术的发展，向日葵才开始进入大面积种植时代[2,3]。目前，葵花籽种植主要集中在乌克兰、俄罗斯、欧盟的一些国家、阿根廷、中国和土耳其（图13-1）[4,5]。近年来，葵花籽生产发展迅速，2015～2016年，葵花籽的世界总产量为3936.3万吨，其中葵花籽粕1615.6万吨，葵花籽油1505.4万吨。2015年，我国葵花籽的产量为230万吨，生产葵花籽油82万吨，占我国总食用油消费量的2.59%，是我国主要的食用油之一[6,7]。美国农业部发布的全球油籽市场贸易报告显示，2016/17年度全球葵花籽产量将接近4330万吨，比2015/16年度增长近400万吨。大部分增幅集中在乌克兰和俄罗斯，这两国占到全球产量的54%。长期以来，世界各地仅将葵花籽作为传统的小食品原料，作为油料作物栽培还算年轻的一代。我国虽然已经有400多年的栽培向日葵的历史，但是向日葵产业真正发展起来还是主要集中在最近20年。现如今，葵花籽是中国人最主要的干果零食食品，也是重要的菜肴副食品和植物烹调油油料之一。目前全国已有18个省（自治区、直辖市）种植，主要分布在西北、东北及内蒙古等半干旱、轻盐碱地区，种植量最大的地区是黑龙江，其次是吉林、内蒙古、辽宁、新疆[8,9]。本章主要针对葵花籽的化学组成、营养价值及籽粒结构进行介绍，这部分内容是研究葵花籽生物解离技术的重要理论基础。

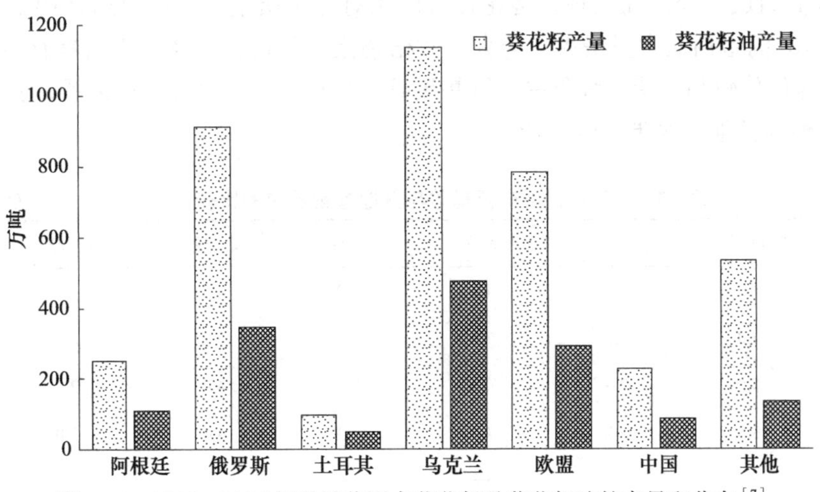

图13-1 2015～2016年世界范围内葵花籽及葵花籽油的产量和分布[7]

第一节　葵花籽的化学组成及营养价值

一、脂　　肪

食用葵花籽含油量低，含壳率却较高，超过40%。制油专用的葵花籽，含仁率高达65%～71%，全籽含油32%～44%，仁含油高达45%～60%，是大豆的2.3～2.5倍[5]。葵花籽脂肪酸结构属于*n*-6系列油脂，其主要特点是富含不饱和脂肪酸（85%～91%），其中又以亚油酸含量最高，占整个不饱和脂肪酸的60%以上（表13-1）[10]。

表13-1　几种主要油料作物脂肪酸组成的比较[10]　（%，*m*/*V*）

脂肪酸	葵花籽	油菜籽	油橄榄	大豆
硬脂酸	3.7	1.4	2.0	3.7
软脂酸	6.4	5.6	15.5	10.4
油酸	23.8	58.2	66.5	21.1
亚油酸	65.0	22.2	13.5	55.7
亚麻酸	0.2	8.9	0.5	7.6
合计	99.1	96.3	98.0	98.5

二、蛋　白　质

葵花仁中含蛋白质21%～31%，取油后的葵花籽饼粕一般含蛋白质29%～43%。葵花籽蛋白含球蛋白55%～60%、清蛋白17%～23%、谷蛋白11%～17%、醇溶蛋白1%～4%。葵花籽通常仅用于榨油、制作小食品和油料食品，其蛋白质未得到充分利用。近年来随着对新蛋白源的开发，人们认识到葵花籽中含有高于其他谷类的优质蛋白，是植物蛋白的重要来源之一。葵花籽蛋白在水溶液、盐溶液和乙醇溶液的溶解度分别为20%、50%～60%和3%。Kabirrullah和Wills[11]依据葵花籽蛋白在碱、水、NaCl溶液中的溶解性制备各分离物，分析蛋白质近似组成，经研究发现，葵花籽蛋白相对分子质量为（1～45）$\times 10^4$，相对分子质量为12.5×10^4的蛋白质含量最大。与大多数植物蛋白相比，葵花籽蛋白具有良好的消化率（90%），营养价值较高。葵花籽蛋白的氨基酸成分与其营养价值有直接关系，表13-2为葵花籽蛋白氨基酸与其他植物蛋白的比较[5]。

表13-2　葵花籽蛋白氨基酸与其他植物蛋白的比较[5]　（%，*m*/*V*）

氨基酸	FAO规定	小麦	大豆	棉籽	葵花籽	葵花籽分离蛋白	大豆蛋白
异亮氨酸	4.0	3.7	4.2	3.9	4.5	3.6	4.9
亮氨酸	7.0	2.6	7.9	7.2	7.2	6.9	7.7
赖氨酸	5.5	2.3	6.3	3.3	4.0	2.8	6.1
甲硫氨酸	3.5	3.2	3.6	2.3	4.4	2.0	1.1
胱氨酸	—	—	—	—	—	1.9	1.0
苯丙氨酸	3.0	4.7	6.1	5.4	5.1	5.7	5.4

续表

氨基酸	FAO 规定	小麦	大豆	棉籽	葵花籽	葵花籽分离蛋白	大豆蛋白
酪氨酸	3.0	4.7	6.1	5.4	5.1	5.7	5.4
苏氨酸	4.0	2.8	4.0	2.7	3.7	3.6	3.7
色氨酸	1.0	1.2	1.4	1.6	1.4	—	1.4
缬氨酸	5.0	4.1	4.8	5.0	6.0	4.4	4.8
精氨酸	—	3.6	7.2	11.7	8.4	9.2	7.8
组氨酸	—	1.9	2.6	2.3	2.5	1.9	2.5
谷氨酸	—	—	—	—	—	24.9	20.5
丝氨酸	—	—	—	—	—	5.4	5.5
天冬氨酸	—	—	—	—	—	—	10.6
甘氨酸	—	—	—	—	—	4.6	4.0
丙氨酸	—	—	—	—	—	4.9	3.9

从联合国粮食及农业组织规定的食用蛋白氨基酸含量FAO标准可见，葵花籽蛋白氨基酸组成比较合理。在9种规定氨基酸含量中，葵花籽蛋白的赖氨酸含量与大豆蛋白相比较稍低一些，而甲硫氨酸的含量较高。儿童和幼年动物生长发育需要大量的甲硫氨酸、胱氨酸，这种蛋白质作为儿童食品和动物幼年饲料极具优越性。

三、酚类化合物

葵花籽中酚类化合物一般含量为2%～4%，其中绿原酸（chlorogenic acid）及它的同分异构体和咖啡酸占总酚类物质的70%。绿原酸属于多酚类化合物，其分子式为$C_6H_{18}O_9$，相对分子质量为345.30。绿原酸的结构式见图13-2，含有不稳定结构基团，如酚羟、酯基及碳碳双键等，由于不稳定基团的存在，其很容易发生氧化、水解和异构化反应[12]。现代药理学研究表明，葵花籽中含有1%～3%的绿原酸。

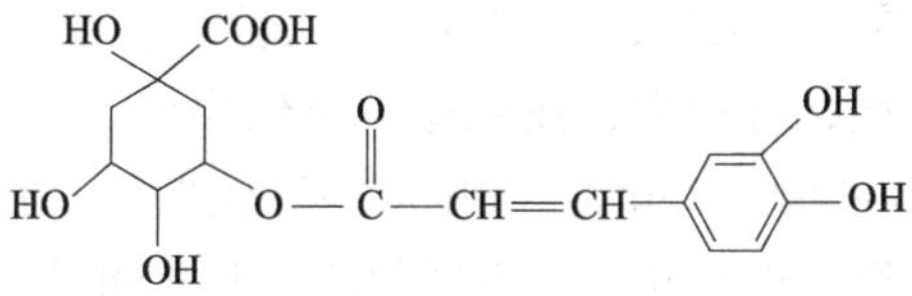

图13-2　绿原酸结构式[12]

高纯度的绿原酸为白色或微黄色针状结晶，熔点是208℃，当温度在110℃时，水分会完全被蒸发而变成无水物化合物[13]。绿原酸的分子结构决定了它是亲水、亲醇的物质，在热水、醇、丙酮中有较高的溶解度，其结构也决定了它是不稳定化合物，提取时不能温度过高或长时间处于强光下，平时应该用颜色较深的试剂瓶储存绿原酸[14]。以前人们把绿原酸当成一种抗营养因子，这是因为绿原酸在高温或碱性条件下会氧化成醌类，显绿色，蛋白质色泽因此受到严重的影响。但后来研究表明，绿原酸具有较高的生物活性，主要表现在抗病毒、抗脂质过氧化、对自由基的清除作用及解痉等方面[15～18]。目前，绿原酸已经应用到很多领域，如日用化工、保健品、食品及医药等[19]。

此外，葵花籽中还含有其他酚类物质，如反-肉桂酸类、对羟基丙烯酸、类异阿魏酸、类芥子酸、羟基苯丙烯-2-糖酸脂等。

四、微量元素与维生素

葵花籽含有硒、钾、磷、铁、钙、镁和锌等微量元素，对于造血、牙齿、骨骼的发育，强化血管和神经，增强抗病能力有重要作用。葵花籽中的维生素E（包括α、β、γ和δ同分异构体）、维生素A、维生素B_1、维生素B_7、维生素P的含量也很丰富。葵花籽中的生育酚主要是α生育酚，其含量不仅高于其他作为生育酚来源的坚果（扁桃、山核桃、核桃和榛子），还高于其他食品，如花生油、蛋黄、大豆、胡萝卜、燕麦和利马豆[20]。

五、碳水化合物及其他成分

葵花籽中碳水化合物约占12%，在提取蛋白质过程中产生大量的低聚糖类，也会导致葵花蛋白呈现不良色泽。葵花籽中的胆碱类化合物特别是游离胆碱、卵磷脂和甜菜碱（甘氨酸三甲内盐），与人体健康关系密切。胆碱是一种类似维生素的化合物，是神经质和卵磷脂的重要组成部分，可帮助人体吸收和利用脂肪，包括用于维持细胞完整性的细胞膜，还可以加强人类的记忆和认知。甜菜碱可降低血浆中的半胱氨酸水平，实验证明葵花籽的甜菜碱含量高于其他坚果，如榛子和山核桃，也高于葡萄酒[21]。

第二节　葵花籽的组织结构

一、葵花籽籽粒结构

葵花籽是一种瘦果，呈扁卵形，中间较厚，边缘较薄，含壳率为22%～40%。葵花籽按其特征和用途可分为3类：①油用型，籽粒小，籽仁饱满充实，皮壳薄，出仁率高，占65%～75%，仁含油量一般达到45%～60%，果皮多为黑色或灰条纹，宜于榨油。②食用型，籽粒大，皮壳厚，出仁率低，占50%左右，仁重占总重的60%～70%，仁含油量一般在40%～50%。果皮多为黑底白纹，宜于炒食或作饲料。③中间型，这种类型的生育性状和经济性状介于食用型和油用型之间[10]。

葵花籽表面一般有窄、宽条纹，也有无条纹的，颜色从深至浅分别有黑色、褐色、浅灰色及白色等。葵花籽由果皮（壳）和种子组成，二者不结合在一起。如图13-3所示，葵花籽果皮分3层，外果皮膜质，上有短毛；中果皮革质，硬而厚；内果皮绒毛状。果皮主要由纤维素、半纤维素和木质素组成，油脂含量少，结构疏松且有多量的毛细孔，能吸收大量的油脂，所以需去壳制油，否则饼粕残油率很高。壳中含蜡0.4%～10.7%，占整籽含蜡的75%。脱壳后制取的油中含蜡量为0.011%～0.015%[22]。种子由种皮、两片子叶和胚组成。种皮由外表皮及内表皮两层组成，呈白色薄膜。种皮内为两片肥大的子叶及胚根、胚芽，无胚乳。胚根、胚芽位于种子的尖端，油脂主要存在于子叶中。

二、葵花籽籽粒的细胞结构

图13-4为葵花籽纵切面显微结构。葵花籽仁的两片子叶相对一侧种皮细胞明显、体积小，切面呈方形、近方形，染色较深。种皮内侧为3～4层大型薄壁细胞，成纵行排列，细

胞呈扁长形，排列紧密，无细胞间隙。靠子叶外侧的薄壁细胞形状为多边形，彼此镶嵌排列紧密，其外侧种皮细胞层与内侧种皮层相比，细胞略小，染色浅[23]。

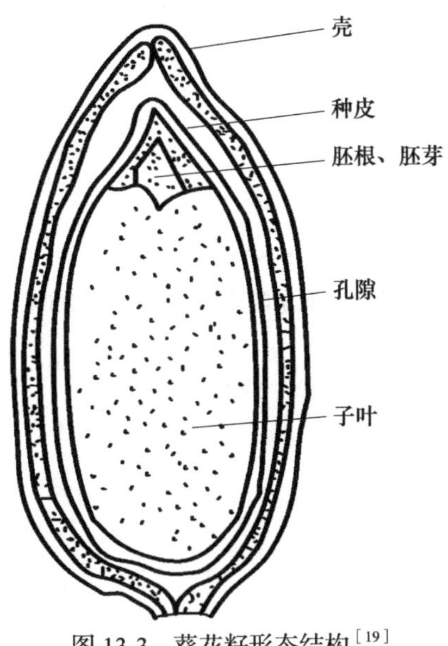

图 13-3　葵花籽形态结构[19]

图 13-4　葵花籽纵切面显微结构[23]

扫码见彩图

参考文献

[1] 张晋民. 葵花籽油的保健作用. 中国油脂, 1994, 19(1): 60.

[2] Gulya TJ. Sunflower. Encyclopedia of Grain Science, 2004, 1(5): 264～270.

[3] Razzaghi A, Valizadeh R, Naserian AA, et al. Effect of dietary sugar concentration and sunflower seed supplementation on lactation performance, ruminal fermentation, milk fatty acid profile, and blood metabolites of dairy cows. Journal of Dairy Science, 2016, 99(5): 3539～3548.

[4] List G. Sunflower seed and oil. Lipid Technology, 2015, 27(1): 24.

[5] 赵富荣, 袁有志. 葵花籽制油及综合利用. 中国油脂, 2005, 30(1): 9～13.

[6] 罗寅, 杜宣利, 杨帆, 等. 葵花主产国葵花籽及其油脂质量探讨. 粮食加工, 2017, 42(1): 50～51.

[7] 刘媛媛. 水媒法提取葵花籽油与蛋白质. 无锡: 江南大学硕士学位论文, 2016.

[8] 中华人民共和国农业部. 中国农业统计资料. 北京: 中国农业出版社, 2006.

[9] 张总泽. 向日葵螟生物学特性、发生为害规律及监控技术研究. 武汉: 华中农业大学硕士学位论文, 2010.

[10] 严兴初. 特种油料作物栽培与综合利用. 武汉: 湖北科学技术出版社, 2000.

[11] Kabirullah M, Wills RBH. Functional properties of acetylated and succinylated sunflower protein isolate. International Journal of Food Science and Technology, 1982, 17(2): 235-249.

[12] 林丽洋, 贺英菊, 罗巍伟, 等. 增强绿原酸水溶液稳定性的方法研究. 华西药学杂志, 2005, 20(3): 225～228.

[13] Pedrosa MM, Muzquiz M, Garciavallejo C, et al. Determination of caffeic and chlorogenic acids and their derivatives in different sunflower seeds. Food Agri, 2000, 80(4): 459～464.

[14] 高春荣, 胡锦蓉, 孙君社. 金银花中绿原酸的提取工艺. 中国农业大学学报, 2003, 8(4): 5～8.

[15] Keiko A, Katsunari L, Masayoshi N. Absorption of chlorogenic acid and caffeic in rats after oral Administration. Agric Food Chem, 2000, 48(11): 5496～5500.
[16] Ohnishi M. Inhibitory dffcets of chlorogenic acids on linoleic acid peroxidation and haemdysis. Physicochemistry, 1994, 36(3): 570～583.
[17] Dreher ML, Holm ET. A high performance liquid chromatographic method for chlorogenic acid determination in sunflower seeds. Food Sci, 1983, 48(2): 264～265.
[18] 陈迪华. 天然多酚成分研究进展. 国外医药(植物药分册), 1997, 12(1): 9～15.
[19] 刘军海. 绿原酸及其提取纯化和应用前景. 粮食与油脂, 2003, (9): 44～46.
[20] 冷玉娴. 水酶法提取葵花籽油和葵花籽蛋白的回收. 无锡: 江南大学硕士学位论文, 2007.
[21] 王志华. 葵花籽饮料的研制以及绿原酸提取工艺的研究. 天津: 天津轻工业学院硕士学位论文, 2004.
[22] 刘玉兰. 油脂制取工艺学. 北京: 化学工业出版社, 2006.
[23] 任健. 葵花籽水酶法取油及蛋白质利用研究. 无锡: 江南大学博士学位论文, 2008.

第十四章　葵花籽生物解离技术的研究概述

葵花籽是一种营养丰富的油料资源和蛋白质资源。在油脂提取后的饼粕中含有丰富的蛋白质，因此在提取油脂的同时，必须考虑蛋白质资源的利用问题。针对上述问题，生物解离技术可实现资源的全利用，实现在获得绿色油脂的同时，获得高品质的蛋白质及其他有效成分。采用生物解离技术提取葵花籽油和蛋白质，葵花籽仁在机械粉碎的基础上，利用酶制剂在其最适酶解条件下的高效作用，将细胞壁、脂蛋白进一步破坏，使油脂从脂蛋白复合体中更容易被释放出来，从而提取葵花籽油。

综合国内外研究，生物解离技术提油所用的酶类有纤维素酶、果胶酶、蛋白酶、淀粉酶等。整个工艺可分为3部分，第一部分（预处理）是油料的研磨调浆，第二部分（酶解）是采取水相酶解将油料中与其他成分结合的油脂分离出来，第三部分（破乳）是从含油的液相中破乳化得到油脂[1]。本章主要介绍了生物解离同步提取葵花籽油及蛋白质的预处理方式、酶解工艺条件及破乳技术的应用。

第一节　葵花籽生物解离预处理工艺的研究概述

葵花籽生物解离预处理方式主要有物理预处理、酶解预处理、复合预处理，其中物理预处理法中主要包括破碎预处理、热预处理、微波预处理及超声波预处理等。

一、破碎预处理

葵花籽仁粉碎的粗细程度也会对油的提取率带来影响，这主要是因为油料粒径的大小直接关系到蛋白质与酶制剂的接触面积，但并不是越小越好，过小会让油脂出来，使原料黏在一起，从而影响水解效果。冷玉娴等[2]采用两种不同的粉碎方法（湿法和干法）对葵花籽破碎方式开展了研究。湿法研磨，即在室温下将葵花籽用适量的水浸泡后经淀粉沙盘磨磨碎成浆液。由于湿法粉碎的葵花籽经酶解提油后乳状液层过厚，离心后很难得到游离油层，因此宜采用干法粉碎。干法粉碎时酶作用的效果随粉碎程度的变化而有明显的变化，粉碎度越高，酶可作用的面积就越大，提油率也会相应地提高，但粉碎度太高，脂肪、蛋白质显著释放，乳化现象严重，对提油率有较大的影响。刘媛媛[3]在生物解离技术提取葵花籽油工艺中，采用干法粉碎葵花籽，研究精粉次数对游离油提取率的影响，研究表明，精粉两次后游离油提取率最高，而且渣相含油量较低。主要原因是，在此条件下葵花籽原料既得到了充分粉碎，又没有使蛋白质体在油脂周围过分分散，物料加溶剂浸提时，葵花籽细胞内游离油被释放得最多，而且形成的乳状液相对不稳定。

二、热预处理

热预处理是生物解离同步提取葵花籽油和蛋白质的另一种预处理方式。葵花籽油的品质、游离油的提取率及蛋白质的提取率与其热处理程度有着很大的关系。水分在挥发过程中可以打开油路，有利于游离油的提取，不同的烘干时间和烘干温度对于葵花籽中水分的挥发速度和程度是不一样的，而两者直接决定油路打开的畅通与否，从而影响游离油的提取率。此外，适宜的变性时间和变性温度，可以让蛋白质在水相体系中变性且利于后期的酶解实验，而葵花籽仁中绿原酸能很好地保护油脂不被氧化，但如果变性时间过长或变性温度过高则会对油的品质造成严重的影响，还会产生乳化层，从而降低游离油及蛋白质的提取率。王旭[4]对热处理工艺进行研究，考察4个因素，即烘干时间、烘干温度、变性温度及变性时间，以游离油的提取率和蛋白质的提取率为考察指标，通过单因素实验，最终确定了各因素的实验条件，分别为烘干时间24h、烘干温度65℃、变性温度100℃及变性时间60min。任健[5]对比研究了有无热处理对生物解离技术油脂提取率的影响，结果表明，热处理后总油提取率和总蛋白提取率均明显提高。在热处理过程中，游离油提取率、酶解滤液中的还原糖、总油提取率及总蛋白提取率随热处理温度的升高而增大，超过110℃后增加缓慢。热处理时间的延长有助于游离油提取率、酶解滤液中的还原糖、总油提取率及总蛋白提取率的增加，这是因为在热处理过程中，半纤维素及果胶发生水解，同时热蒸汽渗入纤维内部，在水蒸气与热的相互作用下，纤维素也发生了降解，热处理时间越长，降解程度越大，酶解越易进行，细胞组织结构破坏的程度就越大。同时，热处理时间长，蛋白质降解程度提高，低相对分子质量的蛋白质所占比例增加，蛋白质乳化性变差，导致游离油提取率随热处理时间的延长而提高，为获取较高的游离油提取率，确定热处理时间为60min。

三、酶解预处理

植物细胞壁主要由纤维素和多糖类物质组成，蛋白质被纤维素类物质包裹在其中。利用酶解预处理可降解植物细胞壁的纤维素骨架，使细胞破壁而崩溃，细胞内有效成分游离出来，提高游离油的得率。冷玉娴等[2]研究比较不同的酶制剂，如蛋白酶、纤维素酶及果胶酶等对游离油得率的影响，并固定各种酶制剂的添加量均为2%，反应时间3h。结果表明采用复合纤维素酶酶解，游离油得率最高。

四、复合预处理

为了获得有利的出油条件，细胞壁仅靠酶的作用很难破坏，因此需要多种预处理方式综合进行以提高油脂得率。例如，采用化学和物理结合的方式：在高温酸性环境下细胞壁微纤丝网中半纤维素及果胶发生水解，使纤维素酶与纤维素分子的接触面积增大，同时纤维素的部分晶形结构可能被破坏，从而为纤维素酶的作用创造条件。在热处理的过程中，细胞中一些可溶性物质如淀粉、蛋白质等溶解进入水中，细胞组织结构越疏松，酶解作用越易进行，细胞壁破坏越彻底，溶出的油脂越多[6~8]。

第二节　葵花籽生物解离酶解工艺的研究概述

葵花籽生物解离酶解工艺中，油脂和蛋白质提取率的高低受酶解时酶的种类、酶解条件的影响。酶解条件主要包括pH、料液比、酶解时间及酶用量等。pH的改变会影响到溶液中蛋白质、多糖等物质的溶解度，溶解度的大小决定了目标物质与酶接触的程度，从而影响水解效果；此外，pH也会影响酶的活力。料液比会影响溶液的黏度、目标物质的浓度，也直接影响酶的作用效果。酶解时间对实验的影响体现在一方面时间过长会产生乳化层及降低油的品质，另一方面时间过长会增加生产成本。酶用量直接决定了酶解充分与否，用量过多会造成资源浪费。

一、国外葵花籽生物解离酶解工艺的研究

国外关于生物解离技术提取葵花籽油已有报道。1995年，Domingues等[9]对生物解离技术同步提取葵花籽油和蛋白质的工艺进行了研究。实验结果表明，水分含量在20%，加酶量为3g果胶酶/100g葵花籽，酶解5h，油的提取率达到70%，同时得到颜色浅无抗营养成分的蛋白粉。1998年，Sineiro等[10]研究了用纤维素酶浸提葵花籽油和蛋白质的工艺，以水解反应的程度、提油率和多酚类物质的去除率为指标，确定了较优的酶法浸提工艺条件，即葵花籽仁颗粒大小为0.75～1.0mm，固液比为1∶(7.5～8.0)，加酶量为1.25～1.4g/100g葵花籽，pH为4.5～5.0，酶解温度为50℃，在此条件下，提油率和多酚类物质的去除率分别为33.74%和85%以上。2007年，Patino等[11]研究了不同水解程度的葵花籽蛋白界面功能性差异，随着水解程度的增加（5.62%～46.3%），界面蛋白的表面活性降低，起泡性增加。2009年，Latif和Anwar[12]研究采用不同种酶（Alcalase 2.4L、Kemzyme、Natuzyme、Protex 7L）提取葵花籽油，并与溶剂法相对比，酶法获得的油颜色较浅，不需要再进一步精炼，降低了加工成本，同时4种酶的提油率无显著差异，Alcalase 2.4L与Protex 7L稍高于工业用酶Kemzyme与Natuzyme。

二、国内葵花籽生物解离酶解工艺的研究

1. 生物解离技术提取葵花籽油的研究

2006年，冷玉娴等[2]采用复合纤维素酶酶法提取葵花籽油，确定了最佳工艺，即采用干法粉碎脱壳后，按m（水）∶m（籽）=5∶1，加入pH 4.8的0.05mol/L柠檬酸缓冲液，搅匀成浆料后加入2.5%的复合纤维素酶，酶解过程中的搅拌速度为250r/min，酶解温度为50℃，酶解时间为7h。离心后将得到的乳状液层进行二次离心，最终游离油得率可以接近90%。提取得到的葵花籽油色泽淡黄清亮，气味芬芳。2008年，任健[5]对生物解离技术提取葵花籽油及蛋白质利用进行了研究。首先研究了不同酶解反应装置对提油率的影响，比较了在不同反应时间，采用恒温水浴振荡酶解装置和连续搅拌罐膜生物反应器对总油提取率、总蛋白提取率的影响（表14-1），结果表明，采用连续搅拌罐膜生物反应器将反应产物中的小分子物质连续滤出，降低了产物的抑制作用，酶解反应速率明显加快，酶解反应时间缩短。在确定生物解离提油工艺路线的基础上，考察柠檬酸缓冲液pH、热处理温度及热处理时间对游离油提取率的影响，确定生物解离技术提取葵花油的热处理工艺条件为：柠檬酸缓冲液pH为4.8，热处

理时间为 60min、温度为 110℃时，可获得较高的游离油提取率。随后，在确定热处理工艺的基础上，优化酶解工艺，分析了料液比、酶种类、加酶量、酶解反应的温度、时间及 pH 对游离油提取率的影响，在此基础上，设计了三因素三水平的响应面分析实验，结果表明：采用 2% 的加酶量（纤维素酶：果胶酶 =2：1），料液比 1：8，酶解 pH 为 4.7，酶解温度为 50℃，酶解时间为 5.5h，游离油提取率为 89.8%。2012 年，王旭等[13]对原料烘烤时间、酶用量、酶解时间及料液比对提油效果的影响进行探讨，结果表明：葵花籽游离油得率和渣中蛋白质含量与中性蛋白酶的用量、酶解时间、料液比及烘烤时间相关性明显。采用生物解离技术提取葵花籽油的最佳工艺参数为：烘烤时间 16h，酶用量 1%，酶解时间 4h，料液比 1：5（*m*/*V*）。验证实验结果显示，中性蛋白酶酶解葵花籽仁，游离油得率可达到 80.94%，渣中蛋白质含量仅 3.36%，过氧化值为 4.57mmol/kg。在葵花籽油生物解离提取的过程中，酶解液中蛋白质含量比较高，且溶液清澈透明，具有很大的工业利用价值，可用于制作超级蛋白饮料，有利于降低提油成本。2010 年，迟晓星和赵东星[14]采用生物解离技术提取葵花籽油并对其提取条件进行研究，以脱壳葵花籽为原料，采用复合纤维素酶提取葵花籽油，研究了料液比、加酶量、酶解温度、酶解时间、浸提温度、浸提时间等因素对出油效率的影响，确定最佳提油工艺参数，结果表明：最佳提取条件为料液比 1：10，复合纤维素酶添加量 0.10g，酶解温度 50℃，酶解时间 1h，浸提温度 90℃，浸提时间 9h，出油效率可达到 79.07%。2016 年，刘媛媛[3]在生物解离技术提取葵花籽油酶解工艺中，首先研究酶种类对游离油提取率的影响，在相同反应条件下：酶添加量为 2%（*V*/*m*），反应时间为 3h，料液比为 1：5，物料初粉后再精粉 3 次。调节体系的温度、pH 与所用的最适条件一致。分别比较了酸性蛋白酶、中性蛋白酶、碱性蛋白酶、纤维素酶和果胶酶对游离油提取率及渣相含油量的影响，结果表明，采用碱性蛋白酶 Protex 6L，游离油提取率较高，渣相含油量较少，而果胶酶与纤维素酶的作用效果没有蛋白酶效果好，其中，碱性蛋白酶的作用效果最佳，最终最佳效果要优于任健[5]报道的结果。在选出最佳酶制剂后，研究了酶解参数对游离油提取率的影响，结果表明，采用碱性蛋白酶 Genencor 6L，料液比 1：5，酶添加量 1.5%（*m*/*V*），酶解 1h，在最佳工艺条件下游离油提取率为 92.48%，高出冷玉娴[15]采用纤维素酶作用于葵花籽的提油率。

表 14-1　不同酶解装置总油提取率、总蛋白提取率比较[5]

酶解装置	酶解时间 /h	总油提取率 /%	总蛋白提取率 /%
连续搅拌罐膜生物反应器	3	76.4	52.7
	5	94.3	65.4
	7	94.6	65.6
恒温水浴振荡酶解装置	3	63.4	46.3
	5	78.6	53.2
	7	90.3	64.4

以上均侧重于生物解离技术提油条件的研究，有的提油率较低，因此有必要对生物解离技术提取葵花籽油的工艺条件进行进一步的研究，提高出油率在工业生产中具有重要意义。同时，对提油后葵花粕中蛋白质进行分离、纯化，对葵花蛋白的结构、功能性质进行深入研究，为葵花粕的进一步利用提供理论依据。

2. 生物解离技术提取葵花籽蛋白的研究

2008 年，任健[5]采用醇洗的方法对生物解离葵花籽粕中的蛋白质进行提取，表 14-2 是不同浓度乙醇对脱脂葵花粕的醇洗 1 次效果的比较。实验结果表明，醇洗后产物蛋白质含量都有不同程度的提高，颜色变浅，说明醇洗过程中糖类得到了有效的去除，绿原酸含量也明显降低。用 70% 乙醇除糖效果最好，95% 其次，但用 95% 乙醇所得浓缩蛋白色泽最好。此外，醇洗次数对实验结果的影响也非常明显，用 95% 乙醇醇洗 2 次后，产物蛋白含量达到 75.66%，比 1 次醇洗 69.78% 提高了 8.43%，考虑到色泽和醇变性，选用 95% 乙醇提取 2 次作为提取工艺。另外，分别采用盐提酸沉工艺、盐溶盐析法和盐提有机溶剂沉淀法对脱脂葵花籽粕中的葵花籽分离蛋白、葵花粕中 11S 球蛋白和葵花籽清蛋白进行提取，并对其结构进行了初步分析。结果表明，葵花粕中蛋白质的含量达到 60% 以上，所得葵花籽分离蛋白含量达到 88.74%，葵花粕 11S 球蛋白粗蛋白含量达到 90.22% 左右，葵花籽清蛋白粗蛋白含量达到 90.23% 左右，具有较高的利用价值。

表 14-2　不同浓度乙醇对脱脂葵花粕醇洗 1 次效果[5]

乙醇浓度 /%	醇洗后蛋白质含量 /%	醇洗后葵花粕颜色
50	64.52	灰
60	65.54	灰
70	68.33	白
80	63.04	白
90	63.35	白
95	69.78	乳白

2007 年，冷玉娴[15]分别采用超滤法和水提醇沉法提取水解液中的葵花籽蛋白，以蛋白质回收率、绿原酸除去率和蛋白粉色泽为指标，比较两种方法的提取效果（表 14-3）。

表 14-3　两种分离方法比较[15]

分离方法	蛋白质回收率 /%	绿原酸除去率 /%	蛋白粉色泽
超滤法	82.00	36.90	淡黄
水提醇沉法	69.70	80.30	乳白

注：超滤膜通量为 6.87L/（$m^2 \cdot h$）

由表 14-3 可以看出，超滤法的蛋白质回收率高于水提醇沉法，但超滤耗时较长，蛋白质大分子沉积在膜孔中，导致膜孔减小甚至堵塞，且绿原酸分子易与相对分子质量低的蛋白质（5000 左右）结合，使得绿原酸除去率较低，膜污染严重，清洗烦琐。水提醇沉法提取的蛋白质色泽较好，绿原酸除去率远远高于超滤法。水提醇沉法提取葵花籽蛋白的工艺流程中影响蛋白质回收率的主要因素是真空浓缩后溶液的浓度和乙醇浓度。当固形物含量为 13% 时，蛋白质回收率与绿原酸除去率均为最高，此时加入乙醇最为适宜。固形物含量越低，乙醇加入量越大，乙醇浪费严重。当固形物含量在 13% 以上时，随着糖类物质浓度的增加，蛋白质与糖类物质共同沉淀，造成蛋白质回收率降低。所以，确定水解液真空浓缩到固形物含量为 13%。随着乙醇浓度的上升，蛋白质回收率随之增高，而绿原酸除去率在乙醇浓度为 75% 时达到最高。当乙醇浓度过高时，蛋白质沉淀速率过快，绿原酸与蛋白质的结合尚未被破坏，结合态的绿原酸与蛋白质一起沉淀出来，使得绿原酸除去率降低。所以，选择乙醇浓度为 75%。

3. 其他研究

葵花籽仁中含有较高的绿原酸，属于酚酸类物质，绿原酸很容易氧化成绿色色素，继续氧化成绿原醌，与蛋白质中的极性基团化合后，不但影响蛋白质的色泽，而且降低了蛋白质的营养价值，因此利用葵花籽蛋白首先要提取绿原酸。2004 年，王志华等[16]在葵花籽绿原酸的提取过程中，分别探讨不同酶（纤维素酶、果胶酶、纤维素 + 果胶酶）对绿原酸得率的影响。采用纤维素酶处理能够显著提高绿原酸的得率，适宜酶解温度在 40～50℃；酶用量对绿原酸得率有显著影响，在一定范围内随着酶用量的增加而增加；酶解最佳时间为 1h。果胶酶对绿原酸的得率没有明显的提高。纤维素酶和果胶酶联合处理的最佳条件为：酶解温度 30℃，酶解时间 1.5h，纤维素酶添加量 10μL，果胶酶添加量 2mL 时，绿原酸提取率可达 1.36%。这样几乎完全提取出葵花籽仁中的绿原酸；提取绿原酸后的葵花籽可作为加工成植物蛋白饮料的原料，解决了由绿原酸引起的变色问题，同时提取出的绿原酸可以作为功能性成分进一步研究其抗氧化性能和药用价值。

2012 年，王旭等[13]对最佳实验条件（烘干时间为 24h、烘干温度为 65℃、变性温度为 100℃及变性时间为 60min，采用中性蛋白酶酶解，pH 5.5，酶解时间 4h，酶用量 1.2%，料液比 1∶7）得到的酶解液进行膜处理，从七孔膜、N30 膜及 N100 膜中，确定最佳用膜为 N30 膜，其滤液中分子质量为 350～1500Da 的含量为 90%；随后对膜滤液进行了饮料调配试验，试验包括：对葡萄糖、苹果酸、苹果汁及蜂蜜用量进行的单因素及正交实验，最佳实验条件为葡萄糖 4.5%、苹果酸 0.3%、苹果汁 2.0% 及蜂蜜 2.3%；还进行了稳定剂黄原胶用量试验，以有无上清和沉淀析出为依据，确定其用量为 0.12% 时，饮料稳定效果最佳；进行杀菌温度确定试验，以有无沉淀和饮料色泽为依据，确定了杀菌温度为 110℃。所得葵花籽多肽饮料淡绿色、甜味适中、口感细腻。

第三节　葵花籽生物解离破乳工艺的研究概述

一、葵花籽生物解离乳状液主要成分

由于乳状液易被外相（分散介质）稀释而不容易被内相稀释，凡能与乳状液混合的液体应与乳状液的外相是同一物质。因此，可用水或油对乳状液做稀释试验，容易被水稀释的乳状液是 O/W 型乳状液，如果不易分散到水中而容易分散到油中则证明是 W/O 型乳状液[17]。

将生物解离技术提油工艺中得到的乳状液放在 10 倍显微镜下观察，发现水相易于和乳状液搀合在一起，因此得到的是 O/W 型乳状液[15]。

从表 14-4 中可以看出，乳状液中含油量较高，蛋白质含量占 26.66%（按干基计），除此之外还含有少量糖类及灰分。由于这些组分的共同存在，增加了有效吸附层的厚度和界面黏度或是可以在液滴间形成静电或空间排斥作用，阻止了液滴的絮凝或聚集。而蛋白质中含有的氨基酸既有亲水基又有疏水基，蛋白质侧链上还含有羧基、氨基等可电离的基团，因此天然蛋白质作为高分子表面活性剂，可以显著降低界面张力，帮助乳状液形成和保持稳定[18,19]，这就意味着要破坏稳定的乳状液使相分离是非常困难的[15]。

表 14-4　乳状液主要成分[15]　　（%）

成分	含量（*m/m*）	含量（干基，*m/m*）
水分	72.51	—
油脂	16.2	58.93

续表

成分	含量（m/m）	含量（干基，m/m）
蛋白质	7.2	26.66
总糖	2.01	7.31
灰分	1.09	3.97

二、葵花籽生物解离破乳方法概述

采用生物解离技术可同时提取葵花籽油和葵花籽蛋白产品，酶处理能在一定程度上抑制或破坏形成乳化的体系，但仍不可避免地会有乳状液形成。这些乳状液中含有相当数量的油，若要提高生物解离工艺的经济效益，必须进行破乳，回收其中的油。乳状液的形成及其稳定性是乳状液领域重点研究的两个方面。在很多情况下，人们期望制备的乳状液能防止液滴聚结，保持稳定，但有时却期望乳状液不稳定，易于破乳而使油水分离。对于形成的稳定乳状液，要破坏它达到相分离的目的是非常困难的。常用的破乳方法有物理机械法、物理化学法和电力作用 3 类。物理机械法有离心分离、超声波处理、加热等；物理化学法主要是通过加入无机酸、盐或者高分子絮凝剂等改变乳状液界面膜的性质，达到破乳目的；电力作用是利用高压电势促进乳状液中带电液滴聚结[18]。生物解离技术的优势之一是避免使用有机溶剂和有毒化学试剂，因此对于生物解离提油工艺中形成的乳状液，常采用物理机械法破乳。为保证葵花籽油的质量和利于葵花籽蛋白的提取，选择微波、加热、冷冻解冻、超声波、静置及电力作用这几种方法破乳[15]。

1. 微波破乳

微波形成的磁场能使非极性的油分子磁化，形成与油分子轴线成一定角度的涡旋电场，该电场能减弱分子间的引力，降低油的黏度，从而增大油水的密度差，使乳状液更易破乳脱水[19]。Fang 和 Lai[20] 报道了对 1∶1 和 3∶7 的 W/O 型油水乳液的微波破乳研究，在适当的条件下，脱水率可大于 80%；傅大放和吴海锁[19] 报道了对含水 60% 的乳状液辐照破乳，所需时间短，而破乳率高。

2. 加热破乳

加热破乳是利用加热提高温度，增加分子的热运动，有利于液珠的聚结，而且温度升高时，外相黏度降低，从而降低了乳状液的稳定性，而易破乳。在研究不同加热温度对破乳率的影响时，冷玉娴[15] 研究发现，破乳的温度并不是越高越好，随着温度的升高，破乳率也随之增大，当温度达到 100℃时，破乳率达到最大值，此后降低并趋于平缓。因此，加热破乳温度选用 100℃。随着加热时间从 10min 延长到 15min，破乳率迅速上升，而此后继续延长加热时间，破乳率上升趋势很缓慢。这说明 100℃下加热 15min 足以达到较好的破乳效果，过长时间的高温加热既耗费能源，也会对破乳油的质量造成不利影响。从加热破乳后得到的黏稠物中回收油，还必须采用离心的方法，离心速度直接影响到分离效果（表 14-5）。当离心速度增大到 8000r/min 时，破乳率显著提高，再继续增大离心速度，破乳率提高的幅度就比较小了。因此，加热破乳最适宜条件是将乳状液在 100℃下加热 15min，8000r/min 离心 20min，此时乳状液破乳率达到 63.16%。

表 14-5 离心速度对破乳率的影响[15]

离心速度 / (r/min)	破乳率 /%
6 000	57.24
8 000	63.16
10 500	63.28

3. 冷冻解冻破乳

冷冻解冻法作为一种破乳技术，在处理一些富含颗粒的乳液体系中表现出比其他传统破乳方法有更高的破乳能力[21]。van Boekel 和 Walstra[22]提出：冷冻破乳过程中乳状液中出现油相结晶，这些脂肪晶体可以刺入水相，假如脂肪晶体恰好出现在相邻油滴之间，则将刺穿界面膜引起油滴的聚集，从而大幅度降低乳状液稳定性，达到破乳的目的。Owen[23]提出，在冷冻过程中，乳状液中冰晶体的形成会迫使乳状液液滴靠拢在一起，这种情况在解冻时常引起严重的聚结。乳状液在静置过程中由于分散相和连续相相对密度的不同，油滴通常发生上浮，同时也会相互聚集、聚结，油滴聚集会极大地促进上浮，上浮的结果又反过来促进聚集速度，如此以往。直径 10μm 的油滴在水中上浮的速度大约为 2cm/h[18]，因此长时间静置可以达到使油在水中上浮分离的目的。

4. 超声波破乳

超声波具有能量与波动双重属性，它的机械作用和空化作用可以使物质结构发生变化，有效提高反应效率，缩短反应时间[24]。冷玉娴[15]比较不同超声波功率对破乳率的影响（表 14-6），结果表明，随着功率的降低，超声波的破乳率随之升高，低功率的超声波确实可以起到破乳的效果。

表 14-6 超声波破乳效果[15]

超声波功率 /W	破乳率 /%
200	14.51
150	32.94
100	36.42

5. 不同破乳方法的对比研究

冷玉娴[15]对生物解离技术提取葵花籽油后离心得到的乳状液进行研究，比较微波破乳、冷冻解冻破乳、加热破乳、静置上浮 4 种不同破乳方法对破乳效果的影响（表 14-7），进行二次提油，并对加热法破乳的条件进行了优化。通过比较各种破乳方法的破乳率，从表 14-7 中可以看出，加热破乳效果最好，为了尽可能提高生物解离提取葵花籽油的提油率，达到最好的破乳效果，进一步对加热破乳方法进行优化，对乳状液加热的温度、加热时间的长短及破乳后乳状液离心速度等因素进行研究。

表 14-7 不同破乳方法破乳效果的比较[15] （%）

破乳方法	破乳率
微波破乳	28.66
冷冻解冻破乳	30.46
加热破乳	45.14
静置上浮	34.06

参 考 文 献

[1] 钱俊青. 低含油量油料(大豆)酶法提取油脂的研究. 杭州:浙江大学博士学位论文, 2001.

[2] 冷玉娴, 许时婴, 王璋, 等. 生物解离提取葵花籽油的工艺. 食品与发酵工业, 2006, 32(10): 127～131.

[3] 刘媛媛. 水媒法提取葵花籽油与蛋白质. 无锡:江南大学硕士学位论文, 2016.

[4] 王旭. 水酶法制取葵花籽油及多肽饮料的研究. 武汉:湖北工业大学硕士学位论文, 2012.

[5] 任健. 葵花籽水酶法取油及蛋白质利用研究. 无锡:江南大学博士学位论文, 2008.

[6] Hanmoung P, Pyle DL, Niranjan K. Enzymatic process for extracting oil and protein from rice bran. J Am Oil Chem Soc, 2001, 78(8): 817～821.

[7] Bocevska M, Karlovic DJ. Corn germ oil extraction by a new enzymatic process. Acta Aliment, 1994, 23(4): 389～402.

[8] Tano-Debrah K. Enzyme-assisted aqueous extraction of shea fat: a rural approach. J Am Oil Chem Soc, 1995, 72(5):617.

[9] Domingues H, Nunez MJ, Lema JM. Aqueous processing of sunflower kernels with enzymatic technology. Food Chemistry, 1995, 53(4): 427～434.

[10] Sineiro J, Domingues H, Nunez MJ. Optimization of the enzymatic treatment during aqueous oil extraction from sunflower seeds. Food Chemistry, 1998, 61(4): 467～474.

[11] Patino JMR, Conde JM, Linares HM, et al. Interfacial and foaming properties of enzyme-induced hydrolysis of sunflower protein isolateJ. Food Hydrocolloids, 2007, 21(5): 782～793.

[12] Latif S, Anwar F. Effect of aqueous enzymatic processes onsunflower oil quality. J Am Oil Chem Soc, 2009, 86(4): 393-400.

[13] 王旭, 毛波, 王聪, 等. 葵花籽油酶法提取的研究. 食品科技, 2012, (6): 197～200.

[14] 迟晓星, 赵东星. 水酶法提取葵花籽油的研究. 中国粮油学报, 2010, 25(2): 71～73.

[15] 冷玉娴. 水酶法提取葵花籽油和葵花籽蛋白的回收. 无锡:江南大学硕士学位论文, 2007.

[16] 王志华, 王东洁, 赵晋府. 葵花籽绿原酸酶法提取工艺研究. 食品科学, 2004, 25(1): 97～100.

[17] 焦学瞬. 天然食品乳化剂和乳状液——组成、性质、制备、加工与应用. 北京:科学出版社, 1999.

[18] 梁治齐, 李金华. 功能性乳化剂与乳状液. 北京:中国轻工业出版社, 2000: 130～150.

[19] 傅大放, 吴海锁. 微波辐射破乳的试验研究. 中国给水排水, 1998, 14(4): 4～7.

[20] Fang CS, Lai PMC. Microwave heating and separation of water-in-oil emulsions. Journal of Microwave Power and Electromagnetic Energy, 1995, 30(1): 46～57.

[21] 赵丹萍. W/O 型 Pickering 乳液冷冻解冻破乳过程的研究. 大连:大连理工大学硕士学位论文, 2011.

[22] van Boekel MAJS, Walstra P. Stability of oil-in-water emulsions with crystals in the disperse phase. Colloids Surf, 1981, 3(2): 109～118.

[23] Owen FR. 食品化学. 3 版. 王璋, 许时婴, 江波, 等译. 北京:中国轻工业出版社, 2003: 114～433.

[24] 赵国玺, 朱步瑶. 表面活性剂作用原理. 日用化学工业信息, 2003, (17): 16.

第五篇

其他植物油料

第十五章 生物解离技术提取月见草油的研究概述

月见草（*Oenothera biennis*）原产于墨西哥和中美洲，别名晚樱草、夜来香、山芝麻，属柳叶菜科多年生草本植物，北方为一年生植物，淮河以南为二年生植物或多年生草本，生长于山区向阳坡地，林缘荒地、路旁等处[1]。月见草种子油及植株各部药用和应用价值极高，故近几年开发利用甚多[2]。目前，月见草引种栽培已经在吉林、江西、北京等省市取得成功，亩产月见草种子可达 100kg。据不完全统计，我国可年产月见草籽 2000t 左右[3]。

月见草籽粗纤维含量较高，富含油脂和蛋白质。月见草油富含多不饱和脂肪酸，尤其是 γ- 亚麻酸，不皂化物含量较低。生物解离技术是油脂和蛋白质同时提取的最理想方法。本章主要介绍了月见草籽、月见草油的概况及生物解离技术提取月见草油的研究，旨在为月见草油提取的产业化提供理论依据。

第一节 月见草籽及月见草油概述

一、月见草籽的化学组成

成熟的月见草籽非常小，约 2.8mg/ 颗，呈黑褐色，形状不规则，表面有尖角。其粗纤维含量较高，约为 40%，油脂含量为 22%～30%。典型的月见草籽主要成分如表 15-1 所示。

表 15-1 月见草籽主要成分含量[4] （%）

成分	含量	成分	含量
粗脂肪	24	碳水化合物	6
粗蛋白	15	水分	8
粗纤维	40	灰分	7

二、月见草油成分

月见草油又称为月见草籽油，是一种富含多种不饱和脂肪酸的新型油脂。典型的月见草油脂肪酸组成如表 15-2 所示[4,5]。

表 15-2 月见草油脂肪酸组成[5] （%）

成分	含量	成分	含量
辛酸	0.5	花生四烯酸	微量
癸酸	0.4	山嵛酸	微量
月桂酸	微量	油酸 ω-9	7.7

续表

成分	含量	成分	含量
肉豆蔻酸	0.4	亚油酸 ω-6	73.5
棕榈酸	6.1	γ-亚麻酸 ω-6	9.2
硬脂酸	1.8		

月见草油中γ-亚麻酸含量较高，是一种人体自身不能合成且具有重要生理活性的高不饱和脂肪酸，它与维持人体细胞正常功能、转化和利用胆固醇、形成前列腺素等生理过程密切相关。研究表明，γ-亚麻酸降低胆固醇的效果是亚油酸的170倍，此外其还可消除氧自由基，延缓皮肤结构组织衰老，使皮肤柔软且弹性十足[6~8]。因此，γ-亚麻酸被誉为“21世纪功能性食品的主角”[9]。但由于人体不能合成γ-亚麻酸，只能通过饮食来摄取，而月见草油是天然的含γ-亚麻酸的最好资源[10]。

月见草油中除含有脂肪酸外，还含有不皂化物，其含量为1.5%～2.0%，各组成成分和含量如表15-3所示。

表15-3　月见草油不皂化物组成成分和含量[3]

名称	含量/%	组成成分与含量
固醇	44.0	谷固醇39.5%；菜油固醇3.4%；其他1.1%
4-甲基固醇	8.0	钝叶大戟固醇0.9%；芦竹固醇1.2%；柠檬二烯醇3.8%；其他2.1%
三萜烯醇	13.0	β-香树素1.6%；α-香树素0.3%；C-环阿屯素0.7%；亚甲基环阿屯素0.7%；其他0.3%
其他	35.0	生育酚263mg/kg油；α-生育酚76mg/kg油；γ-生育酚187mg/kg油

月见草油可治疗多种疾病，能调节血液中类脂物质，对高胆固醇[11]、高血脂引起的冠状动脉梗死[12]、粥样硬化及脑栓塞[13]等有显著疗效，还可治疗多种硬化症、糖尿病、肥胖症、风湿性关节炎和精神分裂症等疾病[14,15]，是营养保健油的优质产品[16]。

近年来，由于月见草油独特的医药保健作用而不断被发现和应用，这引起了国际上生物化学、植物学、医药卫生界的高度重视。20世纪80年代迄今，西欧北美等发达国家的研究人员及中国的科研人员极其注重对月见草油的应用研究及相关产品的研制推广，近年来我国科研人员在保健医疗、日常食用等方面对月见草油做了大量的研究开发工作，并开发出了多种相关产品。

三、月见草籽粕成分

月见草籽粕是月见草籽提油后的副产物，营养成分丰富，含蛋白质、氨基酸、粗纤维及矿质元素等多种成分，共测出18种氨基酸，显示出其氨基酸种类齐全[17]。

如表15-4所示，月见草籽粕中谷氨酸含量最高，为28.7mg/g，甲硫氨酸含量较低，仅为1.0mg/g。必需氨基酸占氨基酸总量的28.26%。

表15-4　月见草油种子饼粕的氨基酸成分[17]　（单位：mg/g）

人体非必需氨基酸（NEAA）	含量	人体必需氨基酸（EAA）	含量
天冬氨酸 Asp	10.4	苏氨酸 Thr	3.6
丝氨酸 Ser	9.0	缬氨酸 Val	6.7

续表

人体非必需氨基酸（NEAA）	含量	人体必需氨基酸（EAA）	含量
谷氨酸 Glu	28.7	甲硫氨酸 Met	1.0
甘氨酸 Gly	9.9	亮氨酸 Leu	9.1
丙氨酸 Ala	5.4	异亮氨酸 Ile	4.5
酪氨酸 Tyr	2.9	赖氨酸 Lys	4.2
组氨酸 His	2.8	苯丙氨酸 Phe	6.5
精氨酸 Arg	17.0	总氨基酸（TAA）	125.6
脯氨酸 Pro	1.6	EAA/TAA	28.35%

月见草籽粕中粗脂肪为8.88%，无氮浸出物为29.19%，粗灰分为11.16%，粗纤维为20.39%，水分为11.38%[18]。将月见草籽粕作为畜禽的饲料，可以节约粮食、降低饲料成本，提高经济效益。

第二节　生物解离技术提取月见草油的研究

一、月见草油提取方法概述

月见草油常见的制备方法有溶剂浸出法、压榨法[19]、超临界流体CO_2萃取法[20,21]等。其中，溶剂浸出法提取月见草油，具有提油率高、成本低等优点，但在提取完成后溶剂易残留，且后续需要脱溶处理，这易使部分γ-亚麻酸遭到破坏，且容易生成反式脂肪酸[22]。压榨法是传统的榨油方法，存在出油效率低、设备磨损严重、月见草油品质较差、γ-亚麻酸富集率不高、副产物难以利用等问题。超临界流体CO_2萃取法可以有效克服浸出法溶剂残留、压榨法产率低等问题，但该方法对设备的要求较高，很难实现大规模生产。

目前，采用生物解离技术提取月见草油的研究较少，作者团队进行了超声波辅助生物解离技术提取月见草油的研究，为月见草油提取工艺的产业化提供理论依据[23]。

二、超声波辅助生物解离技术提取月见草油的研究

1. 超声波辅助生物解离技术提取月见草油的工艺流程

其工艺流程如图15-1所示。

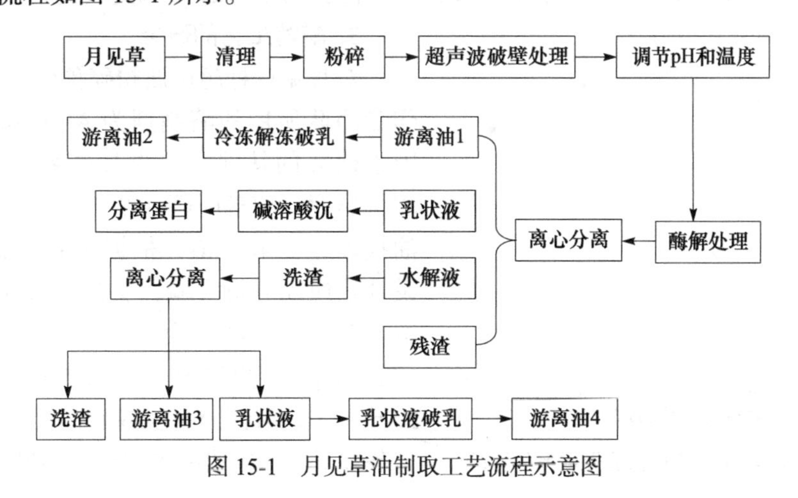

图15-1　月见草油制取工艺流程示意图

2. 超声波粉碎预处理条件的研究

作者团队研究了生物解离技术提取月见草油的预处理条件，即超声波粉碎预处理条件的选择，分别研究超声波处理时间（20～40min）、超声波功率（200～300W）、超声波处理温度（40～60℃）对月见草总油提取率的影响。

在超声波处理温度 60℃，超声波处理时间 30min 的条件下，加入碱性 Alcalase 2.4L，固定蛋白酶酶解条件，考察超声波功率对月见草总油提取率的影响。如图 15-2 所示，随着超声波功率的增加，月见草总油提取率呈先上升后下降的趋势；当超声波功率达到 300W 时，总油提取率最高；随着超声波功率的上升，总油提取率反而下降。这可能因为空化作用和机械作用随着超声波功率的增加而增强，使溶液中细胞组织破碎，导致油脂溶出增加，但超声波功率过大时，瞬间产生的热效应使局部温度过高引起蛋白质变性，从而影响油脂释放。综合考虑，选择在 300W 的超声波功率下进行。

如图 15-3 所示，超声波处理时间低于 30min 时，总油提取率与超声波处理时间呈正相关，30min 时，总油提取率达最大；超过 30min 后，总油提取率略微减小，原因可能是酶活性受到了抑制，这与超声波作用于酶的复杂机制有关。因此，超声波处理时间选择为 30min。

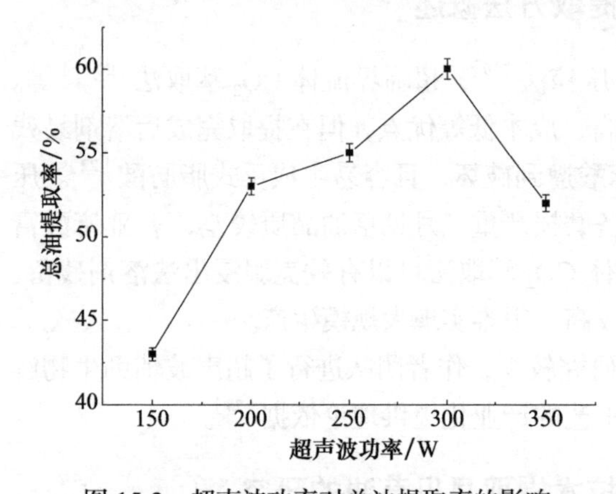

图 15-2 超声波功率对总油提取率的影响

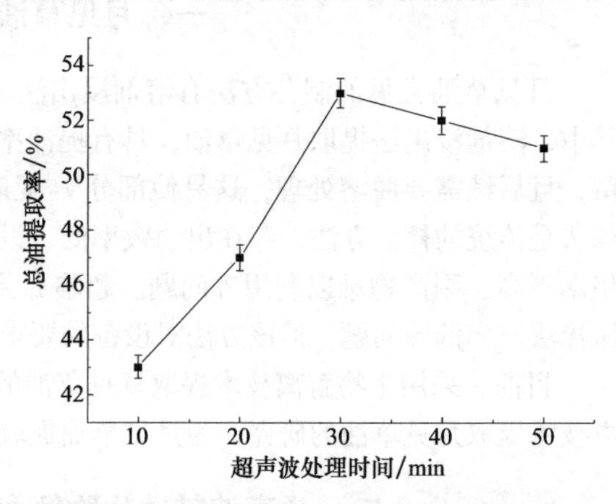

图 15-3 超声波处理时间对总油提取率的影响

如图 15-4 所示，随着超声波处理温度的上升月见草总油提取率先增加后降低，主要由于随着温度的升高，物料内部组分发生糊化及变性，不利于油脂释放，因此选择超声温度为 60℃。

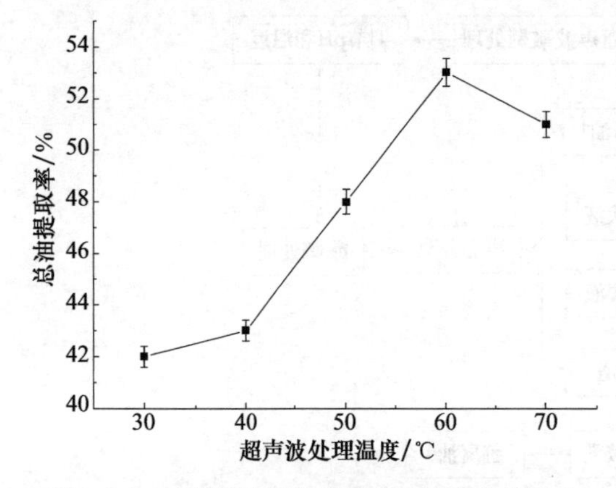

图 15-4 超声波处理温度对总油提取率的影响

3. 酶解工艺的研究

对月见草籽超声波粉碎预处理后进行酶解，作者团队所用的酶制剂为 Alcalase 2.4L，在单因素研究的基础上，选取料液比、酶加酶量、酶解温度、酶解时间 4 个因素为自变量，以总油提取率为响应值，根据中心组合设计原理，设计响应面分析实验，实验结果显示，最优酶解参数为：料液比为 5∶4（*m*/*m*）、酶添加量为 1.38（*V*/*m*）、酶解温度为 62.5℃、酶解时间为 2.8h，经过验证与对比实验可知，在最优酶解工艺条件下总油提取率可达到 84.30% 左右。

三、月见草油品质分析

表 15-5 列出了生物解离技术提取的月见草油和溶剂法提取的月见草油理化性质的对比分析，从中可以看出，溶剂法提取的油，颜色较生物解离技术提取的油稍深一些，但差别不显著，这是因为一些有色物质被溶剂浸提出来。

表 15-5　月见草油理化性质

指标	月见草油	
	生物解离技术	溶剂法
酸值 /(mgKOH/g)	0.13 ± 0.02	1.56 ± 0.10
皂化值 /(mgKOH/g)	167.45 ± 0.15	166.38 ± 0.26
过氧化值 /(mmol/kg)	4.88 ± 0.19	3.98 ± 0.10
磷脂含量 /(mg/g)	0.08 ± 0.01	0.21 ± 0.02
折射率（20℃）	1.4740 ± 0.0018	1.4750 ± 0.0015
色泽（罗维朋比色计，25.4mm 槽）	黄 20 红 0.3	黄 20 红 0.7

生物解离技术提取的月见草油，其游离脂肪酸含量比溶剂法提取的月见草油要低一些，这是由于在生物解离提油过程中，提取环境为碱性环境，中和了一部分游离脂肪酸的结果。生物解离技术提取的月见草油相对于溶剂法提取的月见草油有相对较高的过氧化值，表明在生物解离提取过程中有相对较高量的氢过氧化物，这是由于生物解离技术的湿热环境会加速油脂的氧化。生物解离技术提取的月见草油，其皂化值与溶剂法提取的月见草油的皂化值差别不明显，这与脂肪酸的分析结果相对应。生物解离技术提取月见草籽油的磷脂含量低于溶剂法月见草油的磷脂含量，这是因为磷脂在无水状态下可溶于油，而在有水存在的情况下和水形成水合物后不溶于油，生物解离技术提取月见草油的环境，使得磷脂与水结合形成乳状物，因此提取的油中磷脂含量较溶剂法提取的油少，以上指标的研究为月见草油后续的精炼提供了便利。

参 考 文 献

[1] 张梅，刘利．月见草的开发利用及栽培技术．中国乳业，1999, (10): 28.

[2] 张梅．月见草的特殊功效及其开发前景．食品研究与开发，2006, 27(4): 139～141.

[3] 曹毅，赵冬梅．月见草油的制备、功能和应用．粮油食品科技，1999, 7(3): 17～20, 43.

[4] 陈文麟．油脂化学．武汉：武汉粮食工业学院，1993.

[5] 杜国喜．月见草油及其制备技术．中国油脂，1994, (4): 10～13.

[6] 顾关云，王欢，蒋昱．月见草的化学、药理与临床研究．现代药物与临床，2005, 20(6): 231～236.

[7] 王俊国，魏贞伟．月见草油氮气保护加工和储藏技术的研究．中国油脂，2007, 32(2): 55～56.

[8] 钱学射，张卫明，顾龚平，等．月见草油用于化妆品的研究与开发．中国野生植物资源，2007, 26(4): 43～46.

[9] 邓会超，高树成．月见草籽的开发与利用．中国油脂，1999, 24(2): 54.

[10] 吴素萍．超临界 CO_2 萃取月见草籽油的研究．粮油加工与食品机械，2006, (2): 47～49.

[11] 刘杰，卿德刚，张娟，等．复方月见草油软胶囊对高血脂人群的影响．中国实验方剂学杂志，2013, 19(5): 324～326.

[12] 闫琳，郑婕，周茹，等．月见草油对大鼠血脂的调节作用．宁夏医科大学学报，2003, 25(1): 4～5, 8.

[13] Elkossi AEA, Abdellah MM, Rashad AM, et al. The effectiveness of evening primrose oil and alpha lipoic acid in recovery of nerve function in diabetic rats. J Clin Exp Invest, 2011, 2(3): 245～253.

[14] Paz MDL, García-Giménez MD, Ángel-Martín M, et al. Dietary supplementation evening primrose oil improve symptoms of fibromyalgia syndrome. Journal of Functional Foods, 2013, 5(3): 1279～1287.

[15] Kaya Z, Eraslan G. The effects of evening primrose oil on arsenic-induced oxidative stress in rats. Toxicological and Environmental Chemistry, 2013, 95(8): 1416～1423.

[16] 张飞，贺敏．几种颇具潜力的特种植物油．中国油脂，2010, 35(12): 75～79.

[17] 陈炳华，刘剑秋．海边月见草油和饼粕的化学成分及特性．食品与发酵工业，2003, 29(7): 17～20.

[18] 张德龙，杜晓燕，王砚林，等．月见草籽粕作为渔用饲料源的研究．饲料博览，1995, (2): 5～8.

[19] 王俊国，张欢，刘飞，等．酶法预处理压榨月见草油工艺优化．食品科学，2014, 35(2): 96～101.

[20] 潘泰安，叶学军，毛忠英，等．超临界 CO_2 萃取月见草油的研究．宁夏农林科技，2000, (3): 4～6.

[21] 李倩．月见草油三种不同提取方法的比较及微胶囊化研究．长春：吉林农业大学，2012.

[22] 高娟，楼乔明，杨文鸽，等．超声辅助提取鱿鱼肝脏油脂及其脂肪酸组成分析．中国粮油学报，2014, 29(2): 53～56, 61.

[23] 马文君，齐宝坤，李杨，等．超声辅助水酶法提取月见草籽油的研究．中国食物与营养，2015, 21(4): 54～58.

第十六章　生物解离技术提取红花籽油的研究概述

红花籽为菊科植物红花的种子。红花具有耐寒耐旱、抗盐碱、抗虫害、不落粒、不怕杂草等特点，在我国栽培历史悠久，且栽培地域广阔，几乎遍及全国各地。我国红花的栽培面积仅为 40 000hm^2，新疆占 80%，河南、四川两省的红花种植面积也较大。红花可作药用，其籽可榨油，是一种很好的油料作物，具有含油多、油质好、用途广等特点。

红花籽油中亚油酸含量极高，是已知食用油中含量最高的，这决定了其具有很高的食用、美容、医疗保健价值，被人们视为高级保健品而在国际上大受青睐[1]。目前，在欧美等西方国家，食用红花籽油已经成为一种新的时尚，随着我国经济发展及人民生活水平的提高，人们对于健康越来越重视，红花籽油在我国具有极为广阔的应用前景。本章主要介绍了红花籽、红花籽油的简要概况及生物解离技术提取红花籽油的研究进展，旨在为红花籽油提取工艺的产业化提供理论依据。

第一节　红花籽及红花籽油概述

一、红花籽概述

红花籽又称为“白平子”“血平子”[2]，李时珍在《本草纲目》中描述其“功能与花同”。红花籽是由一层结实的纤维质的壳和由它保护的两片子叶与一个胚所构成的仁组成。红花籽一般为奶白色，也有灰色、紫色、棕色和带条纹壳的类型。通常红花籽壳占籽粒质量的 18%～59%，脱壳的籽占红花籽量的 38%～49%。壳也有厚、薄之分，由于薄壳品种与厚壳的壳含量差异较大，影响了其他成分的含量。多数改良品种的研究目的是让壳更薄以增加含油量（表 16-1），虽然减少壳增加了有价值的油脂和蛋白质成分，但减少太多会对收割、储存、处理和加工工艺带来一些不利因素。

表 16-1　红花籽主要成分分析（干基）　（%）

类型		粗脂肪	粗蛋白质	粗纤维
整粒红花籽	厚壳杂交型	37.8	17.3	21.5
	棕色条纹型	47.7	20.3	11.7
	无色素棕色条纹型	42.8	22.5	13.6
	薄壳型	47.2	21.1	11.2
红花籽壳	厚壳杂交型	2.2	4.1	63.0
	棕色条纹型	5.7	8.4	46.0
	无色素棕色条纹型	5.6	8.6	46.0
	薄壳型	5.1	10.0	45.0

续表

类型		粗脂肪	粗蛋白质	粗纤维
红花籽仁	厚壳杂交型	58.1	24.7	2.0
	棕色条纹型	52.7	24.8	0.8
	无色素棕色条纹型	55.9	27.4	2.0
	薄壳型	62.6	25.5	0.6

红花籽主要由粗脂肪、蛋白质、粗纤维、灰分等组成（表 16-2）。经过长期的自然选择和人工选择，世界各地栽培的红花籽的组成成分及含量有一定的差别，其中红花籽油脂、蛋白质及脂肪酸的含量变化范围很大。

表 16-2　红花籽的主要成分　（%）

成分	含量	成分	含量
含壳	56.30	壳中含油	0.48
含仁	43.70	仁中含油	55.38
粗脂肪	24.21	粗纤维	25.63
灰分	4.17	蛋白质	10.06
非氮物质	15.37		

1. 油脂

一般来说，红花籽中含有 23%～46% 的油脂，且油脂中不饱和脂肪酸的含量很高，其中亚油酸含量极高。

2. 红花籽蛋白及氨基酸组成

红花籽粗蛋白的含量为 15%～19%[3]，有的红花籽中蛋白质含量较低，带壳压榨和浸出之后的红花籽饼粕中仅有 10% 的粗蛋白（也有脱壳、浸出脱脂粕蛋白质含量高达 43% 的产品）。表 16-3 列出了红花籽饼粕的主要成分，表 16-4 列出了粕中氨基酸组成。

表 16-3　未脱壳红花籽饼粕的主要成分　（%）

成分	压榨脱脂饼粕	浸出脱脂粕
粗脂肪	6.6	0.5
粗蛋白	9.0	10.0
粗纤维	32.2	37.0
灰分	3.7	5.0
钙	0.23	0.24
总磷	0.61	0.24

表 16-4　红花籽粕中氨基酸组成　（单位：g/100g 蛋白）

氨基酸	含量	氨基酸	含量
半胱氨酸	0.50	亮氨酸	1.00
赖氨酸	0.70	精氨酸	1.20
色氨酸	0.30	苯丙氨酸	1.00
苏氨酸	0.47	甘氨酸	1.10
异亮氨酸	0.28		

3. 红花籽矿物质和微量营养元素

红花籽中的矿物质和微量元素含量如表 16-5 所示。

表 16-5　红花籽中矿物质和微量元素含量

成分	含量	成分	含量
灰分	2.1g/100g	锌	52μg/100g
磷	367mg/100g	锰	11.0μg/100g
钙	214mg/100g	铜	15.8μg/100g
镁	241mg/100g	钼	0.54μg/100g

4. 红花籽仁和壳中糖分

红花籽仁和壳中糖分含量列于表 16-6 中。

表 16-6　红花籽壳和仁中的糖分分布　（%）

组分	糖的种类	占仁的比例	组分	糖的种类	占仁的比例
红花籽仁	糖醛蔗糖苷	0.43	红花籽壳	糖醛蔗糖苷	0.37
	棉子糖	1.08		棉子糖	0.06
	蔗糖	1.42		蔗糖	0.21
	半乳糖	0.09		半乳糖	0.025
				D- 葡萄糖	0.14
				D- 果糖	0.13

二、红花籽油

（一）红花籽油的组成成分

红花籽油又称为红花油，是以红花籽为原料制取的油品，正常的红花籽油呈淡黄色至金黄色，具有轻微的果仁味。标准型红花籽油的脂肪酸组成为软脂酸 5.5%～6.4%、硬脂酸 1.2%～3.1%、油酸 9%～12%、亚油酸 76%～83%，碘价 140 左右，属干性油。红花籽油的含油量及脂肪酸组成会受培植条件的影响[4]。张弓等[5]用 GC/MS 法对河湟、新疆、四川、河南和云南 5 个产地的红花籽油脂肪酸成分进行分析对比，结果见表 16-7。

表 16-7　河湟、新疆、河南、四川和云南 5 个产地的红花籽油脂肪酸成分对比[5]　（%）

红花籽油产地	脂肪酸含量			
	饱和脂肪酸	油酸	亚油酸	α- 亚麻酸
河湟	10.23	11.40	77.93	0.19
新疆	7.60	10.87	80.17	0.23
四川	14.36	12.54	70.12	0.17
河南	11.56	6.89	72.13	0.15
云南	12.10	9.73	73.15	0.21

红花籽油中富含天然生育酚（维生素 E），含量高达 1460mg/kg，被誉为“维生素 E 之冠”，在维生素 E 含量较高的玉米胚芽油、芝麻油、葵花籽油和大豆油中，维生素 E 的含量也只有 725mg/kg、703mg/kg、744mg/kg 和 528mg/kg，故红花籽油中维生素 E 的含量是它们的 2～3 倍[6]。此外，红花籽油中还含有黄酮、植物甾醇等有效成分。红花籽油中还含有一些有益金属元素，主要为 Ca、Mg、Fe、Mn、Zn、Al、P 和 Sr 等，以及一些重金属元素，如 As、Cd、Cu、Pb 和 Hg 等[4]。

（二）红花籽油的生理功能

红花籽油中亚油酸含量是所有已知植物中最高的[7,8]，远远高于大豆油、花生油、菜籽油、葵花籽油，这决定了其具有食用、保健、美容、降血脂、降低胆固醇、软化血管、扩张动脉、预防各种心脑血管疾病、延年益寿等功效，是一种营养价值极高的绿色食品[9]。

1. 行血的功能

关于红花的特殊功用，我国的史籍多有记述。早在先秦时期，红花就被《山海经》当作古西域药材加以记载。至明代，名医李时珍所著的《本草纲目》也有这样的记载：“红花出自西域，味甘无毒，其籽功能与花同，能行男子血脉，通女子经水，多则行血，少则养血”[4]。红花籽油因其行血功效可用来治疗烫伤，2013 年，吕瑞林等[10]用兔做试验，观察红花籽油对深Ⅱ度烫伤的影响。结果表明，红花籽油不仅对深Ⅱ度烫伤兔创面具有保护和营养作用，对试验兔血液中 EGF 因子分泌也有促进作用。

2. 预防和治疗动脉粥样硬化

世界医学界、科学界均对它的疗效进行过临床试验，结果表明，红花籽油对治疗动脉粥样硬化、降血脂、降胆固醇有明显效果。日本国立健康营养研究所发现，米糠油和红花籽油所配制的混合油效果最好。日本国立健康营养研究所在 20 世纪 60 年代采用红花籽油进行了人体实验，结果表明，高血脂患者食用红花籽油一周后，血中胆固醇下降了 10%[6]。1977 年，印度昌迪加尔医学教育与科学研究所实验药物系对动脉粥样硬化的罗猴分别以红花籽油作食物、基础食物和低脂肪食物饲喂了 5 个月，3 组动物的血清和主动脉类脂肪都明显减少，但以饲喂含有红花籽油食物效果最为明显[11]。

在国内，1997 年，武继彪等[12]利用红花籽油进行了动物实验，结果显示，饲喂了红花籽油的大鼠，其卵磷脂胆固醇酰基转移酶（LCAT）的活性显著提高，这一结果为红花籽油预防和治疗动脉粥样硬化及冠心病提供了一定的理论依据。1982 年，我国甘肃省张掖地区农业科学研究所与药品检验所进行了红花籽油对家兔血清脂质和日脂蛋白含量的影响试验。结果表明，红花籽油能显著地降低实验性高脂血症家兔和正常家兔血清中总脂、胆固醇甘油三酯和β脂蛋白水平，而对磷脂无影响[11]。2001 年，蔺新英等[13]对动脉粥样硬化的家兔喂食红花籽油进行实验，观察其对家兔血脂和脂质过氧化作用的影响，结果发现，红花籽油能明显降低模型家兔血浆的总胆固醇（TC）、甘油三酯（TG）、低密度总胆固醇（LDL-C），升高高密度总胆固醇（HDL-C），并能降低血浆和肝脏脂性过氧化物（MDA）的含量，从而证明了红花籽油能有效改善血脂及降低脂质的过氧化作用。2012 年，杨晓君等[14]用小鼠造模方法研究配伍红花籽油、红花黄素及其复合制剂是否具有降脂作用，结果表明，三者对血清中甘油三酯、胆固醇、低密度脂蛋白的增高均有抑制作用，对高密度脂蛋白数值的降低有提升作用。2014 年，刘浩等[15]将 91 例糖尿病血脂异常患者随机分为两组。试验组服用红花籽油软胶囊，对照组服用月见草胶丸，服用量均为每日 12 粒，分 3 次服用。4 周后比较两组患者的甘油三酯、胆固醇、低密度脂蛋白和高密度脂蛋白的差异。结果证明，红花籽油软胶囊可治疗高血脂，也能部分改善患者的胆固醇和高密度脂蛋白。治疗过程中未见明显不良反应，临床用药安全有效。2014 年，余德林等[16]将紫苏籽油和红花籽油等质量混合以降低高脂血症小鼠的胆固醇、甘油三酯水平。2016 年，杨晓君等[17]发现，红花降脂软胶囊（主要成分为红花籽油中的亚油酸和α-亚麻酸）能明显改善脂代谢紊乱症患者中血脂的各项指标，且无不良反应，安全有效。

3. 红花籽油抗炎的作用

红花籽油具有抗炎的作用。2007 年，王仁媛和魏全嘉[18]研究了红花籽油对宫颈糜烂大鼠免疫功能的影响，经阴道注射苯酚造模成功后，用红花籽油、消炎栓等药物治疗 12 天后，断头取血制备血清，测定 IL-1、TNF-α 的含量。结果显示同对照组相比，消炎栓和红花籽油都能提高宫颈糜烂大鼠的免疫功能，但单一红花籽油的疗效不如消炎栓好。2008 年，王仁媛[19]通过研究小鼠耳廓肿胀实验和足趾肿胀实验观察红花籽油的抗炎功能，分别采用空白对照组、高剂量红花籽油组、中剂量红花籽油组和低剂量红花籽油组进行实验，连续给药 7 天后，测定数据。结果表明，红花籽油可以有效地减轻二甲苯所致的小鼠耳廓肿胀，明显抑制蛋清导致的大鼠足趾肿胀，尤以高剂量组的效果更为明显。2012 年，Martinez 等[20]研究发现红花籽油和橄榄油都可以降低受孕的糖尿病雌鼠 MMP-2 和 MMP-9（基质金属蛋白酶）的活化，MMP 的过多表达是发炎前期的症状。

4. 增强细胞代谢、延缓衰老的功效

亚油酸是细胞的组成部分，特别是参与线粒体及细胞膜质的合成。虽然参与细胞合成的不饱和脂肪酸有很多种，但合成的细胞膜质量参差不齐。利用亚油酸合成的细胞膜通透性最强，生命力也最强。可以从体液中更多地吸收营养物质，更快捷地排出代谢垃圾。因此，亚油酸有强化新陈代谢、增强细胞活力的作用。红花籽油中富含的维生素 E 是一种天然抗氧化剂，它对人体细胞分裂、延缓衰老有着重要作用。研究表明，维生素 E 是肝细胞生长的重要保护因子之一，肝细胞上的维生素 E 因其抗氧化性对肝细胞起保护作用，肝细胞死亡的最后途径之一就是维生素 E 的缺乏。红花籽油所含的维生素 E、原花青素和黄酮可保护皮肤不被自由基侵害，预防色斑，延缓衰老。人们在长时间的食用过程中，可使皮肤得到不断的滋养，全面补充肌肤营养成分[4]。

5. 防治原发性脂肪酸缺乏症

1980 年，Bivins 等研究认为，用 10% 红花籽油乳剂治疗或防止原发性脂肪酸缺乏症是有效的。1985 年，麦克李德等在“于红花籽油静脉注射脂肪乳剂中增加 α-亚麻酸的临床与生化效应的比较”一文报道，21 例需要完全胃肠道外营养的新生儿静脉注射红花籽油乳剂，能防止原发性脂肪酸缺乏症的生化病症[11]。

中外营养学家均对人们日常生活膳食中的食物构成提出建议，应提高食用不饱和油脂所占的比例。红花籽油除直接食用外，还可作为食品中的添加剂合成复合产品，以使这些产品含有高含量的亚油酸，还可通过浓缩加工制成人造奶油、起酥油、色拉油等多种食品和添加剂[21]。红花籽油乳剂还可直接用于动脉注射，以防治挥发性脂肪酸缺乏等病症[22]。美国学者 Bivins 等曾用 10% 的红花籽油乳剂对需要肠胃营养的外科患者做了 2～4 周的实验，结果表明，红花籽油对于脂肪酸缺乏症有很好的治疗作用[6]。此外，动物精子的形成也与亚油酸有关，膳食中如果长期缺乏亚油酸，动物可能出现不孕症，受乳过程可能出现障碍[4]。

6. 其他功效

亚油酸在人体内可以代谢为一种亚麻酸，这种亚麻酸的最终产物是花生四烯酸，同属 ω-6 系高级多碳链的不饱和脂肪酸，可转化为前列腺素和白三烯。因此，红花籽油对防治前列腺疾病、过敏性鼻炎及调节轻度哮喘都有非常好的效果。此外，红花籽油植物甾醇对治疗溃疡性皮肤癌有明显功效[6]；还具有促进微循环、间接恢复神经功能，使皮肤柔嫩等功能，已经被法国、澳大利亚等很多国家作为食用油[21]。

第二节　生物解离技术提取红花籽油的研究

国内报道的油脂提取方法主要有压榨法、浸出法、超临界 CO_2 流体萃取法、反胶束法、水代法、生物解离技术、亚临界流体萃取法和超高压提取法等。从理论上讲，油脂提取的大部分方法是可以通用的，但目前用于红花籽油提取的方法主要有压榨法、浸出法、超临界 CO_2 流体萃取法和生物解离技术等，因此红花籽油的提取技术有待拓展和深入研究[4]。目前，关于生物解离技术提取红花籽油的研究，国外鲜有报道，而国内尚处于起步阶段[23]。

生物解离技术提取红花籽油的基本工艺过程包括清选脱壳、粉碎研磨、调质提取、分离及后处理等。剥壳机去除籽壳得红花籽仁，将红花籽仁研磨成一定粒度的料浆，混合一定比例的水调整固液比，再添加一定种类、浓度的酶制剂，在适当的条件下进行酶解。酶解结束后将提取浆料在离心机上固液分离，得到游离油、乳状液、水解液及残渣。乳状液经破乳、分离得到游离油，经真空脱水等处理成为优质红花籽油产品[24]。其基本工艺流程如图 16-1 所示。

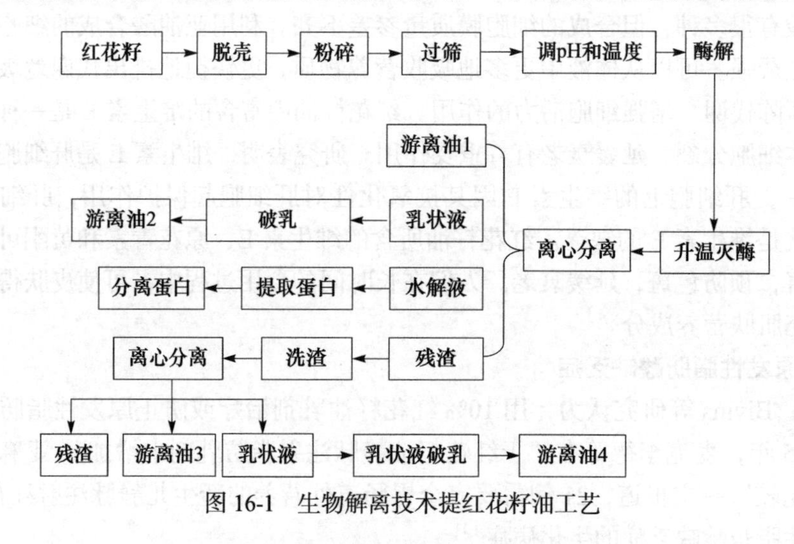

图 16-1　生物解离技术提红花籽油工艺

一、红花籽生物解离预处理工艺的研究

目前，辅助生物解离技术的方法有超声波辅助提取、微波辅助提取、超微细处理技术（包括超微粉碎、微胶囊化、微乳化和超高压均质）、高压脉冲电场（PEF）技术、高压蒸煮法等。2012 年，胡爱军等[23]通过超声波辅助生物解离技术提取新疆红花籽油，经单因素

实验和正交实验优化，得出最优提取工艺为：料液比 1∶6（g/mL）、超声波功率 120W、纤维素酶添加量 150U/g、胰蛋白酶添加量 100U/g、纤维素酶酶解时间 5h、胰蛋白酶酶解时间 3h；在此条件下，红花籽油得率可达 86.74%，但超声波设备的使用大大提高了生产成本。

2014 年，作者团队为了提高红花籽油的提取率，对超声波辅助生物解离技术提取红花籽油的工艺进行研究[25]，研究了超声波处理条件（超声波处理温度、超声波处理时间、超声波功率）对红花籽油提取率的影响，单因素的结果见图 16-2。固定超声波处理时间 30min、超声波功率 300W，考察超声波处理温度对红花籽油提取率的影响，由图 16-2A 可知，最佳超声波处理温度为 40℃，因此选择 30℃、40℃、50℃为优化时超声波处理温度的 3 个水平。固定超声波处理温度 40℃、超声波功率 300W，考察超声波处理时间对红花籽油提取率的影响，由图 16-2B 可知，最佳超声波处理时间为 50min，因此选择 40min、50min、60min 为优化时超声波处理时间的 3 个水平。固定超声波处理温度 40℃、超声波处理时间 50min，考察超声波功率对红花籽油提取率的影响，由图 16-2C 可知，最佳超声波功率为 400W，因此选择 300W、400W、500W 为优化时超声波功率的 3 个水平。

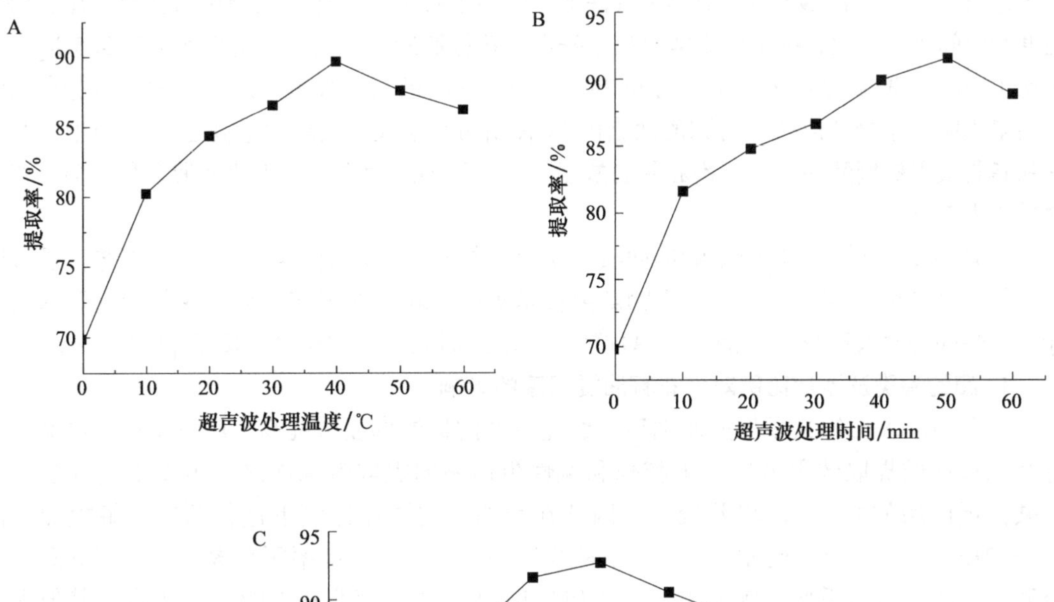

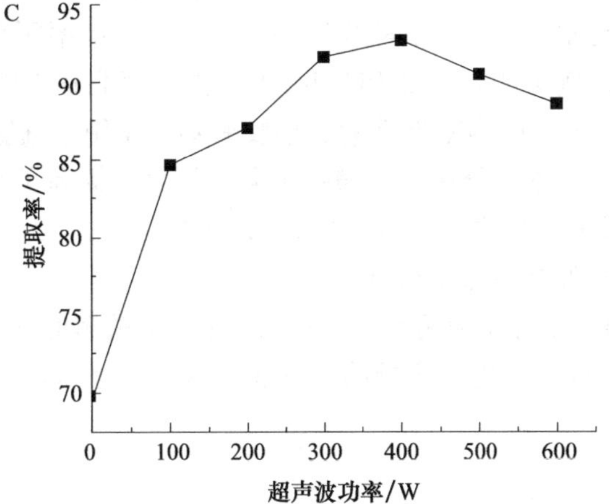

图 16-2　超声波处理条件对红花籽油提取率的影响[20]

在单因素的基础上，通过 Box-Benhnken 的中心组合方法进行三因素三水平的试验设计，并进行响应面分析，结果表明，最佳超声波预处理条件为超声波处理提取温度 41℃，超声波处理时间为 49min，超声波功率为 420W，红花籽油提取率达 92.70%；通过方差分析，得到红花籽油提取率与超声波处理各因素变量的二次回归方程模型，且该模型回归极显著，对试验拟合较好。

二、红花籽生物解离酶解工艺的研究

2013 年，孙连立[6]对生物解离技术提取红花籽油的反应用酶进行选择，通过单酶（纤维素酶、果胶酶、胰蛋白酶、酸性蛋白酶、中性蛋白酶）酶解实验，选出最佳用酶。研究发现，胰蛋白酶的提油效果最好，酸性蛋白酶与纤维素酶次之，中性蛋白酶的效果比前三者均差，而果胶酶的提油率最低；采用纤维素酶 + 胰蛋白酶的组合，提取率较低，为 66.72%，采用纤维素酶 + 胰蛋白酶 + 果胶酶的复配组合，提取率最高，达到 69.18%；通过对胰蛋白酶 + 纤维素酶的组合加入方式进行选择，发现先添加纤维素酶后添加胰蛋白酶的方式下，红花籽油的提取率最高。2016 年，李倩等[26]对生物解离技术提取红花籽油酶解工艺进行了研究，在胰酶的最适 pH 条件下，采用中心组合设计对胰酶用量及料液比、酶解温度和时间进行优化，确定生物解离技术提取红花籽油最佳工艺为：酶添加量为 305U/g，料液比 1∶6，提取温度 45℃，提取时间 3h，红花籽油的最大提取率约为 65.14%。气相色谱测定结果表明：生物解离技术得到的油脂由 11 种脂肪酸组成，其总含量高达 90% 以上，其中饱和脂肪酸以棕榈酸为主，不饱和脂肪酸以亚油酸和油酸为主，其中亚油酸含量最多，相对含量约为 79%。

2017 年，李晓等[24]应用响应面实验优化生物解离技术提取红花籽油的工艺，通过因子分析设计和响应面实验，优化生物解离技术提取红花籽油工艺。以红花籽油提取率为指标，对酶的种类及配比、料液比、总加酶量、酶解时间、酶解温度、酶解 pH 进行研究。

1. 酶的种类及添加比例对红花籽油提取率的影响

由图 16-3A 可知，添加酶制剂后，红花籽油的提油率显著提高（$P<0.05$），木聚糖酶对红花籽油的提取效果最好，果胶酶和碱性蛋白酶的提取效果次之。由于细胞壁多糖酶和碱性蛋白酶的最适 pH 相差较大，因此在酶的不同添加比例下进行两次酶解提油。由图 16-3B 可知，与单种酶制剂相比，3 种酶的综合作用使提油率明显提高。木聚糖酶、果胶酶、碱性蛋白酶添加比例为 1∶2∶3（U/U/U）时提油率高达 73%，显著高于其他配比下的提油率（$P<0.05$）。这是因为木聚糖酶、果胶酶协同作用于细胞壁[27,28]，细胞壁的瓦解使得蛋白酶与脂蛋白复合体充分接触，增强了酶解效果，提高了红花籽油的提取率。因此，确定木聚糖酶、果胶酶、碱性蛋白酶最佳添加比例为 1∶2∶3[24]。

2. 酶解条件对红花籽油提取率的影响

李晓等[24]研究了酶解条件（加酶量、料液比、蛋白酶酶解时间、细胞壁多糖酶酶解时间、细胞壁多糖酶酶解温度、细胞壁多糖酶酶解 pH）对红花籽油提取率的影响，单因素的结果见图 16-4。

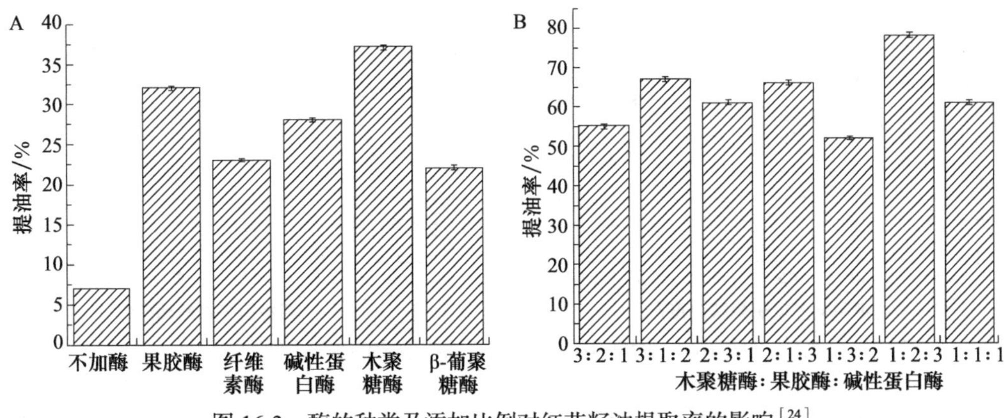

图 16-3　酶的种类及添加比例对红花籽油提取率的影响[24]

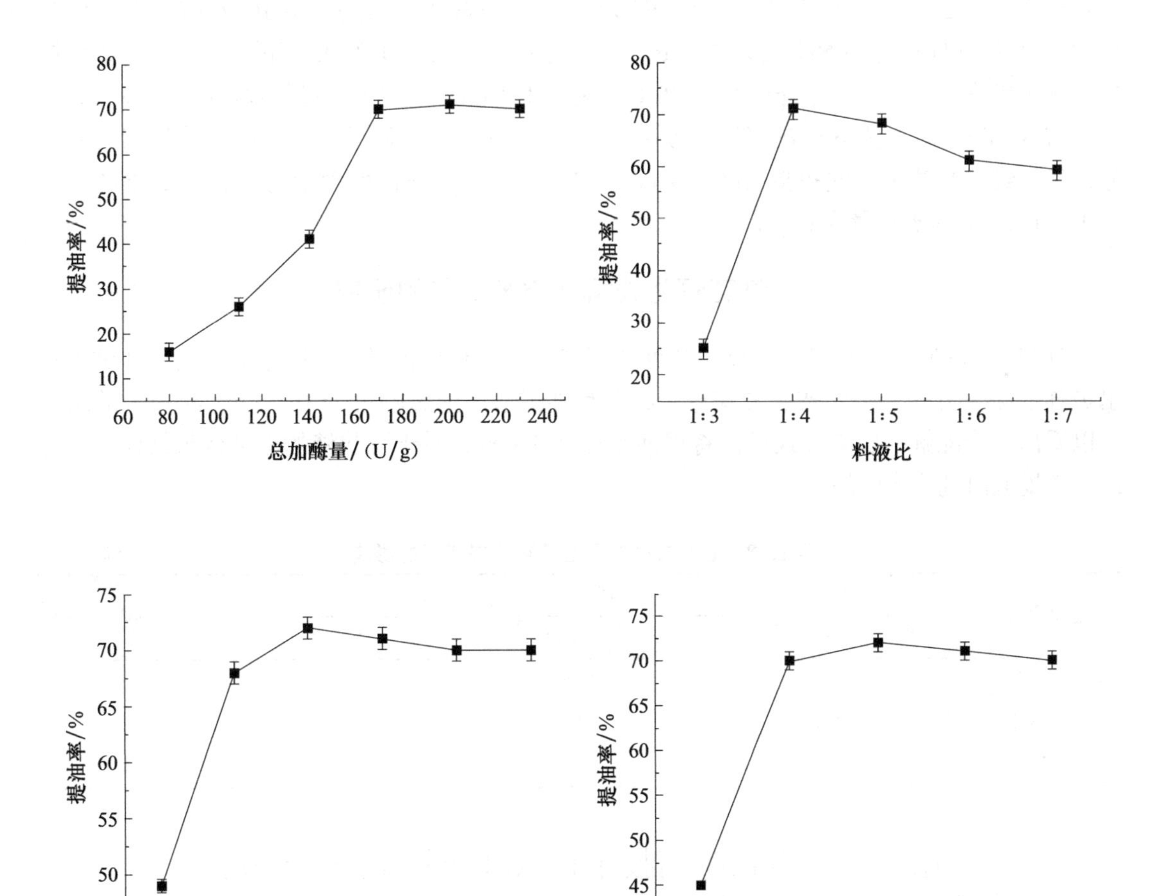

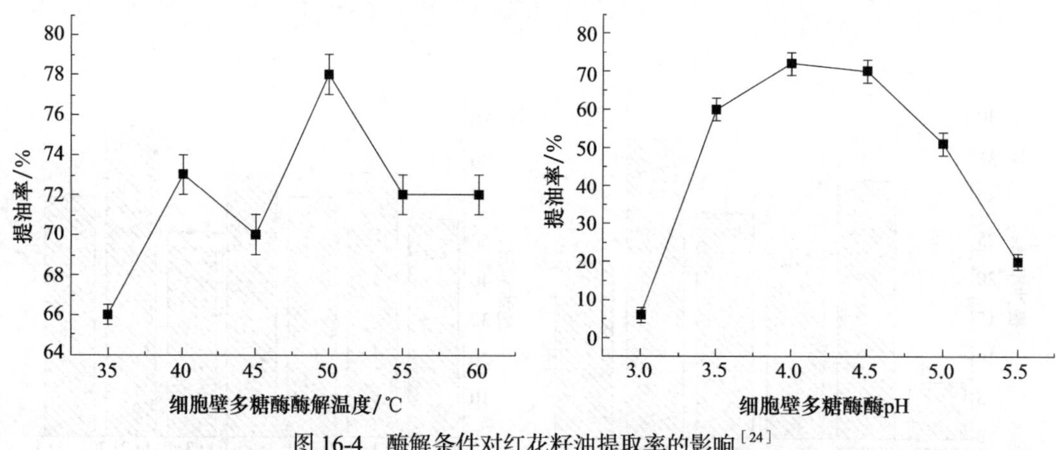

图 16-4 酶解条件对红花籽油提取率的影响[24]

在单因素基础上，采用响应面实验优化生物解离技术提取红花籽油工艺，结果表明：在木聚糖酶（UTC-X50）、果胶酶（NCB3/ZG-040）和碱性蛋白酶（NCB3/ZG-002）比例为1∶2∶3（U/U/U），总加酶量197.36U/g，料液比1∶4（g/mL）的条件下，先用细胞壁多糖酶（木聚糖酶、果胶酶）在pH 4.2、50℃下酶解131min，再用碱性蛋白酶在pH 9.8、40℃下酶解60min，此工艺下红花籽油提取率最高，为84.68%；采用气相色谱法分析脂肪酸组分，发现红花籽油中不饱和脂肪酸含量高达91.18%，其中亚油酸含量为78.27%，油酸含量为12.61%，亚麻酸含量为0.1%。

三、红花籽生物解离破乳工艺的研究

2013年，孙连立[6]初步探究了几种物理破乳方式对红花籽油提取率的影响，并试图找出最佳的破乳方式，不同破乳方式对于红花籽油提取率的影响见表16-8。从表16-8的结果可以看出，冷冻解冻破乳方式可以将提油率提高5.35%，对于乳状液的破乳效果最佳，其可以有效提取出乳状液中的油。

表 16-8 破乳方式对于红花籽油提取率的影响[6] （%）

破乳方式	编号			平均值
	1	1	3	
冷冻解冻破乳	74.75	74.62	74.31	74.56
加热破乳	72.51	72.46	72.16	72.38
对照组	68.79	69.35	69.50	69.21

第三节 生物解离技术提取红花籽蛋白的研究

红花籽蛋白含有许多氨基酸，且绝大多数为必需氨基酸[7]，可作为一种蛋白质营养强化剂和食品添加剂，从而缓解植物蛋白质资源的缺乏，具有较高的开发利用价值。采用生物解离技术制得的红花籽水解蛋白中含有较多的脂肪、糖类、灰分等杂质，严重影响其色泽、货架期等，极大地限制了在食品行业中的应用。2016年，赵丽等[29]对红花籽生物解离技术

得到的水解液进行了精制处理，使蛋白质含量提高了30.10%，脂肪含量降低了91.53%，糖含量降低了95.52%。

1. 红花籽水解蛋白的制备工艺

将红花籽生物解离好，得到水解蛋白液再进行真空浓缩，然后喷雾干燥，雾化频率为60Hz，撞针间隔时间为5s，进气压力为0.3MPa，进料速度276.5mL/h、进口温度175℃，最终制得红花籽水解蛋白粉[29]。

2. 利用大孔吸附树脂精制蛋白

大孔吸附树脂的预处理：将大孔吸附树脂先用无水乙醇浸泡24h，使树脂充分溶胀，然后用无水乙醇洗至220nm处无吸收峰，再用去离子水洗净至无乙醇味。接着浸泡于5倍体积的质量分数5% NaOH溶液中2h，用蒸馏水洗至pH为7；最后浸泡于5倍体积的体积分数为5%的HCl溶液中浸泡2h后，用蒸馏水洗至pH为7[24]。静态吸附：称取处理好的DA201-C树脂10g，加入质量浓度为8mg/mL的红花籽水解蛋白溶液50mL，在25℃恒温摇床振荡2h，速度为150r/min。静态解吸：取上述已经吸附平衡的树脂10g过滤，加入70%乙醇40mL作为洗脱剂，在25℃恒温摇床振荡12h，速度为150r/min，进行洗脱处理得到精制后的水解蛋白[29]。

3. 纯化前后红花籽水解蛋白的组成成分

由表16-9可知，红花籽水解蛋白在DA201-C树脂吸附下，蛋白质含量从70.1%提高到了91.2%，纯度较之前提高了30.10%；脂肪含量由5.9%降低至0.5%，降低了91.53%；糖含量由6.7%降低至0.3%，降低95.52%。可见，DA201-C树脂可显著降低其脂肪和糖含量，提高红花籽水解蛋白的纯度[29]。

表16-9　纯化前后红花籽水解蛋白组成成分比较[29]　（%）

水解蛋白	蛋白质	脂肪	糖	水分
纯化前红花籽水解蛋白	70.1 ± 1.55	5.9 ± 0.06	6.7 ± 0.12	3.1 ± 0.06
纯化后红花籽水解蛋白	91.2 ± 0.96	0.5 ± 0.04	0.3 ± 0.05	3.3 ± 0.02

4. 纯化前后红花籽水解蛋白的色差变化

表16-10是红花籽水解蛋白经过DA201-C树脂处理前后的色差比较。

表16-10　纯化前后红花籽水解蛋白色差比较[29]

水解蛋白	L^*	a^*	b^*
纯化前红花籽水解蛋白	75.48 ± 0.60	−4.25 ± 0.09	17.98 ± 0.12
纯化后红花籽水解蛋白	84.26 ± 0.29	−4.09 ± 0.03	14.22 ± 0.21

由表16-10可知，经DA201-C树脂纯化后，L^*值由75.48提高到了84.26，提高了11.63%；b^*值17.98降低至14.22，降低20.91%。纯化前红花籽水解蛋白颜色较暗，且比较偏黄；而经DA201-C树脂纯化后的水解蛋白颜色变亮，黄色明显变浅，脱色效果明显[29]。

参考文献

[1] 赵忠堂，国素梅，李光胜，等．红花籽油的医疗保健价值．现代中药研究与实践，2000, (5): 51～52.
[2] 江苏新医学院，中药大辞典（下册）. 上海：上海科学技术出版社，1986.
[3] 贾小辉，刘刚，孙亚君，等．超临界 CO_2 流体萃取红花籽油研究．粮食与油脂，2007, (3): 21～22.
[4] 李彩云，康健．红花籽油的研究进展．食品工业，2016, 18(6): 218～222.
[5] 张弓，姜明，林鹏程．超临界 CO_2 萃取河湟红花籽油的工艺研究及 GC-MS 分析．江苏农业科学，2012, 40(7): 260～262.
[6] 孙连立．红花籽油的水酶法提取、乙酯化及纯化研究．天津：天津科技大学硕士学位论文，2013.
[7] 杨玉霞，吴卫，郑有良，等．不同品种（系）红花籽粕营养品质分析．中国粮油学报，2008, 23(4): 174～178.
[8] 刘旭云．优质、高效经济作物——红花．云南农业科技，1992, (6): 21.
[9] 陈婵，曾绍校．红花籽油提取工艺的优化研究．江西农业学报，2009, 21(12): 137～139.
[10] 吕瑞林，吴继炎，郑国平，等．红花籽油对深Ⅱ度烫伤兔创面愈合的影响．中国中西医结合外科杂志，2013, (4): 408～410.
[11] 吕顺，张凡庆，孟广龙，等．红花油及在食品中的应用．食品研究与开发，2004, 25(4): 74～76.
[12] 武继彪，于树玲，张若英，等．红花籽油对高脂血症大鼠卵磷脂胆固醇酰基转移酶活性的影响．时珍国医国药，1997, (3): 231～232.
[13] 蔺新英，徐贵发，王淑娥，等．红花籽油对动脉粥样硬化家兔血脂及脂质过氧化作用的影响．山东大学学报（医学版），2001, 39(3): 212～214.
[14] 杨晓君，郭雪婷，王颖，等．复合红花油制剂降血脂作用初探．新疆农业科学，2012, 49(5): 868～872.
[15] 刘浩，李凯利，郝拥玲，等．红花籽油软胶囊对改善糖尿病血脂异常患者有效性及安全性研究．中成药，2014, 36(3): 660～662.
[16] 余德林，马超英，宋磊，等．紫苏籽油与红花籽油联合使用降血脂研究．中国油脂，2014, 39(12): 35～38.
[17] 杨晓君，吴桂荣，赵翡翠．红花降脂软胶囊治疗脂代谢紊乱症的临床研究．时珍国医国药，2016, (4): 897～899.
[18] 王仁媛，魏全嘉．红花籽油和邦贝抗炎栓对宫颈糜烂大鼠免疫功能影响的对比研究．青海医学院学报，2007, 28(1): 21～23.
[19] 王仁媛．红花籽油抗炎作用的实验研究．河南中医，2008, 28(2): 28～29.
[20] Martinez N, Sosa Mm, Higa R, et al. Dietary treatments enriched in olive and safflower oils regulate seric and placental matrix metalloproteinases in maternal diabetes. Placenta, 2012, 33(1): 8～16.
[21] 雷道传．油料作物——红花．农业科技通讯，1975, 11: 40.
[22] 周瑞宝．特种植物油料加工工艺．北京：化学工业出版社，2010.
[23] 胡爱军，孙连立，郑捷，等．超声波促进水酶法提取红花籽油工艺研究．粮食与油脂，2012, 25(7): 20～22.
[24] 李晓，李春阳，曾晓雄，等．响应面试验优化红花籽油水酶法提取工艺研究．食品科学，2017, 38(22), 231～238.
[25] 李杨，冯红霞，王欢，等．超声波辅助水酶法提取红花籽油的工艺研究．中国粮油学报，2014, 29(7): 63～67.

[26] 李倩，赵丽，马媛，等. 水酶法提取红花籽油工艺的研究. 食品与发酵科技，2016, 52(1): 52～59.
[27] İnci C. Effects of cellulase and pectinase concentrations on the colour yield of enzyme extracted plant carotenoids. Process Biochemistry, 2005, 40(2): 945～949.
[28] Deswal D, Khasa YP, Kuhad RC. Optimization of cellulase production by a brown rot fungus *Fomitopsis* sp. RCK2010 under solid state fermentation. Bioresource Technology, 2011, 102(10): 6065～6072.
[29] 赵丽，王佳，李君，等. 红花籽水解蛋白的精制. 食品与发酵工业，2016, 42(1): 97～101.

第十七章　生物解离技术提取油茶籽油的研究概述

油茶（*Camellia oleifera* Abel）俗称山茶、野茶、白花茶，是中国特有的一种优质食用油料植物。油茶与橄榄、油棕、椰子并称为世界四大木本食用油源树种。目前，油茶籽加工沿用的是大宗油料作物的压榨-浸出-精炼工艺，目的是最大限度地提取油脂，较少涉及保持油茶籽油天然、营养的特性。这种方式很容易导致油茶籽油中大部分活性物质损失，同时，精炼也容易产生各种污染物，影响环境。因此，开展新型油茶籽油制取工艺开发，形成具有茶油特色的制油技术，避免过度精炼或者不进行精炼而直接消费，降低制油过程中的油脂损耗和对环境的压力，提升油茶籽油营养价值，是油茶籽油加工需要解决的一个重要问题。生物解离技术符合绿色、安全、营养的要求，并且成本低，是近些年学者研究的热点。本章主要介绍了油茶籽及油茶籽油的简要概况及生物解离技术提取油茶籽油的研究进展，旨在为油茶籽油提取工艺的产业化提供理论依据。

第一节　油茶籽及油茶籽油概述

一、油茶籽简介

油茶果实称为茶果，它由茶蒲和种子（1～4 粒）两部分组成。油茶果生长期长，从开花到果实成熟一般需要 12 个月，承四季雨露，堪称“人间奇果”，其果皮较厚，包裹的油茶籽呈球形、桃形和不规则形状。油茶籽是成熟的油茶树果籽去除油茶蒲（或称茶包）得到的，占油茶果重的 38.7%～40.0%[1]。油茶籽由种皮（茶籽壳）和种仁（茶籽仁）两部分组成，其外形呈椭圆形或圆球形，背圆腹扁，长约 2.5cm。油茶籽的含仁率为 68.16%，含壳率为 31.84%[2]。油茶是一种高含油量植物，全籽含油 39.63%～49.95%，其仁含油 30% 以上，含粗蛋白 9%[3]。油茶籽除含油脂、蛋白质、纤维等化学成分外，油茶籽仁中含有多酚类、黄酮类化合物及少量鞣质，此外还含有山茶苷、山茶皂苷、茶多酚等生物活性物质[4]。油茶籽仁细胞壁分为胞间层、初生壁和次生壁，主要成分是纤维素、半纤维素和果胶质，而果胶质是胞间层的主要成分，油茶籽仁中主要化学成分如表 17-1 所示[5]。

表 17-1　油茶籽的组成　（%）

组成	粗脂肪	总糖	粗蛋白	淀粉	灰分	粗纤维
含量	39.63～49.95	7.04～10.65	8.93～10.12	17.56～20.52	2.37～2.58	3.82～4.15

目前，广义上的油茶泛指山茶属中油脂含量高，具有经济栽培价值的种的总称，在我国有 10 多种[6]。据统计，我国是世界上油茶籽产量最多的国家。早在公元前 100 多年，我

国就开始栽种油茶，至今已有2000多年的历史。油茶栽培面积大、分布区域广，据不完全统计全国现有油茶林8500余万亩，我国的湖南、广西、江西是油茶的主栽培区。除此之外，油茶在东南亚各国也有少量的分布和种植。据统计，2014年我国油茶产业油茶籽产量约182.2万吨，同比2013年的177.65万吨增长了2.56%。截止到2014年，全国14个油茶主产省（自治区、直辖市）现有油茶加工企业659家，油茶籽设计加工能力可达到424.83万吨，年可加工茶油110.79万吨，加工能力在500t以上的企业有178家，具有精炼能力的企业达到200多家，油茶加工业已形成一定规模，具备一定的基础。

二、油茶籽油的功能性

油茶籽油在我国历来是皇家贡品，明清时代更为盛行，科学家宋应星在《天工开物》中盛赞其“油味甚美”，清朝乾隆皇帝曾如此赞誉油茶籽油：“本草天然，国色天香”。并写下“古道油香三千里，御道坊内养天年”的名句。油茶籽油因其品质与橄榄油相似甚至优于橄榄油，被称为“东方橄榄油”。优质的油茶籽油含有85%～97%的不饱和脂肪酸，人体吸收率高达97.2%，均比橄榄油高，为各种食用油之冠；含有丰富的维生素和微量元素、植物甾醇；深加工产品可制成化妆品用油、医用注射用油和按摩皮肤用油等[7]。

油茶籽油脂肪酸组成较合理，油中的饱和脂肪酸约10%、单不饱和脂肪酸约80%、多不饱和脂肪酸约10%。不饱和脂肪酸主要为油酸（74%～84%），还含有亚油酸、亚麻酸等，其脂肪酸组成和理化性质与橄榄油相似。此外，油茶籽油中还含有包括维生素E、甾醇、β-胡萝卜素、角鲨烯、山茶苷、山茶皂苷、茶多酚等生物活性物质。油茶籽油具有食用与医疗的双重功效，《本草纲目》记载油茶籽油性味甘、凉，具有润胃通肠，退湿热，养颜生发，促进伤口愈合的功效。《农政全书》中也有茶油可疗痔疮、退湿热的记录。现代研究也表明，油茶籽油对“三高”（高血脂、高血压、高血糖）和心血管疾病具有明显的改善作用。此外，还具有抗氧化及调节免疫、降血压和血脂、抗氧化及抗炎杀菌的作用[8]。

三、油脂在油茶籽细胞中的存在

根据高尔道夫斯基假说，油脂呈微均匀分散状态填充在由胶束网组成的许多大小不等、相互隔离的孔道中，还有一部分油脂以球状“脂类体”存在于细胞中，该脂类体是油脂与其他大分子结合成“脂蛋白、脂多糖”等的复合体，每个脂体外面都有一层蛋白质为主要成分的边界膜包围着[9]。郭华等[10]在高倍镜（10×40）下观察到油茶籽中脂体存在于细胞内和细胞间隙中，脂体粒径为0.8～1.1μm，其颗粒呈橙红色半透明状、圆形。李猷[11]研究发现，茶籽仁细胞的排列较疏松，大小饱满，易于被外力破坏。每个油茶籽仁细胞内堆积着15～25个淀粉颗粒，平均粒径较脂体直径大[5]。

第二节 生物解离技术提取油茶籽油的研究

油茶籽油色清味浓，其脂肪酸组成以油酸和亚油酸等不饱和脂肪酸为主，是优质保健食用油及高级天然化妆品用原材料[12]。传统的油茶籽油提取方法主要有压榨法和浸出法，受工艺及设备的制约，一定程度上影响了油茶籽油作为高端木本食用油的生产和消费。生物解离提油技术是一种新型的油脂提取工艺，符合清洁生产和综合利用的发展理念。近年来，随着国内外研究生物解离提取大豆油、花生油、菜籽油的深入，生物解离提取油茶籽油的研究报道也逐渐增多。目前，全球第一条采用生物解离技术提取油茶籽油的生产线在湖南省湘潭高新区成功投产，整条生产线投资达 1.5 亿元，2013 年产值可达 30 亿元。本节就生物解离提取油茶籽油研究现状及前景进行简单综述，为该技术的进一步研究及应用提供参考[5]。

一、生物解离提取油茶籽油的工艺过程及特点

1. 生物解离提取油茶籽油的基本工艺过程

生物解离提取油茶籽油的基本工艺过程包括清选脱壳、粉碎研磨、调质提取、酶解分离及后处理等。剥壳机去除茶籽壳得茶籽仁，将茶籽仁研磨成一定粒度的料浆，混合一定比例的水调整固液比，再添加一定种类、浓度的酶制剂，在适当的条件下进行酶解。酶解结束后，将提取浆料在离心机上固液分离，得到液相的油、工艺水混合物及固相的湿渣。液相经破乳、分离得到油脂，经真空脱水等处理成为优质茶籽油产品。分离出的工艺水（茶皂素、茶多糖等）可加工成茶皂素洗液，提取茶籽多糖等副产品，分离出的固态湿渣可加工成生物饲料[5]，其基本工艺流程如图 17-1 所示。

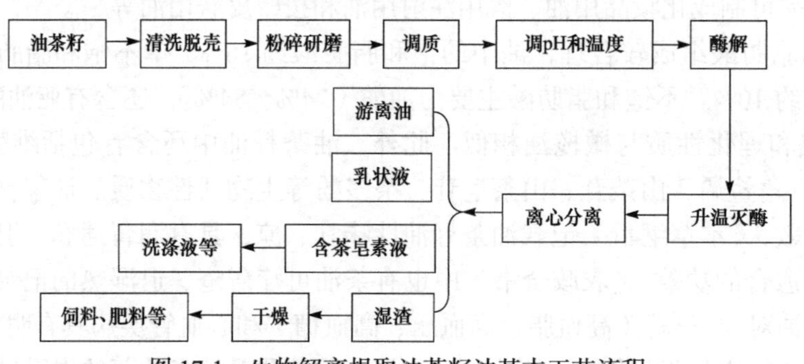

图 17-1 生物解离提取油茶籽油基本工艺流程

2. 生物解离技术提取油茶籽油工艺特点

生物解离技术提油条件温和，无传统压榨法的蒸炒等高温过程，油料中营养有效成分可得以保留。提取的油品色泽浅，磷脂含量、酸值及过氧化值较低，一般不需精炼即可食用。经离心分离后所得水层及渣中含有的茶皂素、可溶性多糖及蛋白质，可从中提取出茶籽多糖、茶籽皂素等产品。可做到低污水甚至无污水排放、无废物丢弃，符合安全、高效、绿色要求[5]。

二、生物解离提取油茶籽油主要影响因素

（一）预处理工艺

1. 粉碎预处理

在生物解离技术提油工艺中，油料的粉碎程度对油脂的得率有重要影响。在酶解前，油料需达到足够的粉碎度以确保油料细胞的细胞壁被充分破坏，使细胞内水溶性成分易于溶出释放油脂，也扩大酶的相对作用面积和扩散速率[13]。细胞壁的厚度和细胞大小的比值与出油量和出油率密切相关。郭华等[10,14]研究发现，油茶籽子叶细胞的平均大小为 66.0μm × 59.4μm，油茶籽子叶细胞壁的平均厚度为 3.12μm。根据油料细胞的细胞壁厚度与

细胞大小的比值，推测出破坏油茶籽细胞所需机械力大于花生而小于油茶籽和大豆[5]。

破碎方法分为干碾压法和湿研磨法，为避免湿法破碎产生稳定的乳状液，影响游离油得率，在控制好油茶籽初始含水率情况下，多采用干法破碎。一般情况下，原料破碎程度越大，效果越好，但粉碎度过大颗料太小，又容易导致油水乳化，增加破乳难度，降低出油率。考虑到能耗及后续加工，油茶籽的粉碎度一般在 50μm 左右[5]。

根据已有的研究结果，物料粉碎度对提油率有至关重要的影响，作者团队研究了粉碎粒度对油脂分布的影响，生物解离技术提油的最理想状态就是得到最大的游离油提取率和最少的乳状液含油，这也是降低其后精炼难度的重要指标。由图 17-2 可知，当粉碎粒径为 0.600mm 时，游离油提取率达到最大值，因此，最佳的粉碎粒度为 30 目[8]。

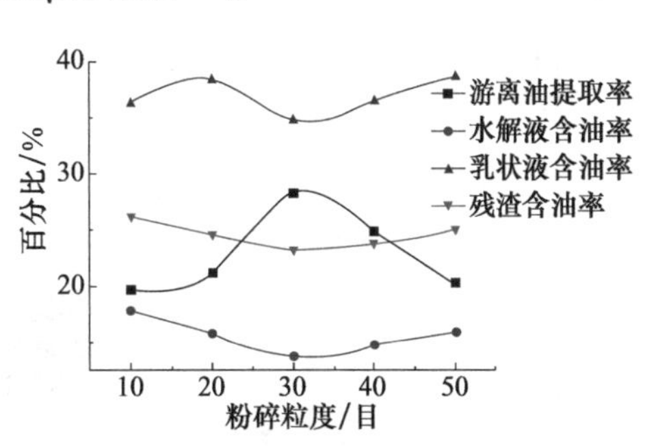

图 17-2　粉碎粒度对油脂分布的影响[8]

2. 超声波预处理

超声波辅助提取技术是一种新的提取分离技术，随着研究领域的拓展而进入了油脂工业。作者团队研究了超声波处理条件（超声波处理温度、超声波功率、超声波处理时间、溶剂）对油脂分布的影响，由图 17-3A 可知，随着温度的上升，游离油提取率呈现逐渐增长趋势，乳状液、水解液中含油率呈现降低趋势，当温度上升到 40℃时，游离油提取率随着温度的上升呈现降低趋势、这说明超声波处理温度对游离油提取率有一定的影响作用。但如果超声波处理温度过高，提高了蛋白质的吸油性作用，不利于油脂的释放，因此最佳超声波处理温度为 40℃。由图 17-3B 可知，在超声波功率为 400W 的条件下，游离油提取率增加最多，乳状液、水解液中含油率降低最多。在图 17-3C 中，随着超声波处理时间的延长，游离油提取率随之升高，而乳状液、水解液中含油率呈下降趋势。但当超声波处理时间大于 40min 时，乳状液含油率增加，从而减少了游离油提取率，因此最佳超声波处理时间为 40min。水酶法提取油茶籽油过程中会有乳状液形成，降低了游离油提取率。乙醇有很强的破乳能力，在其他提取条件相同的情况下，能大大减少乳状液的生成量[15]。研究结果如图 17-3D 所示，以乙醇为溶剂的游离油提取率高于水溶剂，且乳状液含油率低于水溶剂。

通过研究比较不同粉碎条件、不同超声波处理条件的油茶籽油提取率，确定最佳工艺：物料粉碎粒度为 30 目、超声波功率为 400W、超声波处理温度为 40℃、超声波处理时间为 40min、溶剂为乙醇、Alcalase 2.4L 酶解，得到游离油提取率为 59.23%，总油提取率为 94.56%[8]。

3. 微波预处理

微波是指频率为 300MHz～300GHz 的电磁波，即波长介于红外线和特高频（UHF）之间（波长在 1mm～1m）的电磁波。水和油料作物会吸收微波而使自身发热，有助于油料细胞的裂解和油脂释放。微波辅助水酶法来提取油脂，可以提高油脂的提取率。Zhang 等[16]对微波膨化处理辅助生物解离技术提取油茶籽油进行研究，结果表明微波辅助水酶法提取油茶籽油可以将油的提取率从 53% 提高到 95%。这表明，微波膨化预处理可以显著提高油的提取率。纪鹏[17]利用微波辅助生物解离技术从油茶籽中提取油茶籽油，通过单因素实验和

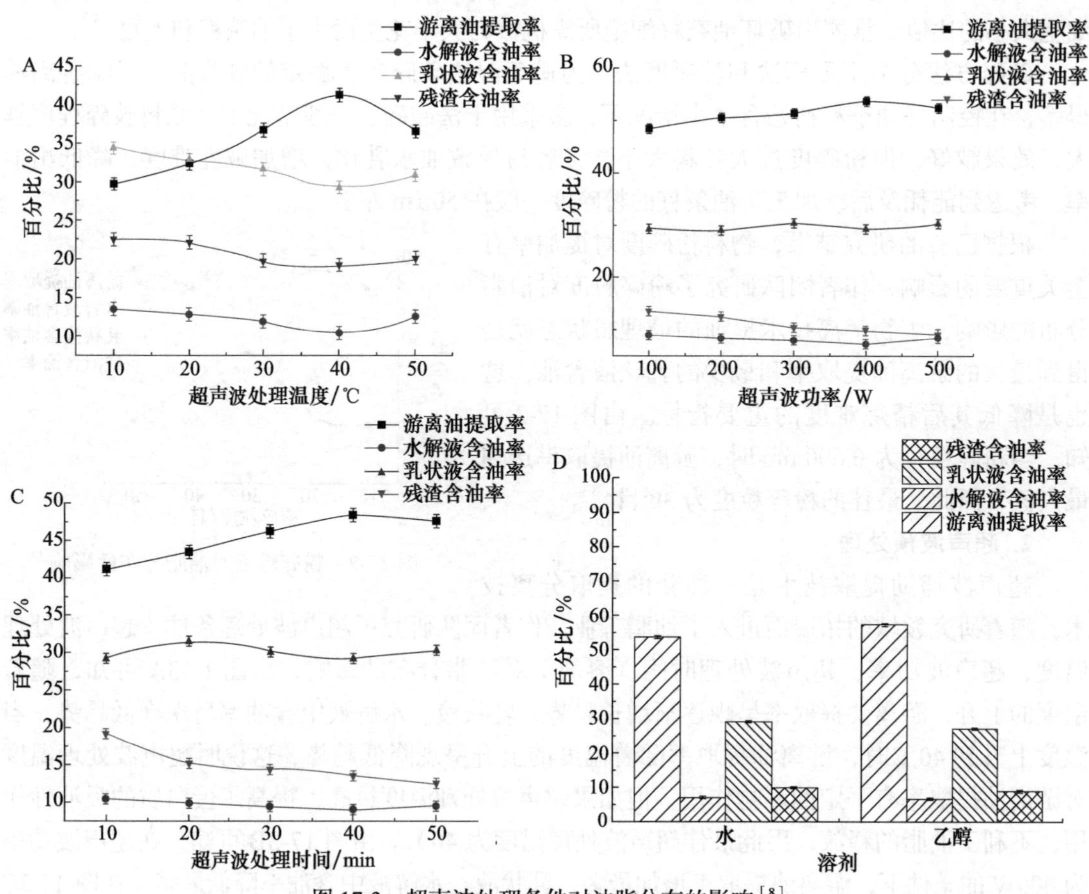

图 17-3　超声波处理条件对油脂分布的影响[8]

正交实验探讨了提取温度、提取时间、料液比、微波功率，淀粉酶的添加量及 pH 对油茶籽油提取率的影响。实验结果表明，工艺参数：提取温度 70℃，提取时间 3h，料液比 1∶4，微波功率 800W，α- 淀粉酶的添加量 0.5‰，pH 8.8，在此条件下，油茶籽油提取率可达到 91.85%。同时探讨了不同微波功率和不同温度作用时间下，茶籽油品质指标的变化规律，结果表明，茶油过氧化值受微波作用条件影响较大，过氧化值在一定的微波功率下，随作用时间的延长而逐渐增加，达到最大值后，开始下降，微波功率越大，达到最大值所需时间越短；酸值、碘值受微波功率作用时间影响较小，微波作用下，茶油酸值稍有升高，碘值略有下降，但与功率和作用时间之间没有量效关系，而茶籽油的过氧化值、酸价和碘值随加热温度和时间的增加而增加。

（二）酶解工艺

1. 酶的种类与浓度

生物解离法可供选择的酶有纤维素酶（CE）、半纤维素酶（HC）和果胶酶（PE）及蛋白酶（PR）、α- 淀粉酶（α-AM）、α- 聚半乳糖醛酶（α-PG）、β- 葡聚糖酶（β-GL）等[18]。王超等[19]研究发现，Alcalase 2.0L 蛋白酶对提取油茶籽油的作用效果最显著，Vis-cozyme L 戊聚糖复合酶的作用效果次之，Celluclast 1.5L 复合纤维素酶作用不明显。孙红等[15]研究发现，Alcalase碱性蛋白酶可有效降解茶籽仁细胞的细胞壁、释放包括油脂在内的细胞内容物，并呈现一种动态的降解过程。李猷[11]的研究也发现，碱性蛋白酶的效果较好，虽然油茶籽子叶细胞内部淀粉在脂蛋白颗粒附近堆积，但两者之间并没形成太紧密的化学键连接，再经过粉碎、水溶之后，直链淀粉溶入水相，淀粉对脂蛋白酶解并无太大阻碍，建议采用干法粉碎彻底，不需要再使用纤维素酶及α-淀粉酶。而刘倩茹等[20]则认为，与不用任何酶的体系相比，纤维素类酶和果胶酶的油茶籽粉碎后体系的作用效果较好，总游离油得率提高10%以上，蛋白酶作用效果甚微。在果胶酶b的作用下，游离油得率达到86%，体系中基本未形成乳状液，不需要破乳工序[5]。

作者团队以不含酶的空白样为对照，研究5种不同的酶对油得率的影响，结果（表17-2）表明：采用蛋白酶和纤维素酶对油茶籽粉末进行水解，油得率分别为63.87%和61.52%，蛋白酶水解得油率较高[12]。

表17-2　单个商品酶萃取茶籽的油得率比较[12]

序号	酶	EC号	公司	酶源	pH	油得率
1	空白（不加酶）					0
2	纤维素酶	EC3.2.1.4	Sigma	里氏木霉 *Trichoderma reesei*	4～5	61.25 ± 2.18a
3	蛋白酶	EC3.21.14	Sigma	里氏木霉 *Trichoderma reesei*	4～5	63.87 ± 2.41a
4	淀粉酶	EC3.2.1.1	Sigma	枯草芽胞杆菌 *Bacillus subtilis*	7.0	31.92 ± 1.26c
5	果胶酶	EC3.2.1.15	Sigma	黑曲霉 *Aspergillus niger*	8.0	40.56 ± 1.09b
6	半纤维素酶		Sigma	黑曲霉 *Aspergillus niger*	4～5	32.68 ± 1.12c

注：油得率数值中的小写字母代表差异达到显著水平（$p<0.05$）

在单酶选择的基础上，研究不同酶的复合对油得率的影响。选用单酶研究中油得率较高的蛋白酶和纤维素酶分别与其他酶结合，考察它们的协同效果。蛋白酶和纤维素酶混合水解油得率高于70%，达到77.09%，显著地高于其他几种酶的组合（图17-4）。

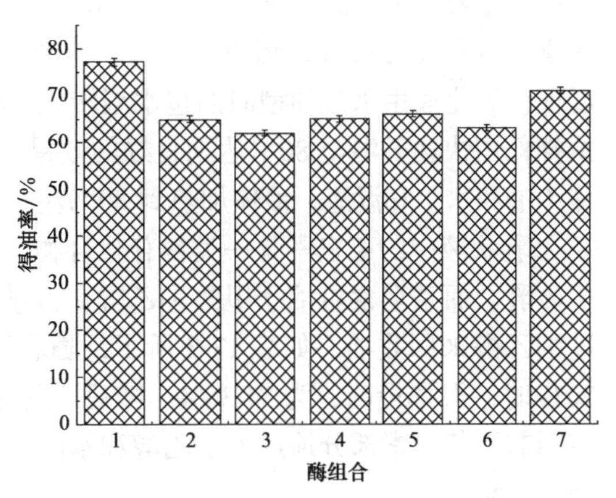

图17-4　不同酶混合萃取得油率比较[12]

酶组合1～7分别为蛋白酶/纤维素酶、蛋白酶/半纤维素酶、蛋白酶/淀粉酶、蛋白酶/果胶酶、纤维素酶/半纤维素酶、纤维素酶/淀粉酶、纤维素酶/果胶酶

酶用量（浓度）与酶的种类、活力有关。一般酶浓度增加，会增大分离速率、提高油得率。但当酶用量达到某一浓度后，继续增加酶量，提油效果并不理想，甚至会变差。一般而言，乳状液的稳定性随酶浓度和作用时间的增加而降低，且在作用的初始阶段效果较为明显。因此，选择适宜酶种及较经济的用量是生物解离法真正应用于工业化生产的关键。生物解离提取油茶籽油工艺中一般酶的用量多在0.05%～5%[5]。

2. 酶解温度、时间和pH

酶解温度应当使酶保持在最大活性范围内且不影响油或其他产品的质量，温度过低或过高都不利于油脂提取。酶解时间以保证油料细胞有较大程度的降解，油的得率明显提高的最短时间为宜。反应时间过长除延长生产周期之外，还可能使乳状液趋于稳定，造成破乳困难。酶解 pH 既影响酶活性，又影响油提取及植物蛋白等产品的分离。有研究表明，最佳 pH 往往与推荐的最佳 pH 存在一定偏差，进而证明有些酶的使用环境并不是单纯的水相环境。也有研究认为，pH 对油茶籽油的游离油收率的影响非常明显，其原因可能与体系中茶皂素和蛋白质的表面活性有关。茶皂素具备双亲基团，能起到表面活性作用，碱性条件下其苷键会水解，从而丧失表面活性，使清油收率提高；但碱性条件有利于油籽中蛋白质的溶出，蛋白质可形成水化层使乳液稳定[21]。最佳酶解温度、时间和 pH 应综合考虑油的得率、副产品的收率、生产周期及能耗等因素。生物解离提取油茶籽油的温度一般在 40～60℃，酶解时间 2～8h，pH 4～9[5]。

3. 固液比的选择

水在整个过程中起润湿的作用，固液比的选择不仅对提油的过程有影响，对后续分离也有影响。生物解离提油处理过程中，固液比对提油率有双重影响，一方面固液比的降低使底物浓度减小，不利于酶的作用；另一方面固液比越低，越有利于油脂的释出。但固液比过大，难以使物料浸没，且料液黏稠，黏附严重，油料损失较大，离心分离困难。考虑到工艺水的消耗及工艺水回收副产品，生物解离提取油茶籽油的固液比以 1 :（3～7）为宜[5]。

（三）破乳工艺

油茶籽油生物解离制取过程中形成的乳化液中含油脂浓度为 82.76%，乳化液中茶皂素含量为 2.6%，乳化液干粉中茶皂素含量达 11.25%，这是油茶籽油与其他油脂在生物解离制取过程中的重要区别，而将茶皂素从乳化液中分离出来可能极大降低乳化程度[13]。破乳的方法有化学破乳和物理破乳，离心、升温、施加静电场等物理方法采用较多。李猷[11]通过提高温度促使乳化液由水包油型向油包水型转化，实现破乳。在乳化层中添加 Na_2SO_4，伴随强烈的搅拌作用快速升温至 80℃达到良好的效果。周建平[38]采用沉降离心机将物料分离，得到液体（油和水）和湿渣，液体加热到 80℃左右再用碟式离心机分离出油茶籽油和工艺水[5]。

乳状液中的茶皂素是一类糖苷化合物，具有良好的天然表面活性，可作为乳化剂，不利于破乳。而茶皂素可溶于甲醇和乙醇。方学智[22]考虑到甲醇的毒性较大，所以采用不同浓度的乙醇来回收油。如表 17-3 所示，随着乙醇浓度的增加，得率逐渐增加。当乙醇浓度为 20% 时，得率最高，为 91.38%。随后，得率逐渐下降。推测茶皂素来自乳化层，加入乙醇后引起了茶皂素部分地进入了乙醇和水的混合相中，使得乳化减少，进而帮助油从乳化层里释放出来。

表 17-3 乙醇浓度对得率的影响[22] （%）

乙醇浓度	得率	乙醇浓度	得率
0	82.75 ± 2.61	30	88.67 ± 2.48
5	86.31 ± 3.19	40	86.17 ± 4.46
10	88.46 ± 1.77	50	85.25 ± 2.58
20	91.38 ± 3.06	60	84.73 ± 3.13

三、生物解离油茶籽油理化性质的研究

1. 酸值、过氧化值和碘值

酸值和过氧化值是油脂的重要指标，反映油脂的品质和状态。酸值测的是油中游离脂肪酸的含量，过氧化值则显示油脂的氧化程度。如表 17-4 所示，压榨法制取的茶油酸值最高，而超临界制取的油的酸值最低，生物解离制取的茶油酸值高于正己烷提取的茶油，但它们不存在显著差异。不同品种及成熟度的油料作物制取的油脂酸值也不同，有文献报道，生物解离提取酒椰棕榈树的油比有机溶剂提取的酸值要高，而非洲梅品种油的酸值却相反[23]。

结果显示，生物解离提取的油过氧化值最低，而压榨油过氧化值最高。这可能是由于压榨时高温预处理使细胞内抗氧化物质氧化，如维生素 E、β- 胡萝卜素。4 种方法提取的油茶籽油的碘值无显著性差异[22]。

表 17-4　不同提取方式对茶油得率、酸值、过氧化值和碘值的影响[22]

提取方法	得率 /%	酸价 /(mg NaOH/g)	过氧化值 /(mEq/kg)	碘值 /(g/100g)
有机溶剂提取法	100.00a	0.43 ± 0.02a	4.45 ± 0.15a	87.00 ± 2.40a
压榨法	94.37 ± 1.31a	0.56 ± 0.02a	5.77 ± 0.24a	86.70 ± 1.60a
生物解离法	82.51 ± 2.11b	0.45 ± 0.03a	2.12 ± 0.08b	88.30 ± 1.80a
超临界流体提取法	73.25 ± 1.27c	0.41 ± 0.02a	2.28 ± 0.11b	86.10 ± 2.70a

注：同一列数字不同字母表示差异显著（$P<0.05$）

2. 脂肪酸分析

茶油的主要脂肪酸是棕榈酸、硬脂酸、油酸和亚油酸。茶油还含有少量其他的脂肪酸，如棕榈油酸、亚麻酸和二十烷酸，含量不到 1%。不同方法制取的茶油，其脂肪酸的定性定量结果如表 17-5 所示，共有 7 个脂肪酸成分被检测到，包括 2 个饱和脂肪酸、3 个单不饱和脂肪酸和 2 个多不饱和脂肪酸。

不同方法制取的茶油在主要脂肪酸的含量上无显著性差异（$P>0.05$）。生物解离提取的茶油油酸含量高达 82.10%，总单不饱和脂肪酸含量比其他制油方法的要高。不同方法制取的茶油多不饱和脂肪酸含量低于 9%（表 17-5）。

茶油含有较高的单不饱和脂肪酸（超过 89%，主要是油酸）。高油酸含量的植物油引起了人们的关注。科学实验证明，人体摄入较高含量的饱和或反式脂肪酸会增加血液中胆固醇的含量，从而增加患冠状动脉也脏疾病的危险；相反，摄入高含量的单不饱和脂肪酸 / 油酸会降低患病率[24]。高油酸含量的植物油如高油酸玉米油、葵花籽油具有较高的抗氧化性，用于油脂氧化稳定性要求高的食品加工，如煎炸油[25]。

表 17-5　不同制油方法对茶油脂肪酸构成的影响[22]　（%）

脂肪酸	有机溶剂提取法	压榨法	生物解离技术	超临界流体提取法
棕榈酸	8.24	7.92	8.08	8.32
棕榈油酸	0.07	0.07	0.04	未检测
硬脂酸	2.13	2.13	2.12	2.16
油酸	81.35	81.60	82.10	80.05

续表

脂肪酸	有机溶剂提取法	压榨法	生物解离技术	超临界流体提取法
亚油酸	7.33	6.90	7.20	8.36
亚麻酸	0.30	0.31	0.31	0.28
二十碳烯酸	0.52	0.52	0.53	未检测
总饱和脂肪酸	10.37	10.05	10.20	10.48
总不饱和脂肪酸	89.57	89.39	90.18	88.69
单不饱和脂肪酸	81.94	82.19	82.67	80.05
多不饱和脂肪酸	7.63	7.20	7.51	8.64

总之，尽管目前生物解离技术提取油茶籽油还存在一些问题，但随着对以茶皂素为主的复杂乳状液体系研究的进一步深入，设计出较少形成稳定乳状液的提油工艺，同时借助高效提取、分离技术回收茶皂素、茶籽多糖等有效成分，可实现更科学、全面、客观的评价生物解离技术的优势，加速推进该技术的工业化进程[5]。

第三节　油茶籽生物解离产物的综合利用

生物解离技术制取油茶籽油的过程中会产生大量的副产物，如油茶籽壳、油茶籽粕及油茶籽工艺水（油茶籽经生物解离技术提取油茶籽油后的副产物），其中含有大量的茶皂素、多糖及蛋白质等物质。若将其排放，则不仅造成了资源的浪费，还可能对环境造成污染。因此，利用工艺水提取和纯化油茶皂素的研究具有非常重要的意义[26]。

一、油茶籽蛋白的提取

油茶籽含有10%左右的蛋白质，油茶是与油棕、橄榄和椰子齐名的世界四大木本食用油源树种之一，其不仅是主要的油料作物，也是优质植物蛋白资源[20,27,28]。油茶籽蛋白中含有丰富的赖氨酸和色氨酸，对人体成长和发育起到重要作用。

韩宗元等[29]以油茶籽为原料，采用生物解离技术结合超声波预处理技术提取油茶籽蛋白，在此基础上比较得出5种酶对油茶籽蛋白提取率的影响。在单因素基础上通过正交实验选出最佳的超声波处理参数，然后采用最优超声波处理参数（超声波处理时间20min，超声波处理温度40℃，超声波功率300W），料液比1∶6，酶解时间3.5h，加酶量0.02%。在最适pH和温度下，油茶籽蛋白提取率由高到低依次为：Kemzyme＞Viscozyme L＞Protex 7L＞Alcalase 2.4L＞Protex 6L（图17-5）。在单因素实验基础上，采用响应面优化方法确定Kemzyme酶提取蛋白的最佳条件为：料液比1∶5，酶解时间3.24h，酶解温度68℃，pH

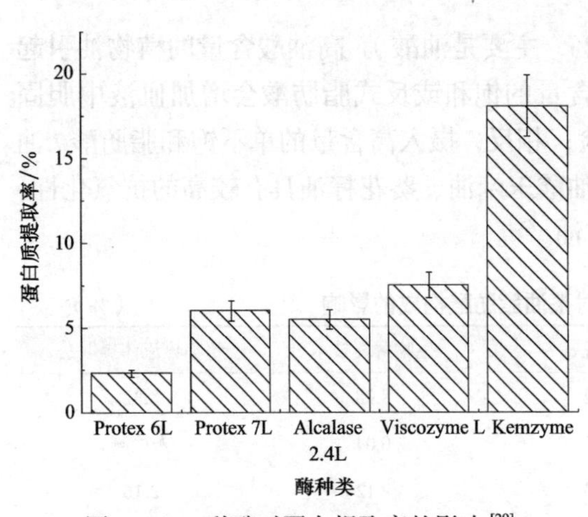

图17-5　5种酶对蛋白提取率的影响[29]

7.28，加酶量 0.048%，蛋白质提取率最优值为 20.42%。

二、茶皂素、茶籽多糖的提取

（一）茶皂素、茶籽多糖简介

1. 茶皂素

茶皂素是一种优良的天然非离子型表面活性剂[30]，有研究表明茶皂素可抑制白色念珠菌、大肠杆菌和浅表真菌等的生长。它可有效地防止食品的霉变反应，在食品保藏方面可起到很好的防腐作用。国外专家利用动物对各种炎症进行临床试验，证明了茶皂素具有很强的抗血管渗漏和抗炎作用，并且证明茶皂素在炎症初期可恢复血管正常生理的通透性，且茶皂素可抗过敏、抗高血压[31,32]。

2. 茶籽多糖

茶籽多糖（tea-polysaccharide，TP）是茶叶中具有特殊生物活性的一类多糖或糖蛋白。茶籽多糖具有显著的降血糖效果和免疫活性，因此有望成为预防、治疗糖尿病及心血管疾病，增加免疫功能的天然药物。近年来，大多数研究主要以茶叶为原料制得的茶籽多糖为主，而对茶籽中多糖的研究甚少。茶籽多糖作为一种重要的茶源提取物，又是一种活性多糖，近年来成为人们研究的热点之一。

茶籽多糖是油茶籽仁中具有特殊生理活性的，多种多糖、果胶和蛋白质的化合物或混合物与矿质元素结合形成的一种多糖复合物。油茶籽多糖具有降血糖、降血脂、增强免疫力、肝脏抗氧化的功能。油茶仁中含有 30% 以上的茶籽多糖，油茶仁经过提油后的油茶籽粕和油茶籽废水中均含有大量的茶籽多糖，利用合适的方法提取茶籽多糖有利于提高油茶籽的经济效益[33]。

（二）茶皂素的提取研究

纤维素酶是酶的一种，在分解纤维素时起生物催化作用，可以将纤维素分解成寡糖或单糖，在食品行业和环境行业均有广泛应用。提取茶皂素时，纤维素酶的加入可增大茶皂素分子向溶剂溶出的通道，从而提高茶皂素提取率。周红宇和杨德[34]利用生物解离技术，以油茶籽粕为原料，在单因素基础上采用正交实验法优化了纤维素酶酶解提取茶皂素工艺，研究结果表明，各因素对茶皂素提取率影响顺序为酶添加量＞料液比＞提取温度＞提取时间，最佳提取工艺为酶添加量 6mg/g，料液比 1∶25（g/mL），提取温度 50℃，提取时间 120min。对纤维素酶提取后的提取液进行壳聚糖 - 蛋白酶联用纯化，结果表明，壳聚糖的加入可有效去除提取体系中的蛋白质等杂质，在未经蛋白酶酶解的提取体系中，壳聚糖絮凝蛋白质等大分子易导致茶皂素损失率较大，这可能与茶皂素与糖类大分子、蛋白质的结合有关。蛋白酶酶解后，添加壳聚糖絮凝时茶皂素损失率下降，表明蛋白酶处理可作为壳聚糖絮凝除杂前的必要步骤。因此，蛋白酶处理可显著降低提取液中蛋白质含量和壳聚糖絮凝时茶皂素损失率。

姚开波和周建平[35]以油茶籽工艺水为研究对象，采用微生物混菌发酵法提纯茶皂素。首先对发酵菌种进行筛选，主要采用米曲霉、黑曲霉、青霉、毛霉、根霉、枯草芽孢杆菌、地衣芽孢杆菌及多株酵母菌进行筛选。先经过单一菌种在工艺水琼脂平板上生长状况的初筛，然后将单一菌种接入工艺水中进行锥形瓶液态发酵试验的复筛。结果表明：降解油茶籽工艺水中蛋白质及多糖较多且对油茶皂素含量影响较小的菌种为褶皱假丝酵母、热带假丝酵母、米曲霉、黑曲霉、青霉。

将这 5 株菌种按霉菌和酵母菌组合，进行不同组合的混菌发酵试验。结果表明：以米曲霉和褶皱假丝酵母组合得到的发酵效果最好，发酵液中的蛋白质和多糖的含量均下降了一半左右，远远高于其他组合。所以，选用米曲霉和褶皱假丝酵母组合作为混菌发酵的较优组合。

随后通过单因素实验确定了混菌发酵的较优条件，即米曲霉和褶皱假丝酵母组合的工艺水装瓶量为 27%、混合菌种总的接种量为 8%、混菌接种比例为 2∶3、培养箱转速为 150r/min、发酵温度为 30℃及发酵时间为 4 天。在单因素实验的基础上，通过对菌种的接种量（6%、8%、10%）、培养箱转速（100r/min、150r/min、200r/min）、发酵温度（25℃、30℃、35℃）、发酵时间（3 天、4 天、5 天）设计 4 因素 3 水平的响应面优化实验，经过对响应面结果的分析，得出混菌发酵总的接种量为 8%、培养箱转速为 160r/min、发酵温度为 33℃和发酵时间为 4 天。在此条件下进行混菌发酵培养的验证实验，从发酵液中提取出的油茶皂素与直接从油茶籽工艺水中提取的油茶皂素相比，纯度由 36.45% 提高至 55.87%，且颜色也从黑褐色变为深黄色。

最后根据已确定的最佳发酵条件对油茶籽工艺水进行发酵培养，发酵液经离心、过滤后，通过大孔树脂进行纯化脱色试验。结果表明：滤液中油茶皂素浓度为 23mg/mL、吸附时间为 100min；较佳脱附条件为洗脱液乙醇浓度 85%、洗脱液与上样液体积比 4∶1、脱附时间 140min，茶皂素的纯度进一步提高到 67.42%，且产品颜色变为淡黄色。

闫冬[26]以油茶籽油工艺水为原料，研究提取其中茶皂素的工艺条件。首先使用含水乙醇作为提取溶剂，从油茶籽油工艺水中提取茶皂素粗品。通过单因素实验分别考察了乙醇浓度、提取温度、提取时间及 pH 4 项因素在不同水平下对茶皂素提取率和纯度的影响，再通过正交实验得出优化的茶皂素提取工艺参数为：乙醇浓度为 40%，提取温度为 60℃，pH 为 4，提取时间为 120min。在此条件下油茶皂素的提取率为 36.14%，纯度为 50.21%。

随后通过大孔吸附树脂法处理茶皂素粗品，通过比较 5 种大孔吸附树脂对茶皂素的吸附能力与解析能力，选择 DM130 大孔吸附树脂作为纯化茶皂素用树脂。通过单因素实验与响应面实验，研究了 DM130 大孔吸附树脂纯化茶皂素的工艺条件。结果表明：DM130 大孔吸附树脂吸附速度较快，解析率较高，比较适用于对油茶皂素粗品的纯化。吸附时使用 20.08mg/mL 的油茶皂素样液、吸附时间为 120min 有较大的吸附率。解吸时确定最佳解吸条件为：解吸液乙醇浓度 90.7%，解吸时间 93min，解吸液用量 43.2mL/g 树脂，经过纯化后茶皂素的纯度达到 84.35%。

纪鹏[17]从油茶籽工艺废水中提取茶皂素，探讨工艺废水中茶皂素的提取时间、温度、pH 及液固比对提取率的影响及絮凝剂的选择、沉淀剂的选择、转化剂的选择。通过对茶皂素生产的各工艺参数进行优化研究，得出茶皂素的提取较佳工艺条件为：提取温度 80℃，液固比 4∶1，提取时间 2h。絮凝剂为 30% 聚氯化铝，加入量为提取液重量的 1.0%～1.5%，沉淀剂用量为料液重的 2.5%～4.0%，以 1 单位重量的氧化钙与 2～2.7 单位重量的皂素反应为宜，反应时间 6h。

（三）茶皂素、茶籽多糖同步提取的研究

生物解离技术提油后的油茶籽工艺水中含有较丰富的茶籽多糖及茶皂素等物质，其中糖类物质占干物质的25%～30%，茶皂素占干物质的20%～25%。且其中的茶籽多糖、茶皂素等成分保留着原有的天然活性，若将其提取分离，不仅能降低环境的污染，实现清洁生产，还能提高油茶籽的综合利用率，提高经济价值。因此，对油茶籽工艺水中茶籽多糖及茶皂素分离纯化具有非常重要的意义[32]。

从茶籽粕中提取茶皂素的同时，茶籽多糖也被提取出来。郭艳红[31]以生物解离技术提油后的茶籽粕为原料，对不同方法综合提取茶皂素与茶籽多糖工艺进行了研究。应用不同树脂综合提取茶籽中茶籽多糖与茶皂素比较后发现，AWP01大孔树脂分离茶籽多糖及茶皂素有较好的效果。同时，对比了不同的综合提取工艺（即水提法、乙醇提取法、甲醇提取法、絮凝法和树脂法）的效果（表17-6），结果表明，甲醇提取法和絮凝法因其多糖得率和纯度低被排除，乙醇提取法得到的茶籽多糖和茶皂素纯度和得率较高，色泽比树脂法和水提法颜色浅，因而可运用于生产实践中。

表17-6　不同方法提取茶籽多糖及茶皂素的比较[31]

	水提法	乙醇提取法	甲醇提取法	絮凝法	AWP01树脂分离法
多糖百分含量/%	46.71	44.92	34.63	18.53	46.43
多糖得率/%	21.55	22.36	17.74	3.36	25.55
多糖颜色	淡黄	白	白	白	棕色
皂素纯度/%	36.36	58.02	54.22	21.04	70.78
皂素得率/%	17.34	19.13	9.91	14.62	4.85
皂素颜色	浅棕	棕	浅棕	棕	黄色

尹丽敏[32]以生物解离技术提油后的油茶籽工艺水为研究对象，对其中的茶籽多糖和茶皂素进行分离纯化。油茶籽工艺水中除了含有大量糖类及皂素之外，还含有10%～15%的蛋白质，因此茶籽多糖的分离纯化首先要脱除工艺水中的蛋白质。对油茶籽工艺水中蛋白质的脱除方法进行了探究，通过与传统的蛋白质脱除方法（三氯乙酸法、Sevage法）的对比，得出盐酸-乙醇等电点法效果最优，其中盐酸等电点法是通过向油茶籽工艺水中添加盐酸调节其pH，以达到蛋白质的等电点，从而使蛋白质沉淀而除去。除蛋白质后的上清液添加乙醇，可沉淀茶籽多糖，则上清液可提取茶皂素。经研究，得出盐酸-乙醇等电点法最佳工艺：最佳pH为3.4，乙醇添加量为13%，静置时间为4天，蛋白质脱除率为92.68%，多糖保留率为61.78%。

油茶籽工艺水脱蛋白后进行茶籽多糖脱色和纯化，经过除蛋白质离心后的茶籽多糖上清液，颜色为棕色透明的液体，需要进行脱色。采用活性炭法对茶籽粗多糖溶液进行脱色研究，经过单因素实验和正交实验优化得出最佳工艺参数为：活性炭添加量为1.4%，温度为40℃，脱色时间为70min。多糖粗溶液脱色后，采用732型阳离子树脂柱层析法对茶籽粗多糖进行分级纯化，得到3个单一峰，按出峰先后顺序，分别命名为COP1、COP2和COP3，经紫外可见光谱扫描验证，这3个组分为不同的物质，且COP2和COP3是与蛋白质结合的多糖。研究发现，这些多糖具有较高的抗氧化性，且抗氧化性与多糖浓度呈正比例关系。分

级后 3 种组分的抗氧化活性强弱依次为 COP2＞COP1＞COP3。

最后将醇沉离心得到的上清液作为提取茶皂素的原料，采用树脂法对油茶皂素进行脱色及纯化研究发现，DM-2 型大孔树脂的脱色效果最好，且对油茶皂素的保留率高，最佳脱色工艺参数为树脂添加量为 2%，pH 为 4，温度为 40℃。将脱色后的油茶皂素溶液经过 DM-2 型大孔树脂层析柱分离纯化并冷冻干燥后，得到的油茶皂素浓度可达到 82.65%。

姜慧仙[36]以生物解离技术提油后的茶籽粕为研究对象，对不同方法（水提法、醇提法、碱提酸沉法）提取茶籽多糖和茶皂素的效果进行对比分析（表 17-7），由表 17-7 可知，碱提酸沉法提取茶籽多糖和茶皂素颜色较深，茶籽多糖得率和百分含量均最低，茶皂素百分含量相对较低，因此首先排除。而水提超滤法、水提沉淀法、醇提超滤法和醇提沉淀法均较适合油茶籽粕茶皂素和茶籽多糖的提取，且沉淀法与超滤法均能达到初步纯化茶籽多糖和茶皂素的作用。通过对不同提取方法得到的茶籽多糖进行分子质量测定，结果表明，醇提超滤法最优。研究茶籽多糖单糖组分测定，结果表明，油茶籽粕多糖主要含有阿拉伯糖、葡萄糖、甘露糖和半乳糖，其中醇提法得到茶籽多糖中葡萄糖含量是其他方法的 3～8 倍。

表 17-7　不同方法提取茶籽多糖和茶皂素比较[36]

指标	水提法		醇提法		碱提酸沉法
	超滤法	沉淀法	超滤法	沉淀法	
多糖百分含量 /%	36.23	32.80	60.01	57.56	21.40
多糖得率 /%	19.02	12.64	12.36	23.41	6.50
多糖颜色	浅棕色	浅棕色	棕色	浅棕色	棕色
酸性糖含量 /%	4.80	4.91	7.28	8.47	6.99
多糖中蛋白质含量 /%	6.88	4.20	6.58	3.69	2.47
皂素百分含量 /%	20.95	69.77	36.08	34.16	26.06
皂素得率 /%	14.33	22.35	15.05	31.87	20.88
皂素颜色	浅黄色	灰白色	黄色	乳白色	深咖色

三、糖萜素提取的研究

糖萜素是存在于植物中的一种由糖类（≥30%）和配糖体（≥30%）与有机酸组成的天然活性物质，是一种外观呈棕黄色或黄色粉末，味微苦而辣，刺激性强，能引起喷嚏，极易吸湿。不溶于乙醚、氯仿、丙酮、苯等溶剂，可溶于温水、二硫化碳和乙酸乙酯，易溶于含水甲醇、含水乙醇、正丁醇及冰醋酸，其中以 70%～80% 的甲醇和乙醇中溶解度最大[37]。在碱性水溶液中溶解度显著增加，糖萜素可分别与乙酸酐、钼酸铵、三氯化铁、香荚兰素起化学呈色反应。糖萜素主要成分为三萜皂苷和寡糖，是从油茶籽中提取的三萜皂苷、糖类等天然植物活性物质的总称[38]。

王飞[33]以油茶籽生物解离技术提油的废水为原料，利用滤布粗滤，纳滤浓缩后进行喷雾干燥，得到糖萜素。首先对废水进行过滤处理以除去残渣，选购市面上几种主要关于固液分离的滤布，结合粒径分布，测试其对废水的过滤情况，结果表明通过几种滤布组合均能过滤掉废水中 70% 以上的固体残渣，其中，型号“3927+3927”滤布过滤效果最好，能滤掉废水中 77.69% 的固体残渣，型号“758+3927”过滤速度最快，结合效率与效果，选定“758+3927”作为最佳过滤滤布组合。通过对比不同滤布组合的滤液和废水的粒径分布发现，对于直径在 10μm 左右及以下的杂质，滤布很难过滤掉，对于颗粒直径在 40μm 上的杂质，滤布能将其中的 80% 的杂质过滤掉。

粗过滤后进行纳滤，选用截留分子质量为 1000Da 和 300Da 的纳滤膜，纯水通量测试发现压力和温度对纳滤膜的膜通量有着重要的影响，压力或者温度增加时，膜通量也随之变大。确定了纳滤浓缩工艺，在循环流量 406L/h，操作压力 11MPa，操作温度 35℃时膜通量最大。经过纳滤浓缩后的废水进行喷雾干燥，得到的产品符合糖萜素国标，其中总皂苷含量为 44%～46%，总糖为 33%～49%，粗蛋白为 7%～10%，干燥失重率为 1%～3%，粗灰分为 4%～6%。研究糖萜素对小鼠免疫能力和抗氧化能力的影响，结果表明，糖萜素在一定程度上提高肝脏抗氧化能力。此项研究将提升生物解离技术提油的经济效益，提高油茶籽的利用价值，研究糖萜素作为饲料添加剂对动物的作用，具有重要的现实意义。

四、淀粉及蛋白质提取的研究

姜慧仙[36]以生物解离技术提油后的茶籽粕为原料，综合提取茶籽粕中的蛋白质和淀粉，提取工艺流程如图 17-6 所示。

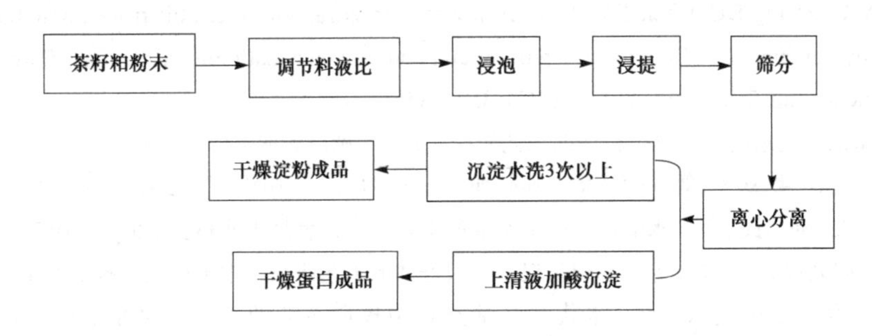

图 17-6　茶籽粕中蛋白质和淀粉的提取工艺流程

生物解离技术提油后油茶籽粕粉末过 60 目筛，料液比 1∶25，浸泡温度 50℃，浸泡时间 2h，提取温度 50℃，提取时间 4h，提取液 pH 10，沉淀筛分：料浆过 100 目筛，去除筛上物，3000r/min 离心 20min，离心沉淀进行水洗，水洗 3 次以上后冷冻干燥沉淀，即茶籽淀粉。离心上清液用盐酸调节 pH 到蛋白质等电点，沉淀蛋白质静置 1h 后，离心分离，取沉淀用去离子水洗涤若干次后冷冻干燥，即茶籽蛋白。应用此方法得到的油茶籽粕蛋白质提取率为 25.74%，淀粉纯度为 87.25%，淀粉得率为 10.17%。

参 考 文 献

[1] 刘玉兰．油脂制取与加工工艺学．北京：科学出版社，2003.

[2] 夏伏建，黄凤洪，钮琰星，等．油茶籽脱壳制油工艺的研究与实践．中国油脂，2004, 29(1): 24.

[3] 林秀椿，高刚峰，陈美高，等．油茶饼粕蛋白提取及抗氧化酶解产物的制备，食品工业科技，2011(1): 219～221.

[4] 郭华．高档茶籽油的提取及茶籽综合利用技术研究．长沙：湖南农业大学博士学位论文，2007.

[5] 陈泽君，胡伟．水酶法提取油茶籽油的研究进展综述．湖南林业科技，2012, 39(5): 101～104.

[6] 庄瑞林，王德斌．油茶 19 个高产新品种的选育研究．林业科学研究，1992, (6): 619～627.

[7] 刘瑞兴，张智敏，吴苏喜，等. 水酶法提取油茶籽油的工艺优化及其营养成分分析. 中国粮油学报，2012, 27(12): 54～61.

[8] 冯红霞，江连洲，李杨，等. 超声波辅助酶法提取油茶籽油的影响因素研究. 食品工业科技，2013, 34(6): 272～274.

[9] 宁正祥，赵谋明. 食品生物化学. 广州：华南理工大学出版社，1995.

[10] 郭华，罗军武，周建平，等. 几种油料的子叶细胞形态与主要化学成分分析. 现代食品科技，2006, 22(4): 33～36.

[11] 李猷. 生物法耦合膜技术提取茶籽油的研究. 武汉：湖北工业大学硕士学位论文，2008.

[12] 陈永忠，肖志红，彭邵锋，等. 油茶果实生长特性和油脂含量变化的研究. 林业科学研究，2006, 19(1): 9～14.

[13] 孙红. 油茶籽油水酶法制取工艺研究. 北京：中国林业科学研究院，2011.

[14] 郭华，周建平，廖晓燕. 油茶籽的细胞形态和成分及水酶法提取工艺. 湖南农业大学学报（自然科学版），2007, 33(1): 83～86.

[15] 孙红，费学谦，方学智，等. 油茶籽油水酶法制取机制的显微研究. 江西农业大学学报，2011, 33(6): 1117～1121.

[16] Zhang WG, Zhang DC, Chen XY. A novel process for extraction of tea oil from Camellia oleifera, seed kernels by combination of microwave puffing and aqueous enzymatic oil extraction. European Journal of Lipid Science and Technology, 2012, 114(3): 352～356.

[17] 纪鹏. 微波辅助水酶法提取茶籽油的工艺研究. 长沙：湖南农业大学，2010.

[18] 王瑛瑶，栾霞，魏翠平，等. 酶技术在油脂加工业中的应用. 中国油脂，2010, 35(7): 8～11.

[19] 王超，方柔，仲山民，等. 水酶法提取山茶油的工艺研究. 食品工业科技，2010, (5): 267～269.

[20] 刘倩茹，赵光远，王瑛瑶，等. 水酶法提取油茶籽油的工艺研究. 中国粮油学报，2011, 26(8): 36～40.

[21] 郭玉宝，汤斌，裘爱泳，等. 水代法从油茶籽中提取茶油的工艺. 农业工程学报，2008, 24(9): 249～252.

[22] 方学智. 油茶籽油脂构成、变化规律和水酶法制取工艺研究. 杭州：浙江大学博士学位论文，2015.

[23] Dzondo-Gadet M, Nzikou JM, Kimbonguila A, et al. Solvent and enzymatic extraction of Safou and Kolo oils. European Journal of Lipid Science and Technology, 2004, 106(5): 289～293.

[24] Siguel EN, Lerman RH. Trans-fatty acid patterns in patients with angiographically documented coronary artery disease. American Journal of Cardiology, 1993, 75(5): 916～920.

[25] Petukhov I, Malcolmson LJ, Przybylski R, et al. Frying performance of genetically modified canola oils. J Am Oil Chem Soc, 1999, 76(5): 627～632.

[26] 闫冬. 油茶籽水酶法制油工艺水中油茶皂素的提取纯化研究. 长沙：湖南农业大学硕士学位论文，2015.

[27] 李强，杨瑞金，张文斌，等. 乙醇对油茶籽油水相提取的影响. 中国油脂，2012, 37(3): 6～9.

[28] 孙红，费学谦，方学智. 油茶籽油水酶法制取工艺优化. 中国油脂，2011, 36(4): 11～15.

[29] 韩宗元，江连洲，李杨，等. 超声波辅助水酶法提取油茶籽蛋白中五种酶的比较及响应面优化的工艺的研究. 食品工业科技，2012, 33(20): 151～155.

[30] 马沛，祖庸. 前景广阔的天然表面活性剂——茶皂素. 煤炭与化工，1997, (1): 56～57.

[31] 郭艳红. 从茶籽中提取茶籽油、茶皂素和茶籽多糖研究. 上海：上海师范大学硕士学位论文，2009.

[32] 尹丽敏. 油茶籽工艺水中多糖及油茶皂素的分离纯化研究. 长沙：湖南农业大学硕士学位论文，2013.

[33] 王飞. 油茶籽水酶法提油废水提取糖萜素的工艺研究. 郑州：河南工业大学硕士学位论文，2016.

[34] 周红宇，杨德．茶皂素水酶法提取工艺及纯化方法．江苏农业科学，2016, 45(5): 362～364.
[35] 姚开波，周建平．微生物混菌发酵法提纯油茶皂素的工艺研究．现代食品科技，2012, 28(12): 1726～1729.
[36] 姜慧仙．水酶法提取油茶籽油的工艺及品质的研究．上海：上海师范大学硕士学位论文，2013.
[37] 张怀．糖萜素对固始鸡 T 淋巴细胞亚群、肠道发育及肠道黏膜免疫的影响．郑州：河南农业大学硕士学位论文，2010.
[38] 周建平．一种从油茶籽提取茶籽油的方法．中国：ZL200610031893.1, 2010-08-18.